이것이 생물학이다

THIS IS BIOLOGY:
The Science of the Living World by Ernst Mayr

Copyright © 1997 by Ernst Mayr
Published by arrangement with Harvard University Press
Korean translation copyright © 2016 by Bada Publishing Co.
All rights reserved
Korean Translation rights are arranged
with Harvard University Press through AMO Agency, Korea

에른스트 마이어

최재천 외 옮김

이것이 생물학이다

This Is Biology

바다출판사

일러두기

● 역자주는 본문의 각주로 표기하였다.

에른스트 마이어가 남기고 간 것들

바다출판사에서 이 책을 다시 출간하겠다며 도움을 청해왔을 때 나는 흔쾌히 응했다. 출간된 지 거의 20년이 된 책이지만 지금 이 순간에도 별다른 가감 없이 그대로 번역의 가치가 충분하다고 생각했기 때문이다. 현재 생물학처럼 빠르게 변화하고 발전하는 분야도 없을 것을 감안하면 거의 20년 전에 나온 '이것이 생물학이다'라는 다분히 선언적인 책이 아직도 유효하다는 것은 참 놀라운 일이다. 그만큼 에른스트 마이어 교수님의 혜안이 남달랐다는 뜻이리라.

마이어 교수님은 내가 마지막으로 뵈었던 2002년 6월 이후 약 2년 7개월 정도 더 사시고 2005년 2월 3일 그야말로 100세 인생을 마감하셨다. 박사 과정을 밟던 시절 어느 날 우연히 선생님과 함께 걸을 수 있는 기회를 얻었을 때 30대인 내가 80이 넘은 선생님의 걸음을 따라잡느라 허덕였던 기억을 되살리면 선생님께서 100세까지 사신 건 전혀 이상한 일이 아니다. 다만 2002년 100세가 되기 전에 세 권의 책을 더 쓰셔야 지인과 하신 내기에서 이길 수 있다 하셨는데 그 내기는 아무래도 이기지 못하신 것 같다. 돌아가시기 전에 내신 책은 '생물학의 고유성은 어디에 있는가'라는 제목으로 번역된 《What Makes Biology Unique?》(2004) 한 권뿐이다. 2002년 반드시 세 권을 다 쓰시겠다며 내게 엄지손가락을 치켜드셨던 걸로 미루어 볼 때 어딘가 선생님의 유작이 남아 있을 것 같은 생각이 든다.

1979년 미국에서 유학 생활을 시작하며 내가 달러를 주고 구입한 최초의 책이 마이어 선생님의 《계통분류학과 종의 기원Systematics and the Origin of Species》이었다. 생태학 석사 과정에 입학한 내게 교수님들은 한결같이 진화학과 분류학의 기초가 필요하다고 했고 이 책을 권유했다. 그렇게 나는 마이어 선생님의 가르침으로 연구자로서 내 삶을 시작했다. 그로부터 35년이 흐른 지금 나는 이제야 "생물학은 물리과학과 근본적으로 다르다."라고 하신 선생님 말씀의 폭과 깊이를 조금씩 깨우치고 있다. 어느덧 후학들 앞에 종종 서야 하는 선배 학자 반열에 들어선 나는 요즘 생물학에 관해 이런 얘기를 자주 한다.

"물리학과 화학은 1 더하기 1이 언제나 반드시 2이어야 하는 과학이다. 그렇지 않으면 엔진이 멈추고 로켓이 떨어지고 만다. 하지만 생물학에서는 1 더하기 1이 2인 경우가 드물다. 대부분의 경우에는 2보다 크다. 생물계는 위계구조를 갖고 있고 각 단계를 오를 때마다 그 하위 단계에서는 전혀 예상하지 못한 새로운 속성들이 나타나는 이른바 창발emergence 효과 때문이다."

생물학은 태생적으로 통섭적인 과학consilient science이다. 환원주의적 접근reductionist approach이 효율적일 수밖에 없는 물리학이나 화학과 달리 생물학은 언제나 부분과 전체를 함께 봐야 하는 학문이다. 너무나 자주 부분의 합이 전체를 설명하지 못하기 때문이다. 생물학 또는 생명과학 관련 학과들이 요즘 대학 입시에서 가장 높은 경쟁률을 보이고 있다. 내가 고등학생이었던 시절에는 공부를 잘하면 무조건 물리학과를 지망했었다. 개중에는 자기의 적성과 상관없이 대세에 휩쓸려 진학한 학생들도 분명히 있었을 것이다. 지금 생명과학으로 진학하려는 학생들 중에도 또 그런 학생들이 있을 것이다. 나는 그런 학생들에게 묻고 싶다. 자신에게 부분과 전체를 아우를 줄 아는 능력이 있느냐 물어보라. 물리학과 화학은 부분을 파고드는 능력만 있으면 충분할 수 있다. 생물학은 다르다. 생명과학자를 꿈꾸는 모든 학생들에게 이 책을 권한다.

2016년 3월
이화여대 통섭원에서 다시 한 번 역자들을 대표하여
최재천

일찍이 위대한 진화학자 도브잔스키가 말했듯이, 진화의 개념을 통하지 않고는 생물학의 그 무엇도 의미가 없다. 적응 현상은 물론 공룡, 거대한 나무, 공작새, 난 등 온갖 기이한 생물들의 기원과 분포에 이르는 모든 생명 현상은 다 진화의 개념으로 설명할 수 있다. 그리고 무엇보다도 진화는 인류의 기원과 역사를 이해하는 데에도 도움을 준다.

이 책은 진화가 분명히 일어났다는 확실한 증거들을 제시할 뿐 아니라 적응 현상으로 나타나는 개체군 내의 유전적 변화와 엄청난 생물다양성의 기원과 발달에 대한 설명을 제공한다. 진화를 이해하지 않고는 이 신비로운 세상을 이해할 수 없다. 진화는 이 세상을 설명하는 가장 포괄적인 원리다.

나는 이 책에서 진화의 과정들을 설명하여 독자들로 하여금 몸담고 살고 있는 이 세상에 대한 보다 깊은 이해를 가질 수 있도록 노력했다. 이제 한국의 독자들도 읽을 수 있게 되었다니 정말 반가운 일이다.

2002년 8월
하버드 대학교 비교동물학박물관
에른스트 마이어

서문
Preface

생전에 프랑스 대통령 지스카르 데스탱Valéry Giscard d'Estaing은 20세기를 가리켜 '생물학의 세기'라고 선언했다. 설령 이 말이 세기 전체를 부르기에 적합하지 않다 하더라도 20세기 후반부에 관한 한 사실이다. 생물학은 오늘날 가장 활발한 탐구분야다. 유전학, 세포생물학, 신경과학은 물론 진화생물학, 인류학 그리고 생태학 분야도 놀랄만한 발전을 이룩했다. 이 모든 것이 다 분자생물학 연구로부터 나왔다. 그저 몇 분과만 든다면 의학, 농학, 축산학, 영양학 등 다양한 분야에서 그 결과가 뚜렷하게 나타난다.

생물학의 전망이 이처럼 늘 밝았던 것은 아니다. 17세기의 과학혁명에서 제2차 세계대전이 끝나고 한참 후에 이르기까지 대부분의 사람에게 과학이란 '정밀'과학을 의미했다. 물리학, 화학, 역학, 천문학 등 주로 수학을 사용하여 보편적인 법칙의 중요성을 강조하는 과학 분야만을 생각했다. 이 시기에는 물리학이 과학의 전형으로 받아들여졌다. 반면, 생물계에 대한 연구는 상대적으로 열등한 분야로 취급됐다. 심지어는 오늘날에도 많은 사람이 생명과학에 대하여 심각한 오해를 하고 있다. 예를 들면, 진화를 가르칠 것인가 말 것인가, 지능을 측정하는 방법, 외계 생물의 발견 가능성, 생물의 멸종, 흡연의 위험 등 생물학의 이해가 부족한 면은 언론매체에 자주 보도되고 있다.

더욱 불행한 일은 많은 생물학자 자신이 스스로 생명과학에 대하여 시대에 뒤떨어진 개념을 갖고 있다는 사실이다. 현대 생물학자들은 극도로 전문화되어 있다. 어느 특정한 종의 새, 성 호르몬, 자식 돌보기 행동, 신경 해부학, 또는 유전자의 분자구조에 대해서는 속속들이 알지 몰라도, 종종 자기 전문분야 외의 발달에는 어두운 경우가 많다. 생물학자들은 좀처럼 자신의 분야에서 한 걸음 물러서서 생명과학 전반을 훑어보지 않는다. 유전학자, 발생생물학자, 계통분류학자, 그리고 생태학자 모두 자신들 스스로는 생물학자라고 여기지만, 이러한 전문분야들이 공통적으로 갖고 있는 것이 무엇이며, 물리과학과 어떻게 다른지는 잘 모르는 것 같다. 이 점에 새로운 관점을 제시하는 것이 이 책의 주요 목표다.

나는 걷기 시작한 이래 줄곧 자연학자였고 식물과 동물에 대한 나의 사랑은 나로 하여금 자연계를 전일적으로 접근하게 만들었다. 다행히 1920년을 전후하여 내가 다닌 독일 고등학교에서 배운 생물학은 유기체 전체를 다루었고 생물과 무생물 환경의 관계를 중점적으로 가르쳤다. 자연사, 행동, 생태에 초점이 맞춰진 셈이었다. 역시 고등학교에서 배운 물리학과 화학은 매우 달랐고, 살아 있는 식물이나 동물과는 아무런 관련이 없었다.

의과대학 학생이었을 당시 나는 의학에 심취해 있었고 너무나 바빠 '생물학이란 무엇인가', 그리고 '무엇이 생물학을 과학으로 만들어 주는가'와 같은 근원적인 질문에 신경을 쓸 틈이 없었다. 실제로 그 당시 적어도 독일 대학에서는 '생물학'이라는 명칭이 붙은 과목을 배워 본 적이 없었다. 오늘날 우리가 생물학이라 부르는 것들은 주로 구조 유형과 생물 계통을 공부하던 동물학과와 식물학과에서 가르치고 있었다. 보다 정확히 말하면, 생리학이나 유전학 등 실험생물학 과목들도 있었지만 그들 간의 융합이란 찾아볼 수 없었고, 실험생물학자들이 가지고 있던 개념 구조는 자연사를 연구하던 동물학자나 식물학자와는 판이하게 달랐다.

임상에 들어가기 전 단계의 시험을 마친 후 나는 의학을 접고 동물학(그 중에서도 새를 연구하는 조류학)으로 전공을 옮겨 베를린 대학교에서 철학 과목들을 수강했다. 실망스럽게도 생명과학의 문제와 철학의 문제 간에는 아무런 다리도 놓여 있지 않았다. 그러나 1920년대와 1930년대에 걸쳐 훗날 '과학철학'이라고 불리게 되는 학문 분과가 생겨났다. 1950년대 내가 이 분야를 접하게 되었을 때 다시 한 번 크게 실망하고 말았다. 그것은 과학철학이 아니었다. 논리와 수학, 그리고 물리과학의 철학일 뿐이었다. 생물학자들의 관심사와는 거의 아무런 관련이 없었다. 그 당시 나는 내 스스로 기여했던 것들을 포함하여 문헌에 나와 있는 진화생물학의 중요한 일반개념들의 목록을 작성해 보았다. 나는 그들 중 단 하나도 철학 문헌에서 제대로 다뤄지지 않은 것은 말할 나위도 없고 대부분은 언급조차 되지 않았다는 사실을 발견했다.

나는 이때까지도 과학철학과 과학사에 관한 연구를 할 계획을 갖고 있지 않았다. 이런 주제에 관하여 쓴 나의 여러 에세이들은 모두 학회나 심포지엄에 초청되어 진화 이론과 계통분류학에 관한 내 연구를 억지로 잠시 미루고 일한 결과물들이다. 나는 오로지 생물학이 물리학과 여러 면에서 매우 다르다는 사실을 지적하고 싶었다. 예를 들면 , 1960년 나는 매사추세츠공과대학교의 대니얼 러너Daniel Lerner의 초청으로 원인과 결과에 대하여 논의하는 강좌 시리즈에 참여했다. 나는 1926년에 발표한 되새Serin finch에 관한 연구 논문과 1930년에 새들의 이동에 관하여 발표한 논문 이후로 생물학적 인과 문제에 대하여 관심을 갖고 있었다. 그래서 나는 이 주제에 대한 나의 생각을 정리할 수 있을 것 같아 초청을 수락했다. 오래전부터 나는 무생물과 생물의 세계 사이에는 명확한 차이가 있다는 것을 알고 있었다. 두 세계 모두 물리과학이 발견하고 분석한 일반 법칙들을 따르지만, 생물계는 또한 유전 프로그램의 지시라는 제2의 인과관계를 따른다. 무생물계에는 이 같은 제2의 인과관계가 존재하지 않는다. 생명체에 존재하는 인과의 이원성을 내가 처음으로 발견한 것은 아니다. 그러나 이 강좌를 기초로 하여 1961년에 발표한 나의 논문이 이 주제에 대해 최초로 상세한 분석을 제공했다.

사실 생명과학과 물리과학의 차이에 관한 나의 많은 에세이는 철학자들이나 물리학자들 보다는, 무심코 물리학자들의 개념을 수용한 동료 생물학자들을 겨냥한 것이었다. 예를 들어, 복잡한 생명계의 모든 속성이 최소의 구성요소(분자, 유전자 등)만 연구하면 설명할 수 있다는 주장은 한마디로 말도 되지 않는다. 생물은 분자, 세포, 그리고 조직으로부터 생명체 전체, 개체군, 그리고 종에 이르기까지 단계적으로 점점 더 복잡한 체계를 구성한다. 한 단계씩 오를 때마다 구성요소에 관한 지식만으로는 예측할 수 없는 특성이 나타난다.

처음에 나는 오늘날 우리가 창발성emergence이라 부르는 현상이 생물계에만 나타난다고 생각했다. 그래서 1950년대 초반 코펜하겐에서 열린 한 강의에서 나는 창발성이야말로 생물계를 규정하는 속성 중의 하나라고 주장했다. 그 당시 창발성 개념은 상당히 형이상학적인 것으로 간주되었다. 청중석에 앉아 있던 물리학자 닐스 보어Niels Bohr가 토론 시간에 일어나 발언했을 때 나는 무참한 공격을 각오하고 있었다. 그러나 뜻밖에도 그는 물리과학과 생명과학을 구분하는 속성이라는 나의 주장을 제외하곤 창발성 개념에 대하여 아무런 이의를 제기하지 않았다. 물의 '액성'도 그 구성요소, 즉 수소와 산소의 특성만으로는 예측할 수 없다는 점을 들며, 보어는 창발성이 무생물계에도 널리 퍼져 있다고 지적했다.

환원주의와 더불어 내가 특별히 어리석다고 생각했던 것은 훗날 철학자 카를 포퍼Karl Popper에 의해 '본질주의essentialism'라고 명명된 유형론적 사고typological thinking다. 이는 자연의 변이를 다른 것들과 확연히 구별하며 변화하지 않는 고정된 유형type/class(예표 또는 계급)들로 나누는 것을 포함한다. 플라톤과 피타고라스의 기하학으로 돌아가는 이 개념은 계급이 아니라 독특한 개체들의 무리, 즉 개체군을 다루는 진화생물학과 개체군생물학에는 전혀 어울리지 않는다. 자연계의 다양한 현상들을 개체군의 관점에서 설명하는 이른바 개체군적 사고population thinking는 물리적 사고에 익숙한 이들에게는 이해하기 어려울 수 있다. 나는 이 문제에 대해 생물학자들이 무슨 생각을 하는지 매우 궁금해 하는 물리학자 볼프강 파울리Wolfgang Pauli와 여러 번에 걸쳐 논쟁을 벌인 바 있다. 나는 이동 속도와 방향이 제각기 다른 100개의 분자로 구성된 기체를 상상해보라고 제안했고, 마침내 그는 개체군적 사고를 상당 부분 이해하는 데 이르렀다. 그는 그러한 기체를 '개체 기체individual gas'라고 불렀다.

과학사를 정립하려던 많은 학자도 생물학을 오해하기 십상이었다. 1962년 토머스 쿤Thomas Khun의《과학혁명의 구조Structure of Scientific Revolutions》가 출간되었을 때, 나는 그 책이 왜 그토록 큰 반향을 일으켜야 하는지 이해하기 어려웠다. 쿤이 한 일이란 기존의 과학철학이 가지고 있던 비현실적인 명제들의 일부를 논박하고 역사적인 요소의 중요성을 강조한 것뿐이었다. 하지만 그가 대안으로 제시한 것들도 비현실적이기는 마찬가지였다. 생물학의 역사에서 대변혁이 과연 언제 있었으며, 쿤의 이론이 말하는 이른바 정상과학normal science이 언제 장기간 존재했는가? 내가 알고 있는 생물학사에는 존재하지 않았다. 물론 1859년에 출간된 다윈의《종의 기원On the Origin of Species》이 혁명적이었던 것은 사실이지만, 진화에 대한 개념들은 이 책이 나오기 한 세기 전부터 이미 있어 온 것들이었다. 또한 진화적 적응을 설명하는 중심 메커니즘인 다윈의 자연선택론은《종의 기원》출간 이후 한 세기가 지나도록 제대로 받아들여지지 않았다. 이 시기 동안에도 작은 변혁들은 있었지만 '정상'과학의 시기는 없었다. 쿤의 명제가 물리과학에는 통할지 모르나 생물학에는 맞지 않는다. 물리학의 배경을 갖고 있는 과학사학자들은 삼세기에 걸친 생명체에 관한 연구에 무슨 일들이 벌어졌는지 제대로 파악하지 못하는 것 같다.

나는 점점 더 생물학이란 물리과학과 매우 다른 종류의 과학이라는 생각을 하기 시작했다. 생물학은 다루는 주제, 역사, 방법론, 그리고 철학 모두에서 근본적으로 다르다. 모든 생물학적 과정이 물리학과 화학의 법칙들에 부합하는 것은 사실이지만, 살아 있는 유기체들은 이러한 물리화학의 법칙으로 환원되지 않는다. 물리과학은 생명의 세계에 고유하게 나타나는 자연의 많은 특성을 포착할 수 없다. 전통적인 과학철학에 기초를 제공한 전통적인 물리과학은 본질주의, 결정론, 보편주의, 환원주의 등 유기체의 연구에는 부적절한 일련의 개념들로 가득 차 있다. 생물학은 사실 개체군적 사고, 확률, 우연성, 다원주의, 창발성, 역사적 담론들로 이뤄져 있다. 생물학과 물리학을 비롯하여 모든 과학 분야의 연구방법들을 포괄할 수 있는 새로운 과학철학이 필요했다.

이 책을 기획하며 나는 사실 보다 겸손한 꿈을 갖고 있었다. 나는 독자들에게 생물학 전반의 풍요로움과 중요성을 알리고, 생물학자들로 하여금 날로 심각해지는 정보의 폭발이라는 문제에 접근하는 데 도움이 될 수 있도록 생물학의 '생활사life history'를 쓰려 했다. 해마다 새로운 연구자들이 기존의 연구자들과 합세하여 엄청난 양의 새로운 정보를 쏟아내고 있다. 내가 이야기를 나눈 생물학자들은 누구나 인접 분야는 고사하고 자기 전공 분야의 논문도 미처 읽어낼 시간적 여유가 없다고 털어놓았다. 그러나 자신의 좁은 전공 분야 외부의 의견이 종종 개념적 진보에 결정적인 역할을 한다. 새로운 연구 방향은 흔히 자신의 분야로부터 한 발짝 물러서서 자연 세계의 엄청난 다양성을 설명하려는 더 큰 노력의 일부로서 바라볼 때 떠오르곤 한다. 나는 이 책에서 생물학자들이 자신만의 독특한 연구 과제에 보다 넓은 시야를 제공할 개념적 구조를 얻기 바란다.

　분자생물학만큼 정보의 폭발이 엄청난 분야는 없다. 하지만 분자생물학에 대한 상세한 논의는 이 책에 없다. 분자생물학이 다른 생물학 분과보다 덜 중요해서가 아니다. 사실은 그 정반대다. 생리학, 발생생물학, 유전학, 신경생물학, 행동생물학 등 생물학의 어느 분야를 연구하든 분자생물학적 과정들이 궁극적으로 중요하며 이 모든 분야의 연구자들은 매일매일 새로운 발견들을 보고하고 있다. 8장과 9장에서 나는 분자생물학자들이 발견한 주요한 일반화 중 몇몇에 대해 논의했다. 그럼에도 불구하고 나는 아직도 아무리 많은 나무를 찾았다 해도 숲을 보지 못했다고 생각한다. 이에 반대 의견을 가진 이들도 많다. 어쨌든 나는 분자생물학 전반에 걸친 종합적인 논의를 할 만한 능력을 갖고 있지 못하다.

　더할 수 없이 중요한 또 다른 분야인 정신세계를 다루는 생물학에 대해서도 똑같은 말을 해야 할 것 같다. 우리는 아직 극히 일부만을 이해했을 뿐이고, 폭넓은 분석을 하기에는 신경생물학과 심리학에 대한 나의 지식이 너무나 짧다. 이 책에서 자세히 다루지 못한 또 하나의 분야는 유전학이다. 구조, 발생, 기능, 행동 등 생명체의 모든 면에서 유전 프로그램은 결정적으로 중요한 역할을 담당한다. 분자생물학이 발달하면서 유전학의 중요성은 발생유전학으로 기울었다. 그러나 그 또한 사실상 분자생물학의 한 영역으로 변했기 때문에 나는 그 역시 이 책에서 다루지 않았다. 완벽하지는 않지만 생물학 전반에 관한 나의 분석이 이들 분야는 물론 이 책의 초점에서 조금 벗어난 다른 중요한 분야들의 '생활사'를 이해하는 데 도움이 되길 기대한다.

만일 생물학자, 물리과학자, 철학자, 역사학자, 그리고 생명과학에 관심이 있는 다른 전문학자들이 무언가 유용한 관점을 얻는다면, 이 책은 중요한 목표들 중 하나를 달성한 셈이다. 하지만 나는 교육을 받은 사람이라면 누구나 진화, 생물다양성, 경쟁, 멸종, 적응, 자연선택, 번식, 발생은 물론 이 책에서 논의되고 있는 주제들을 비롯한 기본적인 생물학적 개념들을 이해해야 한다고 생각한다. 인구 증가, 환경 파괴, 도시 문제 등은 기술의 발전이나 문학 또는 역사학으로 해결할 수 있는 문제들이 아니다. 궁극적으로 이러한 문제들의 생물학적 뿌리에 대한 이해에 기초를 둔 노력만이 풀 수 있는 문제들이다. 고대 그리스인들이 말했던 '너 자신을 알라.'를 얻기 위해서는 무엇보다도 먼저 우리 자신의 생물학적 기원을 알아야 한다. 자연 속의 우리의 위치와 자연에 대한 우리의 책임에 대해 보다 폭넓게 알기를 원하는 독자들을 돕는 것이 이 책의 가장 중요한 목적이다.

1996년 9월
매사추세츠 케임브리지에서

1

'생명'의 의미는 무엇인가?
What Is the Meaning of "Life"?

원시인들은 자연에 밀착하여 살았다. 그들은 채취인, 수렵인, 유목인으로서 항상 동물과 식물을 접했다. 또한 아이, 노인, 산모, 성인 남자 들의 죽음이 언제나 그들 옆에 있었다. 그들은 분명히 '생명이란 무엇인가?'라는 유구한 문제에 대해서 고민했을 것이다.

아마도 그들은 처음에는 살아 있는 생물체의 생명과 살아 있지 않은 자연물들의 정령을 확연히 구분하지 못했을 것이다. 대부분의 원시인은 산이나 물, 나무, 동물, 사람 등 모든 것에 정령이 깃들여 있다고 믿었다. 이러한 물활론적 자연관은 점점 쇠퇴했지만, 살아 있는 것과 죽어 있는 물질을 구분시켜 주는 '무엇'인가가 있으며 그것이 죽음의 순간 몸을 떠난다는 생각은 계속 남아 있었다. 고대 그리스에서는 인간 속에 있는 그 무엇을 '숨'이라 불렀으며, 훗날 특히 기독교 전통에서는 영혼이라 불렀다.

데카르트와 과학혁명의 시기에 이르면 산, 강, 나무는 물론 동물도 영혼을 갖지 않은 것으로 여겼다. 인간을 신체와 영혼으로 나누는 이분법적 사고가 일반적으로 받아들여졌으며, 오늘날에도 강하게 남아 있다. 죽음은 이러한 이원론자들에게 대단히 곤혹스러운 문제다. 왜 영혼은 갑자기 죽거나 신체를 떠나야 하는가? 영혼이 신체를 떠난다면 과연 어디로 가는가? 찰스 다윈Charles Darwin이 자연선택에 의한 진화론을 제시하기 전까지는 죽음에 대한 과학적 또는 합리적 설명이 불가능했다. 19세기 말 다윈주의자였던 아우구스트 바이스만August Weismann은 급변하는 환경에 대처하는 데 필요한 새로운 유전자형들이 급속한 세대교체를 통해 공급된다고 설명한 첫 번째 사람이었다. 죽음과 죽어감에 대한 그의 글은 죽음의 의미를 이해하는 데 새로운 시대를 열었다.

생물학자와 철학자 들이 '생명'을 말할 때, 그들은 일반적으로 죽음에 대비되는 것으로서의 생명(살아 있음)이 아니라, 무생물의 생명 없음과 대비되는 것으로서의 생명을 뜻한다. 생물학의 중요한 목표는 '생명'이라 불리는 어떤 실체의 본성을 해명하는 것이다. 여기서 문제는 '생명'이 어떤 실체나 힘으로 가정됐다는 것이다. 철학자와 생물학자 들은 오랫동안 이러한 실체나 활력vital force을 찾아내려고 애썼지만 아무런 소득이 없었다. 사실 '생명'이라는 단어는 삶의 물화일 뿐이다. 그것은 독립된 개별체로 존재하지 않는다.[1] 우리는 생명의 과정을 과학적으로 다룰 수 있지만, 추상화된 '생명'에 대해서는 그럴 수 없다. 삶이 무엇인지 서술하거나 정의해 볼 수 있고, 생명체를 정의해 볼 수도 있으며, 살아 있는 것과 그렇지 않은 것을 구분해 볼 수도 있다. 어떤(하나의) 과정으로서의 생명이 그 자체로서는 살아 있지 않은 분자들로 어떻게 나타나는지도 설명해 볼 수 있다.[2]

생명이 무엇인가, 그리고 생명과정을 어떻게 설명해야 하는가라는 주제는 16세기이래 열띤 논쟁거리였다. 상황을 요약하자면 이렇다. 살아 있는 생명체가 무생물과 다르지 않다고 주장하는 집단이 언제나 있었는데, 그들은 예전에는 기계론자mechanists라고 불렸으며 지금은 물리주의자physicalists라고 불린다. 생기론자vitalists라고 불리는 반대 집단도 항상 있었는데, 그들은 생명체란 불활성물질에서는 발견될 수 없는 속성을 가지므로 생물학의 이론이나 개념은 물리화학의 법칙으로 환원될 수 없다고 주장한다. 역사적으로는 물리주의자가 우세한 적도 있었고, 생기론자가 우세한 적도 있었다. 그러나 금세기에 들어서 양측 모두가 부분적으로만 타당하다는 것이 밝혀졌다.

물리주의자가 형이상학적으로 존재하는 실체로서의 생명이란 없으며 분자 수준에서는 생명이 물리화학의 원리에 따라 설명될 수 있다고 주장한 것은 옳았다. 또 생기론자가 생명체는 불활성물질과 같지 않으며, 특히 역사적으로 획득한 유전 프로그램과 같이 무생물에는 존재하지 않는 여러 가지 독자적 특성이 있다고 주장한 것도 옳았다. 생명체는 생명 없는 물질의 세계에서는 발견되지 않는 다층적 질서를 가진 체계다. 물리주의와 생기론 양자의 좋은 원리들을 모두 포괄하는 철학이 유기체주의organicism이며, 이것이 오늘날 지배적인 패러다임이다.

물리주의자들

세계에 대한 초자연적인 설명과 대비되는 것으로서의 자연적 설명은 플라톤, 아리스토텔레스, 에피쿠로스 등과 같은 고대 그리스의 사상가들에 의해 시작되었다. 그러나 이 전도유망한 노선은 이후 오랫동안 잊혔다. 중세는 모든 것을 신과 신의 법칙으로 돌리는 성서의 가르침에 의해 지배되었다. 그러나 당시 민간인들의 사고는 여전히 여러 종류의 신비한 힘들에 대한 믿음들로 가득 차 있었다. 이러한 물활론적이며 마술적인 사고방식은 '세계상의 기계화the mechanization of the world picture'로 불리는 새로운 관점을 얻고서야, 완전히 없어지지는 않았지만 상당히 줄어들었다(Maier, 1938).[3]

세계상의 기계화에 이르는 과정에는 여러 가지 요인들이 영향을 미쳤다. 아랍인에 의해 재발견된 원전을 통해 서구로 전달된 고대 그리스 철학자들과 중세 후기 및 초기 르네상스 시대의 기술적 발전들이 주요한 요인들이다. 당시 사람들은 시계와 같은 자동 기계를 비롯한 모든 종류의 기계에 대해 열광했다. 그 열광은 인간을 제외한 모든 생명체는 기계일 뿐이라는 데카르트의 주장에서 정점에 이른다.

데카르트(1596~1650)는 정확성과 객관성의 기치 아래 모호한 관념들, 그리고 동물이나 식물의 영혼과 같은 초자연적인 것들을 거부함으로써 과학혁명의 대변자가 되었다. 영혼을 인간에게만 귀속시키고, 동물들은 일종의 자동 기계라고 선언함으로써 데카르트는 이를테면 최고의 난관을 제거해버렸다. 데카르트는 동물의 영혼을 기계화함으로써 세계상의 기계화를 완료했다.[4]

생물을 기계로 보는 관점이 그토록 오랫동안 지속되었다는 것은 조금 이해하기 어렵다. 어떤 기계도 스스로 만들어지지 않으며, 자신을 복제할 수 없고, 스스로 프로그램할 수도 없다. 자신에게 필요한 에너지를 스스로 확보할 능력도 갖고 있지 않다. 기계와 생명체의 유사성은 참으로 피상적이다. 그럼에도 불구하고 그러한 관념은 금세기에 이르기까지 완전히 사라지지 않았다.

우주를 수학적으로 설명하면서 갈릴레이, 케플러, 뉴턴 등이 거둔 성공은 세계상의 기계화에 큰 영향을 미쳤다. 갈릴레이(1623)는 르네상스 시대 수학의 중요성을 다음과 같이 간명하게 요약한 적이 있다. 그는 자연이라는 책은 "그것을 이루고 있는 언어와 문자를 먼저 배우지 않는 한, 이해할 수 없다. 자연은 수학의 언어로 씌어졌으며, 그 문자는 삼각형, 원 등과 같은 기하학적 도형들이다. 그것 없이는 자연의 어떤 조각도 이해할 수 없다. 그것 없이는 우리는 어두운 미궁 속을 헤맬 뿐이다."라고 말했다.

뒤이은 물리학의 급속한 발전은 과학혁명을 한 단계 진전시켰다. 그로부터 이전 시대의 포괄적이었던 기계론은 구체적인 내용을 가진 물리주의, 즉 하늘과 지상에 모두 적용되는 구체적인 법칙들의 집합에 기반을 둔 물리주의로 발전했다.[5]

물리주의 운동은 그 이전 시대를 지배했던 마술적 사유를 대부분 파괴시켰다는 점에서 중요하다. 물리주의의 위대한 업적은 물리현상에 대한 자연적 설명을 제공한 것이며, 그리하여 그 이전 거의 모든 사람이 받아들였던 초자연적인 것에 대한 믿음을 대부분 제거했다는 점이다. 기계론, 그리고 물리주의로의 발전이 어떤 관점에서는 지나친 것일 수 있지만, 새로운 운동의 활력을 위해서는 불가피한 것이었다. 그러나 그 일방성, 그리고 특히 살아 있는 생명체와 관련된 현상이나 과정들을 설명하지 못한다는 약점은 물리주의에 대한 반발을 불러일으켰다. 그러한 반발의 움직임들은 일반적으로 생기론vitalism이라는 이름으로 묶인다. 갈릴레이부터 지금까지 생물학에서 생명에 대한 엄격한 기계론적 설명과 생기론적 설명은 접전을 벌이며 등락을 거듭했다. 데카르트주의는 라메트리의 《인간기계론L'homme machine(1749)》의 출간으로 정점에 이른다. 그 다음 시기에는 프랑스와 독일을 중심으로 생기론이 힘을 얻었으며, 19세기 중엽 물리학과 화학이 발전함에 따라 다시 물리주의가 득세했다. 그것은 주로 독일에서 진행되었는데, 그 까닭은 19세기 당시 생물학이 독일에서 가장 활발히 발전하고 있었기 때문이다.

물리주의의 번성

19세기 물리주의 운동은 두 갈래로 발전했다. 그 하나는 온건한 생기론에 대한 반발로서 1830년대에 순수생리학으로부터 비교해부학으로 전환한 요하네스 뮐러Johaness Müller(1801~1858)와 귀납주의의 지배를 종식시켰던 결정적 비판으로 유명한 유스투스 폰 리비히Justus von Liebig(1803~1873)에 의해 주도되었고, 뮐러의 네 제자인 헤르만 헬름홀츠Hermann Helmholtz, 에밀 뒤부아레몽Emil Dubois-Reymond, 에른스트 브뤼케Ernst Brücke, 마티아스 슐라이덴Matthias Schleiden에 의해 더욱 활성화되었다. 또 하나의 흐름은 1865년경 시작되었으며 카를 루트비히Carl Ludwig, 율리우스 작스Julius Sachs, 자크 러브Jacques Loeb 등이 대표적이다. 의심의 여지없이 물리주의자들은 생리학 발전에 크게 기여했다. 헬름홀츠는 프랑스의 클로드 베르나르Claude Bernard와 함께 '동물 체온'으로부터 생기론적 함의를 지워버렸으며, 뒤부아레몽은 신경 활동에 대한 물리적(전기적)인 설명을 제시함으로써 신경생리학의 미스터리를 대부분 제거해버렸다. 슐라이덴은 식물이 전적으로 세포들로 이루어져 있으며, 식물에서 발견되는 다양한 구조들은 모두 세포나 세포의 산물이라고 주장함으로써 식물학과 세포학을 진전시켰다. 헬름홀츠, 뒤부아레몽, 루트비히 등은 정확한 측정치를 기록할 수 있는 비교적 정교한 기기들을 만든 것으로 더 유명하다. 다른 무엇보다도 이들이 만든 기기들을 이용하여 '활력'의 존재를 확실하게 배제할 수 있었는데, 그것은 그 기기들을 통하여 일이 하나의 손실도 없이 열로 전환될 수 있음을 보일 수 있었기 때문이다. 그 이후 쓰인 모든 생리학사는 그들의 찬란한 업적을 간과하지 않는다.

그러나 이 물리주의 학파가 전제한 철학이 너무 단순한 나머지 자연사에 대한 배경지식을 갖춘 생물학자들은 이를 받아들일 수 없었다. 물리주의자들의 업적에 대한 역사적 평가는 종종 생명 과정에 대한 그들의 이 단순함을 간과하곤 한다. 하지만 물리주의자들이 실제로 어떤 설명을 제시했는가를 살펴보지 않는다면, 그들의 주장에 대해 생기론자들이 그토록 강렬하게 반발한 이유를 이해하기 어려울 것이다.

물리주의자들은 생기론자들이 '활력'이라는 분석되지 않은 개념을 사용한다고 비판하면서 역설적이게도 마찬가지로 '에너지'와 '운동'이라는 분석되지 않은 개념들을 사용했다. 물리주의자들이 제시한 생명의 정의나 생명 과정에 대한 서술은 상당 부분 완전히 공허한 진술들로 이루어져 있다. 예를 들면 물리화학자 빌헬름 오스트발트Wilhelm Ostwald는 성게sea ur-chin를 마치 물질 조각처럼 '에너지양의 이산 총량'이라고 정의한다. 대부분의 물리주의자는 활력이 똑같이 정의되지 않은 용어인 '에너지'로만 교체되면, 그때까지 받아들이지 않았던 생기론자들의 주장들을 받아들이곤 했다. 실험발생학을 크게 발전시켰던 빌헬름 루Wilhelm Roux(1895)는 발생이란 '에너지가 균등하지 않게 분포되어 생기는 다양성의 산물'이라고 말했다.

발생이나 적응을 포함하여 생명 과정을 설명하는 데 있어 '에너지'보다 더 빈번하게 사용된 개념은 '운동'이다. 뒤부아레몽(1872)은 자연의 이해는 "세계의 모든 변화를 원자들의 운동에 의하여 산출된 것으로 설명함으로써 이루어진다. 자연의 과정들을 원자의 역학으로 환원함으로써 말이다. ……자연 내 물체들의 모든 변화가 위치 에너지와 운동 에너지의 합으로 설명되었을 때……거기에는 더 이상 설명할 것이 없다."라고 썼다. 동시대인들은 이러한 주장들이 실질적인 증거도 갖지 못하며 설명력도 거의 없는 공허한 말뿐임을 알아채지 못했다.

원자들의 운동이 중요하다는 신념은 물리주의자들뿐 아니라 그 반대자들까지도 수긍하고 있었다. 세포핵 속의 염색체가 유전과 관련되며, 정자는 하나의 세포임을 확인했던 스위스 세포학자 루돌프 쾰리커Rudolf Kölliker(1886)는 발생이 성장 과정의 차이에 의하여 조절되는 완벽한 물리적 현상이라고 말했다. "세포핵 내에서 유전질idioplasm의 구조에 의하여 조절되는 규칙적이며 전형적인 운동의 발생을 상정하기만 하면 충분하다."

식물학자 카를 빌헬름 폰 네겔리Karl Wilhelm von Nägeli(1884)의 말에서 드러나듯, 기계론자들이 선호하는 또 다른 설명 도식은 '생물의 역학'을 '가장 작은 부분들의 운동'으로 설명하는 것이었다.[6] 당대의 지도적인 식물학자 에두아르트 슈트라스부르거Eduard Strasburger 또한 세포핵이 세포의 나머지 부분, 즉 세포질에 미치는 영향을 '신경 자극의 전달에 비유될 수 있는 분자운동의 전파'라고 서술했다. 그렇다면 거기에는 물질의 이동이 포함되지 않는데, 그것은 완전히 틀린 생각이다. 물리주의자들은 에너지와 운동에 대한 그들의 진술이 사실상 아무것도 설명하지 않음을 이해하지 못했다. 방향이 주어지지 않은 운동은 브라운 운동처럼 무작위적이다. 무엇인가가 운동에 방향을 주어야 하며, 바로 이것이 그들을 반대한 생기론자들이 주장한 핵심이다.

순수한 물리주의적 해석의 약점은 수정fertilization에 대한 설명에서 가장 분명히 드러난다. 히스와 루트비히의 제자였던 미셔F. Miescher는 1869년 핵산을 발견했을 때, 정자의 기능이 세포분열을 진행시키는 전적으로 기계적인 것이라고 생각했다. 물리주의에 편향된 미셔는 자신의 발견이 갖는 의의를 제대로 이해하지 못했다. 자크 러브는 수정에서 가장 중요한 요인은 정자의 핵이 아니라 이온이라고 주장했다. 누구라도 러브의 다음과 같은 문장을 읽으면 당혹스러울 것이다. "브랜키푸스Branchipus는 담수에 사는 갑각류로서 만약 고농도의 소금물에서 배양하면 훨씬 작아지고 어떤 변화가 발생할 것이다. 그렇게 변화된 것이 바로 아르테미아Artemia라는 새우다." 물리주의자들은 화학, 특히 물리화학에서 지적 정교함을 보여줬지만, 생물학적 지식에서는 그렇지 못했다. 성장과 분화에 영향을 미치는 외부 요인들에 대해 성실히 연구했던 작스조차 빛, 물, 양분이 동일한 조건 아래서 배양된 서로 다른 식물 종들의 씨앗이 왜 다른 종으로 성장하느냐는 물음에 대하여는 아무런 단서도 갖지 못한 듯 보인다.

현대 생물학에서 가장 비타협적인 기계론 학파는 아마도 1880년대에 빌헬름 루가 창시한 발달역학Entwicklungsmechanik 학파일 것이다. 이 학파는 발생학의 한 학파로서, 오직 계통생물학적 문제에만 관심을 두는 비교 발생학자들의 편협함에 과격하게 반발했다. 루의 동료였던 발생학자 한스 드리슈Hans Driesch는 처음에는 완강한 기계론자였지만, 나중에는 극단적인 생기론자로 전환했다. 드리슈의 그러한 변화는 다음과 같은 사실을 관찰함으로써 비롯되었다. 성게 배아를 일차 분할 단계(두 개의 세포 단계)에서 두 개의 독립된 배아로 분리했을 때, 각각의 배아가 두 개의 반쪽 생물로 성장하는 것이 아니라 적절한 보정을 겪으며 조금 작지만 완전한 유충으로 발전한다는 사실이 관찰되는데, 이는 기계론자들의 이론적 예측에 어긋나는 것이었다.

시간이 지남에 따라 생명에 대한 순수 물리주의적 설명이 공허하며 불합리하다는 사실이 대부분의 생물학자에게 분명해졌다. 그리하여 그들 대부분은 생물과 생명 과정이 환원주의적 물리주의에 의해 완전히 설명될 수 없다는 일종의 불가지론의 입장을 취하게 되었다.

생기론자

'생명'을 설명하는 문제는 과학혁명 이래 19세기에 이르기까지 생기론자들의 주된 관심사였다. 그러나 그것은 1820년대 이후 생물학이 확립될 때까지는 과학적 분석의 주제가 되지 못했다. 데카르트와 그 추종자들은 동식물연구자들로 하여금 살아 있는 생명체와 무생물 사이에 아무런 본질적 차이도 없다고 설득하는 데 실패했다. 물리주의가 대두한 이후에도 자연학자들은 생명에 대한 다른 관점을 가지고 있었으며, 생물에 대한 데카르트의 기계론적 설명에 반대하는 (형이상학적이거나 신학적인 것이 아닌) 과학적 논변을 발전시키려 했다. 이러한 노력으로부터 생물학의 생기론 학파가 탄생되었다.[7]

물리주의적 설명에 대한 생기론자들의 반발은 다양했다. 그것은 물리주의 패러다임 자체가 복합적인 것이었기 때문이다. 물리주의는 그들이 주장하는 내용(생명 과정은 기계적이며 물리학과 화학의 법칙으로 환원될 수 있다는 주장), 그리고 그들이 설명하는 데 실패한 내용(살아 있는 생물과 순전한 물질의 차이, 동물과 식물에서 드러나는 적응적이며 굉장히 복잡한 속성들—칸트의 합목적성Zweckmässigkeit—의 존재, 진화의 설명 등)에서 여러 가지 다른 의견들을 가지고 있었다. 그들이 주장한 내용들과 또 빠트리고 설명하지 못한 내용들에 대해 물리주의의 반대자들은 여러 가지 다른 반론들을 제시했다. 어떤 생기론자는 설명이 안되는 활력이라는 속성을 강조한 반면, 다른 이는 생명체의 전일적 본성을 강조하고, 또 다른 이는 (수정란의 발달에서 나타나는 것과 같은) 적응성이나 방향성을 강조했다.

물리주의에 대한 다양한 반대 논의들은 전통적으로 생기론이라는 이름으로 통칭된다. 어떤 의미에서 이것은 틀린 것이 아니다. 왜냐하면 모든 물리주의 반대자는 생물의 특별한 생명의 속성을 강조했기 때문이다. 그러나 생기론이라는 포괄적인 명칭은 그 집단 내부의 이질성을 은폐하기도 한다.[8] 예를 들어 (르누아르Lenoir가 목적기계론자라고 이름 지은) 일군의 독일 생물학자들은 생리적 과정을 기계론적으로 설명하려 하면서도 동시에 그러한 설명이 수정란의 발달과 같은 적응성 내지 방향성의 과정들을 설명할 수 없다고 인정했다. 이 중대한 문제는 1790년부터 19세기 말에 이르기까지 저명한 철학자와 생물학자 들에 의해서 거듭 제기되었으나, 놀랍게도 루트비히, 작스, 러브 등 당대의 지도적 물리주의자들의 저술에 전혀 영향을 미치지 못했다.

17세기에 처음 나타난 생기론은 본질적으로 반대 운동이었다. 그것은 과학혁명의 기계론 철학과 갈릴레이에서 뉴턴에 이르는 물리주의에 반대하는 것이었다. 생기론은 동물이 기계에 불과하며 생명의 모든 현상이 물질의 운동으로 완전하게 설명할 수 있다는 주장에 대하여 격렬히 저항했다. 생기론자들은 데카르트주의의 설명 모형을 반대하는 데에는 대단히 설득적이며 파괴력을 가졌지만, 대안적 설명을 제시하지는 못했다. 다양한 설명만 난무했지 통합적 이론은 없었다.

일군의 생기론자들은 생명이 무생물에서는 발견되지 않는 (흔히 원형질이라 부르는) 특별한 실체 또는 생화학적 분석으로는 해명될 수 없는 (콜로이드 상태와 같은) 특별한 물질 상태와 관련된다고 주장했다. 반면 다른 생기론자들은 물리학자가 다루는 힘과는 다른 종류의 특별한 활력(Lebenskraft, Entelechie, élan vital 등)이 있다고 주장했다. 그러한 힘의 존재를 주장했던 생기론자들의 일부는 동시에 생명이 어떤 궁극적 목적을 위해 존재한다고 주장하는 목적론자이기도 했다. 다른 몇몇은 물리주의자가 설명하지 못한 생물들의 특성을 설명하기 위하여 심리적 또는 정신적 힘을 상정하기도 했다(심리적 생기론, 심리적 라마르크주의).

활력의 존재를 지지했던 사람들도 그 힘의 본성에 대해서는 여러 가지 다른 견해를 가졌다. 17세기 중엽 이래 활력의 동인은 종종 뉴턴의 중력이나 칼로리, 플로지스톤 등 '무게를 잴 수 없는 유체들'과 마찬가지로 (액체가 아닌) 유체로 이해되곤 했다. 중력은 보이지 않는 것이며, 따뜻한 물체에서 차가운 물체로 흐르는 열도 마찬가지였다. 따라서 생기 유체vital fluid가 초자연적인 것이 아니면서도 보이지 않는다는 사실은 전혀 곤혹스럽지 않았다. 예컨대 절멸, 창조, 파국, 가변성, 자발적 생성 등에 대해 집중적으로 연구했던 18세기 후반의 저명한 자연학자 요한 프리드리히 블루멘바흐 Johann Friedrich Blumenbach는 생기 유체가 중력과 마찬가지로 보이지는 않지만 실제로 존재하며 과학적 연구의 주제가 될 수 있다고 생각했다.[9] 생기 유체의 개념은 결국 활력의 개념으로 대체된다. 뮐러와 같은 뛰어난 과학자조차 활력을 달리는 설명할 길이 없는, 생명의 양상들을 설명하는 데 필요불가결한 것으로 받아들였다.

16~18세기에 영국의 모든 생리학자는 생기론의 관념에 물들어 있었다. 존 헌터John Hunter, 프리처드J. C. Prichard 등의 저술에서 드러나듯 생기론은 1800~1840년경에도 여전히 강력했다. 프랑스에서는 데카르트주의가 강력했던 만큼 생기론자들도 대단히 강력한 세력을 이루고 있었다. (생기론을 지지하는 의사와 생리학자들의 모임인) 몽펠리에 학파Montepellier school와 조직학자 비샤F. X. Bichat가 프랑스의 생기론을 대변했다. 신경계와 소화계 등 기능적 주제를 주로 연구했으며 스스로 생기론의 반대자라고 자처했던 베르나르조차 실제로는 생기론의 관념들을 상당수 옹호했다. 나아가서 대부분의 라마르크주의자는 그들 사유의 상당 부분을 생기론에 기대고 있었다.

생기론이 가장 왕성했고 다양하게 발전한 곳은 독일이었다. 17세기 후반 산화의 플로지스톤 이론으로 유명한 화학자이자 의사였던 게오르크 에른스트 슈탈Georg Ernst Stahl은 기계론에 대한 최초의 강력한 반대자였다. 그는 생기론자라기보다는 물활론자에 더 가까웠지만, 그의 아이디어들은 몽펠리에 학파의 주장에 커다란 영향을 끼쳤다.

독일에서 생기론 운동을 자극했던 또 다른 사건은 전성설preformation과 후성설epigenesis의 논쟁이었는데, 그것은 18세기 후반 발생생물학을 지배했던 주제였다. 전성론자는 성체의 부분들이 발달 시초부터 축소된 형태로 미리 존재한다고 주장했다. 후성론자는 성체의 부분들이 시초부터 부분으로서 존재하는 것이 아니라 발생의 산물로서 나타난다고 주장했다. 1759년 발생학자 카스파르 프리드리히 볼프Caspar Friedrich Wolff는 전성설을 논박하고 후성설을 제안하는 과정에서 아무런 형태도 갖추지 못한 수정란 덩어리를 특정 종의 성체로 전환시키는 인과적 동인에 호소해야만 했다. 그는 이 동인을 '본질적인 힘vis essentialis'이라고 이름 지었다.

블루멘바흐는 본질적인 힘이라는 모호한 개념을 거부하고, 대신 배아의 발달뿐만 아니라 성장, 재생, 번식에서도 결정적인 역할을 하는 '니수스 포르마티부스nisus formativus'라고 새롭게 이름 지은 특별한 형성력formative force의 존재를 제안했다. 그는 다른 힘들, 예컨대 반응성, 자극 수용성 등도 생명의 존속에 기여하는 형성력으로 인정했다. 블루멘바흐는 이들 힘에 대해 대단히 실용적 관점을 취했다. 즉 원인을 분명히 알 수 없는 과정에 붙여진 이름일 뿐이라고 생각했다. 그에게 이 개념들은 형이상학적 원리라기보다는 블랙박스와 같은 것이었다.

자연철학이라 알려진 독일철학의 한 분파는 19세기 초 프리드리히 빌헬름 셸링Friedrich Wilhelm Schelling과 그의 추종자들에 의해 발전된 것으로서 단호하게 형이상학적 생기론의 입장을 취했다. 그러나 볼프, 블루멘바흐,

뮐러 등과 같은 현장 생물학자들의 철학은 형이상학이라기보다는 반물리주의라고 할 수 있다. 뮐러는 비과학적 형이상학자로 악명 높았지만, 그러한 비난은 공정한 것이 아니다. 어린 시절부터 나비와 식물을 채집했던 뮐러는 생물을 전일적 관점에서 바라보는 자연학자의 안목을 갖고 있었다. 그러나 수학과 물리과학으로 훈련된 그의 제자들에게는 그러한 관점이 낯선 것이었다. 뮐러는 '생명은 입자들의 운동이다.'라는 구호가 무의미하며 설명력도 없다는 것을 깨달았다. 그의 대안 개념인 생명력Lebenskraft은 비록 옳지는 않았지만, 혁신적인 후속세대들의 피상적인 물리주의보다는 유전 프로그램 개념에 훨씬 접근한 것이었다.[10]

생기론자들이 제시한 주장들의 대부분은 생물의 독특한 특성들을 설명하려는 것이었다. 오늘날 그것들은 유전 프로그램에 의해 설명된다. 생기론자들은 기계론에 대한 타당한 논박을 완전하게 제시했지만, 당대의 미숙한 생물학적 지식으로는 생명 과정에 대한 올바른 설명을 제시할 수는 없었다. 결과적으로 생기론자들의 주장은 대부분 비판적인 것에 머물렀다. 예를 들어 1890년부터 드리슈는 물리주의가 배아 구조의 자율 조절, 재생, 재생산, 그리고 기억과 지능 같은 정신 현상을 설명할 수 없다고 지적했다. '엔텔레키Entelechie'라는 용어를 '유전 프로그램'이라는 용어로 바꾸기만 하면 드리슈의 책들은 완전히 타당한 문장으로 가득 차게 된다. 생기론자들은 기계론적 설명이 놓치고 있는 것을 알고 있었고, 기계론자들이 설명하지 못했던 현상과 과정의 본성을 상세히 기록해두었다.[11]

생기론자들의 설명에 많은 약점과 모순이 있음을 염두에 둘 때, 생기론이 그토록 폭넓게 그리고 장기간에 걸쳐 받아들여졌다는 사실은 놀랍다. 그 한 가지 이유는 우리가 지금까지 보았듯이, 당시 생명에 대한 환원주의적 기계론에 대한 다른 대안이 생기론 외에는 없었기 때문이다. 생물학자들에게 생명에 대한 기계론은 완전히 잘못된 것이었다. 또 한 가지 이유는 생기론이 당대의 지배적인 이데올로기, 예를 들어 우주론적 목적에 대한 믿음(목적론)으로부터 강력한 지지를 받았기 때문이다. 독일에서 칸트는 생기론, 특히 목적기계론 학파에 강한 영향을 끼쳤으며, 그 흔적은 드리슈의 저술에서도 찾아볼 수 있다. 목적론과의 밀접한 관계는 모든 생기론자의 저술에서 역력히 드러난다.[12]

생기론자들이 다윈의 선택설에 강력히 반발했던 것은 어느 정도는 그들이 목적론에 편향되어 있었던 탓이었다. 다윈의 진화론은 우주론적 목적론을 완전히 부정했으며, 그 자리에 대신 진화적 변화에 대한 '메커니즘'을, 즉 자연선택natural selection을 제시했다. "우리는 다윈의 자연선택설로부터 생물학의 전 영역에 작동하는 기계적 인과의 존재에 대한 결정적 증명을 발견한다. 이제 생물에 대한 모든 목적론적이며 생기론적 해석은 더 이상 타당하지 않다(Haeckel, 1866)." 선택설selectionism은 적응의 영역에서 생기론을 무의미한 것으로 만들어버렸다.

드리슈는 다른 생기론자들과 마찬가지로 완강한 반다윈주의자였다. 그러나 그의 선택설에 대한 반대 논변은 우스꽝스러운 것이었으며, 그가 다윈의 이론을 전혀 이해하지 못하고 있다는 것이 드러난다. 다윈주의는 진화의 메커니즘을 설명하고 생명에 대한 목적론적 관점을 제거해냄으로써 '생명'을 설명하는 새로운 패러다임의 초석이 되었다.

생기론의 몰락

생기론이 처음 제시되고 널리 받아들여졌을 때, 그것은 '생명이란 무엇인가?'라는 골치 아픈 문제에 대한 일리 있는 설명처럼 보였다. 더군다나 당시 그것은 과학혁명의 조악한 기계주의와 19세기 물리주의에 대한 합당한 이론적 대안이었다. 겉보기에는 분명히 생기론이 단순한 기계론보다는 훨씬 성공적으로 생명 현상을 설명하고 있었다.

생물학에서 생기론이 얼마나 강력했으며, 얼마나 오랜 기간 위세를 떨쳤는가를 생각해볼 때, 생기론이 그토록 급속히 그리고 완벽하게 몰락했다는 것은 놀라운 일이다. 생물학에서 의미 있는 이론으로서의 생기론은 1930년경 완전히 사라졌다. 그 몰락에는 여러 가지 요인이 관련되어 있었다.

첫째, 생기론은 과학적 이론이라기보다는 형이상학적 이론으로 받아들여졌다. 그것이 비과학적으로 여겨졌던 주된 이유는 생기론자들이 생기론을 검증할 방법을 갖고 있지 못했기 때문이다. 그들은 활력의 존재를 교조적으로 주장할 뿐이었으며, 이런 이유로 살아 있는 생물의 기능을 해명할 수 있는 건설적인 환원적 연구를 저해할 뿐이었다.

둘째, 생물이 무생물과는 완전히 다른 종류의 실체로 이루어졌다는 믿음이 점차 신뢰를 잃어갔다. 19세기 내내 그 특별한 물질은 세포핵 외부의 세포물질인 원형질protoplasm이라 주장되었다.[13] 이후 그것은 쾰리커의 명명에 의해 세포질cytoplasm이라고 불렸다. 원형질이 '콜로이드colloidal' 성질을 갖는 것처럼 보였기 때문에 콜로이드 화학이라는 분야가 발달했다. 그러나 전자현미경 검사법과 합세한 생화학은 세포질의 구성을 밝혀내고, 그 구성요소들, 즉 세포기관, 세포막, 거대분자 등의 속성을 해명해내기 시작했다. '원형질'이라 불리는 특별한 존재는 존재하지 않는다는 것이 밝혀짐으로써 관련 단어와 개념들은 생물학 문헌들로부터 사라져갔다. 콜로이드 상태의 본성도 생화학적으로 설명되었기 때문에 콜로이드 화학도 종말을 고했다. 생명 실체라는 별도의 범주에 대한 증거들이 사라져가고 점차 거대분자와 그 구성에 의하여 살아 있는 물질의 독특한 특성들이 설명되기 시작했다. 거대분자는 무생물과 완전히 동일한 원자와 분자들로 이루어진다. 1828년 프리드리히 뵐러Friedrich Wöhler는 실험실에서 유기물인 요소urea를 합성해냈는데, 이는 인위적으로 비유기 합성물을 유기 분자로 전환시킬 수 있다는 첫 번째 증명이었다.

셋째, 비물질적인 활력의 존재를 입증하려던 생기론자들의 시도가 모두 실패했다. 생리 과정과 발생 과정들이 모두 세포와 분자 수준의 생화학적 과정에 의해 설명되기 시작하자, 생기론적 설명의 여지가 사라져버렸다. 생기론은 무의미한 이론이 되고 말았다.

넷째, 생기론의 근거로 인용되던 현상들을 설명해줄 새로운 생물학적 개념이 나타나기 시작했다. 그중에서도 두 가지가 특히 중요하다. 하나는 유전학의 발달로서, 그것은 궁극적으로 유전 프로그램의 개념으로 나아간다. 그것을 통해 모든 목표 지향적인 생명 현상은 원리적으로는 유전 프로그램에 의해 제어되는 목적론적 과정으로 설명될 수 있었다. 또 하나 새롭게 해석되어야 했던 목적론적으로 보이는 현상은 칸트의 합목적성이었다. 이에 대한 재해석은 한층 더 전진한 다윈주의에 의해 성취되었다. 자연선택에서 적응이 일어날 수 있는 것은 자연 생물계가 풍부한 변이성을 보이기 때문에 가능하다. 한 마디로 말해 생기론의 이념적 근간이었던 목적론과 반선택설이 붕괴되었다. 유전학과 다윈주의는 생명 실체나 활력을 상정함으로써만 설명될 수 있다고 주장했던 현상들에 대해 타당한 해석을 제공했다.

우리가 물리주의자들의 주장을 그대로 받아들인다면, 생기론은 단지 생물학의 발전을 저해했을 뿐이다. 그들에 따르면 생기론은 생명 현상을 과학의 영역으로부터 형이상학의 영역으로 옮겨 놓았다. 그러한 비판은 일면 타당한데, 특히 자못 신비적인 생기론자들의 저술에 대해서는 완전히 합당하다. 그러나 존중받을 만한 과학자들, 예컨대 블루멘바흐나 뮐러 같은 사람들에 대해서는 공정한 것이 아니다. 뮐러는 물리주의자들이 설명하지 못한 채 남겨두었던 생명의 양상들을 세심히 포착해냈다. 뮐러가 제시한 설명이 잘못되었다는 사실 때문에 해결되어야 할 문제들을 일목요연하게 정리해낸 그의 업적을 무시할 수는 없다.

올바른 설명을 위한 예비 작업이 이루어지지 않았던 탓으로 선명히 포착된 문제에 대해 부적절한 설명틀이 채택되었던 경우가 과학사에서는 적지 않다. 진화에 대한 칸트의 목적론적 설명이 유명한 예다. 아마도 생기론은 피상적 물리주의가 제시했던 생명에 대한 설명을 넘어서기 위한 불가피한 단계였다고 말할 수 있을 것이다. 프랑수아 자코브François Jacob(1973)가 정확히 지적했듯, 생기론자들은 생물학을 독자적인 과학 영역으로 자리매김하는 데 크게 기여했다.

생기론과 물리주의를 모두 대체해낼 유기체주의 패러다임으로 논의를 옮기기 전에 20세기의 특이한 현상, 즉 물리학자들 사이에 생기론적 관념이 득세했던 역사를 지적하지 않을 수 없다. 닐스 보어는 무생물에서는 발견되지 않은 특별한 법칙이 생물에서 작동할 수도 있다고 생각했던 첫 번째 사람이다. 그는 이 법칙이 물리학의 법칙과 완전히 같은 종류의 것이지만, 생물에만 한정적으로 적용된다는 차이점을 갖는다고 생각했다. 에르빈 슈뢰딩거Erwin Schrödinger와 다른 물리학자들도 비슷한 생각을 제시했다. 프랜시스 크릭Francis Crick(1966)은 물리학자 발터 엘자서Walter Elsasser와 유진 위그너Eugene Wigner 등의 생기론적 관념들을 논박하기 위해 책을 쓸 정도였다. 생기론이 유능한 생물학자들 사이에서는 거의 소멸된 이후 명망 있는 물리학자들에 의해 부활되었다는 것은 기묘한 일이다.

더욱 우스운 것은 1925년 이후 많은 생물학자가 당시 새로 발견된 물리학의 원리들, 즉 상대성이론, 보어의 상보성원리, 양자역학, 하이젠베르크의 불확정성원리 등이 생명 과정에 대한 새로운 통찰을 제시해준다고 믿었다는 사실이다. 그러나 내가 보건대 이 물리학적 원리들 중 어느 것도 생물학에서는 타당하지 않다. 보어는 상보성의 증거를 생물학에서 찾으려 했고, 그와 유사한 시도들이 여럿 있었지만, 생물학에서 그런 것을 발견할 수는 없었다. 하이젠베르크의 불확정성은 생물학에서 나타나는 불확정성과 전혀 다른 것이다.

생기론은 물리주의자의 저술보다는 철학자의 저술에서 더 오래 살아남았다. 그러나 내가 아는 한 1965년 이후에 저술하기 시작한 생물철학자들 중에는 생기론자가 단 한 명도 존재하지 않는다. 또한 현 시점에서 직설적으로 생기론을 주장하는 어떤 명망 있는 생물학자를 나는 본 적이 없다. 생기론에 호의적인 20세기 생물학자들이 몇몇 있었지만(하디A. Hardy, 라이트 S. Wright, 포르트만A. Portmann 등), 그들은 이미 세상을 떠났다.

유기체주의자

1920년경 생기론은 완전히 불신받게 된다. 생리학자 존 스콧 홀데인John Scott Haldane(1931)은 "이제 생물학자들은 거의 만장일치로 생기론을 공인된 믿음으로서 받아들이기를 거부한다."라고 분명히 말했다. 이와 함께 홀데인은 순수한 기계론적 해석이 생명의 고유한 특징인 조정 작용을 설명할 수 없다고 지적했다. 홀데인에게 특히 곤혹스러웠던 것은 발생 과정을 구성하는 사건들이 보여주는 질서 있는 계열이었다. 생기론과 기계론이 모두 타당하지 않음을 지적한 다음, 홀데인은 이렇게 말한다. "우리는 생물학의 새로운 이론적 기저를 찾아야만 한다. 그것은 관련 현상들이 성체

adult organism의 정상적 형태를 표현하도록 적절히 조정된다는 사실을 포용하는 것이어야 한다."

생기론의 몰락은 기계론의 승리가 아니라 새로운 설명 체계를 가져왔다. 새로운 패러다임은 분자 수준의 과정들이 전적으로 생화학적 메커니즘에 의해 설명될 수 있으나, 그 메커니즘이 상위 수준의 통합 과정에서는 대단히 사소한 역할을 한다고 주장한다. 거기서 메커니즘의 역할은 조직된 체계의 창발적 특성들에 의해 보완되거나 대체된다. 살아 있는 생물의 독특한 특성은 구성요소가 아닌 조직에 기인한다. 이런 식의 생각은 오늘날 통상 유기체주의organicism라고 불린다. 그것은 고도로 복잡한 질서 체계의 특징들과 생물 내 유전 프로그램의 역사적 성격을 특별히 강조한다.

1919년 유기체주의라는 말을 처음 만들었던 리터W. E. Ritter에 따르면[14] "전체는 그 부분들과 긴밀히 관련된다. 전체의 존재는 부분들의 질서 있는 협업과 상호 의존에 달려 있는 한편, 전체는 그 부분들에 대하여 결정적인 제어력을 행사한다(Ritter&Bailey, 1928)." 스머츠J. C. Smuts(1926)는 유기체에 대한 전일론적 관점을 다음과 같이 설명한다. "이러한 관점에서 전체란 단순하지 않고 복잡하며 부분들로 이루어져 있다. 유기체와 같은 자연적인 전체들은 복잡하거나 복합적이다. 그것들은 이런 저런 종류의 활동적 관계와 상호 작용 속에 놓여 있는 많은 부분으로 이루어져 있다. 그리고 유기체의 세포와 같이 부분들 자체가 작은 전체일 수도 있다." 이러한 설명은 이후 다른 생물학자에 의하여 다음과 같이 간략하게 요약되었다. "전체는 부분들의 합 이상이다."[15]

1920년대부터 전일론holism이라는 용어와 유기체론이라는 용어가 혼용되어 사용되었다. 애초에는 전일론이 더 빈번히 사용된 듯하며, '전일적'이라는 형용사는 오늘날에도 여전히 사용된다. 그러나 엄밀히 말해서 전일론은 생물학적 용어가 아니다. 왜냐하면 보어가 정확히 지적하듯 많은 무생물계도 전일론적이기 때문이다. 따라서 오늘날 생물학에서는 '유기체주의'라는 보다 제한적인 의미의 용어가 주로 사용된다. 거기에는 유전 프로그램의 존재가 새로운 패러다임의 핵심이라는 인식이 포함되어 있다.

유기체론자들이 가장 반발하는 것은 물리주의의 기계론적 측면이 아니라 환원론적 측면이다. 물리주의자들은 자신들의 설명을 기계론적 설명이라고 말하지만 그 설명의 더 중요한 특징은 환원주의적 설명이라는 것이다. 환원론자들에게 설명이란 문제는 가장 작은 구성요소들로의 환원이 이루어질 때 원리상 완료된다. 그들은 이런 구성요소의 목록과 그 각각의 기능을 확정짓기만 한다면, 상위 수준의 조직에서 관찰되는 모든 것을 설명하는 것은 아주 쉬운 일이라고 주장한다.

유기체주의자들은 그러한 주장이 절대 참일 수 없다고 강조한다. 왜냐하면 환원론은 상위 수준의 조직에서 나타나는 유기체의 특성들을 설명할 수 없기 때문이다. 흥미롭게도 거의 모든 기계론자가 순수한 환원론적 설명의 불충분성을 인정한다. 예를 들어 철학자 어니스트 네이글Ernest Nagel(1961)은 다음과 같이 말하고 있다. "현재까지는 물리화학적 설명이 감당할 수 없는 생물학의 거대한 부분이 있다. 그리고 그 내용에서 물리화학적이지 않은 많은 생물학적 이론이 성공적으로 사용되고 있다." 네이글은 '현재까지는'이라는 수식어를 통해 환원론을 구제하려고 하고 있다. 그러나 오늘날 분명해지고 있듯이 영토, 과시 행위, 포식자와 같은 순수 생물학적 개념들은 그 생물학적 의미를 완전하게 유지한 채로 물리화학의 용어로 환원될 수 없다.[16]

전체론의 선구자들(예를 들어 러셀E. S. Russell과 홀데인)은 대단히 설득력 있게 환원론의 관점을 비판했으며 전일론의 관점이 유기체의 행동과 발달의 현상들을 얼마나 잘 설명할 수 있는지 보여주었다. 그러나 그들이 전일론적 현상의 실질적인 핵심을 설명하지는 못했다. '전체'의 본성, 달리 말해서 부분의 전체로의 통합에 대한 그들의 설명은 성공적이지 못했다. 리터, 스머츠 등 전일론의 다른 주창자들의 설명 또한 똑같이 모호했으며 다분히 형이상학적이기까지 했다. 스머츠의 어떤 말들은 목적론의 느낌을 담고 있었다.[17]

알렉스 노비코프Alex Novikoff(1947)는 살아 있는 유기체에 대한 설명이 왜 전일론적이어야 하는지를 퍽 상세히 설명했다. "한 수준에서 전체인 것이 상위 수준에서는 부분이 된다. ……부분과 전체는 모두 물질적 실체이며, 통합은 부분들의 상호 작용으로부터, 즉 그들 속성의 귀결로서 야기된다." 환원을 거부함으로써 전체론은 "살아 있는 유기체를, 엔진의 피스톤처럼 제거할 수 있으며 그들이 속한 체계를 언급하지 않고도 서술할 수 있는 분리 가능한 부분들(물리화학적 단위들)의 묶음으로부터 만들어진 기계로 간주하지 않는다." 부분들 간의 상호 작용 때문에 고립된 부분에 대한 어떤 서술도 전체 시스템의 속성을 표현할 수가 없다. 체계 전체를 제어하는 것은 부분들의 조직이다.

세포로부터 세포조직, 기관, 기관계, 하나의 유기체에 이르기까지 모든 수준에서 부분들의 통합이 존재한다. 통합은 생화학 수준에서, 발달 단계의 수준에서, 유기체의 행동 수준에서 발견될 수 있다.[18] 모든 전일론자는 어떤 체계도 고립된 구성요소의 속성에 의해 설명될 수 없다는 것에 동의한다. 유기체주의의 토대는 살아 있는 존재는 조직을 갖는다는 사실이다. 살아 있는 존재는 특성들 또는 분자들의 단순한 집합이 아니다. 왜냐하면 그것의 기능이 전적으로 조직, 상호 관계, 상호 작용, 상호 의존에 달려 있기 때문이다.

창발성

이제는 분명해졌는데, 전일론의 초창기 정식에서는 현대 생물학의 설명 체계를 이루는 두 기둥이 빠져 있었다. 하나는 유전 프로그램의 개념으로서 당시에는 아직 개발되지 않았다. 다른 하나는 창발성 개념으로서, 그것은 말하자면 구조화된 체계에서는 하위 수준 요소들에 대한 지식으로부터 예측될 수 없는 새로운 속성이 상위 수준에서 나타난다는 생각이다. 당시에는 그런 것을 아예 생각하지 못했기 때문에, 또는 비과학적이며 형이상학적으로 들렸기 때문에 이 개념 또한 존재하지 않았다. 그러나 유기체주의는 유전 프로그램의 개념과 창발성의 개념을 포괄함으로써 반환원론인 동시에 기계론으로 남아 있게 되었다.

자코브(1973)는 창발성을 이렇게 설명한다. "각 수준에서 상대적으로 잘 정의된 크기, 그리고 거의 유사한 구조를 가진 단위들이 연합하여 상위 수준의 단위를 형성한다. 이렇게 하위단위들을 통합함으로써 만들어진 단위들을 일반화화여 '통합체integron'라고 할 수 있다. 하나의 통합체는 하위 수준의 통합체들을 결합함으로써 형성되며, 그것은 다시 보다 상위의 통합체를 구성하는 데 참여한다." 모든 통합체는 하위의 통합 수준에서는 존재하지 않았던 새로운 특성과 능력을 갖는다. 이를 일컬어 창발되었다고 말한다.[19]

창발성의 개념은 창발적 진화에 관한 로이드 모건Lloyd Morgan의 책(1923)에서 처음 부각되었다. 그런데 창발적 진화를 채택한 다윈주의자들은 그 개념에 대해 상당한 오해를 갖고 있었다. 그들은 창발적 진화가 반점진주의적이라는 점을 우려했기 때문이다. 사실 초기의 몇몇 창발론자들, 특히 멘델주의Mendelism의 시기에 속하는 사람들은 도약진화론자saltationist들이었다. 즉 그들은 진화가 거대하고 불연속적인 비약에 의해서 진행된다고 믿었다. 이러한 오해는 이제 극복되었는데, 그것은 오늘날 유전자나 개체가 아니라 개체군이 진화의 단위로 여겨지기 때문이다. 어떤 개체는 기존 DNA의 재조합을 통해서 개체군 내에서 다른 형태(표현형적 불연속성)를 가질 것이지만, 전체로서의 개체군은 필연적으로, 점진적으로 진화함에 틀림없다. 현대 진화론자들은 새로운 상위 수준의 창발을 허용하는 복잡한 체계의 형성이 전적으로 유전적 변이와 선택의 문제라고 말한다. 통합체들은 자연선택을 통해서 진화하며 개체의 적합성에 기여함으로써 각각의 수준에서 적응계를 이룬다. 여기에 다윈주의와 상충하는 것은 전혀 없다.

간단히 말해서 유기체주의는 다음 두 가지 믿음으로 요약될 수 있다. 유기체를 하나의 전체로 간주하는 것이 중요하다는 믿음, 그리고 동시에 전체는 분석을 거부하는 신비한 것이 아니며 적절한 수준을 택함으로써 연구되고 분석될 수 있다는 확고한 믿음이 그것이다. 유기체주의자들은 분석을 거부하지 않는다. 다만 분석은 의미 있는 정보와 통찰을 산출해줄 수 있는 최하 수준까지만 한정적으로 내려가야 한다고 생각한다. 모든 체계, 모든 통합체는 부분들로 분리될 때 그 특성을 잃는다. 유기체의 구성요소들 사이의 많은 중요한 상호 작용은 생화학적 수준이 아니라 상위의 통합 수준에서 발생한다. 통합의 연속적인 단계들에서 나타나는 유기적 통합체의 발달 및 활동들을 제어하는 것은 결국 유전 프로그램이다.

생명의 현저한 특성들

오늘날 현장 생물학자와 과학철학자 들 사이에는 살아 있는 생물의 본성에 대한 어떤 합의가 이루어진 듯하다. 분자 수준에서, 그리고 세포 수준에서 나타나는 모든 기능은 물리화학의 법칙을 따른다. 거기에는 별도로 생기론의 원리를 필요로 하는 어떤 빈틈도 존재하지 않는다. 그러나 생물은 무생물과 근본적으로 다르다. 생물은 무생물에서는 발견될 수 없는 여러 가지 창발적 속성을 가진, 위계적인 질서를 지닌 체계다. 더욱 중요한 것은 그들의 활동이 역사적으로 획득된 정보를 포함하는 유전 프로그램에 의해 지배된다는 것이다. 이는 무생물에서는 존재하지 않는 현상이다.

결과적으로 살아 있는 생물은 주목할 만한 이원론의 형식을 드러낸다. 그것은 몸과 영혼, 몸과 마음 같이 반쯤 물리적이며 반쯤 형이상학적인 그런 이원론이 아니다. 현대 생물학의 이원론은 일관되게 물리화학적이다. 그것은 다만 생물이 유전자형genotype과 표현형phenotype을 동시에 소유한다는 사실에서 비롯된다. 핵산을 포함하는 유전자형을 이해하기 위해서는 진화적 설명이 필요하다. 유전자형에 의해 제공된 정보에 기반하며, 단백질과 지방질, 그리고 다른 거대분자들로 이루어진 표현형을 이해하기 위해서는 기능적인 (근사치의proximate) 설명이 필요하다. 이러한 이중성은 무생물계에서는 알려져 있지 않은 것이다. 유전자형과 표현형에 대한 설명은 각기 다른 종류의 이론을 필요로 한다. 살아 있는 존재에게만 특유한 현상들을 목록으로 만들어보자.

진화된 프로그램. 생물은 38억 년에 걸친 진화사의 산물이다. 그것들의 모든 특성은 그 역사를 반영한다. 발달, 행동 등 살아 있는 생물의 모든 활동은 유전 프로그램에 의해 부분적으로 제어되는데, 이때 유전 프로그램은 생명의 역사를 통해 축적된 유전정보의 결과라고 할 수 있다. 역사적으로 보건대 생명의 기원으로부터 단순한 원핵세포로, 그리고 거대한 나무, 코끼리, 고래, 인간에 이르는 연속된 흐름이 있다.

화학적 속성들. 살아 있는 생물이 무생물과 동일한 원자들로 이루어지기는 하지만 살아 있는 생물의 발달과 기능에 관련되는 분자의 종류들, 즉 핵산, 펩티드, 효소, 호르몬, 세포막의 구성요소들은 무생물계에서는 발견되지 않는 거대분자들이다. 유기화학과 생화학은 살아 있는 생물에서 발견되는 이것들 모두가 더욱 단순한 비유기적 분자들로 분해될 수 있으며, 적어도 원리상으로는 실험실에서 합성될 수 있음을 보여주었다.

조절 메커니즘. 살아 있는 체계는 체계의 변함없는 상태를 유지하게 해주는 여러 가지 제어 및 조절 메커니즘을 갖고 있다는 특징이 있다. 다중 피드백 메커니즘도 그중 하나며, 이런 것들은 무생물계에서는 발견되지 않는다.

조직. 살아 있는 생물은 복잡하며 질서 정연한 체계다. 그것은 유전자형의 상호 작용에 대한 조절과 제어 그리고 발달과 진화의 제약들을 설명해준다.

목적론적 체계. 살아 있는 생물은 적응계다. 그것은 자연선택을 거쳐 온 수많은 선행 세대의 결과다. 이 체계는 배아 발달로부터 성체의 생리학적이며 행동적인 활동에 이르기까지의 모든 목적론적(목표 지향적) 활동이 가능하도록 프로그램되어 있다.

한정된 크기. 살아 있는 생물의 크기는 가장 작은 바이러스로부터 가장 큰 고래나 나무에 이르기까지, 각기 중간 규모 세계의 제한된 영역을 차지한다. 생물학적 조직의 기본 단위인 세포나 세포 구성 물질들은 매우 작으며, 그 작은 크기는 생물들이 보여주는 발달, 그리고 진화에서 엄청난 유연성을 가능하게 한다.

생명 주기. 적어도 유성번식하는 생물들은 수정란으로부터 여러 가지 배아 또는 유충 단계를 거쳐 성체에 이르는 정해진 생명 주기life cycle를 갖는다. 생명 주기의 복잡성은 종마다 다르다. 어떤 종에서는 유성번식과 무성번식이 교대로 나타나기도 한다.

개방계. 살아 있는 생물은 끊임없이 외부환경으로부터 에너지와 물질을 흡수하고 대사의 최종 산물들을 배출한다. 개방계open system이기 때문에 그것은 열역학 제2법칙의 제한을 받지 않는다.

살아 있는 생물들의 이런 속성들에 의해 무생물계에서는 결코 존재하지 않는 여러 가지 능력들이 가능해진다.

진화의 능력.
자기 복제의 능력.
진화 프로그램을 통한 성장 및 분화의 능력.
대사의 능력(에너지의 결합 또는 방출).
복잡계를 안정적인 상태로 유지시키는 자기 제어의 능력(항상성 또는 피드백).
환경으로부터 온 자극에 반응하는 능력(지각 및 감각 기관을 통해).
유전자형과 표현형의 두 수준에서 변화하는 능력.

이런 특성들에 의해 살아 있는 생물은 무생물계와 근본적으로 구분된다. 생물 세계의 이러한 독특성과 구분이 인식됨에 따라 생물학이라는 과학 분야가 나타났으며, 점차 그 분야의 자율성에 대한 깨달음으로 이어졌다. 이에 대해서는 2장에서 다룬다.

2

과학이란 무엇인가?
What Is Science?

생물학은 살아 있는 유기체 연구를 담당하는 분과 학문을 모두 포괄한다. 이 분과 학문들을 생명과학이라 부르기도 한다. 생명과학이라는 용어는 생명 없는 세계에 초점을 맞추는 물리과학과 생물학을 구별한다. 사회과학, 정치과학, 군사과학 등은 다른 여러 체계화된 학문 분야를 일컫는다. 또한 이러한 학문적 전문성 외에도 우리는 자주 마르크스주의 과학, 서양 과학, 페미니스트 과학, 기독교 과학과 창조과학으로 부르는 과학을 만난다. 왜 이런 다양한 분과 학문을 '과학'이라고 부르는가? 다른 사고 체계로부터 구분되는 진정한 과학의 특징은 무엇인가? 생물학은 그러한 특징을 갖는 것인가?

이런 기본적인 질문에 답하는 것은 간단한 일이라고 생각할 수도 있다. 과학이 뭔지 모르는 사람이 있는가? 하지만 대중 언론에서 제시되는 과학의 상 이외에 전문적인 논문에서 다루어지고 있는 이 질문에 관련된 논의를 검토해보면 그렇게 쉬운 문제가 아님을 알 수 있다.[1] 다윈의 친구이자 다윈 이론을 대중화시킨 토머스 헉슬리Thomas Huxley는 과학을 '단지 훈련되고 조직화된 상식'으로 규정지었다. 하지만 이것은 사실이 아니다. 상식은 흔히 과학에 의하여 수정된다. 예를 들어 상식은 지구가 평평하고 태양이 지구 주위를 돈다고 말한다. 과학의 모든 영역에서 나중에 잘못으로 증명된 상식적 견해가 있었다. 사람들은 과학적 행위가 상식을 확인하거나 반박하는 것으로 이루어진다고까지 말한다.

철학자들이 과학에 대한 합의된 정의를 이끌어내는 데 겪은 어려움을 설명하는 요소는 아주 많다. 그중 하나는 과학이 (과학자들이 하는) 행위인 동시에 (과학자들이 아는) 지식 체계라는 것이다. 오늘날 대부분의 철학자는 과학을 정의할 때 과학자들의 활동, 즉 탐구와 설명 그리고 시험을 강조한다. 그러나 다른 철학자들은 과학을 커가는 지식 체계, 즉 '설명 원리에 기초한 지식의 구성과 분류'로 정의하려고 한다.[2]

귀납적 방법을 선호했던 과학혁명이 초창기에는 자료 수집과 지식의 축적이 강조되었다. 당시의 귀납론자들은 개별 사실을 축적해 일반화할 수 있을 뿐 아니라 마치 자연적 점화가 일어나듯 새로운 이론을 만들어낼 수 있다고 믿었다. 실제로 현대 철학자들은 사실 자체가 현상을 설명할 수 없다는 데 일반적으로 동의하고 있고, 심지어는 순수한 사실 자체가 존재하는지 그 문제를 두고 광범위한 논의를 벌인다. "모든 관찰은 이론을 전제하지 않는가?"는 이들이 던진 질문이다. 비록 새로운 관심사는 아니지만 말이다. 1861년 다윈의 글에서도 찾아볼 수 있다. "관찰에 어떤 의미라도 부여하자면 모든 관찰이 어떤 관점에 대한 찬성이나 반대일 수밖에 없다는 사실을 사람들이 무시해야 한다는 것은 참 이상한 일이다."

물론 '지식'이라는 단어를 사용하는 대부분의 필자에게 있어 지식은 사실뿐만 아니라 이에 대한 해석도 포함한다. 이런 의미로는 '이해'라는 단어를 쓰면 혼동이 덜 하다. 그래서 "과학의 목적은 자연에 대한 우리의 이해를 진전시키는 것이다."라고 정의할 수 있다. 어떤 철학자들은 '과학적 문제를 해결함으로써'를 추가할 것이다.[3] 다른 과학자들은 더 나아가, "과학의 목적이 이해하고, 예측하며, 통제하는 것이다."라고 말했다. 그러나 많은 과학 분야에서 예측은 아주 종속적인 역할에 한정될 뿐이고, 순수 과학 분야에서는 통제가 전혀 문제되지 않는다.

철학자들이 과학의 정의를 합의하는 데 어려움을 겪는 또 다른 이유는 사람들이 과학이라 이름 붙인 학문 행위가 여러 세기에 걸쳐 끊임없이 변해왔기 때문이기도 하다. 예를 들어 신의 의도를 이해하기 위해 자연을 연구한 자연신학은 약 150년 전까지는 합법적인 과학 분과로 간주되었다. 그 결과 1859년 다윈에 대한 일부 비판자들은 다윈이 크고 작은 모든 피조물의 설계에서 분명히 드러나는 신의 의도를 무시하고 우연과 같은 '비과학적' 요소를 들어 종의 기원을 설명했다고 조롱했다. 그러나 20세기 과학자들은 무작위적 현상에 대해 이와 완전히 상반된 견해를 보여준다. 자연법칙에 대한 이해는 생명과학과 물리과학에서 모두 엄밀한 결정론적 견해에서 대체로 확률적인 입장으로 변해왔다.

과학의 점진적 변화에 대한 또 다른 예를 보자. 과학혁명을 이끈 강한 경험주의는 새로운 사실의 발견에 중점을 두었다. 반면에 새로운 개념의 전개가 과학의 진보를 위해 수행하는 중요한 역할에 대해서는 이상할 만큼 주목하지 않았다. 오늘날 경쟁, 유전, 세력권, 이타주의 같은 개념은 생물학에서 중요하다. 법칙이나 발견이 물리학에서 그런 것과 마찬가지다. 하지만 이런 개념들의 중요성은 아주 최근까지 철저히 무시되었다. 이런 무시는 예컨대 노벨상 규정에도 반영되어 있다. 노벨상이 생물학에도 주어진다 해도(생물학 분야는 없다), 19세기의 가장 위대한 과학적 성취를 이룬 다윈은 수상자가 되지 못했을 것이다. 자연선택이라는 개념의 발전은 발견이 아니기 때문이다. 개념보다도 발견을 중시하는 이런 태도는 다윈의 시대보다는 덜하지만 오늘날까지도 이어진다.

장차 과학에 대한 우리의 상에 어떤 다른 변화가 생길지는 아무도 알 수 없다. 이런 상황에서 할 수 있는 최선의 일은 우리 시대, 즉 20세기의 마지막을 지배하고 있는 과학의 유형에 대한 얼개를 제시하는 것이다.

근대 과학의 기원

근대 과학은 인간 지성의 놀라운 성취인 과학혁명과 함께 시작되었다. 이는 코페르니쿠스, 갈릴레이, 케플러, 뉴턴, 데카르트, 라이프니츠와 같은 이름으로 특징지어진다. 그 시기에 현대 과학의 특성을 이루는 과학적 방법의 기본 원칙이 많이 개발되었다. 물론 무엇이 과학인지에 대해서는 사람들 사이에 견해 차이가 있었다. 어떤 점에서는 아리스토텔레스의 생물학도 과학이라고 할 수 있다. 그러나 여기서 1830년에서 1860년대 사이에 전개된 생명과학의 방법론적 엄밀함과 포괄성을 찾을 수는 없다.

과학혁명 동안 지배적이었던 과학에 대한 개념을 형성한 과학 분야는 수학, 역학, 천문학이었다. 형식논리학이 이런 독창적인 물리주의적 과학의 틀을 형성하는 데 어느 정도 기여했는지는 완전하게 규정할 수 없지만 데카르트의 사상에는 지대한 영향을 미친 것이 분명하다. 이런 새롭고 합리적인 과학의 이상은 객관성이었으며 경험주의였고 귀납주의였다. 또한 물리세계에 근거하지 않은 마술적이고 미신적인 현상에 대한 설명과 같은 형이상학의 모든 잔재를 없애고자 노력했다.

하지만 실제로 과학혁명의 모든 구축자는 여전히 성실한 기독교인으로 남아 있었다. 당연히 그들이 창조했던 과학은 기독교 신앙의 일부였다. 이러한 관점으로 보면 세계는 신이 창조했으므로 무질서할 수 없었다. 세계는 신의 법에 의해 통치되었고, 신의 법이기에 보편적이다. 현상이나 과정에 대한 설명은 이런 신의 법칙과 위배되지 않으면 타당하다고 간주되었다. 이들은 신의 법칙을 통해 궁극적으로 명확하고 절대적인 우주의 활동과 함께 언젠가는 모든 것을 증명하고 예측할 수 있을 것이라고 믿었다. 신의 과학의 과제는 이런 보편적 법칙을 찾는 것이다. 그리고 이 법칙들에 구현된 모든 것의 궁극적인 진리를 찾고, 예측과 실험을 통해 그것들의 진리를 시험하려는 것이었다.

역학에 관한 문제들은 이런 이상에 꽤 잘 들어맞았다. 예측이 가능한 방식으로 행성은 태양 주위를 돌고 공은 경사면을 따라 내려간다. 가장 단순한 과학인 역학이 일관성 있는 법칙과 방법론의 집합을 발전시킨 최초의 과학이 된 것은 우연의 역사가 아니다. 그러나 물리학의 다른 분야가 발전하면서 역학의 보편성과 결정성을 의심케 하는 발견이 거듭되었고 다양한 변화가 요구되었다. 사실 일상생활에서 역학 법칙은 결정성이라고는 전적으로 결여된 듯 보이는 무작위적 (확률적) 과정에 의해 아주 완벽하게 좌절되었다. 예를 들어 보통 공기 덩어리와 수분 덩어리의 운동을 동반하는 대기의 심한 난류는 기상학이나 해양학에서 역학 법칙의 장기적인 예측을 허용하지 않는다.

자연세계에 대한 기계론자의 전략은 생물과학에도 그리 잘 적용되지 않는다. 역학이 제시하는 과학적 틀로 생명의 진화 과정에 나타나는 역사의 연결고리를 재구성할 방법은 없다. 역학은 생명과학에서 미래를 예측하도록 해주는 해답과 인과에 대한 다원주의를 허용하지 않는다. 진화생물학이 역학의 기준에 따라 그 '과학성'을 검증받았다면 시험에 통과하지 못했을 것이다.

역학이 가장 좋아하는 연구 방법인 실험을 생각하면, 생물학의 과학성은 더욱 흔들렸을 것이다. 실험은 역학에서 너무나 중요해서 마침내는 그외에는 과학적 방법이 없는 것처럼 여겨졌다. 다른 방법은 열등한 과학으로 간주되었다. 그러나 동료들을 엉터리 과학자라고 부르는 것은 좋지 않으므로, 다른 비실험적 과학은 서술과학descriptive science으로 부르게 되었다. 이 용어는 몇 세기 동안 생명과학에 경멸적으로 붙어 다녔다.

실제로 '모든' 과학의 기본적 지식은 서술에 근거한다. 새로 생겨난 과학은 사실적 기초에 근거하므로 더 서술적이다. 오늘날 분자생물학에 관한 대부분의 저작물은 본질적으로 서술적이다. 실제로 '서술적'이라는 말은 '관찰적'이라는 뜻이다. 왜냐하면 맨눈이나 다른 감각기관을 사용하거나 아니면 간단한 현미경이나 망원경 혹은 아주 섬세한 도구를 사용하든지 간에 모든 서술은 관찰에 기초하기 때문이다. 과학혁명 동안에도 관찰은 (실험보다도) 과학의 진보에 더 결정적인 역할을 했다. 코페르니쿠스와 케플러의 우주론적 일반화와 뉴턴 이론의 대부분은 실험실에서의 실험보다 관찰에 근거했다. 오늘날 천문학, 천체물리학, 우주론, 행성학, 지질학과 같은 분야의 기초 이론은 실험과는 거의 무관한 새로운 관찰 결과로 인해 흔히 변경된다.

이를 좀 다르게 표현하면 갈릴레이와 그 후계자들이 기술한 발견들은 그들이 관찰할 수 있었던 자연의 실험으로부터 비롯되었다. 행성과 항성의 식飯과 폐색occlusion은 지진, 화산 폭발, 운석 구멍, 자기적 변환, 침식과 마찬가지로 자연적으로 발생하는 실험이다. 플라이오세에 파나마 지협을 통해 북미와 남미가 연결된 것은 두 대륙의 동물 종 사이에 대량의 교환이 일어나게 한 진화생물학의 실험이다. 플라이스토세에 빙하작용으로 북반구의 다수 생물이 멸종하고 새로운 동물군에 의한 재점령이 일어난 것을 포함해 크라가타우섬, 갈라파고스군도, 하와이제도와 같은 화산섬과 군도에 생물군이 형성되는 것은 또 다른 자연적 실험이다. 관찰 과학의 많은 진보는 실험실에서 실험이 불가능하거나 실현하기 어려운 현장에서 벌어지는 자연적 실험을 발견하고 비판적으로 평가·비교해온 천재들의 노력에 의한 것이다.

과학혁명은 미신, 미술, 중세 신학자들의 독단을 거부하는 사상혁명이었다. 그렇지만 이 혁명이 기독교 신앙에 대한 반역을 포함하지는 않았다. 그리고 이 이념적 편견은 생물학에 불리한 영향을 미쳤다. 살아 있는 유기체에 대한 연구에서 가장 근본적인 문제에 대한 답은 신의 손을 빌리는가 아닌가에 의존한다. 이것은 특히 (창조론자에게 흥미 있는 주제인) 기원과 (자연신학자에게 흥미로운 주제인) 설계에 대한 모든 물음이 여기에 해당된다. 우주가 단지 신, 인간의 영혼, 물질, 운동만을 포함한다는 것을 수용하는 일은 당시의 물리학에는 아무런 문제가 되지 않았다. 그러나 이것은 생물학의 진보에는 부정적으로 작용했다.[4]

그 결과 생물학은 기본적으로 19세기와 20세기까지 동면 상태였다. 17세기와 18세기 동안 자연사와 해부학 및 생리학에서 사실적 지식이 상당량 축적되었지만, 당시 생명의 세계는 의학의 영역에 속한 것으로 여겨졌다. 실제로 해부학과 생리학은 의학의 일부였고 심지어는 의학적 가치를 가진 식물을 찾아내는 일이 주가 된 식물학도 그러했다. 물론 자연사란 그저 취미삼아 하는 공부거나 자연신학에 기여할 것을 목적으로 하는 부수적 활동이었다. 지금 볼 때 초기 자연사의 어떤 작업은 아주 훌륭한 과학이었음이 분명하지만 그 당시에는 그런 식으로 인식되지 않았다. 자연사의 연구는 과학철학에도 아무런 기여를 하지 못했다.

역학을 과학의 범례exemplar로 받아들이는 경향은 마침내 유기체도 비활성 물질과 다르지 않다는 믿음으로 이어졌다. 이것으로부터 과학의 목적은 생물학의 모든 것을 화학과 물리학의 법칙으로 환원하는 것이라는 논리적 결론이 나왔다. 그러나 곧 이은 생물학의 발전은 이런 입장을 유지할 수 없게 만들었다(1장 참조). 기계론과 그 정적인 생기론을 종국에는 타도하고 20세기에 들어 유기체주의의 패러다임을 수용한 것은 과학에서 생물학의 입지에 심대한 영향을 주었다. 아직 많은 과학철학자에게 충분히 평가받지는 못했지만 말이다

생물학은 자율적 학문인가?

20세기 중반 이후 과학에서 생물학의 위치를 둘러싼 세 가지의 아주 다른 관점이 드러났다. 한 극단적인 관점은 생물학을 과학의 범주에서 제외했다. 그 이유는 생물학이 물리학을 의미하는 '참된 과학'이 가지고 있는 보편성, 법칙 구조화, 엄격한 정량성이 부족하기 때문이다. 반대 극단에 서 있는 사람들은 생물학이 진정한 과학에 필수적인 속성을 다 가졌을 뿐 아니라 물리학과 동등하게 자율적 과학으로 자리매김 할 수 있는 중요한 측면을 갖고 있다고 주장했다. 양극단 사이에 생물학을 '국지적' 과학provincial science으로 규정하려는 견해가 있었다. 생물학이 보편성을 담보하지 못하고 궁극적으로는 물리학이나 화학의 법칙으로 환원될 수 있기 때문이라

는 주장이다.

'생물학이 자율적 과학인가?'라는 물음을 둘로 나누어 볼 수 있다. 즉 '물리학이나 화학과 마찬가지로 생물학은 과학인가?'와 '생물학은 물리학과 화학 같은 엄밀한 과학인가?'가 그것이다. 첫 번째 물음에 대한 대답으로 우리는 어떤 활동이 과학으로 인정받을 수 있을지를 결정하기 위해서 존 무어John Moore의 여덟 가지 기준을 참고할 수 있다. 무어(1993)의 기준은 다음과 같다. (1) 과학은 초자연적인 요소에 호소함 없이 현장이나 실험에 의해 수집된 자료에 기초해야 한다. (2) 질문에 답하기 위해 자료 수집은 필수적이며 추측을 강화하거나 반박할 수 있는 관찰을 수반해야 한다. (3) 모든 가능한 편견을 최소화하기 위해 객관적인 방법을 사용해야 한다. (4) 가설은 관찰과 일치해야 하고 일반적인 개념틀에 적합해야 한다. (5) 모든 가설은 검증되어야 한다. 그리고 가능하다면 경쟁할 만한 가설들을 개발해야 하고, 그 타당성의 정도(문제해결 능력)가 비교되어야 한다. (6) 일반화는 특정 과학의 영역 안에서 보편적으로 타당해야 한다. 특이한 현상을 초자연적 요소에 호소함 없이 설명할 수 있어야 한다. (7) 실수의 가능성을 제거하기 위하여 사실이나 발견은 다른 연구자에 의해 (반복해서) 확인된 경우에만 완전히 인정되어야 한다. (8) 과학은 과학 이론을 꾸준히 개선하고, 결함이 있거나 불완전한 이론을 대체하며, 이전의 어려운 문제에 대한 해결책을 제시하는 특성을 갖는다.

이러한 기준으로 판단하면, 대부분의 사람은 생물학이 물리학이나 화학처럼 합법적인 과학이라고 결론지을 것이다. 그러나 생물학은 국지적 과학이며, 그래서 물리과학과 대등하지 못한가? '국지적 과학'이란 용어가 처음 소개되었을 때, 이 용어는 생물학이 보편적 법칙을 내놓을 수 없는 특수하고 국소적인 대상을 다룬다는 뜻에서 '보편'의 반대말로 사용되었다. 물리학의 법칙은 시공간의 한계가 없다고 이야기한다. 그래서 물리학의 법칙은 안드로메다 우주에서 지구에 이르기까지 타당하다. 반대로 생물학은 국지적이다. 왜냐하면 우리가 아는 모든 생명은 오직 지구에만 존재했고 빅뱅 이래 단지 100억 년 중 38억 년 동안만 존재했기 때문이다.

이 논의는 로널드 먼슨Ronald Munson(1975)에 의해 설득력 있게 논박되었다. 먼슨은 생물학의 모든 근본 법칙과 이론 및 원리의 적용 범위가 직·간접적으로 모두 특정한 시간이나 장소에 구애되지 않음을 증명했다. 생명의 세계에는 상당한 유일성이 있다. 그러나 사람들은 유일한 현상에 대한 모든 종류의 일반화를 만들어낼 수 있다. 각 대양의 흐름은 유일하지만 해류에 대한 법칙과 이론을 확립할 수 있는 것과 마찬가지다. 생물학의 적용 범위를 지구상에 알려진 생명으로 한정하는 것은 생물학적 원리의 모든 보편성을 박탈하는 일이다. 여기서 우리는 '보편성이란 무엇인가?'를 물어야만 한다. 지구 밖에도 생명 없는 물질이 존재한다고 알려진 이래 생명 없는 물질을 다루는 과학이 보편성을 인정받기 위해서는 우주에도 적용될 수 있어야 했다. 생명은 아직까지 알려진 바로는 지구에만 존재한다. 생명에 관한 법칙과 원리는 (생명 없는 물질의 법칙과 원리처럼) 지구상에서, 즉 그 존재가 알려진 영역에서 타당하기 때문에 보편적이다. 나는 적용 가능한 모든 영역에서 성립하는 원리에 대해 '보편적'이라는 명칭을 부여하지 않을 이유가 없다.

생물학을 '국지적' 과학으로 묘사할 때 더 흔하게 뜻하는 것은 생물학이 화학과 물리학의 부분 집합이기에 결국 생물학의 발견이 화학이나 물리학 이론으로 환원 가능하다는 것이다. 반대로 생물학의 자율성을 옹호하는 사람들은 다음과 같은 방식으로 주장할 것이다. 즉 생물학자들의 주의를 끄는 유기체의 여러 속성은 물리화학적 법칙으로 환원될 수 없으며, 물리학자가 연구한 물리 세계의 많은 측면은 생명 연구에(또는 물리학 밖의 어떤 다른 과학에) 잘 들어맞지 않는다. 이런 의미에서라면 물리학도 생물학과 마찬가지로 국지적 과학이다. 단지 최초의 제대로 체계화된 과학이었다는 이유로 물리학을 과학의 범례로 볼 이유는 없다. 물리학을 더 어린 자매 학문인 생물학보다 조금이라도 더 보편적으로 만들어 줄 역사적 근거도 없다. 과학의 통합은 수많은 다양한 영역에 대한 과학을 모두 받아들여 물리학과 생물학을 그중의 하나로 인정하기 전에는 이루어질 수 없다. 하나의 국지적 과학인 생물학을 다른 국지적 과학인 물리학으로 '환원'하는 것이나 그 반대의 행위는 모두 쓸데없는 일이 될 것이다.[5]

19세기 말과 20세기 초에 과학의 통합을 주장한 대부분의 사람은 과학자보다는 철학자였다. 그리고 이들은 과학들 사이의 이질성을 거의 인지하지 못했다. 지구물리학, 천체물리학, 해양학, 지질학은 말할 것도 없고 소립자물리학, 고체물리학, 양자역학, 고전역학, 상대성이론, 전자기학을 포함하는 물리과학도 이런 이질성이 드러났으며 다양한 생명과학을 고려하면 기하급수적으로 늘어난다. 이러한 모든 영역을 하나의 공통분모로 환원하는 일이 불가능하다는 점은 지난 70년 동안 거듭해서 논증되었다.

되풀이하자면, 생물학은 물리학 및 화학과 마찬가지로 과학이다. 그러나 생물학은 물리학과 화학 같은 과학이 아니다. 오히려 생물학은 자율적 물리과학과 대등한 자율적인 과학이다. 모든 과학이 각자의 자율성에도 불구하고 공통되는 측면을 공유하지 않았다면 과학을 하나로 이야기할 수는 없다. 생물철학자의 과제 가운데 한 가지는 방법론에서뿐만 아니라 원리와 개념에서 생물학이 다른 과학들과 공유하는 공통분모를 확립하는 것이다. 그리고 이런 공통된 측면이 하나의 통합된 과학을 정의하게 된다.

과학의 관심사

과학자들은 진리를 추구한다고 말해왔다. 그러나 과학자가 아닌 사람들도 마찬가지 주장을 한다. 세계와 그 속의 모든 것은 과학자들뿐만 아니라 신학자와 철학자, 시인과 정치가에게도 흥미 있는 것이다. 그들의 관심사와 과학자의 관심사를 구별해주는 것은 무엇인가?

과학은 신학과 어떻게 다른가?

과학과 신학을 나누는 것은 아주 쉽다. 왜냐하면 과학자는 자연 세계가 어떻게 움직이는지를 설명하려고 초자연적인 것을 끌어들이지는 않으며, 또한 자연 세계를 이해하기 위해 신적인 계시에 의존하지 않기 때문이다. 일찍이 인간은 자연 현상 특히 천재지변을 설명하려고 했을 때는 반드시 초자연적인 존재와 힘을 끌어들였다. 심지어 오늘날에도 신성한 계시는 신앙심 깊은 기독교인에게는 과학과 마찬가지로 합법적인 진리의 원천이다. 실제로 내가 개인적으로 아는 모든 과학자는 가장 좋은 의미에서 종교를 갖고 있다. 그러나 과학자들은 초자연적인 것으로 인과관계를 설명하거나 신성한 계시에 의존하지는 않는다.

과학을 신학과 구분하는 다른 특징은 과학의 개방성이다. 종교는 그들의 상대적 불가침성으로 특징지어진다. 계시종교에서는 계시에 기초한 자료 중 하나의 단어에 대한 해석 차이로도 새로운 종교가 기원한다. 거의 모든 이론에서 상이한 해석들을 찾을 수 있는 과학과는 극적으로 대조를 이룬다. 새로운 추측이 지속적으로 만들어지며 이전의 추측은 논박된다. 그리고 언제든지 상당한 지적 다양성이 존재한다. 실로 이것은 과학을 진전시키는 가설의 형성과 검증에서 나타나는 다원적인 돌연변이와 자연선

택의 과정이다(5장 참조),

새로운 사실과 가설에 대한 과학의 개방성에도 불구하고, 실제로 모든 과학자는 어느 정도 신학자와 유사하게 자연세계를 연구하는 데 '제1원리'라고 부를 수 있는 원리들의 집합을 도입한다는 점도 놓쳐서는 안 된다. 이런 공리적 가정의 하나는 인간의 지각과 독립된 실제 세계가 존재한다는 것이다. 이것은 (주관성에 반대해서) 객관성의 원리라고 부르거나, 또는 상식적 실재론이라고 부를 수도 있다(3장 참조). 이 원리가 개별 과학자들의 '객관성'이나, 사람들 사이에 절대적 의미에서 객관성이 존재할 수 있음을 보장하는 것은 아니다. 이것은 객관적 세계가 주관적인 인간 지각의 영향 밖에 있다는 의미다. 모두는 아니지만 대부분의 과학자는 이 공리를 믿고 있다.

둘째, 과학자들은 이 세계가 무질서한 혼돈 속에 있지 않으며 어떤 방식으로 구조화되어 있다고 가정한다. 그리고 이 구조의 거의 모든 측면은 과학적 연구 방법을 따를 것으로 본다. 모든 과학 활동에 사용되는 첫째 도구는 검증이다. 모든 새로운 사실과 새로운 설명은 가능하면 다른 방법을 사용하는 다른 연구자에 의해 반복적으로 시험되어야만 한다(3장과 4장 참조). 모든 검증은 사실이나 설명에 대한 '진리'의 개연성을 강화한다. 그리고 모든 반증과 반박은 경쟁하는 이론의 개연성을 강화한다. 과학의 가장 특이한 특징들 중 한 가지는 도전에 대한 개방성이다. 새롭고 더 나은 믿음이 제기되었을 때 기존의 믿음을 기꺼이 포기하는 것이 과학과 종교적 독단을 나누는 중요한 기준이다.

과학에서 '진리'를 검증하는 방법은 검증하는 대상이 사실인지 이론인지에 따라 다양해진다. 탐험의 시대였던 15세기 후반부터 16세기 초에 이루어진 몇 번의 대서양 횡단으로도 아틀란티스 대륙이 발견되지 않자 유럽과 미국 사이에 아틀란티스 대륙의 존재 유무가 의심받았다. 대서양에 대한 완전한 해양학적 조사가 이루어지고, 금세기의 위성사진이 더욱 설득력 있는 근거를 제시하게 되자, 그런 대륙은 존재하지 않는다는 것이 확실하게 증명되었다. 과학에서 사실에 대한 절대적 진리를 확립하는 것은 쉬운 일이 아니다. 해석이나 이론이 절대적 진리로 인정되는 데는 더욱 힘든 노력이 필요하고, 대개 시간도 더 오래 걸린다. 자연선택을 통한 진화 '이론'이 과학자들에게 완전히 받아들여지는 데 100년이 넘게 걸렸다. 오늘날에도 어떤 종파에서는 그것을 믿지 않으려는 사람들이 있다.

세 번째로 대부분의 과학자는 물질세계의 모든 현상에 역사적이고 인과적인 연속성이 있다고 가정한다. 그리고 과학자는 이 우주에 발생했거나 존재한다고 알려진 모든 것을 합법적인 과학적 연구 영역 안에 포함시킨다. 그러나 그들은 물질세계를 넘어서지 않는다. 물론 신학자들도 물질세계에 흥미를 가질 수 있겠지만 일반적으로 영혼, 정신, 천사나 신이 사는 형이상학적이거나 초자연적인 영역과 신앙을 가진 사람은 모두 천국이나 열반 같은 곳에서 내세를 맞으리라 믿는다. 그러한 초자연적 구성물은 모두 과학의 범위를 넘어서는 것이다.

과학은 철학과 어떻게 다른가?

과학과 철학을 구분하는 것은 과학과 신학을 구분하는 것보다 어렵다. 이 문제는 19세기 내내 과학자와 철학자 사이에 긴장을 불러왔다. 그리스 시대에 철학과 과학은 하나의 학문이었다. 이 둘의 분리는 과학혁명 시기에 시작되었다. 그러나 칸트와 윌리엄 휴얼William Whewell과 윌리엄 허셜William Herschel에 이르기까지 과학의 진보에 기여했던 사람들 중 다수가 분명한 철학자였다. 에른스트 마흐Ernst Mach나 드리슈 같은 후대 학자들은 과학자로 시작해서 철학자로 방향을 틀었다.

그렇다면 과학과 철학 사이에 아무런 구분도 없는 것인가? 사실의 추구와 발견은 확실히 과학의 영역이지만 그 외에는 상당한 부분이 서로 겹친다. 과학자들은 과학의 영역을 이론화하고, 일반화하고, 개념틀을 세우는 일을 자신들이 해야 할 일의 부분으로 인정한다. 실제로 이러한 작업을 통해 진정한 과학자가 된다. 하지만 여전히 많은 과학철학자가 이론화와 개념 형성은 철학의 영역이라고 느낀다. 좋건 나쁘건 최근 수십 년 동안 이런 노력의 대부분은 과학자들에게 넘어갔다. 생물학자들이 발전시킨 몇몇 기본적인 개념들은 철학자들이 계속 발전시켰고 지금은 또한 철학의 개념이 되었다.

과학철학자들은 이전의 주관심사 대신 이론과 개념이 형성되는 원리를 밝히는 일에 집중해왔다. 철학자들은 과학자들이 '무엇을?', '어떻게?', '왜?'라는 물음에 답하는 작업에서 드러나는 규칙들을 찾으려 한다. 과학과 관련된 철학의 주된 영역은 '정당화의 논리'와 설명의 방법론을 검증하는 것이다(3장 참조). 최악의 경우 이러한 철학은 논리의 분해와 의미론에 집착한 불평으로 전락할 수 있다. 최상의 경우에는 과학자들의 책임성과 정확성을 끌어내게 된다.

과학철학자들은 자주 그들의 방법론적 규칙이 단지 서술적인 것이지 규범적인 것이 아니라고 말하지만 많은 과학철학자는 과학자들이 '해야 할' 일을 결정하는 것이 자신들의 임무인 양 생각한다. 과학자들은 보통 이런 규범적 조언에 주의를 기울이기보다는 (바라건대) 가장 빠르게 결과를 내는 접근법을 택한다. 이런 접근법은 경우에 따라 달라질 것이다

과학철학의 최대 실패는 불과 몇 년 전까지도 물리학을 과학의 전형으로 삼았던 점이다. 결과적으로 이른바 과학철학은 물리과학의 철학 외에

는 아무것도 아니었다. 그런데 소장 철학자들의 영향 아래 변화가 일어났다. 생물철학을 전문으로 하는 많은 소장 철학자가 생겨났다. 오늘날 철학과 생명과학 간의 친밀한 관계는 《생물학과 철학Biology and Philosophy》이라는 학술지에 실린 많은 논문에서 명백하게 나타난다. 이런 젊은 철학자들의 노력을 통해서 생물과학에서 사용된 개념과 방법은 새롭게 과학철학의 중요한 요소가 되었다.

이것은 철학과 생물학에 모두 가장 바람직한 발전이다. 궁극적으로는 자신의 자연에 대한 관점을 일반화시켜 과학철학에 기여하는 것이 모든 과학자의 목표가 되어야 한다. 과학철학이 물리학의 법칙과 방법의 테두리를 벗어나지 못하게 되면 생물학자에게는 그러한 기여를 할 기회가 없어진다. 다행히도 이제 그런 틀은 깨졌다.

과학철학에 생물학이 통합되면서 교의에 많은 변화가 왔다. 3장과 4장에서 보겠지만, 엄격한 결정론과 보편법칙에 대한 의존에서 벗어나 확률에 의한 예측과 역사적 서술을 수용하게 되었다. 또 이론 형성에서 개념의 중요성을 인정하고 개체군이라는 개념과 고유한 개체의 역할을 인식한 것 외에도 다양한 생물학적 사고가 과학철학에 근본적인 영향을 미쳤다. 확률론이 지배하면서 유형학적 가정에 기초를 두는 논리적 분석은 더욱 취약함을 보였다. 데카르트 이후로 과학철학의 이상으로 존재했던 완전한 확실성은 점점 더 의미를 잃고 있다.

과학은 인문학과 어떻게 다른가?

과학과 인문학을 구분하려는 측면에서 보면 과거의 저술가들이 각 영역 내의 이질성을 무시했던 탓에 많은 오해가 있었음을 볼 수 있다. 진화생물학과 역사 사이에 나타나는 차이보다 과학의 분과학문인 물리학과 진화생물학 사이의 차이가 더 크다. 문학비평은 과학에서는 말할 것도 없이 인문학 내의 다른 분야들과도 공통점을 찾을 수 없다.

찰스 스노우Charles Snow가 1959년 《두 문화Two Culture》에서 실제로 표현한 것은 물리학과 인문학 사이의 괴리였다. 그도 그 시대의 다른 사람들처럼 물리학이 과학 전체를 대표할 수 있다고 소박하게 가정했다. 그가 옳게 지적했듯이, 물리학과 인문학 사이의 괴리는 메울 수가 없다. 물리학으로부터 윤리학, 문화, 정신, 자유의지, 그리고 다른 인문학적 주제로 이어지는 단순한 길은 없다. 물리학에 이런 중요한 주제가 없었기 때문에 스노우가 불평한 것처럼 과학자와 인문학자는 소원해진 것이다. 그러나 이와 같은 주제들은 모두 생명과학과 중요한 관계를 가진다.

유사하게 인문학자로서 '과학'과 역사학을 비교했던 에드워드 카Eduard Carr(1961)는 둘 사이의 다섯 가지 차이점을 찾았다. (1) 역사학은 유일한 것만을 다루고 과학은 일반적인 것을 다룬다. (2) 역사학은 훈계하지 않는다. (3) 과학과 달리 역사학은 예측할 수 없다. (4) 과학이 객관적인 반면에, 역사학은 필연적으로 주관적이다. (5) 과학과 달리 역사학은 종교와 도덕적 주제를 건드린다. 카가 놓친 것은 이런 차이가 오직 물리과학과 기능적인 생물학에만 타당하다는 점이다. (1), (3), (5)는 역사학에 적용되듯이 진화생물학에도 잘 맞는다. 그리고 카가 인정했듯이 이 주장 가운데 어떤 것, 예를 들어 (2)는 역사학에서도 엄정하게 참은 아니다. 바꾸어 말해서 일단 생물학이 과학의 영역에 들어온 다음에는 '과학'과 '비과학non-sciences'사이의 분명한 차이는 존재하지 않는다.[6]

과학과 인문학 사이의 불화는 흔히 과학자들이 연구에 있어 '인간적 요소'를 받아들이는 데 실패한 탓으로 돌려지기도 한다. 그러나 과학자들에게만 책임을 전가해서는 안 된다. 과학, 특히 진화생물학, 행동과학, 인간 발달, 형질인류학의 발견들에 대한 기초적인 지식은 대부분 인문학에 필수불가결하다. 하지만 너무나 많은 인문학자가 그런 지식을 얻는 데 실패해 자신의 저술에 그런 주제와 관련된 당혹스러운 무지를 드러내 보인다. 많은 사람이 다음과 같은 말로 과학에 대한 자신의 빈약한 이해를 변명한다. "나는 수학에 재능이 없다." 실제로 인문학자들이 가장 익숙해야 할 생물학 분야에는 수학적인 것이 별로 없다. 예를 들어 다윈의 《종의 기원》이나 내가 쓴 《생물학적 사고의 발달Growth of Biological Thought》(1982)에는 단하나의 수학 공식도 들어 있지 않다. 인간에 대한 생물학적 이해는 인문학 연구에 필수 요소다. 전에는 인문학으로 분류되던 심리학이 지금은 생물과학으로 간주된다. 그런데도 역사든 문학이든 어떻게 인간 행동에 대한 충분한 이해 없이 인문학에 대해 쓸 수 있겠는가?

스노우는 바로 이 점을 지적했다. 대부분의 사람이 가장 단순한 과학적 사실에 대해서도 통탄할 정도로 무지하다. 예를 들어 사람의 눈이 일련의 우연의 산물임을 믿을 수 없다고 하는 저자들이 끊임없이 나온다. 이는 저자들이 반우연적이고 차라리 우발적인 자연선택론의 원리에 대해 전혀 이해하지 못하고 있음을 보여준다. 진화는 개체의 어떤 특성이 현재의 주변 환경에 더 적합하고, 이런 특성이 생존과 번식률의 차이, 혹은 선택을 통해 다음 세대에 우세하게 나타나면서 일어난다. 다윈이 잘 알고 있었듯이 확실히 우연은 진화의 일부다. 그러나 진화적 변화의 가장 중요한 메커니즘인 자연선택은 우연적인 과정이 아니다.

인문학자가 지구의 인구과잉, 전염병의 확산, 회복할 수 없는 자원 고갈, 해로운 기상 변화, 전 세계적으로 증가하는 농업수요, 자연서식지의 파괴, 범죄행위의 증가, 교육제도의 실패와 같은 정치적 문제에 직면할 때, 생물학적 성과들에 대한 무지는 특히 위험하다. 이런 문제들은 과학의 성과,

특히 생물학을 고려하지 않고서는 만족할 만한 답을 얻을 수 없다. 하지만 너무나 자주 정치가들은 무지 속에서 정책을 편다.

과학탐구의 목표

우리는 왜 과학을 하는지 또는 과학은 무엇에 유효한지 하는 질문을 종종 한다. 이 질문에 대해서는 꽤나 상이한 두 가지 대답이 주어져 왔다. 인간의 만족할 줄 모르는 호기심 그리고 인간이 살고 있는 세계에 대한 더 나은 이해를 향한 욕망은 대부분의 과학자가 과학에 관심을 갖는 주된 이유다. 이는 세계에 대한 철학적이거나 순수하게 이념적인 어떤 이론도 과학으로 얻을 수 있는 세계에 대한 이해에 결국 미치지 못하리라는 확신에 근거한다.

이렇듯 세계를 더 잘 이해하는 데 기여할 수 있다는 것이 과학자들이 느끼는 자부심의 원천이다. 참으로 짜릿한 경험이다. 운이 어느 정도 작용하는 발견이 강조되는 경우도 많지만 그로 인한 기쁨은 어려운 지적 성취로 인한 것보다는 덜하다. 이전에 어긋나는 듯 보이던 사실을 통합할 수 있는 새로운 개념을 찾거나 과학 이론의 토대가 되는 더욱 성공적인 개념을 끌어냈을 때 느끼는 기쁨은 더 커진다. 이런 기쁨을 상쇄하는 것들은 끝없이 지속되는 따분한 자료 수집, 부실한 이론에 대한 실망이나 낭패감, 연구를 어렵게 하는 딱딱한 연구과제, 거듭되는 또 다른 좌절 등이다.[7]

이것과 완전히 다른 과학의 목적은 과학을 세상과 힘 또는 자원을 제어할 수단으로 본다. 이 두 번째 목적은 특히 응용과학자들(의학, 공중보건, 농업에 종사하는 과학자들을 포함), 엔지니어, 정치가, 그리고 일반 시민 들이 유지하는 관점이다. 그러나 몇몇 정치가들과 유권자들이 망각하는 것은 공해, 도시화 기근 또는 인구폭발의 재난이 나타날 때, 증상을 물리치는 것으로는 충분치 않다는 점이다. 우리는 아스피린으로 말라리아를 치료하지 않으며 원인을 파고들지 않고서는 사회적·경제적 재난과 싸울 수 없다. 우리가 인종차별, 범죄, 마약중독, 노숙자 문제, 그리고 이와 유사한 문제들의 생물학적 근원을 이해하는 정도에 따라 문제들을 다루는 방식은 물론 문제해결의 성공 여부도 크게 달라질 수 있다.

호기심을 충족시키고 세계의 발전을 도모하는 과학의 이 두 가지 목적은 완전히 다른 영역이 아니다. 왜냐하면 응용과학, 특히 공공 정책의 기본이 되는 모든 과학은 기초과학에 의존하기 때문이다. 대부분의 경우 과학자들은 대체로 우리 세계의 수수께끼 같은 현상을 더 잘 이해하려는 단순한 욕망으로 과학을 한다.

기초과학과 응용과학 양자 모두에서 과학탐구의 목적에 대한 논의는 항상 가치의 문제를 수반한다. 사람들이 기대할 수 있는 결과가 아주 한정된 초전도나 우주정거장 같은 거대과학 프로젝트를 사회가 어느 정도까지 감당할 것인가? 어떤 실험들, 특히 포유류(개, 원숭이, 유인원)를 대상으로 하는 실험은 비윤리적인가? 인간 배아세포를 이용한 연구가 비윤리적 실험을 이끌 위험은 없는가? 인간심리학 또는 임상의학에서 실험 대상에게 해로운 실험은 무엇인가?

물리과학이 지배적이었던 당시 과학은 대개 가치중립적인 것으로 여겨졌다. 1960년대의 학생혁명동안 이러한 오만함에 격분했던 몇몇 집단은 '가치중립과학타도'라는 슬로건을 내세웠다. 생물학의 부상, 특히 유전학과 진화생물학의 출현 이후 과학이 얼마만큼 가치를 산출하는지는 불분명할지라도 과학적 발견과 이론이 가치에 영향을 미친 다는 것은 분명해졌다(12장 참조). 애덤 세지윅Adam Sedgwick과 같은 다윈의 적대자들은 다윈주의가 도덕적 가치를 파괴한다고 고발했다. 오늘날에도 창조론자들은 진화생물학이 기독교 신학의 가치를 훼손한다고 확신하기 때문에 진화생물학에 맞서 싸운다. 20세기의 우생학 운동은 분명히 가치를 인간유전학이라는 과학으로부터 이끌어냈다. 사회생물학이 1970년대에 그토록 악의적인 공격을 받았던 이유는 사회생물학이 그 적대자들의 가치와는 양립할 수 없는 어떤 정치적 가치를 조장하는 것으로 보였기 때문이다. 거의 모든 주요한 종교적 · 정치적 이념은 과학에서 끌어낸 것으로 주장하는 가치를 지지하며, 다른 가치를 떠받치는 거의 모든 이념은 과학의 특정한 발견들과 양립하지 못한다.

폴 파이어아벤트Paul Feyerabend(1970)는 과감히 (현대의 다른 저술가들이 그랬듯이) 과학 없는 세상은 '오늘날 우리가 살고 있는 세상보다 더 쾌적할 것'이라고 주장했다. 나는 이 말이 참임을 확신하지 않는다. 이 말에 따른 세상은 공해도 더 적을 것이고, 공해에 기인하는 암도 더 적을 것이고, 인구도 덜 조밀할 것이고, 대중사회의 해로운 부산물도 더 적을 것이다. 그러나 그런 세상에서는 또한 유아사망률이 높고, 평균수명이 고작 35~40세이며, 여름 더위를 피하고 혹독한 겨울 추위로부터 자신을 보호할 아무런 방법도 없을 것이다. 우리가 해로운 부작용에 관해 불평할 때 (농학과 의학을 포함하는) 과학의 엄청난 효용을 망각하는 것은 너무도 쉽다. 이러한 소위 과학기술의 해악들은 대부분 제거될 수 있다. 과학자들은 무엇이 필요한지 알고 있다. 하지만 그들의 지식은 입법화되고 집행되어야 한다. 그런데 지금까지 이것은 정치가들에 의해, 그리고 투표권을 가진 많은 대중에 의해 저항을 받아왔다.

과학의 기여에 대한 나 자신의 견해는 다음과 같이 말했던 카를 포퍼의 입장에 더 가깝다. "과학은 음악과 미술 다음으로 인간 정신의 가장 위대하고, 가장 아름답고, 가장 계몽적인 업적이다. 나는 과학을 헐뜯으려고 발버둥치는 소란스러운 현대의 지적 유행을 혐오하며, 무엇보다도 생물학자와 생화학자의 연구결과를 바탕으로 의학에 의해 우리 시대의 아름다운 지구 모든 곳에서 유용성을 발휘하게 된 과학의 뛰어난 업적을 찬양한다."

과학과 과학자

우리는 자주 과학이 이것은 할 수 있고, 저것은 할 수 없다는 말을 듣는다. 그러나 사실 어떤 것을 할 수 있거나 할 수 없는 것은 과학자다. 최상의 과학자는 헌신적이고, 높은 동기부여를 받으며, 철두철미하게 정직하며, 관대하고, 협동적이다. 그러나 과학자도 인간일 뿐이며, 항상 이러한 직업적 이상들에 따라 행동하지는 않는다. 과학 외부로부터 야기되는 정치적, 신학적 또는 재정적 고려가 과학적 판단에 영향을 미쳐서는 안 되지만 사실 자주 영향을 미친다.

과학자들은 고유한 전통과 가치를 갖고 있는데, 그것들을 교사, 더 나이 많은 동료, 또는 또 다른 역할 모델로부터 배운다. 이는 부정직함이나 사기를 피할 수 있게 할 뿐 아니라 발견에 우선권을 가진 경쟁자에 대해 적절한 신용을 보이는 것도 포함한다. 훌륭한 과학자는 자신의 우선권도 집요하게 옹호하겠지만, 동시에 대개 자기 분야의 지도자들을 기쁘게 해주고 싶어 하며 때때로 더 비판적일 필요가 있을 때마저도 그들의 권위에 따를 것이다.

자료를 속이거나 조작하는 것은 조만간에 발각되며, 직업적 생명도 끝나게 된다. 그런 이유만으로도 사기는 과학에서 생존 가능한 선택지가 못된다. 아마도 비일관성이 보다 널리 퍼져 있는 실수일 것이다. 추측하건대 그로부터 전적으로 자유로울 수 있는 과학자는 없다. 《지질학 원론Principles of Geology》이라는 책으로 다윈의 사상에 영향을 주었던 찰스 라이얼Charles Lyell은 동일과정설uniformitarianism을 주창했지만, 동시대인들도 새로운 종의 기원에 대한 라이얼의 이론이 일관적이지 못해 충격을 받았다. 다윈 자신 또한 비일관성으로부터 벗어날 수 없었다. 그는 자연선택에 의한 적응을 설명할 때 개체군적 사고를 적용했지만, 종분화에 관한 몇몇 논의에서는 유형학적 언어를 채용했다. 라마르크는 모든 것을 기계적 원인과 힘의 용어로 설명하려 노력하면서 자신이 엄격한 기계론자임을 공공연히 자부했다. 하지만 진화적 변화를 통한 필연적 완성에 이른다는 그의 논의는 현대의 독자에게 (비기계론적인) 완전성 원리에 대한 잠재적 집착을 연상시킨다. 다윈의 지지자 중 앨프리드 월리스Alfred Wallace보다 더 강력하게 자연선택을 강조한 사람도 없었지만 그것을 인간에게 적용하려 하자 월리스는 '꽁무니를 뺐다'.

과학자들의 발견과 가설의 상당수 결함은 분명 갈망 때문에 생긴다. 어떤 초기 탐구자가 인간 종에서 48개의 염색체를 발견하자, 잇달아 이 사실을 확증해주는 다른 연구자들의 연구가 많이 나왔다. 왜냐하면 그 숫자가 과학자들이 기대하고 있던 숫자였기 때문이다. 정확한 숫자(46개)는 세 가지 서로 다른 새 기술이 도입되고 나서야 확정되었다.

오류와 비일관성이 과학에 만연하다는 것을 인정한 포퍼는 1981년에 과학자를 위한 일련의 직업윤리를 제안했다. 아무런 권위도 없어야 한다는 것이 첫 번째 원칙이다. 과학적 추론은 전문가를 포함하는 어떤 한 사람이 통달할 수 있는 것을 훨씬 넘어서는 경우가 많다. 두 번째로 모든 과학자는 언제든 오류를 범한다는 것이다. 오류를 피하는 것은 불가피해 보인다. 우리는 오류를 찾아내고, 분석하며, 그로부터 배워야 한다. 오류를 은폐하는 것은 용서할 수 없는 죄악이다. 셋째로 이러한 자아비판도 중요하지만 발견을 도울 수 있고 사람들의 실수를 고쳐 줄 수 있는 다른 사람들의 비판으로 보충되어야만 한다. 자신의 오류로부터 배우려면 다른 사람들이 비판할 때 우리는 스스로의 오류를 인정해야 한다. 마지막으로 다른 사람들의 실수를 비판할 경우 항상 자신의 실수를 의식해야만 한다.

과학자에게 주어지는 주요한 보상은 동료들 간의 명망이다. 이 명망은 그가 얼마나 많은 중요한 발견을 했는가, 그리고 자기 분야의 개념 형성에 어떤 공헌을 했나와 같은 요소들에 달려 있다. 왜 대부분의 과학자에게 우선권과 동료들에 의한 인정이 그토록 중요한가? 왜 일부 과학자들은 그들의 동료들(또는 경쟁자들)을 헐뜯으려고 하는가? 과학자는 업적에 대한 보상을 어떻게 받는가? 과학자 상호 간의 관계, 그리고 과학자와 사회의 관계는 어떠한가? 이런 모든 물음은 과학사회학의 연구자들에 의해 제기되어 왔는데 그중 가장 중요한 인물이 바로 사실상 과학사회학을 설립했던 로버트 머튼Robert Merton이다. 머튼이 보여주었듯이, 근대 과학의 많은 부분은 연구 집단들에 의해 이루어지며, 동맹은 종종 어떤 도그마의 기치 아래 형성된다.[8] 그러나 과학에 존재하는 어느 정도의 의견 차이에도 불구하고, 외부인들에게 가장 강한 인상을 남긴 것은 20세기 후반기에 과학자들 사이에서 이루어진 놀라운 합의다.

이 합의는 특히 과학의 국제성에 잘 반영되어 있다. 영어는 급속도로 공통어가 되어가고 있다. 스칸디나비아, 독일, 프랑스와 같은 나라에서는 저명한 과학 잡지들이 영어 이름을 채택했고, 주로 영어 논문을 싣는다. 다른 나라로 여행하는 과학자 심지어 러시아나 일본으로 여행하는 미국 과학자는 그 나라 출신 동료들과의 모임에서도 상당히 편안한 마음을 갖는다. 요즘에는 다른 나라 출신의 공저자에 의한 수많은 논문이 과학 잡지에 등장한다. 100년 전만 해도 과학논문과 과학서적은 흔히 독특한 민족적 풍취를 띠었지만, 이런 현상은 이제 점점 더 드문 일이 되어가고 있다.

훌륭한 목표를 성취한 모든 과학자는 야심적이고 부지런하다. 9시부터 5시까지 일하는 식의 과학자는 없다. 많은 과학자가 적어도 그들 생애의 특정 기간 동안 하루에 15~17시간 일한다. 그러나 그들의 전기에서 분명히 드러나듯이 그들 중 대부분은 폭넓은 관심사를 갖고 있다. 예컨대 꽤 많은 과학자가 아마추어 음악가다. 다른 측면에서 과학자들은 어떤 인간 집단만큼이나 매우 편차가 크다. 어떤 사람들은 외향적이고, 어떤 사람들은 수줍고 내향적이다. 어떤 사람들은 엄청나게 많은 결과물을 내는 반면에 어떤 사람들은 소수의 주요한 책이나 논문을 만들어내는 데 집중한다. 우리가 전형적인 과학자라고 규정할 수 있을 명확한 기질 또는 인격은 없다고 나는 생각한다.

전통적으로 사람들은 의학교육을 통해서 또는 젊은 자연학자로 성장하면서 생물학자가 되었다. 요즘은 미디어, 특히 텔레비전의 자연영화나 박물관(흔히 공룡전시관) 방문, 영감을 주는 교사를 통해 생명과학에 열광하게 되는 것이 훨씬 더 흔한 일이다. 또한 수천 명의 젊은 새 관찰자가 있으며, 그들 중 몇몇은 직업적인 생물학자가 될 것이다(내가 그랬던 것처럼). 가장 중요한 요소는 생명체의 경이로움에 매혹되는 것이다. 그리고 이런 매혹은 대부분의 생물학자가 전 생애 동안 간직하는 것이다. 그들은 경험적인 것이든 이론적인 것이든 간에 과학적 발견의 흥분을 결코 잊지 못하며, 새로운 아이디어, 새로운 통찰, 새로운 유기체를 쫓는 애정을 잃지 않는다. 그리고 생물학의 많은 부분은 우리 자신의 환경과 개인적인 가치에 직접적인 함의를 갖는다. 생물학자가 된다는 것은 하나의 직업을 갖는다는 것을 의미하지 않는다. 그것은 삶의 한 방식을 선택함을 의미한다.[9]

3

과학은 자연 세계를 어떻게 설명하는가?

How Does Science Explain the Natural World?

자연 세계를 설명하려는 최초의 시도들은 초자연적인 것을 상정했다. 가장 원시적인 물활론에서 거대한 일신교에 이르기까지, 이상하거나 설명하기 어려운 것들은 모두 영혼이나 신의 행위로 여겨졌다. 그러나 고대 그리스인들은 다른 접근방식을 만들었다. 그들은 세계의 현상들을 자연 내부의 힘들로 설명하려고 했다. 기원전 6세기경 나타난 철학은 세계를 설명하는 일과 '앎'이란 어떤 것이어야 하는가를 해명하는 작업에 몰두했다. 언제나 형이상학이 커다란 비중을 차지하기는 했지만 그리스인들은 관찰과 사유를 근거로 설명하려 했다. 이 시기부터 우리가 오늘날 과학철학이라고 말하는 것이 점진적으로 발달하기 시작했다.

 과학혁명기에 태동한 과학이 바로 세 번째 종류의 설명이다. 초자연적 설명, 철학, 과학을 연속되는 세 단계라기보다는 앎의 문제에 대한 세 가지 상보적인 접근으로 보는 것이 적절하다. 사상사는 이 세 가지 접근들이 분명한 단절 없이 서로 영향을 끼치며 진화했음을 알려준다. 예를 들면 많은 위대한 철학자, 심지어는 칸트조차도 신을 설명도식 내에 포함시켰다. 다윈 이전 대부분의 생물학자도 신을 설명항으로 받아들였다. 과학이 대두한 이후에도 철학은 계속 번성했다. 단지 그 목표가 변했을 뿐이다. 과학이 점차 철학으로부터 멀어지자 철학도 과학자의 작업으로부터 조금씩 거리를 두기 시작했으며, 대신 과학자의 행위를 분석하는 데 초점을 맞추기 시작했다.

과학의 궁극적 목표는 세계에 대한 이해를 증진시키는 것이다. 이 점에 대해서는 과학자와 과학철학자의 의견이 일치한다. 과학자는 아직 알려지지 않은 것 또는 이해되지 않은 것에 대해 문제를 제기하고 답하려 한다. 일차적으로 제시되는 답변은 추측 또는 가설이라 불리며 임시적 설명으로 간주된다. 그러나 무엇이 진짜 설명일까? 일상에서 애매한 현상을 만나면 그것은 통상 이미 알려진 것 또는 합리성에 근거하여 '설명된다'. 예를 들어 달의 일식은 달에 드리운 지구의 그림자 때문이며, 갈라파고스 섬의 동물군과 식물군은 바다를 건너 전파되어 생겨난 것임이 분명하다. 왜냐하면 화산섬은 남미대륙과 아무런 관련이 없기 때문이다. 그러나 합리성만으로는 충분하지 않다. 우리는 그 대답이 참인지 아니면 참에 근접한 것인지를 확인할 수 있어야 한다. 과학자들의 이러한 목표는 과학철학자들의 목표기도 하다.

고대 그리스로부터 현대에 이르기까지 철학자들 사이에서 가장 논란이 되었던 것은 자연 세계에 대한 설명이 어떻게 만들어지고 어떻게 시험되어야 하는 가였다. 많은 철학자가 세계에 대한 우리의 이해를 증진시켜 줄 (혹은, 간혹 말하듯이 진리를 발견할 수 있게 해줄) 원리를 세우려고 애썼다. 데카르트,

라이프니츠, 로크, 흄, 칸트, 허셜, 휴얼, 밀, 제번스, 마흐, 러셀, 포퍼 등이 대표적인 철학자들이다. 그런데 이상하게도 다윈의 이름은 이런 목록에서 빠지곤 한다. 다윈이야말로 모든 시대를 통틀어 가장 위대한 철학자 중의 하나임이 분명한데도 말이다.[1] 현대의 생물철학은 실질적으로 다윈에 의해 토대가 만들어졌다.

그런데 과학철학자들은 철학자의 눈으로 관찰한 과학자의 방법을 충실히 서술하기만 하는 것인가. 아니면 과학자들에게 설명을 제시하는 방법과 또한 그들의 발견이 참으로 '좋은' 과학이 되도록 시험하는 방법을 알려주는 것인가?[2] 만약 후자의 경우를 주장한다면, 나는 그것이 실패했다고 말할 수밖에 없다. 나는 실제 작업에서 과학철학자들이 제시한 규범에 의해 영향받은 생물학자를 한 명도 알지 못한다. 통상 과학자들은 방법론의 세밀한 주제들에 대해서 아무런 주의도 기울이지 않은 채 연구한다. 하나의 예외는 포퍼의 반증falsification 개념인데, 그것은 실제 작업에 적용되는 것 같지는 않지만 대부분의 생물학자가 원리로 받아들인다.

그런데 오늘날 과학철학자들은 왜 과학자들이 설명하고 검증하는 방법에 대하여 그렇게 관심이 많은가? 과학혁명 이래 과학은 지속적인 성공의 역사를 가지고 있다. 물론 가끔은 잘못된 이론이 일시적으로 채택되기도 했지만 그것은 곧 경쟁이론들과 비교되어 기각되었다. 인정받는 주요한 과학 이론에 대한 논박이란 절대 흔한 것이 아니다. 전반적으로 과학의 핵심적인 주장들이 갖는 신뢰성은 의심의 여지가 없다. 기어리Ronald Giere(1988)는 과학혁명 시기에 전개되었던 데카르트 회의론의 전통이 철학적 의심의 지속적인 근원이라고 지적한다.

매일 엄청난 새로운 발견들과 기존 이론에 대한 도전을 흥미진진하게 소개하는 대중매체들은 일반인들로 하여금 과학은 확실한 것 또는 '진리'

를 산출하지 못하는 것처럼 오인하게 만든다. 그러나 실상은 그 반대다. 과학의 기본 이론들은 대부분 50년 혹은 150년 넘어서까지 지속된 것들이며, 반복적으로 확증되고 있다. 진화생물학처럼 논란이 많은 분야에서조차 1859년 다윈에 의해 확립된 기본적인 개념틀이 확고하게 유지되고 있다. 지난 130년간 다윈주의를 공격하려는 수백 건에 달하는 시도들은 모두 실패했다. 생물학의 다른 분야들에서도 사정은 마찬가지다.

물론 우리의 감각기관과 추론의 오류 가능성은 인정되어야 한다. 따라서 과학자들이 지식을 얻는 방법을 숙고해보는 것, 그리고 이론을 세우고 시험하는 가장 신뢰할 만한 방법을 과학자들에게 추천하는 일은 철학의 합당한 과업이라고 할 수 있다. 우리가 무엇을 아는가, 그것을 어떻게 알 수 있는가라는 문제를 다루는 철학 분야는 인식론이다. 그것이 현대 과학철학의 주된 내용이다.[3]

간략한 과학철학사

당연한 이야기겠지만 인식론에 대한 관심은 과학혁명과 함께 시작되었으며, 과학혁명에 의해 고조되었다. 당시 가장 활발한 분야였던 천문학과 역학의 영향으로 관찰과 수학이 높이 평가되었다. 프랜시스 베이컨 경(귀납)과 데카르트(기하학)가 그 선구자였다.

베이컨 이후 귀납은 거의 두 세기 동안 정통적인 과학 방법이었다. 베이컨의 철학을 따라 과학자들은 어떠한 선행 가설이나 기대도 없이 단순히 기록하고 측정하며 관찰을 서술함으로써 그들의 이론을 만들어갔다. 19세기 초 영국에서도 귀납이 유행했으며, 다윈 역시 스스로 베이컨의 진실한 추종자라고 선언했다. 그러나 그의 실제 작업은 가설 연역적 방법(아래 참조)에 의해 이루어지고 있었으며[4], 훗날에는 귀납을 조롱하게 되었다. 그는 귀납을 믿는다는 것은 "자갈 채취장에서 자갈 숫자를 세고, 그 색깔을 기록하는 것이나 다름없다."라고 말했다.

리비히(1863)는 베이컨의 귀납을 비판했던 최초의 저명한 과학자였다. 그는 어떤 과학자도 베이컨이 《신기관Novum Organum》에서 말했던 방법을 따른 적이 없으며, 따를 수도 없다고 설득력 있게 주장했다. 귀납 자체로써는 새로운 이론을 만들어낼 수 없다. 리비히의 결정적인 비판에 의해 귀납의 권세는 끝이 났으며[5], 그때부터 누군가를 귀납주의자(또는 '우표 수집가')라고 부르는 것은 폄하의 의미를 갖게 되었다. 그러나 경험주의 비판자들은 대부분 어떠한 과학적 탐구도 그 배경으로서 데이터를 가지지 않으면 안 된다는 사실을 간과했다. 비판되어야 할 것은 사실의 수집 자체가 아니라 그 사실들이 이론 구성에서 사용되는 방식이었다. 역사적 서술에 의존하는 과학(특히 생물학)의 경우에는 귀납이 핵심적인 과학 방법이다.

19세기 후반에는 프리드리히 프레게Friedrich Frege(1884) 등 여러 논리학자와 수학자 들의 작업에 힘입어 논리학이 수학과 물리학의 철학에서 지배적인 영향력을 끼치게 되었다. 그것은 물리과학처럼 수학적으로 정식화되는 보편법칙universal laws이 중심이 되는 과학 분야에서는 대단히 계몽적이었다. 그러나 그것은 다원주의pluralism, 확률론probabilism, 그리고 순수하게 질적이며 역사적인 현상이 풍부한 대신 엄격한 보편법칙이 거의 없는 생물학 같은 분야에는 부적절했다. 결과적으로 물리과학에 맞춰 만들어진, 그러나 생물학에 대해서는 대단히 부적절한 과학철학이 전개되기 시작했다.

검증과 반증

금세기 들어 영미과학계를 지배했던 철학은 1920~1930년대 논리실증주의자(라이헨바흐, 슐리크, 카르나프, 파이글)들의 모임인 빈 학파로부터 시작된 논리경험주의logical empiricism였다. 논리경험주의는 (1) 20세기 수학자, 논리학자들의 작업 (2) 밀로부터 러셀, 마흐로 계승되는 흄의 고전적 경험주의 (3) 물리과학, 특히 상대성이론과 양자역학 이전의 고전 물리과학이라는 세 가지 토대를 가진다.

논리실증주의자들에 의해 옹호된 과학적 입증의 개념은 전통적인 가설연역적 방법hypothetico-deductive method(H-D)이었으며, 반복된 시험을 통한 검증이 이론의 탁월함을 평가하는 최선의 기준으로 여겨졌다. 여기서는 시험이 이론을 입증해줄 때 그 이론이 검증되었다고 한다. 검증은 이론을 강화시켜주며 이론을 건설적으로 수정할 수 있게 해준다. 그러나 누구라도 검증이 이론의 참을 애매함 없이 '증명'해준다고 생각해서는 안 된다. 이 방법에 의해 검증된 이론이 이후 잘못된 것으로 드러나는 경우도 적지 않다.[6]

포퍼는 논리실증주의자들과 마찬가지로 이론은 "가혹한 독립적 시험을 거치면 거칠수록 만족스러운 것으로 여겨진다."라고 말한다. 포퍼는 부당한 이론을 제거하는 유일한 방법은 반증이라고 주장했다. 이론이 시험을 통과하지 못한다면 그 이론은 반증된다. 그러나 반증도 간단한 것이 아니다. 2+2가 5가 아님을 증명하는 것과는 전혀 다르다. 그것은 특히 생물학 분야의 대부분을 차지하는 확률적 이론의 검사와 관련해서는 부적절하다. 확률적 이론에서의 예외 발생이 필연적으로 반증을 구성하지는 않기 때문이다. 또한 진화생물학처럼 관찰 현상을 설명하기 위해서 역사적 서술이 제시되는 그런 분야에서는 부당한 이론을 결정적으로 반증하는 것이 불가능하지는 않겠지만 대단히 어렵다. 하나의 반증이 이론의 포기로 귀결된다는 단언은 물리과학의 보편법칙에 기반을 두는 이론들에 대해서는 합당할 수 있으나, 진화생물학의 이론들에 대해서는 대부분 적절하지 않다.[7]

과학적 설명의 새로운 모형

현대적 과학철학은 1948년 카를 헴펠Carl Hempel과 파울 오펜하임Paul Oppenheim에 의해 씌어지고, 1965년 헴펠에 의해 다시 다듬어진 한 논문에서 시작된다. 일련의 논문을 통해 헴펠은 스스로 연역 법칙적 모형deductive-nomological model(D-N)이라 명명한, 새로운 과학적 설명 모형을 제안했다. 이 도식은 1950~1960년대를 지배했으며, '표준 관점received view'이라고 불렸다.

연역 법칙적 설명의 아이디어는 이런 것이다. 과학적 설명은 연역적 논증이며, 거기서 설명되어야 할 사건을 서술하는 진술은 하나 이상의 참인 보편법칙과 개별적 사실에 대한 진술의 결합(대응 규칙correspondence rules)으로부터 연역된다. 이 관점에 따르면 과학 이론은 '연역적 공리 체계'며, 그 전제들은 법칙에 근거하고 있다.

원래의 연역 법칙적 모형은 대단히 유형적이고 결정론적이었으나, 곧 확률적 또는 통계적 법칙을 수용할 수 있도록 수정되었다. 표준 관점에 내포되어 있는 결함을 수정하는 방식이나 수단을 제안하는 논문과 책들이 매년 쏟아져 나왔다. 몇몇은 대단히 새로운 이론으로 제시되었지만, 그것들은 모두 궁극적으로 헴펠 모형에 기반을 둔다.

중요한 수정 방식 중 하나는 이론 구조에 대한 의미론적 관점으로 알려진 것이다.[8] 이 모형의 주창자인 비티J. Beatty(1981, 1987)에 따르면 이론이란 하나의 체계를 정의하는 것이며, 이론의 적용은 이론의 예화instantiation다.

그 적용은 시·공간적으로 한정될 수도 있고 아닐 수도 있다. 이론은 일반적이지도 않고 영속적인 것도 아니므로 복수의 해답들 그리고 진화적 변화와 양립할 수 있다. 이 마지막 사항이 중요하다. 왜냐하면 생물학적 일반화에서 시·공간적으로 한정되지 않은 것은 거의 없기 때문이다. 의미론적 관점이 진화론 유형의 이론화를 충실히 반영할 수 있다는 사실은 비티, 톰슨, 로이드 등 많은 철학자로 하여금 의미론적 관점을 선호하게 했다.[9]

이 이론이 표준 관점의 몇 가지 약점을 극복하기는 하지만, 현장 생물학자의 입장에서 보면 두 가지 난점이 남아 있다. 첫째는 이 관점 자체에 대해 여러 가지 다른 정의가 병존한다는 사실이다. 둘째 난점은 다음과 같은 물음으로 표현될 수 있다. 의미론적 관점이 현장 생물학자들에 의해 유의미하게 사용될 수 있는가? 철학자가 제시하는 것은 과학자들이 개발한 이론에 대한 서술이다. 그러나 그러한 서술은 생물학자들에게 '새로운' 이론을 전개시키는 방법을 알려줄 만큼 충분히 규범적이지 못하다. 적어도 나에게는 그렇게 보인다. 하나의 이론이 의미론적 이론의 타당한 일례가 아니라고 판정될 때는 언제일까? 이런 물음에 대한 대답을 갖고 있지 못하다는 점 때문에 나는 의미론적 관점에 대해서 주저하게 된다. 의미론적 관점은 (지금은 거의 폐기된 것으로 여겨지는) 표준 관점에 비해 명백한 이점을 갖고 있지만, 생물학에서 폭넓게 받아들여지리라고 기대하지 않는다. 점차 분명해지는 것은 이론의 평가는 단순히 논리 규칙의 문제가 아니며, 합리성도 연역 논리나 귀납 논리가 제공하는 것보다 더 폭넓은 개념틀을 통해서 이해되어야 한다는 점이다.

금세기 들어 다양한 설명 도식이 각각 십여 년씩 유행하다가 수정된 버전이나 새로운 도식에 의해 대체되곤 했다.[10] 1980년대는 과학철학이 특별히 활기를 띤 시기였는데 그럼에도 불구하고 과학적 설명을 제시하고 검사하는 최선의 방식에 대한 합의는 이루어지지 않았다. 최근의 글에서 새먼W. C. Salmon(1988)은 이렇게 말한다. "내가 보건대 현재 최소한 세 개의 유력한 학파가 있는 듯하다. 그 세 학파인 화용론자pragmatist, 연역론자deductivist, 기계론자가 조만간 본질적인 합의에 이를 것 같지는 않다."

발견과 정당화

대부분의 과학자와 과학철학자는 기본적으로 과학이 두 단계의 과정이라고 합의하는 듯하다. 첫 단계는 새로운 사실, 불규칙성, 예외, 외견상 모순의 '발견', 그리고 그것들을 설명하는 추측, 가설, 이론의 형성을 포함한다. 두 번째 단계는 '정당화'의 과정으로서 이론들이 검사되고 타당성을 입증받는 절차다.

대부분의 철학자에게 새로운 이론의 출발점은 수수께끼를 푸는 추측이나 가설을 만드는 일이다. 그런 다음 가설은 엄격한 시험을 거친다. 그러나 현장 과학자들은 그보다 앞선 지점에서 시작한다. 발견의 단계에서 그는 상당량의 단순한 관찰이나 사실에 대한 서술을 만난다. 그 사실들 중 그에게 유용하지 않거나 설명되지 않는 불규칙성이나 변칙 사례를 간파함으로써 물음을 던지게 되고, 그 물음으로부터 가설이나 추측이 나온다.

모든 과학자는 종종 관찰 내용의 의미나 설명에 대해 '예감'을 갖는다. 과학적 발견을 '진리'의 단계로 인도하는 것은 바로 이 예감들의 성공적인 시험이다. 추측이나 가설, 이론을 검사하는 방식인 정당화는 과학철학자들의 특별한 관심 주제인데, 그러한 관심은 대개 정당화가 논리적 분석에 적합하다는 이유 때문인 것 같다. 발견이 앞선 상황들로부터 '논리적으로'

귀결되는 경우는 거의 없다. 따라서 철학자들은 전통적으로 발견의 측면을 그들의 주제로 여기지 않았다. 그들은 일반적으로 그것이 우연, 심리적 요인, 시대정신 또는 사회경제적 조건 등에 기인한다고 간주한다.

예를 들어 포퍼(1968)는 이렇게 말한다. "새로운 아이디어가 생겨나는 방식은 …… 과학지식의 논리적 분석과 무관하다. 논리적 분석은 사실의 문제를 다루지 않으며 …… 정당화 또는 타당성의 문제를 다룰 뿐이다." 그러나 현장 과학자의 눈에는 문제가 많은 가설을 반증하기 위해 사용되는 방법이라는 것이 통상 너무 시시하다. 반면 새로운 사실의 발견이나 새로운 이론의 형성이야말로 진정한 중요성을 갖는다.[11]

이론 형성의 내적 요인과 외적 요인

어떤 과학자도 진공 속에 있지 않다. 지적, 정신적, 경제사회적, 과학적 환경이 그를 둘러싸고 있다. 이런 것들은 과학자들이 만들어내는 이론의 성격에 어떤 영향을 미칠까? 지성사가들은 내적 요인들, 즉 과학 내의 발전이 새로운 이론이나 개념에 대한 주요한 원인이라고 주장하곤 한다. 반면 사회사가들은 외적 요인들, 즉 사회경제적 환경이라는 요인을 강조한다. 그러나 대체적으로 평가하건대 사회학자들은 별로 성공적이지 못한 듯하다.[12] 다윈과 월리스가 전혀 다른 사회경제적 배경을 가지고 있다는 사실, 그럼에도 불구하고 독립적으로 완전히 동일한 진화론에 이르렀다는 사실은 외적 요인들이 무관함을 방증해준다. 사실 나는 특정한 생물학 이론의 발달에서 사회경제적 요인들이 어떤 영향을 미쳤다는 실제적인 증거를 본적이 없다.[13] 오히려 그와 반대의 사태는 존재한다. 과학 이론 또는 사이비 과학 이론은 종종 정치적 행동가들에 의해 특별한 의제를 전파시키기 위한 수단으로 사용되곤 한다.[14]

외적 요인들과 관련하여 사회경제적 요인과 시대정신 또는 지적 환경을 구분할 필요가 있다. 후자는 새로운 이론의 제안에서는 사소한 역할을 하지만, 기존 신념과 상충하는 지적 변천에 저항하는 데는 커다란 역할을 맡는다. 다윈의 자연선택이론이 그토록 격심한 저항에 부딪혔던 것은 그 때문이다. 조르쥬 퀴비에Georges Curvier나 루이 아가시즈Louis Agassiz의 개념 틀 내에서 진화론을 수용하기는 불가능하다.[15]

시험

과학자는 그의 새로운 가설이 타당한지를 결정하기 위하여 어떻게 하는가? 시험에 부친다. 이론의 좋음을 결정하고자 하는 철학자도 똑같이 한다. 그러나 과학자가 하는 시험과 철학자가 하는 시험은 상당히 다르다. 철학자들은 현장 과학자보다 훨씬 규칙을 엄격히 적용하는 경향이 있다.[16] 그러나 어떤 규칙이 적용되어야 하는지는 철학자들의 학파에 따라 의견이 다르다.

예를 들어 논리실증주의 시대 이래 과학철학자들은 이론의 예측 능력에 큰 비중을 두었다. 이론이 좋으면 좋을수록 그 예측은 더 정확할 것이다. 이때의 예측이란 논리적 예측을 의미한다. 이러이러한 요인들이 있다면, 이러이러한 결과들이 나타나리라고 기대할 수 있다는 식이다. 그러나 논리적으로 예측의 이런 의미는 일상의 것과 다르다. 일상의 의미는 미래를 예상할 수 있다는 뜻이다. 미래를 예상한다는 것은 '시간적 예측'이다. 과거의 나를 포함하여 많은 사람이 예측의 두 가지 종류를 혼동했다. 물리과학을 포함한 모든 과학에서 시간적 예측은 거의 불가능하다. 예를 들자면 진화의 미래처럼 예측 불가능한 것이 없다. 공룡은 백악기 초기에 지상의 척추동물 중 가장 성공적인 종이었다. 그러나 그것은 그 시기 말엽 행성과 지구의 충돌이라는 전혀 예측 불가능했던 사건에 의해 멸종됐다.

물리학자처럼 생물학자들도 예측을 시험하며 예외를 찾는다. 그러나 생물학자들은 예측이 실패하더라도 크게 동요하지 않는다. 왜냐하면 그들은 생물학적 규칙성이 물리법칙의 보편성을 거의 갖지 않는다는 사실을 알고 있기 때문이다. 생물학 이론을 시험하는 데에서 예측이 갖는 유용성은 대단히 가변적이다. 기능생물학functional biology 분야의 이론들은 높은 예측력을 갖지만, 다른 이론들은 너무 복잡한 요인들을 가지고 있기 때문에 일관성 있는 예측이 불가능하다. 생물학에서의 예측은 기껏해야 확률적인 것이다. 거기에는 생명 현상의 엄청난 가변성과 사건 과정에 개재되는 요인들의 우연성과 다양성들이 영향을 미친다. 생물학자에게는 이론이 예측의 시험을 통과한다는 것이 그다지 중요하지 않다. 오히려 문제 풀이에서의 유용성이 훨씬 더 중요하다.[17]

기능을 분석하고 연구하는 과학에서 이론은 실험에 의하여 가장 잘 시험된다. 그러나 가설을 시험하는 데에서 실험이 불가능하고 예측이 제한적 성격의 것일 수밖에 없는 분야에서는 추가적 관찰이 중요하다. 역사 과학이 이런 경우에 해당된다. 예를 들어 공통조상이론the theory of common descent에 따르면 지질학적으로 최근 시기의 동식물은 더 오래된 지질학적 시기의 동식물의 후손이다. 기린과 코끼리는 초기 제3기 지층 분류군의 후손들이다. 만약 백악기에서 기린과 코끼리의 화석이 발견된다면 공통조상이론은 기각될 것이다. 공룡은 중생대에 생겨난 것이므로 공룡의 화석이 고생대에서 발견된다면 그것도 공통조상이론을 논박하게 된다.

이론을 시험하는 다른 방법은 완전히 다른 종류의 사실들을 사용하는 것이다. 예컨대 형태학적 증거에 근거하여 어떤 생물 집단의 계통 생물학적 계통수를 만들었다면 분자적(생화학적) 증거에 입각하는 또 다른 계통수를 만들어서 그 둘이 일치하는 정도를 시험해볼 수 있다. 두 계통수가 차이 날 때마다 추가적인 독립적 증거들이 시험을 위해 이용되어야 한다. 오래 전의 대륙 간 관계나 서로 다른 분류군들의 분산 능력에 관한 생물지리학의 이론들도 여러 가지 방식으로 검사될 수 있으며 그 결과에 따라 이론들이 기각되거나 강화된다. 공룡이 정말 백악기 말엽에 완전 절멸했음을 증명하기 위해서는 멀리 떨어진 곳에 있는 제3기 지층의 추가적 유물들을 검사할 필요가 있다. 요구되는 관찰과 시험의 성격은 문제에 따라 다르다. 그러나 전문가들은 자기들 분야에서 어떤 시험 또는 관찰이 타당하다고 간주되어야 할지에 대해서 대략적인 합의를 이루고 있다.

현장 생물학자

주로 법칙과 논리에 기반을 두었던 금세기의 과학철학은 진화생물학 분야의 이론 전개와 전혀 들어맞지 않았다. 이런 깨달음이 1974년경 포퍼로 하여금 과학적 방법론이 잘못된 것이 아니라 '다윈주의는 시험 가능한 이론이 아니라 형이상학적 연구 프로그램'이라고 주장하게 했다. 물리학이나 수학의 배경을 가진 다른 철학자들도 비슷한 입장이었다. 몇 년 후 포퍼는 자신의 주장을 철회했고 거의 40년간 지배적이었던 논리경험주의의 철학도 쿤, 라카토스, 비티, 라우든, 파이어아벤트 등의 비판에 의하여 몰락했다. 결국 논리경험주의가 생명과학과 관련하여 성취한 것은 많은 생물학자로 하여금 과학철학을 불신하게 만든 것뿐이다.

그러나 대부분의 생물학자는 그 어느 때에도 과학철학의 상황에 특별한 관심을 가지지 않았다. 1950년대와 1960년대에 포퍼가 각광받았을 때, 내가 아는 모든 생물학자는 자신이 포퍼주의자라고 말했다. 그러고는 자신이 하고 싶은 대로 아무것이나 했다. 꼬리표는 정치적으로는 유용할 수 있지만 종종 실질적인 의미를 갖진 않는다.(여기서 너무나 닮은 쌍둥이 아들을 가져서 그들을 구분할 수 없었던 어떤 아버지의 이야기가 생각난다. 그 아버지는 두 아들을 각기 하버드 대학교와 예일 대학교에 진학시켰다. 4년 후 하버드 대학교에 간 아들은 전형적인 보스턴 지성인이 되었고, 예일 대학교로 간 아들은 전형적인 예일 불독이 되었다. 그러나 아버지는 그 아들들을 여전히 구분하지 못했다.)

현장 생물학자들은 그 자신이 어떤 철학 학파의 주장을 따르는지에 대해서 생각하지 않는다. 과학 이론의 역사를 공부해보면, "아무래도 좋다 Anything goes."라고 주장했던 파이어아벤트(1975)에 공감하게 된다. 진실로 그것만이 현장 생물학자들의 지침인 것 같다. 생물학자들은 자코브(1977)가 자연선택과 관련하여 '땜질하기tinkering'라고 말한 것을 행할 뿐이며, 문제 해결에 가장 유용해 보이는 어떤 방법이라도 사용한다.

설명의 다섯 단계

우연, 다원성, 역사, 유일성 등이 중요한 역할을 하는 생물학에서는(4장 참조), 이론 구성과 시험의 유연한 체계가 엄격한 원리보다 훨씬 더 적합하다. 그러한 체계는 다음과 같은 다섯 개의 키워드로 정리할 수 있다. (1) 과학자들은 교란되지 않은 자연자체 또는 특별히 설계된 실험을 '관찰'한다. 그중 일부는 현재의 이론에 의해 설명되지 않거나 일반적인 관점과 상충한다. (2) 이 관찰들이 과학자들로 하여금 '어떻게?'와 '왜?'라는 '물음'을 던지게 한다. (3) 물음에 답하기 위하여 연구자들은 임시적인 '추측' 또는 작업가설을 만든다. (4) 그 추측이 옳은지를 결정하기 위하여 그것을 엄격한 '시험'에 부친다. 그를 통해 이론이 타당할 확률이 증가되거나 감소한다. 시험은 추가적인 관찰로 이루어지는데, 일반적으로 잘 구성된 실험 등과 같은 다른 전략이나 경로를 사용한다. (5) 궁극적으로 채택되는 '설명'은 시험 과정에서 가장 성공적이었던 추측이다.

상식적 실재론

철학자들은 우리 감각기관에 의하여 파악되는, 우리 밖의 진짜 세계가 있는지에 대해서, 그리고 그 세계가 감각기관과 과학이 알려주는 모습 그대로인지에 대하여 끊임없이 논의한다. 외부 세계는 단지 우리로부터 밖으로 투영된 것에 불과하다는 버클리 주교의 의견이 대표적인 사례다.[18] 그러나 내가 아는 생물학자들은 상식적 실재론자들이다. 그들은 '진짜 세계'가 우리 밖에 존재한다는 사실을 의심하지 않는다. 지금의 우리는 기구 조작을 통하여 감각 인상을 시험할 여러 가지 방법을 가지고 있다. 그리고 그런 관찰에 근거한 예측들은 어김없이 맞아 들어간다. 따라서 생물학자들로서는 그들의 탐구를 정상적으로 운영하는 실용적 또는 상식적 실재론의 전제를 의심할 이유가 없다.

상식은 철학자들에게 인기 있는 품목이 아니다. 그들은 논리에 의존하기를 더 좋아한다. 그러나 논리학자가 아닌 사람들에게는 대부분의 삼단논법이 항등식처럼 보일 뿐이다. 그들에게는 상식이 훨씬 친숙하다. 상식의 관점은 인과관계를 결정하는 데에도 가장 친숙하고 생산적이다. 논리학자들의 엄밀한 관점은 보편법칙에 의해 지배되는 결정론적이고 본질주의적 세계에 대해서는 적합하다. 그러나 우연이 지배하는 확률적 세계, 항상 유일한 현상을 설명하도록 요구받는 세계에서는 적절하지 않다. 검은색 외에도 흰색, 얼룩색, 갈색의 까마귀 그리고 검은 목을 지닌 백조들(이것들은 모두 실제로 존재한다!)은 논리의 우월성을 절대 받아들이지 않는다.

과학의 언어

과학의 모든 분야는 사실, 과정, 개념에 대한 고유한 용어들을 가지고 있다. 용어가 대상이나 개체(미토콘드리아, 염색체, 핵, 회색 늑대, 일본 딱정벌레, 메타세콰이아)를 가리킬 때에는 일반적으로 아무 문제가 없다. 그러나 많은 용어가 훨씬 복합적인 현상이나 과정을 지칭한다. 생물학에서는 경쟁, 진화, 종, 적응, 니치niche, 잡종교배hybridization, 다양성 등이 그런 것들이다. 만일 이런 용어들이 관련 연구자들에 의해서 정확히 같은 의미로 이해된다면 그 것들은 대단히 유용하며 필수불가결한 수단이 된다.[19] 그러나 과학사가 보여주듯 실상은 그렇지 못해 결과적으로 오해와 논쟁이 끊이지 않는다.

현장 과학자들이 자주 만나는 세 가지 언어 문제가 있다. 첫째, 용어의 의미는 우리 지식이 성장함에 따라 변할 수도 있다. 그런 의미 변화는 놀라운 것이 아니다. 왜냐하면 과학 용어들은 통상 일상 언어로부터 가져온 것이므로 일상 언어의 모호함과 불완전함을 그대로 가지고 있기 때문이다. 현대 물리학에서 사용되는 힘, 장, 열 등의 용어는 초창기와는 명백히 다른 의미를 갖는다. 현대 분자생물학자들의 유전자 개념은 염기 서열, 엑손exon, 인트론intron 등을 포함하는 복잡한 것으로서 초창기의 '염주 사슬beads on a string'이란 용어, 그리고 멀러Hermann J. Muller의 더욱 정교한 개념과는 전혀 다르다. 그러나 1909년 요한센Wilhelm Johansen에 의해 처음 도입된 '유전자gene'라는 단어는 지금도 유사한 대상을 지칭하며 사용되고 있다. 거의 모든 과학 용어가 약간씩 변화를 겪기 때문에 사소한 의미 변화에 대하여 새로운 용어를 도입하는 것은 혼란을 부추길 뿐이다. 새로운 용어는 엄청난 변화를 위해서 남겨두어야 한다. 모든 전문 용어는 이후의 발견을 수용할 수 있을 만큼 '열린' 것이어야 한다.

두 번째 문제는 어떤 용어들이 부지불식간에 원래의 것과 전혀 다른 현상이나 과정을 지칭하게 되는 경우다. 유전 물질의 갑작스러운 변화를 지칭하기 위하여 드 브리스Hugo De Vries의 '돌연변이mutation'라는 용어를 차용했던 토머스 모건Thomas Morgan의 예가 그렇다. 드 브리스에게 돌연변이는 갑작스럽게 새로운 종을 출현시키는 진화적 변화로서 유전학적이라기보다는 진화적인 개념이었다. 이러한 동음이의어의 혼란 때문에 비유전학자들은 30~40년 후에야 모건의 돌연변이와 드 브리스의 돌연변이가 동일한 의미가 아님을 알게 되었다.[20] 특정한 개체를 지시하는 용어는 다른 개체에 사용하지 않아야 한다는 것이 과학 언어의 기본 원리다. 이 원리의 위반은 필연코 혼란을 불러일으킨다.

가장 빈번하며 혼란스러운 문제는 여러 가지 다른 현상들에 대해서 하나의 동일한 용어를 사용하는 경우다. 철학 문헌에서 논리학자들은 용어들을 공들이면서 분석하곤 한다. 그러나 놀랍게도 용어의 기본적인 이질성에 대해서는 관심을 기울이지 않는다.[21] 예를 들자면 '목적론'이라는 용어는 네 가지의 전혀 다른 과정을 지칭했으며, (집단선택에서의) '집단' 또한 네 가지 다른 현상을 지칭했다. '진화'는 세 가지 다른 과정 또는 개념에 적용되었으며, '다윈주의Darwinism' 또한 계속 의미가 바뀌었던 용어다.[22]

생물학의 역사에서 용어의 애매성은 심각한 흔적을 남기고 있다. '변종variety'라는 용어를 동물학자와 식물학자가 달리 사용한다는 사실을 깨닫지 못하여 다윈은 종과 종분화의 성격에 대해서 완전히 혼란에 빠졌다.[23] 멘델Gregor Mendel도 비슷한 어려움을 겪었다. 그는 교배했던 콩 종류들의 성질에 대해서 분명히 알지 못한 관계로 다른 식물육종가들처럼 이형접합자heterozygote를 '잡종hybrids'이라고 불렀다. 그가 실제 종간 교배를 통해 얻은 '다른' 잡종을 이용해 발견한 법칙을 입증하려고 했을 때 결국 실험에 실패하고 말았다. '잡종'이라는 동일한 용어를 두 개의 완전히 다른 생

물학적 현상에 사용함으로써 그의 후기 연구는 심각한 곤란에 빠졌다.[24]

이러한 동음이의어 현상에 대한 가장 현실적인 해결책은 각기 다른 대상에 대해서 다른 용어를 채택하는 것이다. 그리고 애매성의 혼란이 예상될 때마다, 문제되는 용어들에 대한 명확한 정의가 제시되어야 한다. 용어가 지시하는 개념이나 현상이 그 의미를 바꿀 경우에는 정의도 적절히 수정되어야 한다. 과학에서 사용되는 용어들의 정의는 지식이 발전함에 따라 지속적으로 수정되어왔다. 물리학의 가장 기본적인 용어들조차 여러 번 재정의되어왔다.[25]

대부분의 철학자는 정의 내리는 것에 거부감을 가지고 있는 듯하다. 아마도 이 때문에 철학 문헌에는 애매성이 많은 것 같다. 그 이유는 '정의'라는 용어가 고전적 철학 문헌에서 특별한 의미를 갖기 때문이다. 그것은 스콜라 전통의 유산이라고 할 수 있는 본질주의의 원리와 관련되어 있다.[26] 철학자들은 현장 과학자들이 정의라고 부르는 것 대신 '해명'이라는 용어를 사용하곤 한다.

명확한 정의의 유용성은 너무나 명백한 것이어서 나로서는 정의를 제시하지 않으려는 철학자들의 태도를 납득할 수가 없다. 정의에 대해 가장 완강한 반대자 중 하나인 포퍼는 그의 자서전《끝없는 탐구Unended Quest》(1974)에서 그 이유를 밝히고 있다. 그는 어린 시절에 "단어와 그 의미에 대해서는 논쟁하지 말라. 그러한 논쟁은 공허하고 무의미하다."라고 배웠다고 한다. 성장한 이후에는 "단어의 의미, 특히 정의의 중요성에 대한 믿음이 대단히 보편적이다."라는 사실을 발견하고 굉장히 놀랐다고 한다. 그는 이러한 믿음이 명백히 본질주의의 유산이라고 말한다. 포퍼는 스피노자의 책을 읽고 그것이 '임의적이며 요점이 불분명하고 논점 선취의 오류에 빠져 있는 듯한 정의들로 가득 차 있음'을 발견했다. 여기서 포퍼의 요점이

분명해진다. 단어의 정의를 놓고 이런저런 삼단논법을 구성하는 것은 논리학자들의 유희일 뿐이다.[27]

그러나 포퍼가 간과한 것은 과학자들이 명료한 정의를 요구할 때에는 완전히 다른 뜻을 갖는다는 사실이다. 과학자들이 요구하는 것은 애매성의 제거다. 과학이 발전함에 따라 어떤 정의나 과정이 불완전하거나 오류를 갖고 있다고 밝혀진다면 그 정의는 반드시 수정되어야 하며 그렇게 될 것이다. 명확한 정의 없이 개념과 이론의 명료화는 발전할 수 없다. 나는 현장 과학자로서 철학자들이 시급히 정의에 대한 반감을 없애고 그들의 용어가 단일한 주제를 지칭하는지 아니면 이질적 복합체를 지시하는지를 정확한 정의에 의해 시험받아야 한다고 생각한다. 그럴 경우 철학 문헌 속의 많은 논쟁이 저절로 종식될 것이다.[28]

사실, 이론, 법칙, 개념의 정의

가설, 추측, 이론, 사실, 법칙 등과 같은 용어들의 의미를 놓고 많은 철학적 토론이 있었다. 예를 들면 철학자들은 가설과 이론을 엄밀히 구분하는데, 나로서는 이론에 대한 그런 식의 정의를 의식한 적이 없다. 특히 생명과학의 분야에서는 더 그렇다. 현장이나 실험실에 있는 과학자들은 철학자들이 원하는 것처럼 그들의 용어를 엄밀하게 사용하지 않는다. 과학자에게 어떤 생각이 떠올랐을 때 그는 '방금 새로운 이론을 발견했다.'라고 말한다. 그러나 철학자는 그것이 가설 또는 추측이라고 말한다.

요즘 유행하는 또 다른 용어는 '모형model'이다. 내가 알기로 이 용어는 20년 전까지만 해도 진화학이나 분류학의 어떤 문헌에서도 사용된 적이 없다. 모형은 작업가설과 정확히 어떻게 다른가? 모형은 수학적이어야 하는가? 알고리듬algorithm과는 어떻게 다른가? 나는 고의로 이런 '멍청한' 질문들을 하고 있는데, 그것은 철학자의 더 많은 설명이 필요함을 말하고자 하는 것이다. 추측, 가설, 모형, 알고리듬, 이론 등의 용어는 현장 과학자들에 의해서는 상호 교환이 가능한 것으로 사용된다(독자들은 이 책에서 나도 '이론'이라는 말을 느슨한 의미로 사용하고 있음을 유의하기 바란다).

사실 대 이론

건전한 이론이라면 사실적 근거를 가져야한다. 그러나 이론과 사실은 어떻게 구분되는가? 보편적으로 지지받으며 반복적으로 검증된 이론이 언제 사실로 여겨지게 되는가? 예를 들어 현대 진화론자들은 진화론이 사실이라고 말할 것이다. 물론 엄격히 말하자면 이론이 사실로 변할 수는 없다. 이론이 사실에 의해서 대체될 뿐이다. 천왕성과 해왕성의 궤도에서 불규칙성이 발견되었을 때 아홉 번째 행성이 있다는 이론이 제안되었고 그 후 실제로 명왕성이 발견되었다. 그때부터 명왕성의 존재는 더 이상 이론이 아니고 사실이 되었다. 마찬가지로 DNA의 구조가 발견되고 단백질 합성과 관련된 DNA의 역할이 확인되었을 때 DNA의 정보를 올바르게 번역하는 암호에 대한 이론들이 제시되었다. 곧바로 그 이론 중 하나가 옳은 것으로 판명되었고 그 이후 받아들여진 유전암호는 더 이상 이론이 아니라 사실로 여겨졌다. 1859년 종의 가변성과 공통조상에 관한 다윈의 제안은 이론으로 받아들여졌다. 이후 그 '이론'을 지지하는 풍부한 증거가 제시되고 반대 증거가 나타나지 않음에 따라 생물학자들은 그것을 사실로 받아들이게 되었다.

　사실은 반복적으로 입증되고 논박되지 않은 경험 명제(이론)라고 정의될 수 있다. 그러나 아직 사실로 전환되지 않은 이론들도 유용한 도구일 수 있다. 특히 미시적이며 생화학적인 영역과 같이 감각기관이 충분한 역할을 할 수 없는 분야 그리고 (우주론이나 진화생물학과 같은) 과거 사건을 설명하기 위하여 역사적 서술을 구성해야 하는 분야에서는 더욱 그렇다.

물리과학의 보편법칙

이론과 사실은 보편법칙과 어떤 관계인가? 법칙은 예측 가능한 결과를 가진 과정을 지시한다. 그러나 물리학의 여러 법칙, 예컨대 중력법칙이나 열역학의 법칙 같은 것들은 사실이라고 불릴 만하다. 조류가 깃털을 가졌다는 것은 보편적으로 참인 진술이지만, 법칙이 아니라 사실이다. 자연법칙을 존중하는 사람들은 자연의 규칙성도 존중한다. 우리의 시간계획은 자연의 규칙성을 따른다. 우리는 여름에 겨울이 오리라는 것을 안다. 매년 나무는 나이테를 더해간다는 것도 안다. 찰스 라이얼의 동일과정설은 그러한 관찰에 입각해 있다. 과거에 일어난 일은 오늘에도, 미래에도 일어나리라고 기대할 수 있다. 물리학자들이 자신의 이론의 확실성을 옹호하고자 할 때 물리학의 이론은 시공간적으로 제한이 없으며 예외도 없다고 말할 것이다.

　생명 세계에서도 규칙성은 풍부하다. 그러나 대부분의 규칙성은 보편적이지 않으며 예외가 없는 것이 아니다. 그것들은 확률적이며 시·공간적으로 대단히 제약되어 있다. 스마트J. J. C. Smart(1963), 비티(1995) 같은 철학자는 생물학에는 보편법칙이 거의 없다고 주장한다. 물론 분자 수준에서는 물리화학의 법칙이 생물계에도 똑같이 적용된다. 그러나 복잡계에서 관찰되는 규칙성은 물리학자와 철학자가 말하는 법칙에 대한 엄격한 정의를 거의 만족시킬 수 없다.

'법칙'이라는 말을 사용하는 생물학자들은 대부분 관찰적 입증이나 반증에 직·간접적으로 열려 있고 설명과 예측에서 사용할 수 있는 논리적 일반 명제를 의미할 뿐이다. 그러한 '법칙들'은 과학적 분석이나 설명의 기본 요소다. 만약 우리가 '법칙' 개념을 생물학의 규칙성이나 일반화들에도 적용 가능한 것으로 수정한다면, 법칙이 이론 구성에서 갖는 효용성은 오히려 떨어질 것이다. 나름의 법칙에 근거하는 확률적 이론조차도 '법칙'이라는 말로부터 기대되는 확실성을 갖고 있지 않다.

생명과학의 개념들

생물학의 이론 구성에서 개념은 법칙보다 훨씬 큰 역할을 한다. 생명과학에서 새로운 이론에 기여하는 주된 방법은 새로운 사실(관찰)의 발견과 새로운 개념의 개발이다. 사전에서 '개념concept'이라는 용어의 의미를 찾아본다면 매우 넓은 정의를 발견하게 된다. 어떤 정신적 이미지도 개념일 수 있다. 그 정의에 따르면 내가 그것에 대해 생각하기만 하면 숫자 3도 개념이다. 그에 대해서 정신적 이미지를 형성할 수 있는 모든 대상은 개념이다. 그러나 인문학도가 개념에 대해 말할 때는 훨씬 좁은 정의를 적용하는데, 이 좁은 의미의 '개념'에 대해서도 마땅히 좋은 정의를 찾을 수 없다. 생물학자들은 자기 분야의 중요한 개념이 무엇인지에 대해 전혀 의심을 갖지 않는다. 예컨대 진화생물학에서는 선택, 배우자 선택, 세력권, 경쟁, 이타주의, 생물개체군 등이 그런 것이다.

물론 개념은 생물학에만 한정되지는 않으며, 물리과학에서도 나타난다. 제럴드 홀턴Gerald Holton(1973)이 주제도식themata이라고 부른 것이 아마도 생물학자들의 개념에 해당할 것이다. 그러나 새로운 사실의 발견이 무엇보다 중요한 물리과학이나, 생리학과 같은 기능생물학 분야에서는 기본

개념의 숫자가 대단히 제한적인 듯하다. 실제로 그 분야의 선도자들은 그들 분야의 진보는 새로운 사실의 발견에 달려 있다고 말하곤 한다. 그러나 대부분의 생명과학에서는 개념이 큰 역할을 한다. 모든 개념이 진화생물학의 자연선택처럼 혁명적인 충격을 주는 것은 아니다. 그러나 보다 복잡한 생명과학 분야들(생태학, 행동생물학, 진화생물학)의 최근 발전은 새로운 개념의 제안에 의해서 이루어졌다.

이상하게도 전통적 과학철학에서는 이론 구성에서 개념이 갖는 중요한 역할에 대해서 관심을 기울이지 않았다. 그러나 이론 구성에 대해 생각해보면 볼수록 물리과학은 법칙에 기반을 두는 반면, 생물학은 개념에 기반을 두고 있다는 것이 뚜렷해진다. 누군가는 개념이 법칙으로 정식화될 수 있다고, 또는 법칙은 개념으로 진술될 수 있다고 말함으로써 이 대비를 완화시키려 할지 모른다. 그러나 '법칙'과 '개념'이라는 용어를 엄밀하게 정의해본다면 그러한 변형이 쉽지 않음이 드러난다. 이는 분명 물리학에 집중된 과학철학이 소홀히 해왔던 문제 영역이다.

다음 장들에서는 생명 세계에 대한 설명을 만들고 시험하는 데에서 생물학자들이 반드시 고려해야 하는 특별한 요인들을 세밀히 살펴보겠다.

4

생물학은 생명세계를 어떻게 설명하는가?

How Does Biology Explain the Living World?

생물학자가 '왜 구대륙에는 벌새가 없는가?' 또는 '인간 종은 어디서 유래했는가?'와 같은 독특한 사건에 관한 물음에 답하고자 할 때, 보편법칙에 의존할 수는 없다. 생물학자는 특수한 문제와 관련하여 알려진 모든 사실을 연구해야 하고, 재구성된 한 무리의 요인들로부터 모든 종류의 결과를 추론해야 하며, 이러한 특수한 경우의 관찰 사실을 설명할 시나리오를 구성해야 한다. 다시 말하면 그는 역사적 서술을 구성하는 것이다.

이러한 접근은 인과-법칙적 설명들과는 근본적으로 너무 다르기 때문에 논리학, 수학 또는 물리과학에서 출발한 고전 과학철학자들은 그것을 아예 받아들일 수 없는 것으로 간주했다. 그러나 최근의 저자들은 고전적 관점의 편협성을 강력하게 거부하였고, 역사-서술적 접근이 타당할 뿐만 아니라 유일한 사건에 대한 설명에서는 과학적·철학적으로 유일하게 타

당하다는 것을 보여주었다.[1]

역사적 서술이 '진실'이라는 것을 단언적으로 증명하는 것은 물론 불가능하다. 하나의 과학이 포괄하는 체계가 복잡할수록 그 체계 내의 상호 작용은 더 많아진다. 그리고 이들 상호 작용은 관찰만으로 그 인과관계를 밝혀낼 수 없는 경우가 아주 흔하다. 단지 추론만이 가능하다. 그러한 추론의 본성은 해석자의 배경과 사전 경험에 의존하기 쉽기 때문에 당연히 '가장 훌륭한' 설명을 두고 종종 논쟁이 야기된다. 또한 모든 서술은 반증의 가능성이 있고 되풀이되어 시험될 수 있다.

예를 들면 전에는 공룡이 특별히 공룡들만 취약한 어떤 참혹한 질병이나 지질학적 사건으로 인한 격렬한 기후 변화로 인해 멸종했다고 말했다. 두 가정 모두 신뢰할 만한 증거가 없었으며 각기 다른 난점에 빠졌다. 더욱이 1980년에 운석낙하 이론이 월터 앨버레즈Walter Alvarez에 의해 제안되고, 특히 운석낙하 분화구로 추정되는 것이 유카탄 주에서 발견되자 이전의 모든 이론이 포기되었다. 왜냐하면 이 새로운 사실들이 운석낙하로 인한 멸종이라는 시나리오에 아주 잘 맞아떨어졌기 때문이다.

역사적 서술이 중요한 역할을 하는 과학으로는 우주론(우주의 기원에 관한 연구), 지질학, 고생물학, 계통생물학, 생물지리학, 진화생물학 등 여러 분야가 있다. 이 분야들은 모두 유일한 현상을 설명하는 것이다. 모든 생물 종은 유일하며, 유전자로 보면 모든 개체도 마찬가지다. 유일성은 생명의 세계에만 제한되지 않는다. 태양계에 위치하고 있는 아홉 개의 행성 각각은 유일하다. 지구상의 모든 강과 산맥도 유일한 특성을 갖는다.

유일한 현상들은 철학자들을 오랫동안 좌절시켰다. 흄은 "과학은 어떤 순수하게 단일한 현상들의 원인에 대해서 아무것도 만족스럽게 말할 수 없다."라고 지적했다. 만약 그가 유일한 사건을 인과법칙으로 충분히 설명할 수 없다는 것을 마음에 두었다면 그는 옳았다. 그러나 만약 과학의 방법론을 확장해 역사적 서술을 포함하면, 우리는 종종 유일한 사건을 더욱 만족스럽게 설명할 수 있으며 때로는 검증 가능한 예측을 할 수도 있다.[2]

역사적 서술이 설명적 가치를 갖는 이유는 보통 역사적 연쇄 속에서 앞선 사건이 차후의 사건에 대해 인과적 기여를 하기 때문이다. 예를 들면 백악기 말기에 일어난 공룡의 멸종은 많은 생태학적 니치를 제거하였고 그 결과 팔레오세Paleocene와 에오세Eocene 동안 포유동물이 빈 니치에 침입하여 눈부신 번창을 이루었다. 역사적 서술의 가장 중요한 목표는 역사적 연쇄 속에서 차후의 사건들의 발생에 기여한 인과적 요인을 발견하는 것이다. 역사적 서술의 확립이 인과성의 포기를 의미하는 것은 절대 아니다. 그것은 엄밀하게 경험적으로 도달된 특수한 인과성이다. 그것은 어떤 법칙과도 연관되는 것은 아니지만 단순하고 유일한 경우를 설명해준다.[3]

생물학의 인과관계

과학적 설명은 그것이 관찰된 현상, 특히 의외의 현상에 대한 원인의 발견에 기초했을 때는 쉽게 진실로 간주된다. 단순한 상호 작용에서 인과성은 종종 높은 확률로 예측 가능하다.[4] 예컨대 특정 화학반응 같은 단순한 상호 작용의 경우에는 확실하게 정확한 원인을 지적할 수 있다. 철학 논문들은 보통 물리학에 나타나는 문제에 기초해 인과성을 논한다. 중력의 법칙이나 열역학의 법칙 같은 물리학 법칙들은 '원인이 무엇인가?'라는 문제에 명백한 답을 줄 수 있을지 모른다.

그러나 그러한 단순한 해결은 생물학의 경우, 세포-분자 수준을 제외하고는 거의 가능하지 않다. 특히 결과가 전체적인 연쇄적 사건의 마지막에 올 때는 더 복잡하다. 우리가 예상할 수 있는 최종결과를 얻기 위해 과정의 최초 단계에서 원인을 구하는 것은 아마 목적론적 사고의 잔재일 것이다. 그러나 생물학에서 이러한 접근은 통상 성공적이지 못하다. 실제로 흔하게 오류를 낳는다. 복잡계의 상호 작용에서 최종적 효과가 긴 연쇄반응의 마지막 단계인 경우 원인을 정확히 지적하는 것은 불가능하지는 않다 해도 힘들 것이다. 여기서 우리는 다르게 사유하는 방식을 받아들여야 할지 모른다.

결과가 나타나기 이전에 두 개체 간의 상호 작용은 거의 전 과정에서 일어난다. 작용하는 각 개체는 매 단계마다 몇 가지 선택지를 갖는다. 이 중에서 무엇을 선택할 것인가 하는 것은 단계의 시초에는 엄밀히 결정되어 있지 않으며, 많은 요인과 우연에 따라 달라진다. 엄밀한 인과성은 보통 연쇄적으로 일어나는 작용의 각 단계에서 선택된 선택지를 사후적으로 고려했을 경우에만 해석될 수 있다. 사실상 전체 과정(심지어 그것의 무작위적 구성소들조차도)은 사후적으로 고려할 때에만 인과관계로 고찰할 수 있다. 따라서 사람들은 다소간 역설적으로 다음과 같이 말할 수 있다. 복잡한 상황 속에서 인과관계란 후험적 재구성이다. 다르게 말하자면 인과관계란 함께 취해졌을 때 원인이라고 불릴 수 있는 일련의 단계로 구성된다.

근접인과와 궁극인과

생물학에서 인과관계란 더욱 복잡하다. 살아 있는 유기체의 각 현상과 과정들은 근접인과proximate causations와 궁극인과ultimate causations라 불리는 두 분리된 인과관계의 결과다. 프로그램에 의한 지시들을 포함하는 모든 활동이나 과정은 근접인과다. 이것들은 특히 유전적 또는 체세포의 프로그램들에 의해 제어되는 생리적, 발생적, 행동적 과정의 인과관계를 의미한다. 그것들은 '어떻게?'라는 물음에 대한 대답이다. 궁극적 또는 진화적 인과는 새로운 유전 프로그램의 기원이나 이미 존재하던 유전 프로그램의 변화를 야기한 것에 대해 묻는다. 다시 말하면 진화 과정 동안에 일어나는 변화들을 이끄는 모든 원인이다. 그 원인은 유전자형을 변형시킨 과거의 사건 또는 과정이다. 궁극원인은 화학이나 물리학의 방법들로 탐구할 수 없고 역사적 추론인 역사적 서술의 검증에 의해 재구성되어야 한다. 그것들은 통상 '왜?'라는 물음에 대한 대답이다.

　근접원인과 궁극원인을 주어진 생물학적 현상들에 대한 설명으로서 함께 제공하는 것은 언제나 가능하다. 예를 들면 성의 분화에 대한 설명을 위해 근접한 생리학적 설명(호르몬 성조절 유전자)과 진화적 설명(성선택, 포식자 억제의 측면)을 모두 제시할 수 있다. 생물학 역사에서 일어난 많은 유명한 논쟁은 한쪽에서는 근접인과만을 고려하고, 다른 쪽에서는 진화적 인과만을 고려했기 때문에 일어난 것이다. 생명 세계의 특수한 성격들 중 하나는 생명 세계가 이러한 두 종류의 원인을 가진다는 것이다. 이와 대조적으로 무생물계에서는 자연법칙에 의해 제공되는 (종종 무작위적 과정과 결합하는) 한 종류의 인과관계만이 있다.

다원주의

생물학적 문제를 주의 깊게 관찰하면 통상 하나 이상의 인과적 설명을 발견할 수 있다. 예를 들면 다윈은 (9장에서 보게 되듯이) 생명의 다양성에 대한 설명으로 이소적 종분화allopatric speciation와 동소적 종분화sympatric speciation를 모두 믿었으며, 진화적 변화의 설명으로서 자연선택과 획득형질의 유전을, 그리고 입자유전particulate inheritance(격세유전reversion)과 혼합유전

blending inheritance의 존재를 믿었다. 그러한 믿음의 다원성은 검증과 반증 양쪽 모두에 문제를 제기한다. 자연선택을 위한 증거를 산출한다 해도 획득형질의 유전이 필연적으로 반증되지는 않을 것이며, 획득형질의 유전을 반증해도 자연선택을 진화적 변화의 유일한 원인으로 남겨두지 않는다.

흥미롭게도 생물학적 설명에서 다원주의는 현대의 전문가들보다 과거의 자연학자들이 더 잘 인식하고 있었다. 18세기의 짐머만Zimmermann이래 생물지리학자들은 불연속성이 근본적(이산적 도약dlispersal jump)이거나 파생적(분단 분포vicariance)일 수 있음을 아주 잘 이해했다. 그러나 오늘날 분단분포를 주장하는 이들은 그것만이 유일한 답이며 마치 자신들이 그것을 알아낸 최초이기나 한 듯 행동한다. 최근 단속평형punctuated equilibrium의 열광적 몇몇 지지자들은 이것이 진화적 변화를 설명할 유일한 이론인 것처럼 쓰고 있다. 반면에 과거의 저자들은 다원적 해결을 채택했다. 사실상 생물학에서 대다수의 현상과 과정은 다수의 이론에 의해 설명됨에 틀림없다. 다원주의에 대처할 수 없는 과학철학은 생물학에는 적합하지 않다.

생물학에서 연쇄적 사건들의 확률론과 결합한 인과적 요인들의 다원성은 주어진 현상의 단일한 원인을 결정하는 것을 불가능하게 만들지는 않더라도 매우 어렵게 만든다. 예를 들면 하나의 섬 위에서 발견된 유기체들은 섬이 과거에 육지와 연결되어 있었을 때 (육지로부터) 이주했을 수도 있고, 아니면 그 후에 수면을 가로지르는 확산을 통해 도달했을 수도 있으며, 아니면 두 가지 모두일 수도 있다. 분포상의 불연속성은 원래 연속적인 지역이 이차적으로 단절되었거나 적합하지 않은 토양을 넘어서는 이산에 기인한 것일지도 모른다. 하나의 종은 다른 종들과의 경쟁, 인간의 학대, 기후 변화, 운석 낙하, 또는 이 모든 요인이 결합해 소멸되었을지도 모른다. 아마도 대부분의 경우, 지질학적 과거에 일어난 특정한 멸종에 대응하는 특정 원인 혹은 특정 원인들의 결합이 무엇인지를 분명히 말하는 것은 불가능하다.

생물학의 고전적 논쟁 대부분에서 대립하는 입장들은 두 논쟁적 관점들에 대해 제3의 대안을 고려하는 일을 게을리했다. 예를 들면 물리주의자들은 생물학적 현상들을 제한된 무기물의 영역으로 환원해 설명할 수 없었고 이에 대항하는 생기론적 입장도 마찬가지 결함을 갖고 있었다. 유기체론은 두 관점의 최상을 결합해 마침내 지배적 관점으로 자리 잡은 제3의 관점이다(1장 참조). 자연선택은 우연과 필연 사이의 논쟁에서 논쟁을 종결짓는 제3의 해결책으로 출현했다. 그리고 전성설과 후성설의 오랜 논쟁은 유전 프로그램으로 해결되었다. 생물학에서 끈질기게 이어진 대부분의 논쟁은 이전의 두 가지 설명을 거부하고 새로운 설명을 받아들임으로써 종결되었다.

확률론

모든 것이 인식 가능한 원인에 의해 결정된다고 믿었던 엄밀한 물리주의 시대에는 어떤 과정에 우연이 개입해 결과가 변한다는 것은 비과학적 주장으로 여겨졌다. 따라서 다윈의 자연선택 과정(이것은 우연에 의해 진행하지는 않았으나 그럼에도 불구하고 상당히 많은 무작위성을 가정했다)은 물리학자 허셜에 의해 '콩가루의 법칙law of the higgledy-piggledy'이라고 간주되었다. 실제로는 이미 라플라스 시대에 확률적 과정(무작위)의 역할이 몇몇 과학자들에 의해 그 진가를 인정받은 바 있다.

그토록 많은 생물학적 이론이 확률적인 이유는 그 결과의 상당수가 무작위적인 여러 요인에 의해 동시에 영향을 받기 때문이다. 그리고 이러한 다수의 인과관계는 어느 하나의 요인도 결과에 대해 100퍼센트 책임을 지도록 하지 않는다. 특정한 돌연변이를 무작위적이라고 말하는 것이 그 유전자 좌위locus의 돌연변이가 태양 아래 어떤 것도 될 수 있다는 뜻은 아니다. 그것은 단지 현재 유기체의 어떤 필요와도 무관하며 어떤 다른 방식으로도 예측할 수 없음을 뜻한다.

생물학적 설명의 사례 연구들

과학철학자들이 과학 이론의 형성에 관해 논의할 때 인용한 대부분의 사례 연구들은 물리과학을 다룬다. 게다가 우리가 보았듯이 생물학, 더 특수하게는 진화생물학의 설명은 물리과학의 그것과 좀 다를지도 모른다. 그러므로 이러한 차이를 더 충분히 예시하는 경우들을 좀 더 검토하는 것이 도움이 될지 모른다.[5]

다음과 같은 단순한 상황으로 시작해보자. 낙타과에 속하는 동물들은 단지 아시아 그리고 북아프리카와 남아메리카의 동물상에서만 발견되었다. 이런 불연속적인 분포 유형을 어떻게 설명할 수 있을까? 루이스 아가시즈는 창조론을 적용하여 신이 낙타를 두 번, 즉 구세계에서는 진짜 낙타를, 그리고 남아메리카에서는 라마를 창조했다고 가정했다. 1859년 이래로 이 가정이 의심받게 되자 과거에는 낙타가 틀림없이 북아메리카에도 존재했으나 멸종하게 되었다는 가설이 제안되었다. 고생물학의 성과로 북아메리카에서 풍부한 낙타 화석 분포상이 발견됨으로써 이 가정이 확인되었다.

다윈도 인식했던 조금 더 어려운 문제는 화석기록의 불연속성이다. 다윈의 진화 패러다임에서 가장 중요한 구성요소들 중 하나는 연속성이다. 진화는 점진적 변화에 의해 진행된다. 그러나 살아 있는 자연을 보면 온통 불연속성만이 눈에 띈다. 이것은 화석기록에서 특별히 현저하다. 신종의 화석이 그러한데, 이보다 더 중요한 사실은 완전히 새로운 유형의 유기체가 그것의 조상과 아무런 중간 단계 없이 갑작스럽게 화석으로 나타난다는 것이다. 확실히 이따금 새와 파충류의 중간인 시조새*Archaeopteryx*와 같은 '잃어버린 고리missing link'가 발견되기도 한다. 그러나 이 화석조차도 파충류의 조상 그리고 조류 사이에서 매우 넓은 간격으로 떨어져 있다. 다윈은 완고하게 (그리고 우리가 오늘날 그렇게 믿듯이 꽤 올바르게) 거기에는 완벽한 연속성이 있음에 틀림없다고 주장했다. 그러나 화석기록은 너무 분산되어 있어 이것을 증명할 수가 없었다. 그의 이 같은 결론은 1859년 《종의 기원》의 출간 후 약 100년 동안 널리 받아들여지지 않았다.

문제 해결에 대한 기여는 내가 1954년에 종분화적 진화에 관해 쓴 논문에서 제공되었다. 나는 주변에서 고립된 창시자 개체군founder population이 현저한 생태학적 변화와 유전적 재구조화를 겪을 수 있고 새로운 계통발생적 계통을 위한 이상적인 출발점이 될 수 있다는 것을 제안했다. 그러나 그러한 작은 개체군이 화석기록 속에 보존된다는 것은 매우 희박한 일이다. 이 지리적 종분화의 이론은 엘드리지와 굴드(1972)의 단속평형설 속에서 받아들여지고 정교화되었다.[6] 이것은 본질주의 이론에서 개체군 이론으로의 현저한 개념적 변화다. 사실 생물학에서 아주 극적인 이론 변화는 모두 개념적 변화의 결과라는 것이 나의 인상이다.

전적으로 새로운 인과관계가 요청되는 예들은 많지만, 새 이론들은 대부분 과거의 이론과 놀랄 만큼 유사하게 남아 있다. 예를 들면 다윈은 1839년에 스코틀랜드 글렌 로이Glen Roy의 소위 '평행한 길들'이 오래된 해안선이라고 설명하면서 그런 지형이 생겨난 이유는 육지가 급격히 융기했기 때문이라고 설명했다. 안데스 산맥의 높은 해발고도에서 바다 조가비를 발견하고, 지진이 일어난 칠레 해안에서 극적인 융기를 관찰한 다윈은 그 외에도 다른 많은 관찰에 근거해 스코틀랜드의 그러한 융기가 터무니없는 일은 아니라고 간주했다. 게다가 다른 그럴듯한 이론도 없었다. 그러나 다윈이 책을 출판한 지 몇 년 지나지 않아 아가시즈가 빙하기 이론을 내놓음으로써 평행한 길들이 빙하호의 해안선이었다는 것은 아주 명백해졌다. 다윈 자신은 후에 자신의 해석을 '큰 실패'라고 했지만 실제로는 아주 정답에 가까웠다. 여기에서는 평행한 길들이 해안선이었다는 것이 핵심적 통찰이다. 빙하기 이론이 발표되기 전이므로 그러한 해안선을 설명할 수 있는 유일한 길은 그것들을 대양의 기슭으로 간주하는 것이었다. 더구나 육지의 광범위한 상승은 지질학 논문에, 특히 다윈의 스승인 라이얼의 글에 잘 확립되어 있었다. 이러한 동일한 해안선을 빙하활동 때문인 것으로 설명하는 것은 실제로 대단한 변화는 아니었다.

자연신학자들이 신의 계획에 대해 쓴 장대하고 여러모로 아주 장엄한 논문들에도 유사한 상황이 적용된다. 단지 결과를 설명해주는 원인을 대체함으로써 이 논문들의 대부분을 다윈주의에 인계하는 것이 가능했다. 즉 계획의 완성은 신이 아닌 자연선택에 의해 이루어진다는 것이다. 이렇듯 이론의 본질적 구조는 그대로 둔 채 오직 기본적인 원인요소만이 대치된 비슷한 경우들을 쉽게 찾을 수 있다.

인지적 진화인식론

모든 인식론은 인식의 내용과 그 방법에 관한 것이다. 지난 25년간 진화인식론이라 불리는 운동이 일어나 지식 획득에 대해 고찰하는 새로운 방식을 촉진한 것으로 보인다. 그 핵심적 대표자 중 한 사람은 그것을 '새로운 코페르니쿠스적 혁명'이라는 과장된 용어로 표현했다. 반면 반대자들은 이 주장이 오해를 불러일으키는 것으로 간주하고 진화인식론의 기여를 아주 하찮은 것으로 보았다.

진화인식론이라는 말은 실제로는 두 가지의 아주 다른 과정에 적용되어 왔다. 그것들을 나는 다윈적 진화인식론(5장에서 분석된다), 그리고 인지적 진화인식론으로 나누었다. 인지적 진화인식론은 인간이 다윈적 선택과정을 통해 진화한 뇌 속의 어떤 '구조들'로 외부세계의 실재를 처리한다고 주장한다. 그리고 인간은 이러한 뇌의 구조들이 없었다면 자신들의 세계를 다룰 수 없었을 것이라고 주장한다. 이러한 능력에서 하등한 모든 개체는 빠르건 늦건 자손을 남기지 못하고 제거되었다.

현대 과학자들은 '실제세계'에 대한 다양한 지각이 가능하며 인간의 감각은 이 세계의 특징들 중 매우 제한된 표본만을 제공한다는 점을 잘 이해하고 있다. 원생동물 연구자들은(제닝스Jennings와 더불어 시작하는) 우리에게 단세포생물의 세계가 어떠한가를 보여주었다. 폰 웩스퀼Von Uexküll은 개의 세계가 인간의 세계와 얼마나 다른지를 그림으로 묘사했다. 우리는 인간이 전자기파의 광대한 스펙트럼 중 붉은색에서 보라색까지 파장의 좁은 영역만을 본다는 것을 이제는 알고 있다. 우리는 따뜻함으로 표현되는 적외선과 또 자외선에 대해서도 알고 있다. 어떤 꽃들은 벌이나 다른 곤충들에 의해 인지되지만 우리가 알 수 없는 자외선의 파장을 가진 것도 안다. 다른 동물들은 자기磁氣 정보를 지각하고 그에 반응할 수 있으며, 인간이 들을 수 있는 소리의 범위보다 높거나 낮은 소리를 들을 수 있다. 우리는 드넓은 후각세계가 있다는 것, 그것의 많은 부분은 다른 포유동물과 곤충에게는 확실히 접근 가능하지만 인간에게는 그렇지 않다는 것을 안다.

인간으로 하여금 전체 세계의 그런 특정한 측면을 골라 인지하도록 한 것은 무엇인가? 가장 그럴 듯한 이론은 생존하고 번식한 모든 유기체의 조상은 자신들의 생존에 가장 중요한 환경의 측면들을 감각할 수 있는 능력을 가지고 있다는 것이고 이것은 물론 인간종에도 똑같이 적용된다. 이러한 생각은 많은 '세계'가 있으며, 인간은 단지 그중 하나에만 접근할 수 있다는 것을 암시한다. 인간과 인간의 지각에 중요한 세계의 이 부분은 때때로 '중간세계middle world', 즉 중간 차원의 세계로 지칭된다. 그것은 분자적 세계로부터 은하계까지를 포괄한다. 그 아래쪽은 기본 입자들의 세계이고, 그 너머는 우주공간의 초은하적 세계다. 물리학자들은 단단한 탁자가 '실제로는' 전혀 단단하지 않으며 서로 아주 멀리 있는 원자핵과 전자들로 구성되어 있다는 것을 우리에게 상기시켜준다. 내가 아는 대부분의 생물학자는 이런 설명이나 또 다른 설명들(유전자와 쿼크에서 천체와 블랙홀, 암흑물질, 아원자적 입자들의 세계와 초은하적 세계 사이의 독특한 관계들까지 정렬하는)의 실재성을 인정한다. 이러한 현상들은 인간의 감각기관으로는 지각할 수 없다. 이러한 관점을 가진 사람들은 때로 과학적 실재론자라 불리는데, 이들은 이론의 성공이 이론에 가정된 존재가 실재함을 보장한다고 믿고 그런 이론적 실재는 관찰로 밝혀진 것만큼이나 실재적이라고 믿는다. 이러한 과학적 실재론을 내가 아는 모든 과학자가 공유한다.

그러나 솔직히 대부분의 사람은 일상의 삶에서 탁자를 이런 방식으로 이해하지 않는다. 물리학자들도 거의 마찬가지다. 더 나아가서 이 가장 작은, 또는 가장 큰 세계에 대한 우리의 이해에 어떤 진전이 있다 해도 그것은 인간이 지각하는 한에서의 '실제세계', 즉 중간세계의 이해에는 어떤 기여도 하지 못한다. 물리학자들과 공학자들이 제공한 수단이 초은하적 세계나 매혹적인 아원자적 세계를 우리에게 열어 주어도, 이것들 중 어떤 것도 우리의 정상적인 감각세계의 일부는 아니며, 우리의 상식적 실재론에 기여하지도 못한다. 그리고 그것들을 이해하는 것은 우리의 생존에 본질적인 것이 아니다.

그러나 시간이나 공간과 같은 기초적인 보편적 속성들을 직접 지각하지 못한다면 어떻게 그것들에 대한 관념을 가질 수 있는가? 여기서 칸트의 철학은 몇몇 인식론자들에게 상당한 영향을 주었다. 내가 만일 그를 올바로 이해했다면 칸트는 뇌가 잘 구조화되어 있어 사람은 이러한 우주의 특성들에 관한 정보를 가지고 태어난다고 믿었다. 우리는 칸트가 그의 사상의 많은 부분에서 본질주의자였다는 것을 기억해야 한다. 칸트는 변화하는 현상계가 변화하는 현상들 각각의 부류class에 대해 인간의 사유 속에서 하나의 본질eidos로 재현된다는 것을 확신하고 있었다. 이 본질을 그는 물자체Ding an sich라고 불렀다. 그것은 선험적으로, 즉 어떤 경험 이전에, 즉 탄생 이전에 존재했던 것이다.

콘라트 로렌츠Konrad Lorenz는 1941년 쾨니히스베르크 대학에서 칸트의 자리를 승계했을 때 "인간의 지각과 사유는 어떤 개인적 경험에 선행하는 기능적 구조를 가지고 있다."라는 칸트의 개념에 기초하여 진화인식론을 전개했다. 로렌츠는 "신생아가 세계에 대처하기 위해서는 막 태어난 고래가 수영을 하기 위해 지느러미들을 가지고 있는 것과 똑같은 방식으로 자기 두뇌 속에 여러 가지 인지적 구조를 가지고 있어야 한다."라고 말했다. 인간의 조상들이 한 적응지역에서 다른 지역으로 이동해 적응할 때마다 구조적 적응이 선택된 것과 정확히 같은 절차로 그에 맞는 정신의 구조도 선택되었다. 로렌츠는 이러한 지각과 사유의 선천적 구조들이 형태학적 혹은 여타 적응과 정확하게 등가를 이룬다고 설명했다. 나는 로렌츠의 제안이 눈이 제 기능을 발현하기 오래전부터 배아 속에 놓여 있었다는 사실과 기본적으로 같다고 여긴다.[7] 가장 원시적인 원생생물조차 서식지에서 만나는 위험과 기회들을 감지하고 이에 대처하는 방책을 가지고 있다. 10억 년 이상 자연선택이 인간종의 유전 프로그램을 단순한 원생동물의 유전 프로그램에서부터 인류의 유전 프로그램으로 정교화해온 것이다. 이렇게 해서 결국 유전 프로그램의 본성에 대한 새로운 생물학적 이해는 철학자들에게 그렇게 오랫동안 커다란 수수께끼였던 것을 해명해냈다.

나는 영장류로부터 시작된 인간의 진화 동안 두뇌가 심지어 침팬지의 능력을 훨씬 뛰어넘는 문제들을 해결할 수 있을 만큼 급격히 진화했다는 생각을 사람들이 받아들여야 한다고 믿는다. 그러나 이것은 아직도 풀리지 않은 질문을 남겨 놓고 있다. '현대인의 두뇌구조는 얼마나 특이한가?'

닫힌 체계와 열린 체계

인간의 두뇌가 물리적으로 현재의 능력에 도달한 것은 거의 10만 년 전, 즉 우리의 선조가 아직도 문화적으로 매우 원시적 수준에 있을 때였다고 지적하는 사실은 많이 있다(11장 참조). 10만 년 전의 두뇌는 컴퓨터를 만들어내는 현대의 두뇌와 같다. 오늘날의 인간에서 보는 고도로 전문화된 정신활동은 특별히 선택된 두뇌구조를 요구하는 것 같지 않다. 인간 지성의 모든 성취는 두뇌와 더불어 이루어졌지만 두뇌는 이러한 임무를 위해 다원적 과정에 의해 특별히 선택되지는 않은 것이다

인간의 다양한 능력들은 확실히 두뇌의 다양한 영역에 의해 조절된다. 그러나 인간 두뇌의 작업들에 대해 현재 우리가 상당히 무지하다는 관점에서 보면, 오늘날 세계에 대한 인간의 인식을 가능케 하는 두뇌구조에 대해 너무 세부적으로 고찰하는 것은 오해로 이어질지 모른다. 하지만 현재의 지식수준으로도 뇌 속에 세 가지 영역을 구분하는 것은 가능해 보인다.

첫째, 두뇌의 일부는 그 시작부터 엄밀하게 프로그램된 영역을 포함하

고 있는 것으로 보인다. 하등동물의 본능 그리고 하등동물은 물론 고등동물에서도 나타나는 반사작용과 대부분의 운동이 이러한 '닫힌 프로그램'의 사례들이다. 그러나 인간종의 더 복잡한 행동들이 (그리고 만약 그렇다면 어느 것이) 이 범주에 속하는지는 밝혀지지 않았다. 어린아이의 행동과 기질의 영역에 대한 탐구는 우리가 보통 생각하는 것보다 더 엄밀하게 계획된 행동들이 있을지도 모른다는 것을 가리킨다.[8]

두뇌는 또한 '열린 프로그램들'에 적합한 영역들도 갖고 있는 듯하다. 이 정보는 본능처럼 엄밀하게 계획되지는 않으나 어린 유기체가 처한 환경에서 정보를 이용할 수 있는 경우, 그 정보를 받아들일 수 있도록 마련되어 있는 두뇌의 특정한 영역이 있다. 언어를 습득한다든가 윤리적 규범들을 채용한다든가 하는 인간 인식의 많은 구성요소는 명백히 어떤 이른 나이에 가장 잘 획득되며 일단 획득된 다음에는 쉽게 바뀌거나 잊히지 않는다. 이러한 학습의 범주들은 동물행동학자들이 말하는 단순한 '각인'과 많은 공통점을 가지고 있는 듯하다. 새끼 거위는 출생 후의 민감한 기간 동안 자기 엄마의 게슈탈트Gestalt를 '각인하게 된다'. '따라야 하는 대상'은 새끼 거위의 두뇌 속에 이러한 정보를 받아들이도록 미리 준비된 지역 속에 분명히 삽입된다. 이와 유사하게 인간을 발달시키는 모든 새로운 경험은 적절한 두뇌 공간 속에 기록되어 이전에 기록된 관련 경험들을 강화한다.[9] 우리가 태어난 세계에 대한 우리 인식의 구성소들은 칸트와 로렌츠 그리고 다른 진화인식론자들에 의해 묘사된 것처럼 아마도 열린 프로그램으로 가장 잘 이해될 것이다.

마지막으로, 두뇌는 삶의 과정을 통해 획득된 모든 종류의 정보 저장(기억)을 가능하게 하는 일반화된 지역을 포함하는 듯하다. 현 단계로는 그 일반적 정보를 다른 하위 범주들로 구분할 기준이 있는지에 대해 전혀 아는 바가 없다. 단기 기억과 장기 기억이 이런 하위 구분의 예가 될 수도 있다.

인지적 진화인식론은 인간 두뇌의 세 영역 중 특히 두 번째 영역과 관련된다. 그것은 신생아에게 중요하고도 특화된 인식적 정보를 저장할 적절한 열린 프로그램을 공급하기 위해 선택을 통해 진화한 뇌의 영역들을 다룬다. 그러한 두뇌의 영역들에는 형이상학적이고 본질주의적인 것이 전혀 없다. 그것들은 단순히 다윈적 진화의 산물이다. 아직도 광범하게 알려지지 않은 것은 이러한 영역들의 특수성의 정도다. 많은 특수성이 탄생 후에 획득되리라는 것이 그럴듯한 가정이다. 이것은 어린이들의 경우 광범위하게 파괴된 많은 부분의 기능들이 상대적으로 쉽게 다른 영역들에 의해 대체될 수 있다는 것으로 알 수 있다.

인지적 진화인식론을 평가하는 데 이 모든 사실을 어떻게 결합할 수 있을까? 나는 세계를 지각하고 이해하는 데 고도로 특화된 두뇌 구조가 필요한 것은 아니라고 생각한다. 대체로 중앙신경계의 진화적 개선이 필연적으로 고도로 특화된 신경구조를 이룬다기보다는 차라리 두뇌 구조의 전반적인 개선이 지속적으로 일어나는 듯하다. 그 결과 두뇌는 원시인이 직면한 현실적 도전들에 대처할 수 있을 뿐 아니라, 이러한 두뇌의 개선들이 선택되었을 때는 필요 없던 체스 게임에 쓰이는 능력들도 지니게 된 것이다. 전체적으로 인지적 진화인식론은 전혀 혁명적일 것이 없고 다윈적인 진화론을 신경학과 인식론에 적용하여 얻어진 자연스런 성과로 보인다.

확실성의 탐구

과학의 목표는 종종 진리 탐구로 묘사된다. 그러나 진리란 무엇인가? 다원을 기독교적으로 반대하는 사람들은 이 세상의 모든 것이 신에 의해 창조되었다는 결론을 이끌어내는 성서에 있는 모든 말의 진리성을 의심하지 않았다. 지구가 태양 주위를 돈다는 주장은 과거에는 감히 이단을 말하는 것이었지만, 오늘날에는 절대적 진리로 간주된다. 합리적인 사람들은 더 이상 지구가 둥글고 (이전에 믿었던 것처럼) 평평하지 않다는 것을 부정하지 않는다. 과학사가들은 얼마나 많은 초기의 '의심받지 않은 진리들'이 차례로 오류로 드러났는지 알고 있다. 케플러 이전의 천문학자들은 당연히 모든 천체의 궤도가 완벽한 원이라고 간주했다. 1880년까지도 인간의 생애 동안 획득된 형질들이 자손들에게 이어진다는 것은 보편적으로 받아들여졌다. 우리 세대가 나중의 과학 발전에 의해 궁극적으로 논박될 어떤 묵인된 가정들을 갖고 있는지는 아무도 모른다.

지구의 지층에 있는 화석들의 연속성이 진화를 증명한다는 것은 이제 과학자들에 의해 논박할 수 없는 진리로 받아들여진다. 그러나 과학의 다른 많은 발견은 아직도 시험 중이다. 그것들은 고도의 확실성을 가지고 있으나 우리는 가볍건 심각하건 간에 수정된 대안적 이론에 의해 그것들이 대체될 수 있다는 사실에 그다지 많은 동요를 일으키지 않는다. 과학자들은 더 이상 '절대적 진리'를 주장하지 않는다. 그들은 특정한 이론이 모든 반증 시도를 견뎌내고, 그리고 이론이 설명하도록 되어 있는 모든 것을 설명한다면 만족해한다. 수 세기 동안 뉴턴의 방정식은 궁극적 진리로 믿어졌다. 그러나 결국 아인슈타인의 상대성이론에 의해 아무리 그것이 정상적인 지구환경에서 잘 들어맞더라도 어떤 조건들에서는 옳지 않음이 드러났다.

상식선에서 보면 과학의 대부분의 결론은 아주 잘 확립되어 확실한 반면, 다양한 확실성을 가진 잠정적 진리도 있다. 두 이론 간에 경쟁이 있을 경우, 그리고 둘 중에 어느 것이 '더 진실'인지 명백히 확립되지 않을 경우 라우든Larry Laudan(1977)은 문제해결에 더 성공적인 이론, 즉 가장 많은 문제를 해결한 이론을 채택할 것을 제안한다.

그러나 설명들의 진리성은 종종 취약하다. 새들이 자연선택의 도움으로 깃털을 갖게 되었다는 것은 거의 확실하게 참인 명제다. 그러나 먼 과거에 일어난 대부분의 일처럼 아마도 그 사실은 결코 명백하게 확립될 수는 없을 것이다. 즉 증명 불가능한 문제이다. '왜' 깃털이 선택적 우위를 갖는지는 더욱더 증명하기 어렵다. 깃털은 온혈 척추동물을 추위로부터 보호하기 위해 생겼는가? 아니면 과도한 태양광선으로부터 보호하기 위해서였나?[10]

과학의 각 분과들에는 아직도 완전히 설명되지 않은 현상들이 있다. 어떤 무척추동물(특히 소위 살아 있는 화석)들은 왜 1억 년 이상 실제로 변하지 않은 채로 있을까? 동일 군에 속해 있던 유사한 종들은 멸종되었거나 극적으로 진화했는데도 말이다. 두 종류의 새 중 하나는 수컷이 새끼의 양육에 적극적으로 참여하고 다른 하나는 그렇지 않은데, 왜 둘 다 똑같이 성공적으로 보이는가? (그 대답은 새끼가 먹는 것이 곤충이냐 과일이냐에 달려 있을지 모른다.) 그러한 수수께끼들의 수는 50년 전 또는 100년 전에는 훨씬 더 많았다. 그리고 그동안에 그러한 사례들이 현저하게 높은 비율로 만족스럽게 설명되었다. 예를 들면 왜 사회를 이루는 곤충들에서 불임인 구성원들이 여왕의 자손들을 양육하는 데 헌신적으로 참여하는가와 같은 문제를 들 수 있다.[11] 생화학은 거의 대부분의 생리학적 수수께끼를 밝혀냈다. 남아 있는 가장 중요한 수수께끼는 유기체의 삶에서 가장 복잡한 과정인 수정란에서 성체 단계까지의 발달과 중앙신경계의 기능이다. 이 두 가지의 주요한 분야에서 대부분의 개별 과정은 이미 합리적으로 잘 이해되고 있다. 그러나 개별 과정들의 종합과 그것들의 조절에 대한 설명은 아직도 우리의 이해를 약간은 넘어서 있다.

여전히 남아 있는 불확실성에 비추어 몇몇 비과학자는 과학이 발견한 것은 아무것도 없고 아무런 확실성도 없다는 극단적인 주장까지 한다. 심지어 몇몇 철학자도 인간이 과연 어떤 궁극적 진리를 발견할 수 있을지 의아해한다. 이러한 불확실성은 5장에서 고찰할 '과학은 진보하는가?'라는 문제와 연결된다.

5

과학은 진보하는가?
Does Science Advance?

자연과학 활동에 종사하는 거의 모든 전문가뿐만 아니라 과학에 관심을 가진 대부분의 사람은 과학이 세대를 거듭함에 따라 지속적으로 진보하고 있다고, 그래서 우리는 세계가 작동하는 방식에 관해 점점 더 많은 부분에서 '참된' 서술에 접근해가고 있다고 믿는다. 이런 견해에 따르자면, '이 세계는 왜 존재하는 것일까?', '왜 그것은 지금과 같은 구조를 지녔을까?' 같은 우리가 결코 대답할 수 없을 물음들이 존재하긴 하지만, 여전히 과학의 모든 분과에서 우리는 앞으로의 연구를 통해 접근 가능하리라고 생각되는 수많은 물음을 짚어낼 수 있다.

하지만 과학이 진보해왔고 또 앞으로도 그러하리라는 확신을 모든 사람이 공유하는 것은 결코 아니다. 지난 50년간 과학철학은 엄격한 결정론과 절대적 진리에 대한 신념으로부터 다만 진리(또는 진리라고 여겨지는 것)로의

'접근'만을 인정하는 입장으로 중심을 옮겨왔고, 어떤 사람들은 이것을 과학이 진보한다고 말할 수 없다는 결론으로 해석했다. 또 이런 견해에 편승하여, 우리를 둘러싼 세계에 관한 궁극적인 진리로 우리를 인도하지도 못하는 과학이란 쓸모없는 활동에 불과하다고 주장하는 반과학적 운동도 등장한 바 있다.

최근 생물학의 문헌들을 살펴보면 그와 같은 부정적인 견해가 생겨날 수도 있겠구나 하고 이해하게 되는지도 모른다. 진화생물학에서 단속평형, 생태계에서 경쟁의 기능, 지리적 분산의 생물지리학적 의미, 생물학적 다양성의 조절, 적응주의 프로그램, 그리고 생물종의 정의 등(이것은 뒤에 논의될 주제들 가운데 다만 일부분만을 언급한 것이다)을 둘러싼 논쟁은 여전히 해소되지 않은 채 널려 있다. 생물학을 바깥에서 들여다보는 사람들은 이런 상황을 바라보면서 생물학이 어떤 합의에도 도달하지 못했다고 생각한다. 따라서 진정한 진보의 희망은 존재하지 않는다는 결론으로 쉽게 끌려갈지 모른다. 심지어는 일부 과학자들도 우리가 과학이 대답해줄 수 있는 물음의 한계에 도달해가고 있다고 생각한다.[1]

우리는 과학철학의 논의 속에서 과학적 진보라는 개념에 대한 폭넓은 이의 제기를 발견할 수 있다. 키처P. Kitcher(1993)는 과학적 진보에 대한 이런 관념을 '전설the Legend'이라고 부른다. 이 '전설'에 따르면 과학은 다음과 같은 '과학의 목표'를 성취하는 데 매우 성공적이었다. "과학자들의 세대가 이어져 내려감에 따라 세계의 진상에 대한 완전한 서술의 점점 더 많은 부분이 채워져 왔다. ……전설의 챔피언들은…… 진리에 대한 점점 더 나은 근사를 향해 나아가는 (과학의) 전반적인 경향을 목격했다." 나는 근본적으로 이 전설의 편에 서 있다는 사실을 고백한다. 이런 얘기를 들으면 여기서 말하는 비판자들은 분명 나를 구식 사고의 소유자라고 할 것이다.

하지만 내가 묻고 싶은 것은 이 비판의 목소리가 과연 무엇을 가리켜 과학이라고 부르고 있는가 하는 것이다. 내가 제일 익숙하게 알고 있는 과학의 발달상은 전설과 아주 잘 부합한다고 나는 인정하지 않을 수 없다.

예를 들어 베르너Werner와 라이얼로부터 현대 판구조론에 이르는 지질학의 발달이나, 라마르크로부터 1940년대의 진화론의 종합에 이르는 과정 등은 분명 변화하지 않는 세계에 관한 이전 신념으로부터의 진보라고 간주되어야만 한다. 프톨레마이오스로부터 코페르니쿠스, 케플러, 뉴턴, 그리고 오늘의 천체물리학으로 이어지는 전진의 행보는 우주에 관한 우리의 이해가 연속적으로 증진되어 온 역사다. 한편 아리스토텔레스에서 갈릴레이, 아인슈타인 그리고 양자역학에 이르는 변화 역시 계속되는 진보를 담고 있는 또 다른 줄기의 이야기다.

형태학, 생리학, 분류학, 행동생물학, 그리고 생태학에 관해서도 이와 유사한 진보의 순열을 언급할 수 있다. 1940년대 이후로 분자생물학의 발달은 이제까지 끊임없는 성취의 줄달음이었다. 1940년 이전에는 사실상 아무것도 존재하지 않았던 영역에 지금은 하나의 거대한 과학 분야가 확고하게 서 있다. 의학에서 이루어지는 모든 중요한 진보는 생물학 및 다른 기초과학 분야들의 진보에 토대를 둔다. 내 생각에는 생물학의 문제들을 하나씩 꼽아가면서 알려져 있는 사태들을 설명하는 데 후속 이론들이 어떤 방식으로 더 강력한 힘을 발휘할 수 있게 되었는지 설명할 수도 있을 것 같다.

그런데 우리가 '과학의 진전'이나 '과학의 진보'라는 말로써 의미하는 바는 정확히 어떤 것인가? 그런 표현을 쓸 때 우리가 뜻하는 바는 (그 이전 이론들에 비해) 더 많은 것을 더 잘 설명하고, 반박에 대한 저항력도 더 큰 과학 이론이 정립되었다는 것이다. 또 대부분의 과학 분야에서는 더 나은 이론이 더 나은 예측을 가능하게 할 뿐 아니라 다른 이론에 의해 대체될 가능성도 적다. 제시된 이론들 가운데 어떤 것이 더 '나은' 이론인가 하는 물음은 그 자체가 바로 과학 논쟁의 핵심적인 논란거리가 되곤 한다. 하지만 과학의 역사가 보여주는 것은 얼마 뒤 어떻게든 그 논쟁은 수그러들고 어느 한 이론이 다른 경쟁 이론들보다 더 우월하다고 널리 인정되기에 이른다는 사실이다. 또 역사적으로 볼 때 수많은 논쟁은 대립하던 양쪽 이론이 '모두' 기각되고 제3의 이론이 그들의 자리를 차지하는 방식으로 마무리되기도 했다.

종종 한 이론의 성공이 너무나 뚜렷한 나머지 결국 아무 경쟁 이론도 남아 있지 않는 상황이 생기기도 한다. 그러나 어떤 이론이 특정한 시기에 (해당 영역이 관심 대상으로 하는) 과정들이나 현상들을 설명해주는 유일한 이론으로 존립한다고 해서 반드시 그것이 최종적인 이론이 되는 것은 아니다. 그렇게 한때 보편적으로 받아들여졌던 이론들 가운데 훗날 철저하게 반박되어 이제는 아무도 유효한 이론이라고 생각지 않게 된 예는 많으며 이런 것은 과학의 진보를 보여주는 또 다른 증거다. 글자 그대로 수백에 달하는 그런 이론 가운데 잘 알려진 몇 가지만 언급해보자. 새로운 세포는 핵으로부터 생겨난다는 슈반T. Schwann의 이론, 혼합유전, 분류군들 간의 오진법적quinarian 관계, 획득형질의 유전, 언급되지 않은 생리학 이론 등, 지금은 틀린 것으로 밝혀진 이런 이론들은 그것들이 제안되었을 당시에는 대개 해당 분야가 확보한 기존 정보 및 개념 체계의 토대 위에서 최선의 설명을 제공하는 것들이었다. 그러나 과학자란 어떤 이론으로도 만족하는 법이 거의 없는 사람들이다. 그들은 언제나 자신의 이론을 개선하거나 또는 더 나은 포괄적인 이론으로 교체하려고 한다. 현재 자리 잡고 있는 이론들은 이제껏 수많은 반박의 시도들을 견디어온 동시에 현재까지 우리 손에 주어져 있는 증거들과의 관계에서 정합성을 지니는 것들이다.

다윈을 필두로 한 몇몇 저술가는 이론의 전반적인 성공이라는 관점에서 볼 때 유난히 타율이 좋은 타자들이었지만, 다윈 역시 훗날 반박될 수밖에 없었던 여러 이론을 제출한 바 있다. 그 가운데는 범생설pangenesis과 분화의 원리에 따른 공소적 종분화에 관한 것이 있다. 유전학의 역사는 과학적 진보의 많은 부분이 틀린 이론들의 반박으로 이루어진다는 결론에 대한 탁월한 예들을 제공해준다.

물론 과학에서 일어나는 모든 이론 변동의 사례가 반드시 진보를 의미하는 것은 아니다. 실제로 1890년대 후반 '뉴클레인nuclein'이 유전물질이라는 이론은 단백질을 유전물질로 보는 견해에 자리를 내주었지만, 훗날 그것은 일종의 퇴보였다는 사실이 밝혀졌다. 베이트슨P. Bateson과 드 브리스 같은 멘델주의자들이 내놓았던 유형론적 도약진화론에 관해서도 마찬가지 이야기가 가능하다. 생물학사의 기록은 그와 같은 일시적 퇴보의 수많은 예를 포함하고 있다. 이런 예들을 통해 얻을 수 있는 것은 반박된 것처럼 보이는 이론이라 할지라도 그것이 완전히 시험되어 의심의 여지없이 오류라는 것이 판명되기 전에 완전 폐기하는 것은 현명하지 않다는 가르침이다.

새로운 통찰에 이르는 길이 결코 직통으로만 나 있는 것은 아니다. 그것은 흔히 시행착오를 겪으며 꼬불꼬불한 길을 따라 초점에 다가가는 접근의 과정이고, 이런 과정에서는 쌍방향 해명의 원리가 적용된다. 작건 크건 과학적 물음들에 대한 해답은 또다시 새로운 물음을 불러일으킨다. 대개는 완전히 설명되지 않은 나머지 부분, 말하자면 열리지 않은 수수께끼 상자가 있다. 즉 우리는 과학적 문제들을 해명하는 과정에서 많건 적건 임의성을 띠는 가정들을 사용하며, 그것들은 더 상세한 분석과 설명을 기다리게 된다. 이런 의미에서 볼 때 과학의 종결이란 있을 수 없다.

과학자들이 시간과 관심을 쏟는 모든 작업이 반드시 어떤 과학적 진보와 결부되는 것은 아니다. 어떤 분야에든 목록을 작성하고, 그 밖의 편집 작업을 기꺼이 떠맡는 사무직에 해당하는 인물들이 있다. 데이터 뱅크를 구축하는 등 그들이 매달리는 일은 다른 동료들에게 도움은 주지만 그 분야에 직접 확연한 진보를 가져오는 종류의 작업은 아니다. 아마도 정당하다고 할 만한 이유에서 대부분의 과학자는 그들 분야의 중대한 미해결 문제와 씨름하는 일에 마음을 쏟지 않는다. 그 대신 그들은 다른 이들이 이미 이룩해놓은 것과 유사한 작업을 되풀이한다. 예를 들면 이미 드로소필라 멜라노가스터(노랑초파리)*Drosophila melanogaster*종에 대해 정립된 내용을 드로소필라 비릴리스(먹초파리)*Drosophila virilis*를 대상으로 연구하는 식이다. 또 어떤 이들은 새로운 사실들을 잔뜩 수집해놓기는 하지만 이 사실들로부터 어떤 종류의 일반화도 끌어내지 못하기도 한다.

어떤 사람은 자기 자신을 극도로 전문화된 문제에 국한시킴으로써 결과적으로 이웃한 분야의 전문가들과 어떤 종류의 의미 있는 지적 접촉에도, 특히 개념적 접촉에도 성공하지 못하는 경우가 있다. 과학적 설명 가운데는 어느 한 가지 전문분야가 아니라 인접한 다수의 분야로부터 정보와 개념 등을 동원함으로써 기능한 것도 있다. 또 한 분야에서 일어나는 이론적 진보는 종종 여러 관련 분야에서 반향을 불러일으키곤 한다. 때로 과학 이론의 진보는 단지 어떤 이론의 반박만이 아니라 몇몇 분야를 통일 또는 종합하면서 설명의 기반을 확장하는 방식으로 일어나기도 한다.

과학의 진보라는 개념을 공격해온 사람들 대부분은 우리의 (과학적) 이해력에 도대체 진정한 진보가 있었는지 아닌지를 제대로 평가할 수 있는 전문성조차 갖추지 못한 철학자 혹은 다른 과학 비전문가 들이었다. 내가 과학에 대해 알고 있는 모든 것은 나로 하여금 이런 이들의 비판에 동의할 수 없게 만든다. 현재의 과학이 채택하고 있는 원리와 이론 대부분은 30년, 50년, 100년, 혹은 200년 이상에 걸쳐 확고한 위상을 점해왔다. 오늘날 세계에 대한 우리의 기본적인 이해는 괄목할 만큼 견고하다.

몇몇 중요한 예외들이 있기는 하다. 예를 들면 인간의 두뇌에 대한 우리의 이해와 유전자형의 응집cohesion에 관한 지식 등이 거기에 해당한다. 하지만 과학적 진보에 대한 회의주의가 과학 외적 영역에 여전히 널리 퍼져 있다는 점에서 우리는 자료들을 통하여 과학의 다양한 분야들, 특히 생물학에서 지속적으로 진보가 일어나고 있다는 사실을 증명해야 할 이유를 확인한다. 이제 진보가 실제로 일어난다는 주장에 실질적인 힘을 싣기 위해서 구체적인 사례연구 한 가지를 세부적인 사항까지 분석해보도록 하자.

세포생물학의 과학적 진보

세포학cytology, 즉 세포에 관한 과학적 연구는 이러한 목적에 특히 적합하다.[2] 이 분야가 가능해진 것은 현미경 덕분이다. 세포학에서의 첫 학문적 업적은 로버트 훅Robert Hooke이 1667년에 저술한 《현미경학Micrographia》인데 여기서 '세포'라는 말이 처음으로 사용되었다. 그 후 150년간 이 분야에서는 그루N. Grew, 말피기M. Malpighi, 레벤후크A. Leeuwenhoek 세 사람의 뛰어난 현미경 관찰연구자에 의해 여러 가지 미시적 대상이 서술되었지만, 당시 미시적 대상에 관한 연구는 하나의 진지한 과학이라기보다 오히려 흥미로운 오락거리였다. 1740년에서 1820년 사이에는 새로운 것에 대한 서술이 거의 이루어지지 않았다. 간혹 세포가 언급되기는 했지만 그 경우 강조되는 것은 세포라기보다는 근섬유나 어떤 세로 방향 구조들이었다.

1820년에서 1880년 또는 1890년까지 일어난 괄목할 진보는 렌즈와 관련된 기술적 개선(가장 중요한 업적은 에른스트 아베Ernst Abbe에 의한 것이었다)에 의해, 그리고 기름을 이용하여 배율을 높이는 방법이 발견됨에 따라 가능해졌다. 관찰 대상을 조명하는 일뿐만 아니라 생체 조직을 비롯하여 모든 종류의 생명물질을 고정시키는 방법과 관련해서도 계속적인 발전이 있었다. 그리고 마침내 다양한 종류의 염색 방법을 이용하여 세포벽과 세포질, 핵 그리고 세포기관들을 대비시켜 볼 수 있게 되었다. 브라운, 슐라이덴, 슈반 등에 의해 초창기에 이루어진 가장 중요한 발견 가운데 일부는 연구자 스스로 제작한 아주 원시적인 형태의 현미경을 통해서 이룩되었다. 그러나 19세기 초반부터 광학기구를 제작하는 여러 회사가 등장하여 점점 더 개선된 현미경을 만들기 시작했는데, 이는 연구를 용이하게 하는 측면에서 중대한 역할을 했을 뿐 아니라 세포학을 널리 퍼뜨리는 데에도 공헌했다. 초창기 기구들의 부적합성은 종종 오류가 섞인 관찰을 낳았는데, 그것은 세포학의 발달 초기에 있었던 논쟁들 가운데 일부를 낳은 원인이기도 했다.

우리가 접하는 대부분의 생물학사를 보면, 세포에 관한 연구는 슐라이덴과 슈반에 의해 시작되었다는 인상을 받는다. 그렇지만 이들보다 앞서 마이엔F. J. F. Meyen(1804~1840)은 식물세포에 관해 주목할 만큼 정확하고 풍부한 지식이 담긴 저서를 출간했다.[3] 그는 분할에 의한 세포증식 현상을 서술했고, 아이오딘을 써서 식물세포 속의 전분 함유물을 염색시켰으며, 엽록체에 대한 정밀한 기술을 제공했다. 만일 그가 세상을 일찍 뜨지 않았다면 그는 분명 생물학의 역사에 또 하나의 위대한 이름을 새겨 넣었을 것이다. 그렇지만 그것은 마이엔의 경우에만 해당되는 일이 아니다. 그 당시

세포에 관한 정밀한 기술에 도달하기까지의 과정에는 마이엔과 더불어 실질적인 공헌을 한 적어도 대여섯 명의 연구자들이 더 있었다.

1831년 11월 로버트 브라운Robert Brown은 모든 종류의 세포 속에 공통적으로 존재하는 어떤 구조체를 발견한 후 그것을 핵이라고 불렀다. 그러나 그는 자신의 발견이 지니는 의미에 관해 심각하게 숙고하지 않았다. 그 의미를 논한 것은 1838년 슐라이덴이 발표한 논문이었는데, 거기서 그는 핵이 성장함으로써 새로운 세포가 발생한다고 주장했다. 그런 의미에서 그는 핵을 새로 '세포싹Cytoblast'으로 이름 붙였다. 또 핵 자체는 액체상태의 세포 내용물로부터 새로이 형성된다고 말했다. 이것은 분명 세포의 기원에 관한 후성설에 해당하는 것이었고, 그런 점에서 어떤 형태의 전성설도 환영받지 못하던 당시의 지적 분위기와 잘 맞았다. 그럼에도 불구하고 마이엔은 즉시 슐라이덴의 주장에 대한 응답 논문을 발표했는데, 거기서 마이엔은 낡은 세포가 분열함으로써 새로운 세포가 형성된다는 자신의 관찰 결과를 다시 한 번 주장했다. 아마도 슐라이덴이 보기에는 이렇게 서술된 과정 속에 전성설의 흔적이 남아 있었던 것 같다. 마이엔은 이외에도 세포핵에 관해 여러 가지 생각을 가지고 있었지만 그 자체로 오류에 가까운 것들이었던 그 발상들은 그의 주장에 도움을 주지 못했다.

식물학자인 슐라이덴은 식물세포가 뚜렷한 형태를 지닌 세포벽으로 둘러싸여 있는 것을 관찰했다. 그는 마이엔이 도달했던 것과 본질적으로 동일한 결론, 즉 식물을 구성하는 세포들 가운데 일부는 크게 변형되어 있음에도 불구하고 식물은 오로지 세포로만 이루어져 있다는 사실을 확인했다. 그렇다면 동물은 어떨까? 그것들 역시 세포로 이루어져 있을까? 이 점은 1839년 슈반에 의해 확인되었다. 그는 동물 몸의 각 부분을 이루고 있는 조직이 서로 아주 다른 형태인 것처럼 보일지라도 실제로 그 조직을 이루고 있는 것은 이렇게 저렇게 변형된 세포들일 뿐임을 입증했다. 하지만 슈반 역시 매우 상세한 고찰을 거쳐 결국 새로운 세포는 핵으로부터 기원한다는 슐라이덴의 그릇된 이론을 또 한 번 지지했다. 다만 그는 새로운 핵이 무형의 세포 내 물질로부터 생겨날 수 있다는 또 다른 과정에 관한 얘기를 보탰을 뿐이다.

　동물이나 식물 할 것 없이 생물은 모두 동일한 구성요소, 즉 세포로 이루어진 구조물이라는 것을 밝힌 슈반의 멋진 저서가 불러일으킨 충격은 대단히 컸다. 그것은 생명세계 전체를 관통하는 어떤 통일성이 존재한다는 것을 보여주었다. 나아가서 동식물 모두 세포로 구성되어 있다는 사실은 세포가 생명체를 이루는 기초적인 구성요소임을 보여주었다. 그것은 환원주의적 사고에 커다란 힘을 실어주는 결론이었다.

　나중에 슐라이덴은 과학에 대한 셸링과 헤겔의 견해를 강하게 비판하면서 귀납을 강조하는 과학철학적 입장을 상세히 밝힌 저서를 출간했다. 하지만 그의 생각이 실로 경험적-귀납적이라고 부를 만한 것이었다고는 말하기 어렵다. 그는 궁극적으로 목적론적 견해를 바탕에 깔고 있었기 때문이다. 과학에 관한 그의 이론은 뚜렷이 칸트의 생각에 토대를 둔 것으로, 프리스J. F. Fries를 거쳐 전해진 것이었다. 이와 비슷한 목적론적 세계관이 독실한 가톨릭 신자였던 슈반에게도 진리로 간주되고 있었다.

　예를 들어 세포질이나 형태가 없는 다른 유기물로부터 새로운 핵이 기원한다는 슐라이덴과 슈반의 이론은 발생학자들의 후성설적 사고와 잘 들어맞았을 뿐 아니라 당시까지도 널리 받아들여지고 있던 자연발생설의 이론과도 부합했다. 이것은 통용되는 이념들이 과학 이론의 수용에도 영향을 미친다는 것에 대한 또 하나의 예증이다. 새로운 핵과 세포가 무형의 유기물들 속에서 자유로이 형성될 수 있다는 가능성에 관한 이론은 1852

년 로버트 레마크Robert Remak에 의해 완전히 반박되었다. 레마크는 개구리의 배아를 가지고 난할의 초기 단계부터 실험을 수행했는데, 이 실험을 통해 그는 조직 속의 모든 세포가 이미 존재했던 세포분열 결과라는 결론에 도달했다. 그는 1855년에 이것으로부터 출발하여 더 방대하고 그림까지 곁들인 저서를 출간했는데, 이 책에서 그는 슐라이덴과 슈반의 이론을 한층 더 철저하게 반박했다. 같은 해에 피르호R. Virchow는 레마크의 결론을 가지고 '모든 세포는 세포로부터omnis cellula e cellula'라는 유명한 모토를 확립시켰다. 피르호가 자연발생설에 대한 결연한 반대자였다는 사실은 자연스러워 보인다.

세포 기원에 관한 이론의 변화를 야기한 진정한 원인을 찾기란 결코 쉬운 일이 아니다. 아마도 거기에는 현미경의 발달 및 현미경을 다루는 기법 등의 향상이 연루되어 있을 것이다. 그 밖에 레마크가 특별히 알맞은 관찰 대상, 즉 발생 과정에 있는 개구리의 배아를 선택했던 것 또한 연관이 있다. 다른 한편으로 새로운 이론은 당시까지도 유행하고 있던 후성설 및 자연발생설과 외견상 상충하는 것이었다. 적어도 이 사례에 국한하자면, 널리 받아들여진 관념들이 손상을 입는 것처럼 보이는 데서 생겨나는 모든 우려를 새로운 이론이 경험적 증거들의 힘으로 씻어내버린 것이었다.

핵에 관한 이해

레마크가 세포분열에 앞서 핵분열이 먼저 일어난다는 점을 뚜렷이 밝히긴 했어도, 새로운 세포이론은 핵에 관한 지식을 제공해주지 않았다. 한편 다른 사람들은 레마크의 관찰 결과를 결코 받아들이지 않았다. 이런 점에서는 개척자적인 면모를 보이던 호프마이스터Wilhelm Hofmeister조차 예외는 아니었다. 그리하여 플레밍Walter Flemming에 의해 '모든 핵은 핵으로부터

omnis nucleus e nucleo'라는 슬로건이 정립되기까지는 또다시 30년이 걸렸다.

궁극적으로 가장 중요한 단서를 제공한 것은 바로 수정 과정이었다. 이 이야기는 수정에 연루된 두 번식 요소, 즉 난자와 정자가 세포들이라는 것을 밝힌 쾰리커(난자를 발견)와 게겐바우어Karl Gegenbaur(정자를 발견)로부터 시작된다. 하지만 두 요소가 수정에서 어떤 역할을 하는가라는 물음을 놓고서 처음에는 상당한 논란이 있었다. 물리주의자들의 견지에서 보자면 수정은 정자가 난자와의 접촉을 통해 그것의 흥분상태를 전달하는 과정으로서 하나의 물리적인 현상일 뿐이었다. 달리 말하면 그들에게 수정이란 난자에서 분할이 시작되도록 하는 신호에 불과한 것이었다. 한편 반대론자들은 이 과정에서 정자가 난자에 전달하는 '메시지'야말로 수정에서 진짜로 중요한 것이라고 보았다.

위에 언급한 두 번째 견해가 실제로 승리하기까지 생명체의 발달에 관한 여러 가지 틀린 견해가 제거되었다. 이런 견해들 가운데 가장 중요한 것은 전성설이었다. 그것은 난자나 정자 속에 생명체의 축소판이 들어 있다는 생각이었다. 그러나 블루멘바흐로부터 시작되는 이 견해에 대한 비판은 조롱에 가까운 것이었고, 마침내 그것은 후성설, 즉 아무런 형상도 지니지 않는 물질 덩어리로부터 생명체의 발달이 시작되며 어떤 외부적인 힘에 의해 형태가 부여된다는 견해로 대체되었다.

수정에 관한 이론이 발달하며 사람들이 받아들여야 했던 두 번째 생각은 발생하는 배아의 특성과 관련하여 난자와 정자가 동등한 몫의 기여를 한다는 것이었는데, 말하자면 이것은 수정의 유전학적 측면에 관한 생각이었다. 이에 관한 최초의 증명을 제공한 요제프 쾰로이터Josef Kölreuter는 1760년대에 스스로 행한 잡종실험을 통해서 이 점을 결론으로 입증해냈다. 쾰로이터의 작업은 그다지 인정받지 못했지만, 그의 관찰과 유사한 결론에 이르는 성과들이 뒤이어 여러 사람들에 의해 축적되었고, 마침내 정자의 역할이 단지 난할을 촉발하는 데 있는 것이 아니라 훨씬 더 중요한 것이라는 견해가 받아들여졌다. 놀라운 것은 1870년대에 이르러서도 핵산의 발견자인 미셔 같은 이는 여전히 종전의 물리주의적 해석 편에서 있었다는 사실이다.[4]

1850년대와 1876년 사이에는 정자가 난자 속으로 들어가는 것이 거듭 관찰되었고, 때로는 정자의 핵이 난자의 핵과 융합되는 것이 관찰되었다. 그러나 이와 같은 관찰 사례들은 연구자가 그릇된 개념적 구도를 상정함으로써 잘못 해석되곤 했다. 수정이란 정자가 난자 속으로 침투해 들어가는 과정이라는 것, 정자는 그것의 핵을 제공함으로써 난자의 핵과 융합이 일어난다는 것, 그리고 배아의 발달은 정자와 난자의 핵이 융합함으로써 만들어진 접합체의 새로 만들어진 핵이 분할하면서 시작된다는 것을 명백하게 밝혀낸 사람은 오스카어 헤르트비히Oskar Hertwig(1876)였다. 헤르트비히의 관찰은 폴Hermann Fol에 의해서 1879년 완전히 입증됨과 동시에 확장되었다.

이보다 앞서 수십 년간 널리 퍼져 있던 생각으로 세포핵은 모든 세포분열이 일어나기 전에 풀어져 사라진다는 견해가 있었지만, 그것은 이제 적어도 수정 과정과 연관된 맥락 속에서는 깨끗이 반박되었다. 그리고 보다 발달한 현미경 기술을 바탕으로 모든 세포분열은 세포핵의 분열로 시작된다는 사실이 입증되었다.

그 당시 완전히 이해되지 못했던 사항은 정자에 의한 수정이 두 가지 역할을 한다는 점이었다. 즉 그것은 아버지에 해당하는 유기체의 유전물질을 난자 속으로 끌어들이는 한편 접합체의 발달에 시작 신호를 주기도 한다. 이 두 측면이 전혀 다른 역할을 의미한다는 사실을 물리주의자들은 이해하지 못했다. 자크 러브는 화학적인 방법을 통해 미수정란의 발달을 촉발할 수 있게 되었을 때 그것을 인공적 단성번식이라고 주장했다. 이는 그가 수정의 유전적 기능에 관해 전혀 인지하지 못하고 있었다는 사실을 보여준다.

1870년대에 이를 즈음에는 이 분야의 가장 앞선 전문가들에 의해 정자핵과 난자핵의 융합이 유전적 의미를 지닌다는 것이 상당히 분명해졌다. 하지만 이 의미가 어떤 것이고 또 두 핵이 어떻게 해서 부모의 유전적 특성들을 전달하는지는 여전히 불분명했다. 다음으로 필요한 단계는 성숙해가는 번식세포의 감수분열 과정에서 일어나는 감수적 분할을 발견하고 나아가 정확하게 서술하는 일, 그리고 핵에서 염색체가 핵심적인 구성요소라는 사실을 알아보는 일이었다. 이 단계는 바이스만, 에두아르드 반 베네덴Edouard van Beneden, 그리고 테오도어 보베리Theodor Boveri에 의해 실현되었다.

현미경을 가지고 탁월한 작업을 수행해온 경험주의자들은 다만 적절한 이론적 틀이 확보되어 있지 않았던 까닭에 자신들의 발견에 관한 올바른 해석을 놓치는 경우가 종종 있었다. 때로 그들은 자신들이 관찰한 일이 왜 일어난 것인지 캐묻지도 않았다. 루는 이에 대한 적절한 예를 보여준다. 그는 다음과 같이 매우 예리한 물음을 던졌다. 세포의 체세포분열mitosis은 어째서 그토록 복잡한 과정을 필요로 하는 것일까? 이 과정은 시간적으로 낭비가 심할 뿐만 아니라 불필요할 정도로 복잡해 보인다. 어째서 핵이 간단히 둘로 나뉘어져서 절반은 한쪽 딸세포에게, 그리고 나머지 절반은 다른 딸세포에게 분배되지 않는 것일까? 루는 이런 세포분열 과정의 미세한 복잡성을 볼 때 핵 안의 물질이 질적으로 균일하지 않다는 결론을 내려야 한다고 생각했고, 그것은 올바른 생각이었다. 그렇기 때문에 원래 핵을 구성하는 질적으로 다양한 요소들의 정확한 몫을 각각의 딸세포가 받도록 보장하기 위해서는 어떤 방법이 강구되어야 한다는 것이었다.

　이 시기로부터 읽어낼 수 있는 또 다른 흥밋거리는 수많은 올바른 관찰과 타당한 이론이 계속해서 무시되어 결국 훗날에 이르러서야 재발견되었다는 점이다. 좀 더 정확히 얘기하자면 그런 관찰이나 이론의 '진정한 의미'가 훗날 발견되었다고 해야 한다. 예를 들어 루는 세포분열에 관한 자신의 타당한 이론을 대충 포기하기에 이르렀는데, 그 이유는 그것이 난자의 발생과정에 대한 관찰들 일부와 모순되는 것처럼 보였기 때문이었다. 또 베네덴은 정자의 핵에 들어 있는 염색체가 난자 핵 속의 염색체와 융합되지 않는다는, 그야말로 정확한 관찰을 함으로써 멘델의 발견에 초석을 제공하는 성과를 이루었지만 이 역시 1900년 이후까지 대체로 무시되었다.

　과학철학 분야의 문헌에서 우리는 과학 이론의 형성과 관련된 다양한 견해를 발견할 수 있지만 그중 어느 것도 이 시기의 그릇된 관찰과 틀린 추측들까지 포함한 고도로 복합적인 발달상황을 다루지 않았다. 진보는 때로 새로운 발견에 의해서, 때로는 새로이 마련된 이론을 통해서 이루어졌다. 또한 어떤 새로운 생명체로부터 얻어진 물질 덕분에 진보가 이루어지기도 했다. 예를 들어 헤르트비히의 성게 알의 경우나 레마크의 개구리 배아의 경우가 그러했다. 또는 아닐린 염료 착색법이 훗날 세포학자들에게 대단히 유용하게 사용된 것처럼 새로운 기술에 의해 일어나는 진보도 있다. 의심의 여지가 없는 분명한 사실은 진보가 일어나려면 새로운 관찰과 새로운 이론들이 풍부하게 존재해서 다원적인 선택 과정이 작동할 수 있어야 한다는 것이다. 어느 정도의 시간이 흐르고 나면 어떤 특정한 관찰이나 해석이 더 이상 공략 불가능한 것으로 나타나면서 '진리'로 받아들여진다. 물론 단백질이 유전물질이라는 가정이 30년 내지 40년 동안 정도의 차이는 있을지라도 진리로 인정되었다가 반박되었던 것처럼, 결국 그것마저 반박될 수도 있다. 단백질 가설은 너무도 확고하게 자리 잡고 있었던 나머지 그것이 결국 DNA 가설에 의해 대체되었을 때는 리처드 골드슈미트Richard Goldschmidt처럼 당시의 주도적인 과학자들조차 이를 받아들이지 못했다.

1880년 이후 40년간 일어난 현미경 기법의 향상은 핵에 대하여, 또 체세포분열과 감수분열의 주기적 과정에서 일어나는 핵의 변화에 대하여 전보다 더욱 정확한 기술을 가능하게 했을 뿐만 아니라 그런 변화의 의미에 관한 설명까지 제공해주었다. 이와 같은 이해에까지 도달하게 된 과정은 굉장히 복잡한 이야기다. 거기엔 세포의 성숙 및 수정 과정의 다양한 국면들을 뛰어난 방식으로 서술할 수 있도록 해준 뛰어난 전문 기술 인력의 공헌과 더불어 뛰어난 이론가들의 기여가 있었다.[5]

염색체에 대한 이해

나중에 염색체라고 불리게 되는 세포분할의 시기에 뚜렷한 모양의 염색질 뭉치가 나타나다가 그것이 휴지기에는 핵 속의 과립형 덩어리나 가느다랗게 엉킨 실 모양으로 대체되는 것처럼 보이는 현상이 관찰되었는데 탐구를 위한 사색은 바로 거기서 시작되었다. 문제는 이처럼 불규칙적인 형태의 염색질 물질이 뚜렷한 구조를 지닌 염색체로 변환될 때 일어나는 일의 의미를 규명하는 것이었다. 특히 생물종이 각각 어떤 고정된 수의 체세포분열 염색체를 지닌다는 사실이 밝혀진 이후에는 더욱 그러했다. 사람들이 염색질의 생물학적 기능에 대해 아무런 생각도 가지고 있지 않는 한, 어떤 이론이 처음 발달하기 시작하기란 쉽지 않은 일이었다. 비록 염색질이 바로 다름 아닌 뉴클레인이라는 사실이 일찍이 언급된 바 있었지만 결코 일반적으로 받아들여진 결론은 아니었다. 또 아무도 뉴클레인의 기능이 무엇인지 알지 못했으므로, 그처럼 정확한 정체 규명이 이루어졌다고 해도 도움이 되지 않았다.

이와 같은 단계에서 유전물질이 염색체 안에 위치한다고 주장한 사람은 바이스만이었다. 비록 유전에 관한 그의 이론의 세부 사항들은 상당히 잘못되어 있었지만 그는 올바른 방향을 주시하고 있었다. 염색체에 관한 이해에 가장 큰 공헌을 한 사람은 보베리였다. 그는 실험에 알맞은 재료들을 가지고 체세포분열 시기에는 어떤 고정된 수의 염색체만이 존재한다는 단순한 사실을 관찰함으로써 그런 염색체들의 개별성을 증명할 수가 있었다. 다시 말해 그는 염색체 하나하나가 고유한 증상적 특성을 지닌다는 것을 알아보았다. 보베리는 이 염색체들이 휴지기에 이르러 핵 내 물질들로 '용해되고' 난 뒤 다시 다음 번 세포분열의 주기가 돌아왔을 때 그 전의 세포분열 때와 정확히 동일한 수의 염색체들이 재형성된다는 것, 또 나아가서 그 염색체들이 이전 주기에서와 동일한 개별적 특성을 지닌다는 사실을 입증해낼 수 있었다. 이로부터 그는 연속성 이론에 도달했다. 연속성 이론은 염색체가 핵의 휴지기 동안에도 자기동일성을 잃지 않을 뿐만 아니라 세포의 일생 전체를 통해 그것을 유지한다는 이론이었다. 이와 같은 이론은 헤르트비히를 포함해서 다른 주도적인 세포학자들에 의해 심한 공격을 받았지만, 결국 유전에 관한 서튼-보베리Sutton-Boveri 염색체이론의 기초를 형성하기에 이른다.

보베리의 이론은 추론에 근거한 것이었다. 위에서 말한 염색체의 연속성이란 직접적으로 관찰할 수 있는 것이 아니었기 때문이다. 당시 보베리에게는 자신이 옳다는 확신을 불어넣어 준 어떤 기본적인 생각이나 이념이 있었던 것일까? 그의 반대자들은 또 그와는 다른 토대가 되는 생각이나 이념을 가지고 있었기 때문에 보베리가 분명히 틀렸다고 확신하게 되었던 것일까? 유감스럽게도 현존하는 문헌들을 바탕으로 이런 물음에 대한 답을 내리는 것은 내겐 불가능한 일이다. 하지만 나는 보베리와 헤르트비히의 개념적 배경에는 그들 사이에 그토록 극단적인 의견 차이를 보였던 무엇인가가 있다고 생각한다. 두 사람이 자신의 이론을 뒷받침하기 위해 어떤 다른 법칙에도 호소한 사실이 없음은 언급할 필요도 없다. 그들의 결론은 관찰에 토대를 둔 것이었고, 그들의 생각은 그런 관찰들로부터 논리적 추론에 의한 것이었다. 과학 이론의 형성에 관해 철학자들이 벌여온 논쟁과 관련하여 의미를 지닐 만한 어떤 용어로도 이 두 사람의 의견 불일치는 설명할 수 없었다. 핵의 휴지기 전후를 관통하는 염색체의 연속성에 대한 논변은 어쩌면 이제까지 계속 되고 있는 전성설과 후성설 논쟁의 잔여물이고 거기서 헤르트비히와 보베리는 각각 후성설과 전성설의 지지자로서 만나고 있었던 것은 아닐까?

1900년 이후에는 세포에 대한 과학적 이해의 발달이 쉬지 않고 진척되었다. 첫 단계에서 주요한 공헌은 유전학과 세포생리학에서 이루어졌고, 전자현미경의 발달에 힘입어 세포의 미세구조에 대한 탐구가 그 뒤를 이었으며, 이 흐름은 결국 분자생물학으로 이어졌다. 비록 모든 발달 단계에서 출발점이 된 것은 언제나 관찰이었지만 이론이 단순한 귀납의 결과로 형성되는 것이 아님은 분명했다. 관찰의 결과로 그 시점에 대답될 수 없는 물음이 제기되고, 그 물음에 대한 반응으로 제시된 추측들이 반증되거나 입증되면서 결국 새로운 이론과 새로운 설명을 낳게 되었다고 볼 수 있다.

세포학의 역사는 우리에게 과학의 점진적 진보, 틀린 이론의 좌절, 경쟁이론들 간의 자리다툼 그리고 주어진 시점에서 최대의 설명력을 지니는 이론의 궁극적 승리 등에 대해 가장 생생한 예증들을 제공해준다. 그리고 세포에 관해 오늘날 우리가 채택하고 있는 해석이 150년 전에 지배력을 행사하던 세포의 개념보다 비교도 안 될 만큼 우월하다는 사실은 말할 필요도 없다.

과학은 과학혁명을 통해 진보하는가?

만일 우리가 이런저런 사례 연구를 통해 과학이 자연에 대한 우리의 이해에 지속적인 진보를 가져온다는 결론에 도달했다고 해도, 우리가 그 다음으로 묻지 않으면 안 될 물음은 그런 진보가 어떤 방식으로 일어나는가 하는 것이다. 이 문제는 대단히 까다로운 것으로, 오늘날의 과학철학 문헌들 가운데 상당 부분이 이에 관해 논하고 있다. 이 문제와 관련해서 우리는 주요한 두 진영을 가려낼 수 있다. (1) 과학혁명과 정상과학을 대비시키는 토머스 쿤의 이론, 그리고 (2) 다윈을 계승하는 진화인식론이다.

과학혁명과 패러다임이라는 개념은 1962년에 발간된 쿤의 저서 《과학혁명의 구조》에서 비롯되었다. 이 책의 초판에 등장하는 쿤의 원래 주장에 따르면 과학은 이따금 일어나는 과학혁명을 통해 진보하며, 과학혁명과 과학혁명 사이에는 긴 '정상과학'의 시기가 놓여 있다. 과학혁명이 일어나면 그 분야에서는 완전히 새로운 '패러다임'이 채택되어 그 후 정상과학의 시기를 지배하게 된다.

혁명(패러다임의 전환)과 정상과학의 시기란 쿤의 이론을 구성하는 두 측면일 뿐이다. 쿤의 이론을 구성하는 또 다른 요소로는 옛 패러다임과 새 패러다임 사이에 가로놓여 있다고 생각되는 공약불가능성incommensurability이 있다. 쿤에 대해 던져진 비판의 목소리들 가운데는 그의 책 초판에서 그가 적어도 21가지의 상이한 방식으로 패러다임이라는 용어를 사용했다는 주장이 있다. 그의 개념들 가운데 가장 중요한 것으로 쿤은 나중에 '전문분야 매트릭스disciplinary matrix'라는 개념을 도입했다.* 하나의 전문분야 모체로서의 패러다임은 특정한 이론 이상의 것을 뜻한다. 쿤에 따르면 그것은 신념, 가치, 상징적 일반화 등을 포함하는 체계다. 쿤의 이 개념과 다른 철학자들의 '연구 전통' 개념은 많은 유사성을 지닌다.[6]

많은 논자가 쿤의 결론이 옳다는 것을 확인할 수 있었다. 하지만 그럴 수 없었던 사람의 수가 더 많았을지도 모른다. 그의 주장을 이루는 여러 국면에 관해서 제대로 논의하고자 한다면 구체적인 사례를 들여다보면서 거기에 나타난 이론 변동이 실제로 쿤의 일반화를 따랐는지 묻지 않으면 안 된다. 이런 이유로 나는 생물학에서 있었던 몇 가지 중요한 이론 변동을 분석할 때 이런 물음들을 염두에 두고 있었다.

계통분류학의 진보

우리는 동물과 식물의 분류에 관한 과학—즉 계통분류학(7장 참조)—에서 16세기 식물채집학자들로부터 칼 폰 린네Carl von Linné에 이르는 시기를 초기 단계로 구분할 수 있다. 이 시기에 분류 방법은 대부분 논리적 분할의 방법으로 구성되었으며, 한 가지 분류에서 다른 분류로의 변화는 분류에 포함된 종들의 수, 그리고 분류에 있어 상이한 여러 종류의 형질들 각각에 부여되는 비중에 의존한다. 이와 같은 방법을 '하향식 분류downward classification'라고 부른다.

그런데 얼마 지나지 않아 사람들은 이러한 하향식 분류가 분류라기보다

• 큰 범위에서 규정한 패러다임의 개념. 반면에 패러다임의 의미를 좁은 범위에서 규정하면 '범례', 즉 해당 분야의 과학자 집단이 문제풀이 작업에서 모범으로 삼고 있는 문제풀이의 예, 곧 어떤 성공적인 과학적 성취를 가리킨다.

는 사실 동정identification의 방법이라는 점을 알아차렸고, 그 후 하향식 분류는 그것과 전혀 다른 방법인 '상향식 분류upward classification'를 통해 보완되었다. 상향식 분류란 연관된 생물종들을 점점 더 큰 집합으로 묶어나가면서 위계구조의 방식으로 배열하는 것이다. 하지만 하향식 분류법은 분류체계의 보정과 전문서에서, 또 현장에서 동정의 길잡이로 요긴하게 사용되면서 상향식 분류법과 나란히 존재하고 있다. 상향식 분류법은 일부 식물채집자들에 의해 사용되다가 나중엔 피에르 마뇰Pierre Magnol(1689)과 미셸 아당송Michel Adanson(1763)에 의해 사용되었다. 하지만 이 방법이 일반적으로 채택된 것은 18세기 말이 되어서였다. 여기에 한 패러다임이 다른 패러다임으로 교체되는 혁명은 존재하지 않았다. 비록 오늘날에는 서로 다른 목적을 가진 것들이 되었을지언정 두 패러다임 모두 계속해서 존립해왔기 때문이다.

우리는 다윈이 1859년 발표한 공통조상이론의 수용이 분류학에서 중대한 혁명을 낳았으리라고 생각하기 쉽다. 하지만 실제로 사정은 달랐다. 상향식 분류에서 분류집단은 무엇과 무엇이 가장 많은 형질을 공유하는지를 기준 삼아 인지된다. 그리고 이런 방식으로 한계가 규정된 분류군들이 통상 가장 가까운 조상을 공유한다는 것은 이상한 일이 아니다. 이렇게 해서 다윈의 이론은 상향식 분류 방법을 정당화해주었던 반면, 그것으로 인해 분류학에 과학혁명이 일어나지는 않았다.

이로부터 100년 뒤인 1950년 이후 분류학에는 수치표형론numerical phenetics과 분지론cladistics이라는 거시분류학의 두 진영이 형성되었다. 이것들이 과학혁명에 해당하는 것들이었을까? 표형론에 입각한 분류는 대체로 불만족스러웠기 때문에 그것의 영향력은 크지 않았다. 또 그것은 새로운 방법론을 끌어들이긴 했지만 진정 새로운 개념을 도입한 것은 아니었다.

이와 대조적으로 최근의 문헌들에서 차지하는 양적 비중을 보면서 우리는 분지론이 정말 대단한 혁명을 낳았다는 결론으로 끌리게 된다. 공통적으로 파생된 형질들을 통해 분류군을 파악하는 접근법은 헤니히Willi Hennig가 1950년에 지적했듯이 실제로 이전부터 널리 통용되고 있었다. 그러나 분지분석의 강력하고 일관성 있는 적용이 중대한 파급 효과를 가져온 것에는 의문의 여지가 없다.

그러나 비록 우리가 이것을 과학혁명이라고 칭한다 해도, 그것은 쿤이 서술한 방식으로는 진행되지 않았다. 즉 한 패러다임이 다른 패러다임으로 일시에 대체되는 일은 없었다. 두 체계, 즉 헤니히의 배열체계(분지론)와 전통적인 다윈식의 방법론(진화적 분류)은 나란히 공존하고 있었다. 그것들은 방법론에서뿐만 아니라 그 목표에서도 서로 달랐다. 분지론적 체계는 오로지 계통발생을 발견하고 나타내는 일에만 관심을 갖고 있었다. 반면 진화적 체계의 관심사는 서로 가장 유사하고 또 가장 가까운 관계를 지니는 종들의 분류군을 구축하는 일이었는데, 그것은 특히 생태학과 생활사 연구에서 유용한 접근방식이었다. 이상의 두 접근방식은 목표하는 바가 서로 전혀 달랐기 때문에 계속해서 나란히 공존할 수 있었다.

진화생물학의 진보

진화생물학은 과학혁명에 관한 이론을 시험해볼 또 하나의 기회를 우리에게 제공해준다. 성서의 창조 이야기 같은 단순한 그림은 17세기가 저물 즈음엔 이미 신뢰를 잃기 시작했다. 또한 18세기에는 사람들이 지질학적 시간이나 천문학적 시간이 지니는 눈금의 거대한 폭에 눈을 떴고, 지구 위의 여러 장소 간에 존재하는 생물지리학적 차이에 관한 지식이 정립되었으며, 또 화석에 관한 서술이 풍부하게 축적되었다. 이에 따라 반복창조설

등 다양한 새로운 시나리오들이 제안되었지만, 그것들은 하나같이 생명의 기원에 대한 새로운 생각을 바탕으로 작동하고 있었다.

한편 이와 같은 새 이론들은 여전히 다수의 지지를 받고 있던 성서적 창조의 이론과 병존하고 있는 상황이었다. 그런 기존 이론의 위상을 처음으로 심각하게 뒤흔든 사람은 뷔퐁Georges Buffon이었다. 그가 가졌던 많은 생각은 그 당시의 본질주의적-창조론적 세계상과 완전히 배치되는 것이었다. 실로 디드로Denis Diderot와 블루멘바흐, 헤르더, 라마르크 등의 진화적 사상은 뷔퐁의 생각을 연원으로 도출된 것이었다. 그런데 1800년 라마르크가 처음으로 진정한 점진적 진화에 관한 이론을 제안했을 때, 그가 내놓은 것은 그다지 획기적 전환에 해당할 만한 것이 아니었다. 말하자면 그는 과학혁명을 시작하고 있지 않았다. 뿐만 아니라, 그를 뒤따른 조프루아나 체임버스 같은 사람들과 라마르크 사이에는 상당한 차이가 있었고 그들 상호 간에도 여러 가지 면에서 차이가 있었다. 분명 라마르크는 한 패러다임을 새로운 패러다임으로 바꾼 사람이었다고 볼 수 없다.

이와는 대조적으로 1859년 출간된 다윈의 《종의 기원》이 진정한 과학혁명을 초래했다는 것을 부인할 사람은 없다. 그것은 실로 모든 과학혁명 가운데서도 가장 중요한 혁명으로 일컬어지곤 한다. 하지만 그것이 과학혁명에 관해 쿤이 서술했던 모든 특성에 부합하는 것은 아니다. 다윈의 혁명에 대한 분석이 상당한 난관에 부딪히게 된 이유는 그의 패러다임이 사실상 중요한 것만 꼽더라도 적어도 다섯 이론의 묶음으로 이루어져 있다는 사실에 있다(9장 참조).[7] 사태를 보다 더 명확히 드러내고자 한다면 우리는 다윈의 첫 번째 혁명과 두 번째 혁명을 논해야 한다.

첫 번째 혁명은 '공통조상으로부터의 진화'라는 개념의 수용으로 이루어졌다. 이 이론은 두 가지 점에서 혁명적이었다. 우선 그것은 특별한 창조의 개념과 초자연적 설명을 점진적 진화의 개념과 자연적 유물론의 설명으로 대체했다. 두 번째로 그것은 초기의 진화론자들이 채택했던 단선진화 모형을 생명의 단일 기원만을 필요로 하는 진화의 가지치기 모형으로 대체했다. 이것은 결국 린네로부터 시작해서 (그리고 그 이전의) 수많은 학자가 찾고자 시도했던 '자연적인' 체계에 대한 설득력 있는 해결안이기도 했다. 그것은 일체의 초자연적인 설명을 거부했다. 더 나아가 그것은 인간에게서 유일하고 고유한 위치를 박탈하고 인간을 동물의 계열 속에 자리매김했다. 공통조상이라는 생각은 빠르게 채택되었고 그것은 다윈 직후 시대의 가장 활발하고 성공적인 연구 프로그램을 형성했다. 그것이 형태학과 계통분류학에서 연구의 관심사와 그토록 잘 부합할 수 있었던 이유는 그것이 린네가 세운 계층체계나 오웬과 폰 베어의 시원형archetype 등 그 이전까지 정립된 경험적 증거들에 대해 이론적 설명을 제공해주었기 때문이다. 그것은 어떤 종류의 급격한 패러다임 전환도 배태하고 있지 않았다. 뿐만 아니라 우리가 만일 뷔퐁(1749)으로부터 《종의 기원》(1859)까지의 기간을 정상과학의 시기로 본다면, 그 시기에 일어났던 수많은 작은 혁명은 과학혁명의 반열에서 제외되지 않으면 안 된다. 이런 작은 혁명에 해당하는 것들로는 지구의 엄청난 실제 나이를 알게 된 일, 멸종이라는 사태의 발견, '자연의 사다리scala naturae'가 형태학적 유형들로 대체된 일, 또 생물지리학적인 의미의 영역들과 생물종의 구체적 현전성을 발견한 일 등을 들 수 있다. 그런데 여기에 열거한 모든 것이 다윈 이론의 성립을 위해 필요한 선행 조건이었으며, 우리는 이것들을 다윈의 첫 번째 혁명을 구성하는 요소로 포함시킬 수 있다. 이렇게 되면 첫 번째 다윈 혁명이 시작된 시점은 1749년으로 앞당겨진다.[8]

두 번째 다윈 혁명은 자연선택이론에 의해서 야기되었다. 자연선택이론은 1859년에 제안되면서 완전하게 설명되었지만, 당시의 지배적인 다섯 가지 이념들(창조론, 본질주의, 목적론, 물리주의, 환원주의)과 마찰을 일으킴으로써 완강한 반대에 직면하고 말았다. 결국 그것은 1930년대에서 1940년대의 이른바 진화적 종합에 도달하기 전까지는 일반적으로 받아들여지지 못했다. 프랑스와 독일 등 몇몇 나라에서는 심지어 오늘날까지도 그것에 대한 상당한 저항이 있는 형편이다.

두 번째 다윈 혁명이 일어난 것은 언제인가? 자연선택이론이 처음 제안된 1859년이었나, 아니면 그것이 널리 채택된 1940년대라고 해야 할까? 또 1859년에서 1940년대에 이르는 시기는 정상과학의 시기라고 볼 수 있을까? 사실상 생물학에서는 이 기간 동안 수많은 작은 혁명이 일어났다. 예를 들면 획득형질의 유전이 반박된 일(1883년 바이스만), 혼합유전의 거부(1866년 멘델, 그리고 뒤이은 여러 논문들), 생물학적 종개념의 발달(풀튼, 조던, 마이어), 유전적 변이의 원천이 발견된 것(돌연변이, 유전자 재조합, 배수성), 진화에서 우연적 과정의 중요성을 인식하게 된 것(걸릭Gulick, 라이트Wright), 창시자 원리, 그리고 진화적 결과를 함축하는 여러 가지 유전적 과정이 제안된 일 등이 이에 해당한다. 이런 요소들 가운데는 진화론자들의 생각에 실제로 혁명적인 영향을 준 것도 여럿 있다. 그러나 쿤이 말하는 과학혁명의 면모들은 해당되지 않는다.

진화적 종합이 일반적으로 수용된 이후—1950년대부터라고 하자—이 종합의 패러다임이 지니는 대부분의 국변에 대한 수정이 제안되었고, 그것 중 일부는 받아들여졌다. 그럼에도 불구하고 1800년경부터 오늘에 이르기까지 생물학의 역사를 돌이켜보면, 거기에는 진화생물학이 비교적 조용한 시기도 있었고 반면 변화와 논쟁으로 들끓는 시기도 있었다. 다시 말하면 뚜렷하고 짧은 과학혁명의 시기와 그 사이사이에 긴 긴 정상과학의 시기라는 쿤의 그림이나 느리고 점진적인 일정한 진보의 그림 어느 것도 올바른 구도가 아니다.

생물학의 다양한 영역에서 일어났던 혁신적인 성과들을 고찰하면서 그 예들이 어느 정도까지 과학혁명의 자격 요건에 부합하는지, 과연 그것들로 인해 한 패러다임이 다른 패러다임으로 대체되는 결과가 생겼는지, 그리고 교체가 완료되는 데까지 얼마만큼의 시간이 걸렸는지 등을 살펴보는 일은 흥미롭다. 아직 그런 작업은 없었다. 예를 들어 동물행동학(로렌츠와 틴버겐Tinbergen)이나 세포이론(슈반과 슐라이덴)이 창시된 것은 과학혁명에 해당하는가? 아마도 20세기에 생물학에서 일어난 가장 혁명적인 발달은 분자생물학의 대두일 것이다. 그것으로 인해 새로운 전문분야가 생겨났고, 새로운 과학자들과 새로운 문제들, 새로운 실험적 방법, 새로운 전문학술지, 새로운 교과서, 그리고 새로운 문화 영웅들을 낳았다. 하지만 개념적인 측면에서 말하자면 이 새로운 영역은 1953년 이전에 유전학에서 일어난 발달과 연속선상에 있다. 즉 이전의 과학이 거부되는 동안 혁명은 존재하지 않았다.[9] 거기에 서로 공약불가능한 패러다임들이란 없었다. 오히려 그것은 거친 분석이 세밀한 분석으로 대체되는 과정이었으며 완전히 새로운 방법들이 발생하는 과정이었다. 분자생물학의 대두는 혁명적인 사건이었지만, 쿤이 말하는 식의 과학혁명은 아니었다.

생물학적 진보의 점진주의

이론 변동에 관한 쿤의 주장을 생물학에 적용해보려고 시도했던 대부분의 사람은 사실상 이 분야에는 쿤의 주장이 적용 불가능하다는 결론에 도달했다. 혁명적인 변화라고 말하는 것이 적절해 보이는 경우에도 그 변화는 쿤이 서술한 형태로 일어나지 않았다. 무엇보다도 과학혁명과 '정상과학'

사이에 분명한 구별은 존재하지 않는다. 우리가 발견하게 되는 것은 사소한 이론 변화와 중대한 변동 사이를 완전히 메운 연속적 단계들이다. 쿤이라면 정상과학이라고 칭했을 어떤 시기에도 몇몇 작은 혁명이 일어나고 있다. 이제는 쿤 역시 어느 정도까지는 이것을 인정하고 있다. 하지만 그럼에도 불구하고 그는 여전히 과학혁명과 정상과학 사이의 구분을 포기하지 못했다.[10]

새로운 패러다임의 도입이 언제나 이전 패러다임의 즉각적인 교체로 이어지는 것은 결코 아니다. 즉 결과적으로 새로운 혁명적 이론은 옛 이론과 더불어 나란히 공존한다. 실제로 서너 개의 패러다임이 동시에 공존하는 것도 가능하다. 예를 들어 다윈과 월리스가 자연선택을 진화의 메커니즘으로 지목하여 제안하고 난 뒤 80년 동안은 도약진화설saltationism과 정향진화orthogenesis, 그리고 라마르크주의 등이 자연선택론과 경쟁하는 상황이었다.[11] 이와 같은 경쟁 패러다임들은 1940년대의 진화적 종합에 이르러서야 비로소 그 신빙성을 상실하기에 이른다.

쿤은 새로운 발견에 의해 야기되는 이론 변동과 전적으로 새로운 개념이 발달함으로써 야기되는 변화를 구분하지 않는다. 새로운 발견에 의해 야기되는 변화는 대개 개념적 변혁에 비해 패러다임에 훨씬 약한 충격을 줄 뿐이다. 예를 들어 DNA의 이중나선 구조 발견에 힘입은 분자생물학의 도입이 생물학의 개념적 측면에 미친 영향은 결과적으로 그리 중대한 것이 아니었다. 그렇기 때문에 유전학으로부터 분자생물학으로의 전이과정에는 사실상 어떤 패러다임의 전환도 없었다.

똑같은 새 이론이 어떤 과학 분야에서는 다른 분야에서보다 훨씬 더 혁명적인 것으로 나타나기도 한다. 판구조론은 이에 대한 좋은 예를 보여준다. 이 이론은 대변동에 해당한다고 말할 수 있을 만큼 지질학에 혁명적인 영향을 미쳤다는 점은 명백하다. 하지만 그것이 생물지리학에 준 영향은 어떠했나? 조류의 분포에 관한 한, 판구조론의 등장 이전에 추론되었던 역사적 서술이 판구조론이 채택됨으로써 겪어야 했던 변화란 거의 없었다 (유일한 예외라면 제3기 초기에 있었던 북대서양의 연결에 관한 것이었다).[12] 물론 오스트랄로네시아의 조류 분포는 판구조론에 따른 재구성의 결과와 전혀 일치하지 않았다. 그러나 나중의 지질학적 연구는 문제의 지질학적 재구성에 결함이 있었고 수정된 구성의 결과가 생물학적 기본 가정들과 상당히 잘 맞아떨어진다는 사실을 입증했다.[13] 화석학자들은 이미 판구조론이 등장하기 훨씬 전에 페름기에서 트라이아스기에 이르는 시기에 판게아Pangaea 대륙이 틀림없이 존재했으리라는 가정을 세워놓고 있었다. 다시 말해서 지구상의 생명의 역사를 해석하는 일에서 판구조론의 수용이 미친 영향은 지질학을 받아들이는 데서 온 영향보다 작았다.

새로운 패러다임이 도입됨으로써 나타날 수 있는 중요한 결과로 해당 분야의 연구에서 일어나는 대규모의 가속 현상이 있다. 우리는 공통조상에 관한 다윈의 제안이 받아들여진 이후, 계통발생에 관한 연구가 폭발적으로 증가한 것에서 아주 좋은 예를 볼 수 있다. 비교해부학과 고생물학에서 1860년 이후의 많은 연구는 특정 분류군, 특히 그중에서도 원시적 종이나 이형적 종이 계통발생에서 점유하는 위치를 규명하려는 방향으로 초점이 맞추어져 있었다. 괄목할 만한 발견이 해당 분야의 이론 구조에 비교적 미미한 영향을 미치는 데 그치고만 예는 그 밖에도 많다. 마이엔과 레마크는 세포핵이 새로운 세포로 변환되는 것이 아니라 이전 세포의 분할에 의해 새로운 세포가 생겨난다는 것을 예기치 못한 발견을 통해 알아냈지만, 이 발견이 준 충격은 그야말로 보잘 것 없었다. 이와 마찬가지로 유전학 이론에 관한 한, 유전물질은 단백질이 아니라 핵산이라는 사실의 발견은 주요한 패러다임 전환으로 이어지지 않았다.

그런데 새로운 개념의 발달과 결부된 상황은 이와 좀 다르다. 다윈의 이론은 인간 역시 공통조상의 계통수 속에 포함시켰는데, 그것이 초래한 변화는 진정 이념적 혁명에 해당하는 것이었다. 이와 대조적으로, 포퍼(1975)가 지적한 바와 같이 유전에 관한 멘델의 새로운 패러다임은 혁명을 초래하지 않았다. 개념에서 일어나는 변화가 새로운 발견보다 훨씬 더 중대한 영향력을 행사한다는 것은 아무리 강조해도 지나치지 않다. 예를 들어 본질주의적 사고가 개체군 중심의 사고로 대체된 일은 계통분류학과 진화생물학뿐만 아니라 정치학 등 다른 학문까지 혁명적인 영향을 미쳤다. 이와 같은 변화는 점진주의, 종분화, 대진화, 자연선택, 그리고 인종주의rac-ism에 심대한 영향을 끼쳤다. 우주적 차원의 목적론이 거부되고 성경의 권위가 부인된 것 역시 진화와 적응을 해석하는 데 마찬가지로 심각한 영향을 미쳤다.

생물학에서 일어나는 이론 변동을 고찰하는 가운데 쿤의 주장을 뒷받침하는 사례를 찾아내는 데 사실상 실패하면서, 우리는 쿤이 이런 주장을 하게 된 배경이 무엇인가 하는 물음을 던지지 않을 수 없다. 물리학에서의 설명은 대부분 보편법칙을 끌어들여 다루고 있으며, 그렇게 보편법칙을 포함하는 설명의 경우는 쿤이 말하는 과학혁명의 대상이 될 수 있다. 그러나 생물학에는 그와 같은 종류의 보편법칙이 없다. 한편 우리는 쿤이 물리학자였다는 사실, 그리고 적어도 그의 초기 저술들에 나타난 그의 주장들은 물리학자들에게 널리 퍼져 있는 본질주의적-도약진화적 사고를 반영하고 있다는 점 또한 기억해야 할 것이다. 쿤의 견지에서 볼 때 패러다임들 각각은 당대의 플라톤적 '형상' 혹은 본질의 성격을 지니고 있으며, 그것은 오로지 새로운 형상에 의해 대체됨으로써만 변화될 수 있다. 이와 같은 사고의 틀 속에서 점진적인 진화란 생각할 수 없다. 어떤 형상의 변형들이란 스콜라 철학자들이 말하는 방식으로는 단지 '우연적인 것'일 뿐이므로, 패러다임 전환의 시기 사이에 생겨나는 변이란 정상과학의 면면을 표상할 뿐 근본적으로 중요성을 띠지 않는 것이다.

과학의 진보는 다원적인 과정을 통해 이루어지는가?

쿤이 1962년에 그린 이론 변동의 상은 물리주의자의 본질주의적 사고와 그 맥을 같이하는 것인 반면 다원주의적 사고와는 양립 불가능한 것이었다. 따라서 다원주의자들이 생물학에서 일어나는 이론 변동에 관해 쿤과는 전혀 다른 개념인 다원주의적 진화인식론을 선호했다는 사실은 이상한 것이 아니다. 파이어아벤트(1970)가 다음과 같이 지적하듯이 이것은 사실 매우 오래된 철학적 개념이다. "지식은 대안적인 견해들의 투쟁을 통해 진보한다는 생각, 그리고 지식의 진보가 다양한 견해들의 증식에 달려 있다는 생각은 이미 소크라테스 이전의 철학자들에 의해 표현되었다(이런 사실은 포퍼에 의해 강조된 바 있다). 그것은 또한 밀J. S. Mill에 의해 (특히《자유론On Liberty》에서) 철학적 도식으로 일반화되었다. 대안들 간의 경쟁이 과학에서 결정적인 역할을 한다는 생각은 다원주의의 영향을 받은 마흐(《인식과 오류Erkenntnis und Irrtum》)와 볼츠만(《일반인을 위한 과학 강의Populärwissenschaftliche Vorlesungen》)에 의해 소개된 바 있다."

다원주의적 진화인식론의 중심 주장은 과학이 생물계와 매우 유사한 방식으로, 즉 다원적 과정을 통해 전진한다는 것이다. 따라서 인식론적 진보를 특징짓는 것 역시 변이와 선택이라는 두 가지 요소다. 정확히 말하면

"보다 견고한 견해 다시 말해 진리근접성이 더 높거나, 설명력이 크거나, 혹은 문제 해결 능력 등이 우세한 견해가 과학자들의 수용을 향한 경쟁 속에서 한 세대로부터 다음 세대로 내려가며 더 잘 살아남는다(Thompson 1988: 235)." 우리는 예를 들어 다윈 자신의 이론 구성 과정을 자료로 삼아 이런 과정을 예증해 보일 수 있다. 젊은 시절의 다윈은 잇달아 새로운 진화론을 제안했다. 그러고는 거의 언제나 자기가 제안한 이론을 스스로 반박해가는 가운데 마침내 '자연선택을 통해 계통을 형성하는 진화'라는 구도에 도달했다.[14] 또 다윈 이후의 시대에는 라마르크주의, 도약진화설, 정향발생설과 같은 진화론의 여러 변종이 출현해서 다윈의 자연선택론과 경쟁했지만 결국 자연선택만이 살아남았다. 인식적 내용이 걸린 한 문제를 놓고 여러 추측과 가설들 사이에 벌어지는 경쟁은 정말로 자연선택의 상황과 많이 흡사하다. 그런 경쟁안들 가운데 어느 하나가 적어도 잠정적인 승리를 쟁취한다. 피상적인 수준에서 보자면, 과학 이론들의 역사적 진보과정이 다윈이 말하는 진화적 변천 과정과 강한 유사성을 띤다는 데는 의심의 여지가 없다.

그렇지만 좀 더 자세히 분석해보면 지식의 변천과 진짜 진화적 변화 사이에는 여러 가지 차이가 있음이 드러난다.[15] 예를 들어 이론들의 다양한 변이는 유전적 변이에서처럼 우연에 의해 생겨나는 것이 아니라 그런 이론들을 주창하는 사람들의 추론에 의해 생겨난다. 이것은 옳은 지적이긴 하지만 그다지 무게 있는 논변은 아니다. 변이의 원천은 다윈적 과정에서 별 중요한 의미를 갖지 않는 요소이기 때문이다. 예를 들어 다윈은 그 이후로는 반박된 것으로 간주되어온 '용불용use and disuse'에 의한 이른바 라마르크적 과정의 개념을 수용했고, 또 환경에 의한 영향을 새로운 변이의 직접적 원천으로 받아들였다. 심지어는 1940년대의 종합 이론에서조차

변이의 원인으로 돌연변이, 재조합, 편향된 변이, 수평적 전달, 그리고 잡종 등 여러 요소들이 인정되었다. 그러므로 변이가 우연의 산물이냐 아니냐 하는 물음은 의미가 없다.

여러 가지 차이 가운데 하나만 더 언급하자면, 진화인식론에서 세대 간의 전달은 문화적 전달이고 그것은 유전적 전달과 아주 다르다는 것이다. 또 주요한 이론적 진보('쿤의 과학혁명')는 생물학적 개체군의 성격과 양립 가능한 유전적 변화보다 더 급격한 것이라고 할 수 있다.

이렇게 비록 인식론적 변화가 다원적인 진화적 변화와 동형적인 것은 아니라는 점이 분명하다고 해도 전자가 변이와 선택이라는 다원의 기본 모형을 기반으로 일어난다는 것은 사실이다. 경쟁관계에 있는 일군의 이론 가운데 궁극적으로 지배력을 행사하게 되는 것은 난국에 가장 덜 봉착하는 이론, 가장 많은 수의 현상을 성공적으로 설명해낼 수 있는 이론이다. 다시 말하자면 그것은 가장 '적합한' 이론이다. 이것이 다원적 과정이다. 지식의 영역에서도 생물학적 개체군에서와 마찬가지로 계속 새로운 변이, 즉 새로운 추측들이 산출된다. 이렇게 생겨난 것들 가운데 어떤 것들은 다른 것들보다 주어진 상황에 보다 적합하다. 즉 그것들은 더 성공적이어서 그보다 한 단계 더 나은 설명에 의해 수정되거나 대체될 때까지 수용된다. 변화의 크기에는 굉장히 커다란 폭이 존재한다. 어떤 변화는 아주 미미하고, 또 어떤 것들은 혁명이라는 이름이 충분히 어울릴 정도로 급격하다. 계통 진행에서 일어나는 가지치기, 자연선택, 또 단백질 대신 핵산을 유전정보의 전달자로 인정한 것 등은 가장 혁명적인 영향력을 미쳤던 진보의 항목들이다.

이상의 고찰을 통해서 우리는 다음과 같은 결론을 내리게 된다. (1) 생물학의 역사에는 실제로 중대한 혁명과 미세한 혁명들이 존재한다. 그러나 중대한 혁명들조차도 반드시 한꺼번에 격렬하게 일어나는 패러다임 전환의 예를 보여주지는 않는다. (2) 이전 패러다임과 후속 패러다임은 오랫동안 공존할 수도 있다. (3) 생물학에서 활동적인 영역들은 이제껏 '정상과학'의 시기를 겪고 있는 것으로 보이지 않는다. 또 중대한 혁명들 사이에는 언제나 일련의 작은 혁명이 있다. 그와 같은 혁명이 전혀 일어나고 있지 않은 시기란 생물학에서 비활성적인 영역들에서만 발견된다. 하지만 그렇게 활동성 없이 조용한 시기를 '정상과학'이라고 규정하는 것은 부적절하다. (4) 다윈적인 진화인식론은 생물학에서 일어나는 이론의 변화에 대해 과학혁명을 중심으로 한 쿤의 서술보다 더 적합한 구도를 제공한다. 생물학의 활동적인 분야들에서는 끊임없이 새로운 추측이 제안되며(다윈이 말하는 변이), 이들 가운데 일부는 다른 것들보다 더 성공적인 것으로 판명된다. 이것들이 그보다 더 나은 것들에 의해 대체되기 전까지 그것들은 '선택된' 것들이라고 일컬을 수 있다. 또는 더 열등하거나 부당한 추측 혹은 이론들이 제거됨으로써 결국 가장 성공적인 설명을 제공하는 이론만이 살아남게 된 것이라고 말할 수도 있다. 끝으로 (5) 지배적인 패러다임은 어떤 새로운 발견에 의해서 보다 새로운 개념에 의해서 더 강하게 영향 받는 경향이 있다.

과학에서는 왜 합의가 쉽게 이루어지지 않는가?

전문 과학자가 아닌 사람들 가운데는 종종 새로운 과학적 설명이나 과학이론이 한 번 제안되면 빠르게 수용되리라고 쉽게 생각하는 이도 있다. 하지만 실제로는 갑자기 생겨난 새로운 통찰이 단숨에 한 분야를 깨우치도록 만들어버리는 혁명과 같은 사건이란 아주 드물게 일어날 뿐이다. 근대 이후의 과학이 채택하고 있는 대부분의 주요 이론은 과학 내부와 외부로부터 침투해오는 저항을 긴 세월에 걸쳐 극복해온 것들이다. 앞에서 살펴보았듯이 1859년에서 1940년경에 이르기까지 자연선택에 관한 다윈의 이론과 월리스의 견해는 과학자들의 다수에 의해 채택된 견해였다고 할 수 없다. 대륙이동설을 베게너Alfred Wegener가 처음 구상한 것은 1912년이었다. 하지만 그에 앞선 선구자적 견해들도 이미 여럿 있었다. 지구물리학자들은 거의 한목소리로 이 이론을 반대했다. 대륙 전체로 하여금 지도 위를 떠돌게 만들 수 있는 어떤 힘도 알려져 있지 않을 뿐만 아니라 대양의 평평한 바닥도 설명이 불가능해진다는 이유에서였다. 대륙의 표이를 뒷받침해줄 생물지리학적 사례들이 제시되기도 했지만(플라이스토세 때의 생물분포 패턴), 그것들은 부적절하게 선택되었고 또 쉽게 반박되었다. 그러나 대륙의 표이를 뒷받침하는 증거들은 점점 더 쌓여갔고, 특히 거기엔 고생물학자들의 연구가 크게 기여했다. 그러다가 1960년대 초 바다 밑바닥의 확장과 그에 결부된 자기현상이 발견되자 대륙이동설은 그 후 몇 년 이내에 받아들여졌다.[16]

제안되고 나서 받아들여지기까지 오랜 세월이 걸렸던 또 하나의 이론은 지리적 종분화(종의 증식)에 관한 것이었다. 갈라파고스 군도의 증거를 바탕으로 해서 초기의 다윈은(1840년대) 엄격한 의미의 지리적 종분화를 지지했다. 그러나 나중에(1850년대) 그는 한 지역에서 일어나는 공소적 종분화 역시 인정했을 뿐만 아니라, 사실상 그것이 한층 더 흔하고 중요한 의미를 갖는 과정이라고 생각했다.[17] 종의 분화가 주로 지리적인 요인에 의해 이루어진다는 모리츠 바그너Moritz Wagner의 견해(1864, 1889)는 1942년까지도 소수 견해였다.[18] 1859년 이후로 80년에 걸쳐 사람들은 조류, 포유류, 나비류, 달팽이류 등의 아종, 발단종, 그리고 가까운 친족관계에 있는 종들의 지리적 분포에 관한 연구를 통하여 유성번식을 하는 생물들에서는 지리적 종분화가 주된 방식이고, 더 나아가 어쩌면 거의 유일한 방식일지도 모른 다는 확신을 널리 공유하게 되었다. 그런 보편적 인식이 이루어진 이후로 다시 장소의 분리 없이 일어나는 종분화 등 지리적 요인에 의하지 않는 종 분화를 뒷받침하는 많은 새로운 논거가 등장했다. 이런 다른 방식의 종분 화가 실제로 일어나는지 또 일어난다면 어느 정도인지 등에 관해서는 지 금까지도 논란의 여지가 있다. 이와 같은 논변에는 분명 개념적 입장이 연 루되고 있다. 즉 어떤 사람들은 문제를 개체군 지질학의 관점에서 접근하 는 반면 국소적 생태학의 관점에서 접근하는 사람들도 있다.

더 나은 이론으로 인정된 이론들 가운데 그렇게 받아들여지기까지 굉장 히 오랜 기간 싸움을 겪어야만 했던 것들이 있는가 하면, 어떤 새로운 생 각들은 거의 순식간에 성공으로 판명되기도 하는데, 그 이유는 여러 가지 가 있다. 여기 여섯 가지를 열거해보겠다.[19]

합의에 도달하는 기간이 오래 걸리는 한 가지 이유는, 바탕으로 하는 증 거의 집합이 다를 경우 추론되는 결론 또한 달라진다는 것이다. 예를 들어 지리적 종분화를 추종하는 사람들은 종분화가 나타내는 점진적 성격에서 줄곧 깊은 인상을 받으며, 그것이야말로 점진적 진화를 뒷받침하는 강력 한 증거라고 생각한다. 이와 대조적으로 많은 고생물학자는 생물종들 간 에 그리고 그 위의 분류군들 간에 존재하는 간격이 화석기록 속에서 보편 적으로 나타난다는 사실로부터 그만큼 깊은 인상을 받으며, 그로부터 도 약적 진화를 뒷받침하는 확실한 증거를 발견한다. 이렇게 본다면 남는 과 제는 종분화의 점진적 과정과 불연속성을 띠는 화석기록을 어떻게 서로 조화시킬 수 있을까 하는 것이다. 이 문제를 풀려고 했던 이들이 마이어, 엘드리지Niles Eldredge와 굴드Stephen Jay Gould 그리고 스탠리Steven Stanley 등이다.[20]

합의가 어려워지는 두 번째 이유는 의견 불일치를 보이는 과학자들이 서로 다른 이념의 기반 위에 서 있는 것이다. 이 경우 한쪽 편의 과학자들에게 수용 가능한 특정 이론들이 다른 편의 과학자들에게는 불가능한 것이 되기도 한다. 예를 들어 1859년 당시, 그리고 그로부터 상당 기간 동안 창조론자들, 자연신학자들, 목적론자들, 그리고 물리주의적 결정론자들에게 자연선택이론이란 도무지 수용될 수 없는 것이었다. 이념('심층적 패러다임')의 대체는 잘못된 이론을 대체하는 일보다 훨씬 더 많은 저항에 직면하게 된다. 생기론, 본질주의, 창조론, 목적론, 그리고 자연신학의 관점이란 당시의 세계관을 이루는 핵심적 부분들이었으며, 따라서 쉽게 포기할 수 있는 성질의 것들이 아니었다. 따라서 이와 상반되는 개념들은 아직 확고한 세계관을 보유하지 않은 사람들을 지지자로 끌어들이면서 천천히 퍼져나갈 수 있을 뿐이었다.

세 번째 이유는 어떤 시점에 몇 개의 이론이 같은 현상을 똑같이 성공적으로 설명해주는 것처럼 보이는 경우가 있다는 것이다. 새들이 장거리 이동에서 방향을 잡는 것을 설명하는 가설로 태양의 위치, 자기력, 후각 등이 제시된 것이 그 한 가지 예다.

어떤 경우에는 실제로 가능한 대답이 복수로 존재하기도 한다. 예를 들어 완결된 종분화는 사전 교배 격리 메커니즘이나 사후 교배 격리 메커니즘에 의해서 이뤄질 수 있고, 비교적 빠른 속도로 일어나는 지리적 종분화는 창시자 개체군이나 잔존 개체군에서 일어날 수 있으며, 종의 지위는 염색체 재조직화에 의해 획득될 수 있다.

때로는 한 생물학자가 근접인과를 생각하고 있는 반면 다른 생물학자는 진화적 인과를 염두에 두고 있어 합의가 어려워지기도 한다. 모건이 보기에는 암수의 이형성이 성염색체와 호르몬에 의해 설명되는 것이었던 반면

(근접인과), 진화론 진영의 사람들에게 있어 그것은 번식의 성공에 관한 자연선택으로 설명되는 현상이다(진화적 인과).

　새로운 생각이 수용되는 것을 방해하는 요인들 가운데 일부는 엄밀한 의미에서 과학적인 범주에 속하지 않는 것들이다. 즉 (그런 생각을 제시한) 학자가 당시에는 평판이 나쁜 인물이었을 수도 있고, 그가 기존의 체제에 반기를 든 인물이어서 미움을 샀을 수도 있다. 반면 나중에는 반박되어버린 이론임에도 불구하고 힘 있는 파벌에 속하는 학자가 제안했다는 이유 때문에 예상 밖의 성공을 거두는 일도 있다. 서로 다른 설명의 도식을 전통으로 깔고 있는 학파들이나 그런 다양한 나라의 학자들이 연루되어 있는 경우, 합의에 도달하기란 더욱 어렵다. 필경 이런 경우에도 위에 열거한 다섯 가지 이유들 가운데 어느 하나가 일차적인 역할을 함으로써 불일치가 초래된다. 그러나 일단 전통이 수립되고 난 이후에는 그것에 상반되는 여러 증거들이 제시된 경우에도 전통은 고집스럽게 유지된다. 우리는 한 예로 프랑스의 많은 학자가 다른 나라에서는 이미 자연선택이론이 승리한 뒤에도 오랫동안 진화에 대한 라마르크식 해석을 선호해왔던 사실을 들 수 있다. 한 나라의 과학은 그 나라 과학자에 의한 성과 또는 적어도 그 나라의 언어로 발표된 성과를 다른 나라 학자들에 의한 저술보다 더 기꺼이 받아들이는 것이 보통이다. 러시아어나 일본어 혹은 영어가 아닌 다른 유럽 언어로 발표된 중요한 학문적 성과는 완전히 무시되지는 않았을지언정 폭넓게 도외시되기 쉬운 것이 사실이다. 비록 그렇게 무시된 저술 속에 담겨 있던 내용이 실제로 채택된다고 해도 그것은 나중에 다른 사람에 의해 재발견되었기 때문인 경우가 많으며, 그럴 경우 앞서 발표된 글의 우선성은 잊히곤 한다.

과학의 한계

뒤부아레몽은 1872년 그의 유명한 저서 《우리는 모른다, 우린 결코 알지 못할 것이다*Ignoramus, ignorabimus*》에서 우리의 과학이 결코 풀 수 없는 과학적 문제들을 열거하고 있다. 그런데 1887년경에 이르자 그는 이 가운데 몇 가지 문제가 이미 풀렸다고 말하지 않으면 안 되게 되었다. 실제로 그를 비판적으로 논하는 어떤 이들은 그가 제시했던 난문들이 원칙적으로 '모두' 해결되었거나 아니면 해결을 향한 과정에 있다고 주장했다.

때때로 우리는 과학이 우리의 모든 문제에 대해 답을 제공해주리라는 과신에 찬 주장을 접하기도 한다. 훌륭한 과학자라면 누구나 이것이 진실이 아니라는 것을 안다.[21] 과학이 지니는 한계의 일부분은 실질적인 차원의 것인 한편 일부는 원칙적인 성격의 것들이다. 예를 들면 인간을 주제로 하는 어떤 실험들은 원칙적으로 과학의 한계 밖에 있다는 일반적인 합의가 이루어져 있다. 그런 실험들이란 우리의 도덕 규범, 그리고 심지어는 우리의 도덕감을 침해하는 것들이다. 다른 한편으로 '거대 물리학'에서 계획하는 일부 실험들은 한마디로 너무 비용이 많이 들기 때문에 실행할 수가 없다. 이때의 한계란 현실적 여건과 결부된 것이지만, 여기에도 역시 일정한 한계가 존재한다.

고도로 복잡한 계의 작동을 완벽하게 설명하려는 시도가 마주치게 되는 어려움은 과학이 부딪히는 심각한 실질적 한계의 한 면모다. 나는 원칙적으로 우리가 머지않은 장래에 인간의 두뇌 그리고 생태계의 발달구조를 이해하게 되리라고 확신한다. 그렇지만 예를 들어 두뇌 속에 있는 10억 개 이상의 신경세포를 감안한다면 어떤 구체적인 사유과정에 대한 완전한 분석이란 상세한 수준에서는 담을 수 없을 만큼 지나치게 복잡하다는 결론을 내리게 된다.

　실천적인 관점에서 유전체의 조절 메커니즘에 대해 동일한 문제가 있다. 유전체는 고도로 복잡한 대상으로 우리는 여전히 그것에 관해 이해하지 못하고 있다. 비암호화 DNA의 엄청난 양과 다양한 유형은 (기능이 있다면) 어떤 기능을 가지고 있는가? 어떤 생물체에서는 이런 비암호화 DNA의 양이 암호화 유전자보다 많다. 이런 특성을 지니는 모든 유전자가 다만 원치 않는 부산물('쓰레기junk')에 불과하다고 가정하는 것은 다윈주의자의 성향에 맞는 해결안이 아니다. 이에 관해서 다윈주의적이지 않은 제안도 있긴 했지만, 확신을 줄 만큼 그럴듯하지는 못한 것들이었다. 우리는 여기서 완결되지 않은 과학 분야의 분명한 한 예를 본다. 내 생각에 DNA 가운데 일부는 실제로 자연선택과 상관없는 (또는 아직 자연선택에 의해 배제되지 않은) 분자적 과정의 부산물로 보인다. 반면에 다른 구성요소들은 유전체가 구성하는 복잡한 조절 기구의 부분일 것이다.

　'무엇'이나 '어떻게'와 관련된 대부분의 질문은 적어도 원리적으로는 과학적으로 접근이 가능하다. 또는 과학적으로 설명이 가능하다. 하지만 '왜'라는 물음의 경우는 사정이 다르다. 즉 많은 '왜' 물음, 특히 그 가운데서도 분자의 기본적인 성격에 관한 물음은 대답할 수 없는 성격의 것들이다. 왜 금은 금빛을 띠는 것일까? 왜 특정한 파장의 전자기파는 우리 눈을 통해 빨간색의 감각을 불러일으키는 것일까? 오직 로돕신만이 빛을 신경 신호로 전환시킬 수 있는 힘을 가진 분자들인 까닭은 무엇인가? 왜 우리의 몸은 중력의 영향을 받는 것일까? 원자핵이 소립자들로 구성되어 있는 것은 무슨 까닭인가?

　이상의 물음들 가운데 일부는 아마도 화학과 양자역학 그리고 분자생물학으로 대답할 수 있을 것이다. 그렇지만 결코 대답할 수 없는 또 다른 '궁극적 물음'이 존재한다. 특히 가치에 관한 물음이 여기에 속한다. 그런 물음 가운데는 과학에 문외한인 사람이 묻곤 하는 질문이 포함되어 있다. '나는 왜 존재하는 것인가?' '이 세계가 존재하는 목적은 무엇인가' 그리고 '우주가 시작되기 전, 그때에는 무엇이 있었을까?' 이런 물음은 끝도 없이 많고, 이것들은 하나같이 과학의 영역 바깥쪽에 위치한 문제를 다루고 있다.

때로는 과학의 미래에 관한 물음이 던져지기도 한다. 지식을 갈망하는 인간의 끝없는 욕구를 감안한다면, 그리고 과학에 기반을 둔 기술문명이 이룩한 고도의 성공에 주목한다면, 과학이 지난 250년간의 발자취와 마찬가지로 번영과 진보를 계속하리라는 것에 의심을 가질 이유는 없다. 부시 Vannevar Bush가 적절하게 표현했듯이, 진정 과학은 끝없는 미개척지다.

6

생명과학은 어떻게 구성되었는가?
How Are the Life Sciences Structured?

오늘날 현대 생물학은 놀랄 만큼 다양한 과학이다. 생물학이 바이러스, 박테리아로부터 균류와 동·식물에 이르는 엄청나게 많은 유기체를 다루기 때문이다. 게다가 생물학은 거대 유기분자와 유전자에서부터 세포, 조직, 기관, 유기체는 물론, 유기체들 사이의 상호 작용과 조직화로 구성되는 계, 문, 강, 목, 과, 속, 종의 매우 다양한 계층적 수준을 다룬다. 활동과 조직화의 각 수준은 저마다 별도의 명칭을 가진 전문 영역이다. 몇 개만 언급하자면 세포학, 해부학, 유전학, 계통분류학, 동물행동학, 또는 생태학 등이다. 게다가 생물학은 실용성이 광범위하다. 의학, 공중위생, 농업, 임업, 동식물 배양, 해충 방제, 어업, 생물해양학 등과 같은 분야가 생물학의 응용으로 생겨났거나 적어도 생물학과 연관을 갖는다.

생물학이 근대 과학으로 시작된 것은 19세기 중반으로 최근이지만, 우리가 살펴보았듯 그 뿌리는 고대 그리스로 거슬러 올라간다. 2000년 넘게 형성된 두 가지의 다른 전통은 지금도 여전히 구분된다. 즉 히포크라테스와 그의 선후배들에 의해 제시된 의학 전통과 자연사 전통이 그것이다. 갈레누스Aelius Galenus(약 130~200년)의 저술로 고대 세계에서 정점에 이른 의학 전통은 해부학과 생리학의 발전을 이끌었다. 아리스토텔레스의《동물의 역사History of Animals》와 다른 생물학 저술로 정점에 오른 자연사 전통은 결국 계통분류학, 비교생물학, 생태학, 진화생물학을 발전시켰다.

자연사에서 의학이 분리된 것은 중세와 르네상스 시기였다. 그렇지만 이 두 전통은 식물학으로 연결되었다. 왜냐하면 식물학은 자연사의 영역이긴 하지만, 의학적 효능을 가진 식물에 대한 연구가 주를 이루었기 때문이다. 실제로 16세기부터 18세기 말까지 안드레아 케살피노Andera Cesalpino에서 린네에 이르는 주도적인 식물학자들은 존 레이John Ray를 빼놓고는 모두 의사였다. 의학에서 더 엄밀한 생물학적 성격을 띠던 부분은 머지않아 해부학과 생리학이 되었다. 그리고 고생물학은 지질학과 연관되는 한편 자연사의 생물학적 요소는 식물학과 동물학이 되었다. 이 같은 생명과학의 분류는 18세기 말부터 20세기에 이르기까지 널리 통용되었다.[1]

과학혁명은 생물학에는 단지 미세한 영향만을 끼쳤다. 생물학에 가장 결정적인 영향을 미친 것은 17세기와 18세기에 세계 각지에서 동물상과 식물상에 대한 상상을 초월한 다양성이 발견된 일이다. 공식적인 항해와 개인 탐험가들에 의해 옮겨진 값진 획득물은 자연사 수집소와 박물관의 설립을 이끌었으며, 계통분류학의 중요성을 촉진시켰다(7장 참조). 실제로 린네 시대에 생물학은 의학 학교에서 이루어지던 해부학과 생리학 연구를 빼놓고는 거의 대부분 계통분류학으로 구성되었다.

그 시기에 생명과학의 작업은 대부분 서술적이었다. 그렇지만 이 시기의 생물학이 개념적으로 빈약했다고 보는 것은 오류다. 뷔퐁의 자연사, 비샤와 마장디François Magendie의 생리학, 괴테의 관념적 형태학, 블루멘바흐와 그 후계자인 퀴비에, 오켄, 오웬의 작업, 그리고 자연철학에 대한 숙고를 통해서 차후 생물학의 개념적 돌파구의 토대가 마련되었다. 생명계의 엄청난 다양성과 독특성을 생각해보면 생물학이 물리학보다 훨씬 광범위한 사실적 토대를 요구한다. 이것은 체계적인 동시에 비교적인 해부학, 고생물학, 생물지리학과 다른 관련 과학을 통해 가능했다.

생물학이라는 용어는 라마르크와 트레비라누스Gottfried Treviranus 및 부르다흐Karl Burdach에 의해 일찍이 1800년대 문헌에서 소개되었다.[2] 하지만 처음에는 이 이름에 걸맞은 탐구 분야가 없었다. 이 용어는 엄밀한 서술과 분류에 대한 몰두에서 벗어나 살아 있는 유기체에 대해 더욱 관심을 기울이는 경향성이나 목표를 의미했다. 트레비라누스(1802:4)는 다음과 같이 표현했다. "우리 탐구의 주제는 생명의 다양한 형태와 발현이고, 생명의 존재를 조절하는 조건과 법칙이며 이에 영향을 주는 원인들이다. 이런 주제에 관여하는 과학을 우리는 생물학이나 생명의 과학이라는 이름으로 부를 것이다."

우리가 아는 것처럼 생명과학의 기원은 1828년과 1866년 사이에 확립되었으며, 폰 베어(발생학), 슈반, 슐라이덴(세포이론), 뮐러, 리비히, 헬름홀츠, 뒤부아레몽, 베르나르(생리학), 월리스, 다윈(계통생물학, 생물지리학, 진화론), 멘델(유전학)이라는 이름과 연결되어 있다. 이 시기의 흥분은 1859년 《종의 기원》의 출간으로 최고조에 달했다. 이러한 38년 동안의 발달은 오늘날 발견되는 대부분의 생물학 세부 분과로 이어진다.

생물학에서 비교의 방법과 실험적 방법

그리스적 질서로부터 오늘에 이르기까지 철학자와 과학자 들은 자연에 내재된 질서를 탐구하는 데 두 가지의 중요한 접근을 시도했다. 하나는 관찰된 규칙성을 설명할 법칙을 찾는 것이었고, 또 하나는 '관계'의 추구였다. 이것은 처음에는 계통발생적 관계를 의미하는 것이 아니라 단지 '공통된 항목을 가지는 것'을 의미했다. 그리고 이것은 단지 비교에 의해 확립될 수 있었다.

비교방법론은 비교형태학을 발전시킨 퀴비에와 그 동료들의 작업으로 위대한 승리를 일구어냈다. 처음에 이것은 순수하게 경험적인 노력이었다. 그러나 1859년 공통조상이론에 관한 다윈의 시도 이후에는 점점 더 엄밀한 과학적 방법이 되었다. 비교방법은 다른 생물학 분야에 적용되어 비교생리학, 비교발생학, 비교심리학 등을 이끌었을 만큼 성공적이었다. 현대의 거시분류학은 거의 대부분 비교적 방법을 이용한다.

새로운 생명과학의 주된 힘은 새로운 도구의 창안과 발전이었다. 생리학의 선구적 발전에 매우 중요한 역할을 한 뮐러와 그의 제자, 그리고 베르나르에 의해 그 방법론이 고안되었다. 그렇지만 꾸준히 개량된 현미경보다 생물학의 발전에 더 영향을 끼친 도구는 없었다. 이것은 두 가지의 새로운 생물학 분야인 발생학과 세포학의 발전을 이끌어냈다.[3]

1870년 이후 당시로는 전혀 이해할 수 없는 이유로 생물학에 분열이 생겨났다. 진화적 인과를 탐구하는 생물학은 (계통발생을 거의 유일하게 강조하며) 비교와 (반대편에 의해 사변적이라고 불린) 관찰로부터의 추론에 기초했다. 한편 근접인과를 밝히는 생물학(주로 생리학과 실험발생학)은 실험적 접근을 강조했다. 이 두 생물학의 대표들은 어느 쪽이 올바른 생물학인지를 두고 격렬한 논의를 벌였다. 물론 오늘날에도 두 질문들에 모두 답해야 함은 분명하다.

세포의 구조와 기능이 동물과 식물에서 동일하며, 개체가 소유하는 형질들의 유전 방법도 역시 같다는 사실이 발견되자, 식물학과 동물학의 오래된 구분은 더 이상 별 의미가 없어졌다. 특히 두 영역에서 모든 분자 과정의 완벽한 유사성, 즉 실질적 통일성이 발견되고 동물계와 식물계로부터 균류와 원핵생물이 분명히 구별되어 확립된 후에는 특히 그랬다. 생물학적 개념의 분류에서 유기체의 유형에 근거하는 것이 아니라 새로운 배열원칙을 찾아야 한다는 것이 점차 명백해졌다.

세포생물학과 분자생물학의 발전 이후 일부 사람들은 이제 동물학과 식물학은 더 이상 필요 없다고 주장하기도 했다. 그러나 분류학과 형태학 같은 영역에서는 동물과 식물을 나누어 다룰 필요가 있었다. 또한 발생과 생리는 대체로 식물과 동물이 다르고, 행동은 오직 동물과 관련된다. 분자생물학에서 아무리 훌륭한 진보가 일어나더라도 유기체 전체를 다루는 생물학은 여전히 필요할 것이다. 비록 그런 생물학이 전통적인 생물학과는 아주 다른 모습으로 나타난다 해도 말이다. 그러나 이런 예외를 빼놓으면, 모든 생물학적 문제는 식물과 동물에 똑같이 관계한다. 다양하고 새로운 생물학적 분과가 생겨나는 데 식물과 동물 양쪽의 연구자들이 동등한 기여를 했다는 것은 특히 흥미롭다. 식물학자 브라운은 세포핵을 발견했고 식물학자 슐라이덴은 동물학자인 슈반과 함께 세포이론을 제시했으며, 이 이론은 동물학과 의학을 연구했던 피르호에 의해 더욱 발전했다. 수정의 문제도 마찬가지로 식물학자와 동물학자의 잇따른 발견으로 해결되었다. 그리고 세포학이나 최근의 유전학도 마찬가지다.

모든 생물학을 합리적으로 분류해 분과학문을 정립하고, 생물학이라는 분야 아래 함께 놓일 현상의 엄청난 범위를 다루기 위해 수많은 시도가 있었다. 그러나 그것들 중 어느 것도 완전하게 성공하지는 못했다. 과거에 제시되었던 생물학의 분류들 가운데 가장 심각한 착오를 보이는 것은 생물학을 서술생물학, 기능생물학, 실험생물학의 세 가지로 나누었던 것이다. (진화생물학과 같은) 생물학의 전 영역이 실제로 이 분류에서 소외되었다. 뿐만 아니라 서술은 생물학의 모든 부분에서 필수적이고 기능생물학에서도 실험이 분석의 주된 도구로 쓰인다는 사실을 무시하였다. 게다가 실험은 자료수집이 아닌 가정을 검증하는 목적에 중요한 역할을 한다.

드리슈가 독일 대학의 생물학 교수직이 실험생물학에만 주어지고 계통분류학에는 주어지지 않는다는 사실이 얼마나 다행인가라고 말한 것은 그가 생물학의 구조에 대해 얼마나 빈약한 이해를 갖고 있는지 보여주었다. 여기서 그는 분류학에다 진화생물학, 동물행동학, 생태학을 뭉뚱그리고는, 유기체생물학은 실험적이지 않기 때문에 모든 부분이 순수한 서술 과학이라고 보았다. 역사학자들에게는 분류학이 흥미롭지 않다는 찰스 길리스피Charles Gillispie의 견해는 상이한 생물학적 분과들에 대한 오해의 또 다른예다.

생물학을 구축하려는 새로운 시도들

생물학회는 1955년에 생물학 개념을 분석하고 생물학의 구조를 가장 잘 표현할 방법을 찾기 위한 특별 심포지엄을 가졌다.[4] 다양한 학자들이 생물학을 여러 학문 분야로 나누려고 시도했다. 그 기준은 아주 다양했다. 형태학, 생리학, 발생학과 몇 가지의 다른 표준적인 주제로 나눈 마인스 F. Mainx의 구분이 널리 지지받았다.[5] 그리고 몇 가지의 다른 표준적인 주제는 형태학적 고려에 근거해서 위계적으로 세포학, 조직학, 전체 기관생리학 등으로 세분되었다. 널리 받아들여졌던 또 다른 분류는 바이스ₚ. Weiss 에 의해 제시된 것으로서 분자생물학, 세포생물학, 유전생물학, 발생생물학, 조절생물학, 집단-환경생물학이라는 다소 계층적인 접근이었다.[5] 국립과학재단의 참석자들은 이 분류에 따라 이름을 붙이게 되었다. 우선 바이스는 위계적 등급을 매기기 위해 전체 유기체 아래 다섯 개의 범주를 설정했다. 실험주의자인 그가 '집단-환경생물학'이라는 범주 아래 유기체생물학(계통분류학, 진화생물학, 환경생물학, 행동생물학)의 모든 관점을 총괄했다는 것이 놀랄 일은 아니지만 흥미롭다.

일반적으로 어떤 저술가가 제시한 분류 기준은 그의 교육 배경에 큰 영향을 받는다. 물리과학 출신이거나 물리과학자에게 큰 영향을 받았다면, 그는 십중팔구 실험, 환원, 그리고 한 가지 성분을 강조하고 기능적 과정에 집중할 것이다.[6] 반대로 자연학자 성향의 생물학자들은 다양성, 유일성, 개체군, 체계, 관찰로부터의 추론, 진화적 측면을 강조할 것이다.

1970년 국립과학원의 생명과학위원회는 다음과 같은 12개의 범주를 생각해냈다. 이 중 마지막 셋은 응용 영역이다. (1) 분자생물학과 생화학, (2) 유전학, (3) 세포생물학, (4) 생리학, (5) 발생생물학, (6) 형태학, (7) 진화와 계통생물학, (8) 생태학, (9) 행동생물학, (10) 영양학, (11) 질병 메커니즘, (12) 약학이 그것들이다.[7] 이 범주가 다른 체계들에 비해 진일보한 것이긴 하지만 계통분류학과 진화생물학을 하나의 분과로 간주한 것과 같은 문제를 안고 있었다.

실제로 사람들이 과학적 탐구에서 제기한 질문의 유형은 생물학 분과를

• 여기서 저자인 마이어는 마인스의 구분으로 형태학, 생리학, 발생학 등 세 가지를 들고 있다. 마이어는 이 논의를 위해 마인스의 《생물학의 기초Foundations of Biology》를 이용한 것으로 보인다. 그러나 마인스의 책에는 발생학이 아니라 유전학을 들고 있다. 이는 마이어의 착오로 보인다.

더 논리적으로 분류하는 데 도움이 될 것이다. '무엇?'과 '어떻게?'와 '왜?'
가 중요한 세 가지의 물음이다.

'무엇'이라는 물음

확고한 사실적 근거, 즉 이론이 근거하는 관찰과 발견의 기록이 먼저 확립
되지 않으면 어떤 과학도 불가능하다. 그래서 서술은 어느 과학 분과에서
도 가장 중요하다.

이상하게도 과학 분과에 '서술적'이라는 단어를 붙이는 것은 언제나 다
소 경멸적인 함의를 가졌다. 엄밀히 말해서 생리학자의 작업이 형태학자
의 작업과 마찬가지로 서술적이었음에도 불구하고, 생리학자들은 형태학
자들의 작업을 서술적이란 말로 구분하려 했다. 일부 분자생물학자들은
자신들의 영역에서 출간된 많은 저술이 사실들의 기록(즉 서술적) 외에 아무
것도 아니라는 사실에 대해 난처함을 털어 놓았다. 그렇지만 난처해할 필
요가 없다. 왜냐하면 새로운 영역인 분자생물학은 과학의 다른 모든 영역
과 마찬가지로 이런 서술적 시기를 경험해야 하기 때문이다.

서술적 생물학을 분리된 생물학 분과로 인식하는 것은 오류다. 서술은
생물학 영역의 첫 단계다. 종과 상위 분류군을 논의하는 분류학이 분자생
물학이나 세포생물학 혹은 게놈 프로젝트보다도 더 서술적이라고 말할 수
는 없다. 서술은 전혀 유해하지 않다. 왜냐하면 서술은 설명하고 해석하는
생물학 탐구에서 없어서는 안 될 토대이기 때문이다.[8]

더 놀라운 것은 렌슈, 마이어, 심슨, 헤니히 이전에 활동했던 분류학자들
이 분류학의 가치를 스스로 저평가한다는 사실이다. '생물학 이론에서 최
근의 경향들'이라고 불렸던 논의에서, 뛰어난 개미분류학자였던 휠러William
Wheeler(1929:192)는 분류학이 "단순히 진단과 분류만 할 뿐 이론이 없

는 유일한 생물과학이다."라고 말했다. 이 생각이 얼마나 잘못되었는가는 헤니히, 심슨, 기즐린, 마이어, 복, 애쉴록, 헐의 저술로 분명해졌다.[9]

모든 과학은 현상과 과정 양쪽을 다룬다. 그러나 어떤 과학에서는 현상에 대한 연구가, 또 다른 쪽에서는 과정에 대한 연구가 우세하다. 생명체의 기계적 작동에 관심을 갖는 생리학자들은 거의 배타적으로 과정만 다룬다. 마찬가지로 진화생물학자들도 과정을 다룬다. 특히 새로운 적응과 새로운 종이 생겨나는 진화과정을 다룬다. 그러나 자연학자의 주관심사는 언제나 생명의 다양성에 관한 연구였다. 유기체의 다양성에 관한 연구는 여러 생물학 분과에서 전문적으로 다루는데, 특히 분류학과 생태학 등이 그에 해당한다. 이 주제는 복잡계의 상호 작용을 포함한다. 또한 실험실에서 연구할 때, 예를 들어 단순한 생리학적 과정 분석과는 다른 전략을 요구한다.

다양성에 대한 연구가 첫 단계에서 어김없이 요구하는 것은 정확하고 포괄적인 서술이다. 특히 이것은 분류학(고생물학과 기생충학을 포함), 생물지리학, 개체생태학, 비교생물학(비교생화학을 포함)의 모든 영역에 대해 진리다. 이런 서술적 토대가 진화생물학의 다양한 하위분과의 일반적인 특징을 끌어내도록 비교를 가능하게 한다. 과학자들이 서술 그 이상을 결코 넘어서지 못할 때 비판을 가하는 것은 정당하다. 과학의 가장 중요한 결과는 날것 그대로의 사실적 자료에서 도출해낸 일반화와 이론이다.

자료수집 단계가 완전하게 이루어진 영역은 거의 없다. 과학 전체는 물론 하위 분과 과학들도 모두 끝없는 미개척지를 갖고 있다. 자료수집을 위한 새로운 방법이 도입될 때마다 온갖 새로운 지평이 열린다. 예컨대 세포학의 전자현미경, 얕은 물을 탐구하는 데 쓰이는 스쿠버 기어, 혹은 열대 밀림의 수관부에서 동물군을 수집하기 위한 새로운 방법의 출현 등이 이런 예에 속한다. 기술이 발달하여 바다 기저층의 동물군이나 심해동물군과 같은 대양 동물군 그리고 해저에 있는 화산 분화구와 관련된 유기체를 수집하게 되자 무척추동물학이 중요한 발전을 이루게 되었다.

생물학의 역사를 뒤돌아본 생물학자는 고등동물이나 고등식물이 아닌 모든 유기체가 얼마나 무시되었는지에 당혹해 할 것이다. 예를 들어 분명하게 동물로 규정할 수 없는 모든 것을 식물학의 영역에 포함시키는 것이 관행이었다. 아주 최근에야 생물학자들은 균류가 식물(실제로 그것들은 동물과 더 밀접하게 관련된다)과 어떻게 다른지, 그리고 더 최근에는 원핵생물(박테리아와 관련된 것)이 진핵생물(원생생물, 균류, 식물, 동물을 포함)과 어떻게 다른지를 깨달았다. 원핵생물은 독립된 최상위 계로 새롭게 인식되었다. 그리고 단지 서술 단계에 머물러 있지만 생물학의 끝없는 미개척지를 보여주는 뚜렷한 실례가 되고 있다.

'어떻게'와 '왜'라는 물음

'무엇?'이라는 물음에 대한 답이 생물학의 분과학문을 나누는 기준에 대해 충분한 답을 주지는 못했다. 그래서 우리는 이제 '어떻게'와 '왜'라는 물음으로 돌아가야만 한다.[10] 기능생물학 연구는 분자 차원에서 유기체 전체의 기능을 다루는 생리학처럼 일차적으로 '어떻게'라는 물음을 다룬다. 어떻게 특정 분자가 그 기능을 형성하는가? 어떤 경로로 전체 기관이 작동하는가? 지금 여기에 관심을 갖는 이런 질문들은 가까운 인과관계를 다루는 연구에서 늘 언급된다. 분자 차원에서 전체 유기체에 이르기까지 이런 영역은 주로 과정을 분석한다.

'어떻게'는 물리과학에서 가장 흔한 물음이며, 그것이 위대한 자연 법칙의 발견을 이끌었다. 1800년대 초까지는 생물학에서도 이러한 질문이 지배적이었다. 왜냐하면 그 당시 주도적 분야인 생리학과 발생학에서 물리주의 사고가 지배적이었기 때문이다. 이 두 분야는 거의 전적으로 근접인과를 연구하는 것이다. 물론 '왜'라는 물음도 제기되었지만, 당시 서구세계의 지배 이념인 기독교 때문에 그런 물음들은 불가피하게 쉬운 대답을 내놓았다. 즉 신이 창조하시고(창조론), 신이 법칙을 만드셨으며(물리주의), 설계하셨다는(자연신학) 것이다.

'왜'라는 물음은 역사적이고 진화적인 요소들을 다룬다. 그것들은 과거에 존재했거나 지금 존재하고 있는 모든 유기체의 측면을 설명한다. 왜 벌새는 신대륙에 한정되어 있는가? 왜 사막 동물은 항상 주변 토양과 같은 색깔을 지니는가? 왜 곤충을 먹고 사는 온대 지역의 새들이 가을에 아열대나 열대지방으로 이동하는가? 흔히 적응이나 유기체적 다양성과 관련된 이런 물음들은 전통적으로 궁극원인을 탐색하려는 시도로 언급되었다. '왜'라는 물음은 진화론이 제기되기까지, 상술하자면 다윈이 자연선택이라는 변화에 필요한 구체적 메커니즘을 제시했던 1859년 전에는 과학적 물음이 되지 못했다.

'왜'라는 물음에 과학적 정당성을 부여한 공로가 다윈에게 있음을 아는 사람은 거의 없다. 그는 이러한 질문을 제기함으로써 모든 자연사를 과학에 불러들였다. 허셜과 러더퍼드 같은 물리주의자는 자연사가 물리학의 방법론적 원칙에 들어맞지 않는다는 이유로 자연사를 과학에서 배제시켰다. 역사적으로 획득된 유전 프로그램을 갖지 않는 생명 없는 대상들은 '왜'라는 질문으로 그 본질을 밝힐 수 없다. 다윈은 과학에 가장 중요하고 새로운 방법론을 제공한 것이었다.

근접인과와 궁극인과이라는 용어는 긴 역사를 가지고 있다. 아마 '궁극적'이라는 용어가 신의 손을 가리켰던 자연신학의 시기로 돌아가야 할 것이다. 허버트 스펜서Herbert Spencer가 궁극원인과 근접원인에 대해 말했다고 알려져 있지만 내가 찾을 수 있었던 더 앞선 언급은 로마네스George Romanes(1897:98)가 다윈에게 1880년에 썼던 편지다. "유전에 대한 완전한 설명으로서……분자운동을 일으키는 것이……나에게는 당뇨병 같은 알기 어려운 질병의 원인이 지속적 힘의 작용이라고 말하는 것처럼 보인다. 의심의 여지없이 이것은 궁극원인이다. 그러나 병리학자는 유용한 과학적 성과를 위해 일종의 근접원인들을 더 요구한다."

이 진술의 모호성을 보면 더욱 잘 정의된 용어가 베이커Baker(1938:162)의 문헌에 소개되기까지 40년이 더 걸렸다는 것이 놀랄 일은 아니다. 베이커가 이 용어를 쓴 부분을 전체적으로 인용해보면 흥미롭다. "동물은 양육을 통해 어떤 외부 자극에 대한 반응력을 진화시켜왔다. 한대나 온대 지역에서는 유리한 기후조건에서 새끼를 키우려고 하는 것이 보편적임을 분명히 볼 수 있다. 어떤 면에서는 이런 조건이 그런 특정한 시기에 양육기가 존재하는 결정적 원인이라고 말할 수 있다. 물론 새끼에게 유리한 특별한 환경조건이 필연적으로 근접원인을 구성하고, 어미의 번식을 자극한다고 가정할 이유는 없다. 그래서 새끼에게 먹일 곤충이 풍부한 것이 양육기가 존재하는 궁극원인일 것이고, 낮의 길이가 근접원인이 될 수 있다."

베이커의 뒤를 이어 데이비드 랙David Lack(1954)이 이런 용어를 넘겨받았다. 그리고 (다윈 이후 궁극원인은 단순히 진화적 원인을 의미했지만) 나는 1961년에 랙과 베이커로부터 이 용어를 받아들였다. 곧 이 개념은 오리언즈Gordon Orians(1962)와 몇몇 환경론자들에 의해 더욱 발전되었다. 예리한 생물학자들은 1961년 이전에도 생물학에 이런 두 가지 측면이 있음을 알았다. 예를 들어 바이스(1947:524)는 다음과 같이 말했다. "모든 생물학적 체계는 이중적 측면을 가진다. 그것들은 진화의 산물일 뿐 아니라 인과적 메커니즘이다. ……생리학은 반복 가능하고 조절 가능한 현상이라는 측면만을 주목해 역사적 진화의 특이하고 일회적인 원인은 다른 분야에 남겨두고 싶을지 모른다." 그러나 바이스든 다른 누구든 1961년에 내가 이 구분을 공식화하기 전까지는 이런 기미들을 확대해보지 못했다.

기능형태학에서부터 생화학까지 조사해보면, 근접원인은 유기체나 부분의 기능과 성장에 관계되는 것이다. 그들은 유전적 프로그램과 체세포 프로그램을 해독해낸다. 한편 진화적(역사적이거나 궁극적인) 원인은 왜 진화의 산물인 유기체가 그런 형태를 이루게 되었는지 설명하려한다. 그들은 유전 프로그램의 기원과 역사를 설명한다. 진화적 원인은 보통 '왜'라는 물음에 대한 답이지만 하지만 근접원인은 '어떻게'라는 물음에 대한 답이다.

유감스럽게도 지난 130년 동안의 생물학 역사는 생물학적 현상을 오로지 이 두 인과의 어느 한 가지로만 설명했다. 실험주의자라면 발생은 전적으로 배아 발달의 생리학적 과정에 기인한다고 말할 것이고, 진화생물학자들은 항상 물고기의 알은 물고기로 그리고 개구리의 알은 개구리로 발달한다고 강조할 것이다. 그리고 이 같은 반복발생 현상은 진화적인 측면을 고려하지 않으면 무의미하다고 말할 것이다. 과거의 생물학에서 중요한 논쟁들, 예를 들어 유전과 행동에서 선천성학파와 후천성학파 사이의 논쟁이나 헤켈류의 비교발생학자에 반대했던 발달역학의 반항은 이런 일면성의 결과였다.[11]

근접인과와 궁극인과를 다루는 질문들의 지속적인 혼란은 특히 이른바 구조주의자와 관념론적 형태학자의 저술에서 명백하다. 그들의 기본 논리는 반선택론적이며 차라리 목적론적이다. 그들은 생물학의 영역에서 논리와 질서 그리고 합리성을 본다.[12] 우연은 설명원칙으로서 못마땅하게 여겨지고 동시에 발생하는 과정이라기보다는 방향성이 있는 선택적 과정에 대한 대안으로 간주된다. 생물학적 현상의 '역사적(진화적)' 요소에 대한 고려는 가능한 한 회피된다.[13] 이 두 종류의 원인이 순전히 물리화학적인 생물학을 제외한 모든 생물학에서 동시에 고려되어야 함은 구조주의자들이 놓친 부분이다.

생물학적 탐구가 이런 두 가지의 아주 다른 물음으로 나뉜다는 인식은 생물학의 다양한 개념적 논쟁을 해결했다. 그리고 이것은 방법론적 명확화(무슨 방법을 언제 쓸 것인가)와 다양한 생물학 분과 사이의 분명한 구분을 이끌었다. 이것은 또한 궁극인과의 역사적 측면과 근접인과에 포함된 생리학적 메커니즘에 대한 주의를 환기시켰다. 그리고 대부분의 생물학자는 단지 연구 분야의 선택에 따라 궁극원인이나 근접원인의 한쪽에 속하게 됨을 보여주었다. 일찍이 내가 주장했듯이, 근접인과와 궁극인과가 모두 밝혀질 때까지는 생물학적 현상은 완전히 설명되지 않는다. 대부분의 생물학 분과가 어느 한쪽의 질문들에 크거나 작게 집중하지만 다른 유형의 인과관계 역시 고려해야만 한다.

분자생물학 분야에서 나타나는 현상을 보자. 주어진 분자는 유기체에서 기능적 역할을 한다. 분자가 역할을 수행하는 법, 다른 분자들과의 상호작용 메커니즘, 세포 내의 에너지 균형에서 그 분자가 담당하는 역할 등은 근접인과에 대한 연구로 얻을 수 있는 답이다. 그러나 세포가 그 분자를 갖고 있는 이유, 생명의 역사에서 그 분자가 한 역할, 진화과정에서 분자의 변형여부 그리고 다른 유기체에 있는 동질의 분자와 어떻게 그리고 왜 차이가 나는지와 같은 종류의 질문들은 궁극인과에 관한 것이다. 두 종류의 인과관계에 대한 연구는 동등하게 합법적이고 독립적이다.

동물행동 연구는 특히 두 유형의 인과관계 사이의 밀접한 연결을 보여주는 또 다른 분야다. 특정 유기체가 자신의 행동 조합들을 갖는 것은 진화의 결과이다. 그러나 특별한 행동에 대한 신경생리학적 연구를 설명하는 것은 신경생리학적 연구를 통한 근접인과 연구를 필요로 한다.

근접인과는 표현형, 즉 형태와 행동에 영향을 준다. 궁극원인은 유전자형과 그것의 역사를 설명하는 데 도움을 준다. 근접인과는 대개 기계론적이지만 궁극인과는 개연적이다. 근접인과는 지금 여기의 특정 시점에, 개체 생명 주기의 특정 단계에 개체가 생존해 있는 동안 일어난다. 그러나 궁극인과는 긴 시간에 걸쳐, 특히 종의 진화적 과거에 작용한다. 근접인과는 존재하는 유전 프로그램이나 신체적 프로그램의 해독을 포함한다. 궁극인과는 새로운 유전 프로그램과 그것들의 변화의 기원과 관련되어 있다. 근접인과는 언제나 실험에 의하여 확정되고, 궁극인과는 역사적 서술로부터 추론해서 결과를 얻는다.

'어떻게'와 '왜'에 근거한 새로운 분류

각 분야의 근접인과와 진화론적 인과에 대한 관심에 근거해서 두 인과관계에 따라 그 분야들을 배열한다면 생명과학은 어떤 분류를 채택할 것인가? 모든 생리학(기관생리학, 세포생리학, 감각생리학, 신경생리학, 내분비학 등), 대부분의 분자생물학, 기능형태학, 발생생물학, 생리유전학은 근접원인에 가장 적합하다. 진화생물학, 유전학, 동물행동학, 계통분류학, 비교형태학, 생태학은 진화적 원인에 적합하다.

이런 잠정적 구분은 곧바로 유전학을 전달(또한 집단)유전학과 생리유전학으로 나누고 형태학을 기능형태학과 비교형태학으로 나누게 만드는 어려움을 야기한다. 이런 분과들은 하나의 이름으로 있긴 했지만, 이미 오래전에 개념적으로 나뉘었다. 예를 들어 기능형태학은 흔히 서술형태학에 의해 연구되었으며 계통생물학의 연구자는 분자생물학의 방법론을 광범위하게 사용했다. 생태학의 위치를 찾기는 쉽지 않다. 생태학은 크게 보아 복잡계를 다룬다. 그래서 대부분의 생태학적 문제는 근접원인과 궁극원인을 포괄한다. 19세기에 세포이론이 슈반과 슐라이덴과 피르호에 의해 발전되었을 때, 이것은 분명히 형태학의 한 분야였으며, 전자현미경의 전성기 때까지도 마찬가지 상황이었다. 그러나 현대 세포생물학은 크게 보아 분자생물학이다.

생물학 내부의 권력이동

생물학의 계속적인 개혁은 수많은 긴장과 논쟁 그리고 전복 없이는 일어날 수 없었다. 새로운 하위 분과는 성공을 거둘 때마다 자신의 확실한 위상을 확보하기 위해 싸웠다. 확립된 분과와 독립적으로 최대한의 자원과 관심을 차지하려고 애썼다. 때때로 새로운 분야가 실질적 독점을 확립하기도 했다. 1926년 내가 독일 베를린에서 박사학위를 취득했을 때, 알 만한 몇몇 동물학자들은 나에게 이렇게 충고했다. 만약 내가 동물학을 내 학문으로 선택하려면 발달역학으로 바꾸라고 말이다. "슈페만이 빈자리를 모두 채웠다."라고 그들은 나에게 말했다. 뒤부아레몽은 자신의 스승이었던 뮐러의 '서술동물학'에 대한 경멸을 굳이 숨기지 않았다. 돌이켜보면 그 자신의 연구도 스승과 비교해 그다지 인상적인 것은 아니었는데도 말이다. 한 시기를 장악한 분야는 무엇이든 경쟁분야를 밀어내고 가능한 많은 자리를 차지하려들 것이다. 이런 현상이 나타난 가장 최근의 경우는 분자생물학이 처음 꽃피운 때다. 생화학자인 조지 월드George Wald는 단 하나의 생물학이 있는데, 그것은 분자생물학이라고 소리 높여 선언했다. 즉 생물학의 모든 것은 분자적이라는 것이었다. 미국의 몇몇 대학에서는 대부분 혹은 모든 유기체 생물학자가 분자생물학자로 교체되었다.

전통적으로 노벨상이 선호하였고 국립과학원의 선정이나 정부와 산업계에 대한 고문역할로 물리학이 인정받으면서 생물학 중에서도 물리과학의 요소와 사고에 밀착된 분야들이 언제나 정부의 혜택을 받았다. 그렇지만 생물다양성 연구와 같은 생물학의 다른 분야들은 지속적으로 무시되었다. 진화생물학에서 중요한 두 가지 문제 중 하나인 다양성의 기원은 진화적 종합 이전의 진화유전학에서 거의 전적으로 무시되었다. 의학과 관련된 생물학은 명백한 이유로 지원기관들이 항상 선호하는 분야다. 국립과학재단의 후원보다는 국립보건원의 후원을 받았을 때, 대등한 프로젝트라도 항상 더 많은 지원을 받는다.

식물학은 특히 이런 식의 진행으로 피해를 보았다. 린네 시대에 식물학은 '사랑스러운 학문'이었으며 20세기 초까지도 식물학자들은 생물학, 특히 세포학과 생태학을 주도했다. 멘델 이론의 재발견자인 드 브리스, 카를 코렌스Carl Correns, 에리히 체르마크Erih Tschermak는 모두 식물학자였다. 그러나 일련의 방해가 시작되었다. 균류에 관한 연구(균학)는 식물학으로부터 배제되어 독립적 영역이 되었다. 더 중요한 것은 원핵생물 연구도 그러했다는 것이다. 1910년 무렵 이후 대부분의 동물학자는 세포학, 유전학, 신경생리학, 행동학 등의 전문가가 되었으며, 자신들이 기본적인 생물학적 현상을 다룬다고 느꼈다. 그들은 동물학자라기보다는 생물학자로 불리기를 원했다. 생물학자라는 말이 옳건 그르건 간에 그 용어는 그들에게 언제나 형태학이나 계통분류학을 떠올리게 하는 것 같았다. 점차로 '생물학적'이라는 단어는 흔히 식물학과 동물학 모두에 포괄적으로 사용되었다. 예를 들어 1931년 하버드 대학의 생물학 실험실은 생물학과에 세워졌다. 이 새로운 학과에는 그때까지도 순전히 식물형태학, 식물생리학, 식물분류학, 식물번식생물학과 같은 식물학의 주제를 가르쳤던 교수들이 있었다. 그러나 그들은 동물학에서 같은 주제를 전문으로 다루는 다른 생물학자들과 경쟁하게 되었다.

1947년 미국 생물과학연구소가 세워졌을 때, 이 연구소는 식물학, 동물학 및 모든 다른 생물학의 분과를 포함했다. 그러나 식물학자들은 생물학으로 합병이 계속 진행된다면 식물 고유의 특징이 잊힐 것이라는 것을 감지했다. 1975년 국립 아카데미가 세부 분야를 재조직했을 때, 동물학 분야는 폐지되고 개체군생물학 분야와 진화학 및 생태학으로 대체되었다. 식물학자들도 마찬가지로 개편하도록 권유받았지만, 그들은 자신들의 분야를 보존하려고 했다. 식물학자들은 식물생물학 분야를 포기하면 식물의 고유한 속성을 부정하게 될 것이라고 주장했다. 그렇지만 많은 식물학자가 식물생물학 분야를 떠나 유전학 분야나 개체생물학 분야와 같은 일반 생물학 분야에 합류했다.[14]

그러나 식물학은 결코 없어지지 않았다. 예를 들어 식물학은 열대생물 연구를 주도했다. 식물표본집과 식물학 잡지는 계속해서 생물학에 중요한 기여를 하고 있다. 그리고 여전히 많은 대학에 식물학과가 존속하고 있다. 사실 현대 자연보호 운동의 결과로, 식물학은 현재 과거보다 점점 더 중요해지고 있다.

새로운 전통의 대표자나 새로운 분과의 창립자 들은 거의 틀림없이 이런 식물학의 고집이 생물학을 진부하게 만드는 고전적 분류 중 하나라고 생각한다. 실제로 생물학에서 가장 전통적인 분야들, 즉 계통분류학, 해부학, 발생학, 생리학은 여전히 필요하다. 이들 분야는 단지 자료 은행이 아닌 끝없는 신개척지로 남아 있고, 살아 있는 세계에 대한 우리의 시야를 살찌게 하는 데 여전히 필요하다. 모든 분야는 한 번쯤은 황금기를 맞는 것 같은데 어떤 분야는 여러 번 맞기도 한다. 그러나 심지어 효용체감의 법칙을 적용해도 '고전'이 되었다는 이유로 한 분야를 폐기하는 것은 정당하지 않다.[15]

다양화된 과학, 생물학

1장과 2장에서 물리과학, 신학, 철학, 인문학과 비교하여 생물학의 특별한 모습과 개념을 강조했다. 생물학 내의 개념적 차이도 그만큼이나 중요한 부분이다. 생물학의 각 분과는 독자적으로 자료 은행, 이론과 개념적 틀, 교재와 학술지, 학회를 가지고 있다. 궁극인과를 다루는 전문화된 분야들이 그런 것처럼, 근접인과를 다루는 생물학의 분과들에도 분명한 유사성이 있다. 하지만 지배적 이론이나 기본 개념의 본질에서는 눈에 띄는 확연한 차이를 보인다.

생물학의 모든 전문분야에 대해 그런 분석을 하려면 이 책의 분량을 넘어설 것이고, 또한 내 역량을 훨씬 초과하는 일이다. 그렇지만 내가 앞으로 시도하려는 것은 계통분류학, 발생생물학, 진화론, 생태학 등 네 분야에 대한 표본적인 분석이다. 물론 이 분석은 대립된 개념들 사이에 벌어진 논쟁의 본질을 알리고 또 이 영역들이 현 단계에서 보여주는 개념틀의 상대적 성숙도를 보여줄 것이다.

그러나 이 과제에 착수하기에 앞서, 나는 서문에서 제기한 사항, 즉 나의 분석에서 특정 분야를 포함시키지 않았던 이유를 자세히 설명해야 한다. 일부 생물학 분야는 살아 있는 유기체에 관한 모든 것을 다룬다. 이 점은 유전학에서 뚜렷하다. 유전 프로그램은 모든 유기체 행동의 기반이다. 이것은 유기체의 구조, 발달, 기능, 활동에서 결정적인 역할을 한다. 교육적으로 볼 때 유전학 개념을 가장 잘 제공할 수 있는 길은 유전학의 역사를 제시하는 것이다. 이것이 내가《생물학적 사고의 발달Growth of Biological Thought》을 쓸 때 사용한 방식이다. 그러나 그 책은 오로지 전달유전학에 국한되었다. 분자생물학이 생겨난 이래 강조점은 발생유전학으로 넘어갔다. 그리고 이런 종류의 유전학은 실제로 분자생물학의 한 분야가 되었다.

　더 가공할 만하고 극복이 어려운 문제는 분자생물학이 제기하는 것들이다. 생리학, 발생학, 유전학, 신경생물학 또는 행동학 중 무엇을 다루게 되던 분자 과정이 현상에 결정적인 역할을 한다. 일부 통일적인 현상들은 호메오박스homeoboxes와 같이 이미 명백하다. 다른 것들은 어렴풋이 지각할 수 있다. 그러나 분자생물학 전반에 관한 조감도를 보여주려고 시도할 때마다 나는 매번 어마어마한 세부 사항에 압도당해버렸다. 이런 이유에서 나는 8장과 9장에서 분자생물학자들에 의해 발견된 중요한 일반화('법칙들') 몇 가지를 강조하기는 했지만, 이 책에서 분자생물학을 다루지는 않았다. 이런 분과학문에 더 많은 지면을 할애하지 않은 이유는 이 분야가 생물학의 다른 분야들보다 덜 중요하다고 생각했기 때문이 아니라, 내가 갖지 못한 능력을 요구했기 때문이다. 신경생물학과 심리학도 극도로 중요하지만 마찬가지 이유로 많이 다루지 않았다. 나는 생물학을 하나의 전체로 다룬 나의 논의가 이 책에서 세부적으로 다루지 못한 생물학 분야들에도 실마리를 줬으면 하고 바란다.

7

'무엇'에 관한 질문: 생물다양성에 대한 연구
"What?" Questions: The Study of Biodiversity

생명 세계에서 가장 인상적인 측면은 생물의 다양성이다. 유성번식을 하는 개체군에서는 어떠한 개체도 동일하지 않다. 또한 개체군 역시 동일하지 않으며 종이나 그 상위의 분류군도 마찬가지다. 우리는 자연을 볼 때마다 독특함을 발견한다.

생물의 다양성에 대한 우리의 지식은 지난 300년 동안 기하급수적으로 성장하였다. 그 성장은 개인 탐험가들의 탐사와 함께 시작됐다. 그들이 신대륙과 섬을 탐험하며 기록하고 수집한 표본들은 자연계에 얼마나 각양각색의 동식물군이 존재하고 있는지 보여주었다. 담수생물과 해양생물에 대한 연구도 생물다양성에 대한 지식을 확대했다. 특히 심해생물에 대한 연구는 차원이 다른 생물다양성을 드러냈다. 육안으로 관찰하기 힘든 미세동식물이나 기생충 그리고 화석에 대한 연구는 지구 생물군에 얼마나 많은 다양성이 존재하는지 우리에게 일깨우고 있다. 마지막은 원핵생물의 발견과 그에 대한 과학적 연구로부터 왔다. 이러한 자연의 엄청난 다양성을 서술하고 분류하는 학문을 분류학taxonomy이라고 부른다.

기원전 330년경 아리스토텔레스와 테오프라스투스Theophrastus가 분류에 처음 관심을 표명한 이후 분류학은 르네상스에 이르기까지 오랫동안 쇠퇴를 겪었다. 린네의 연구(1707~1778)를 통해 분류학은 두 번째 전성기를 맞이했지만, 곧 이어 또 다른 침체기가 찾아왔다. 1859년 다윈의《종의 기원》이 출간되고서야 분류학은 침체기로부터 벗어날 수 있었다.[1] 다윈의 연구는 본질적으로 분류학적 탐구의 결과였다. 그리고 분류학은 생물학적 종개념과 종분화 및 대진화의 주요 이론에 그 토대를 제공하면서 진화론의 발전에 계속해서 중요한 역할을 하고 있다.

심슨은 생물다양성에 대한 연구가 단순히 생명 현상을 조사해서 서술하는 일보다 중요하다는 점을 깨달았다. 그래서 그는 '분류학'이라는 용어를 전통적인 분류법에만 국한해서 사용하고, '계통분류학systematics'이라는 용어를 '유기체의 다양성과 유형 그리고 그 사이에 나타나는 모든 관계에 대한 과학적 연구'에 적용하자고 제안했다. 그 이후 계통분류학은 다양성에 대한 과학으로 인식되었고, 이에 따라 생물학자들은 새롭게 확장된 그 개념을 널리 받아들였다.[2]

계통분류학은 유기체의 분류와 동정뿐만 아니라 종의 모든 형질에 대한 비교 연구와 자연의 경제성the economy of nature 및 진화사 속에서 분류군이 어떤 역할을 하는지에 대한 연구를 포함한다. 생물지리학, 세포유전학, 해양생물학, 층서학과 분자생물학 등 생물학의 여러 분과들은 전적으로 계통분류학에 의존한다.[3] 계통분류학은 분류의 모든 측면에 다양한 지식과 이론 그리고 방법을 적용하는 종합적 학문이다. 계통분류학의 궁극적 목표는 단순히 생명 세계가 드러내는 다양성을 서술하는 것뿐만 아니라 그 세계를 이해하는 데 기여하는 것이다.[4]

생물학에서의 분류

일상생활에서 사람들은 분류를 통해 매우 다른 많은 수의 대상을 다룰 수 있다. 분류는 도구와 의약품, 예술품을 정리하는 데 사용할 뿐만 아니라 이론과 개념 그리고 생각을 정리하는 데도 사용할 수 있다. 분류를 할 때 우리는 분류할 대상이 공유하는 속성에 따라 대상들을 무리 짓는다. 따라서 구분된 한 무리는 유사하고 서로 연관된 개체들의 집합이다.

모든 분류 체계는 두 가지 주요한 기능을 갖는다. 하나는 정보 검색을 가능하게 하는 것이고 다른 하나는 비교 연구의 토대를 제공하는 것이다. 분류는 모든 분야에서 정보 저장 시스템의 핵심적 역할을 한다. 생물학에서 정보 저장 시스템은 박물관의 수집물과 책이나 논문과 같은 방대한 과학적 문헌으로 구성된다. 특정 분류 체계에 대한 평가는 얼마나 동질적인 집합으로 정보를 저장해서 얼마나 빠르게 그 정보를 발견하고 검색할 수 있는지 그 능력에 의해 결정된다. 즉 분류란 발견법적 시스템heuristic systems인 것이다.

분류가 원시시대의 우리 선조와 함께 시작된 활동이라는 점을 감안하면 분류의 본성에 대한 상당한 의견의 불일치와 불확실성이 여전히 존재한다는 사실은 놀랍기만 하다. 또한 분류라는 절차가 과학의 모든 영역에서 얼마나 중요한지 고려해보면 휴얼(1840) 이후에도 과학철학자들이 이 주제를 무시해왔다는 사실은 흥미롭기까지 하다. 그러나 유기체를 분류하고자 하는 사람은 도서관에서 책을 분류하거나 상점에서 상품을 분류하는 것과 같은 일상의 분류 활동으로부터 다음의 기본적인 규칙들을 차용할 수 있을 것이다. (1) 분류 대상들을 가능한 동질적인 집합으로 모은다. (2) 각각의 대상은 그 대상과 가장 많은 속성을 공유하는 집합에 포함시킨다. (3) 기존 집합과 너무 다른 대상에 대해서는 새로운 집합을 만든다. (4) 집합들 사이에서 나타나는 차이의 정도는 집합들을 계층구조로 배열시켜 표현한다. 계층구조에서 분류계층의 수준은 특이성의 수준을 나타낸다. 이러한 규칙들은 유기체의 분류에도 적용할 수 있다. 하지만 생명 세계를 분류하기 위해서는 추가적인 규칙들이 요구된다.

분류학적 탐구가 대부분의 생물학 분과에 필수적이라는 점을 생각해보면 최근에 분류학이 경시되고 낮은 평가를 받고 있다는 사실은 놀랍다. 생물학 분과의 주요한 연구 방법 대부분이 비교 연구인데, 이 비교 연구도 건전한 분류학에 근거하지 않는다면 의미 있는 결론을 내놓지 못할 것이다. 실제로 비교해부학, 비교생리학, 비교심리학과 같은 비교생물학 분과는 전적으로 분류학의 연구 결과에 근거한다.

생물학에서 분류학의 역할은 다음과 같이 정리할 수 있다. (1) 지구에 존재하고 있는 유기체의 다양성을 보여주는 유일한 과학이다. (2) 생명의 계통발생을 재구성하는 데 필요한 대부분의 정보를 제공한다. (3) 흥미로운 진화적 현상들을 밝혀내 다른 분과 학문이 그 현상에 대한 인과적 연구를 할 수 있도록 도움을 준다. (4) 생물지리학이나 층서학과 같은 생물학의 모든 분과에서 필요로 하는 정보들을 제공하는 거의 유일한 학문이다. (5) 진화생화학, 면역학, 생태학, 유전학, 동물행동학, 역사지리학과 같은 대부분의 생물학 분과에서 상당한 발견법적 가치와 설명적 가치가 있는 배열 체계나 배열 분류를 제공한다. (6) 주요한 전문가들은 계통분류학을 통해 개체군 사고(8장 참조)와 같이 중요한 개념적 기여를 했다. 계통분류학에 익숙하지 못한 실험생물학자들은 이러한 개념을 발견하기 어려웠을 것이다. 이와 같은 개념적 기여는 생물학을 확장시키고 생명 과학 내부에 전반적인 균형을 가져오는 등 중요한 역할을 했다.

분류학자들은 두 단계의 과정을 거쳐 엄청난 다양성을 가지는 자연에 질서를 부여한다. 첫 번째 단계는 종을 판별하는 것으로 미시분류학micro-taxonomy으로 불린다. 두 번째 단계는 이러한 종을 유연관계가 있는 집단으로 분류하는 것으로 거시분류학macrotaxonomy으로 불린다. 심슨George Garylord Simpson(1961)은 이렇게 두 활동으로 이루어진 분류학을 '유기체의 종류를 구분하고 분류하는 이론과 실천'으로 정의한다.

미시분류학: 종의 구분

종을 식별하고, 서술하며, 판별하는 활동은 분류학자가 관심 있는 다른 활동과는 상당히 다르다. 이 분야는 일반적으로 '종 문제species problem'로 불리는 의미론적 문제와 개념적 문제로 가득 차 있다. '종'이라는 용어는 단순하게는 '유기체의 종류'를 의미한다. 하지만 생물 세계에는 변이가 너무도 많기 때문에 '종류'라는 용어가 무엇을 의미하는지 정확하게 정의를 내려야만 한다. 남성과 여성 각각도 유기체의 한 종류라고 할 수 있으며, 성체와 유체 역시 종류라 할 수 있기 때문이다. 종이 신에 의해 독립적으로 창조된 것이라면 각각의 종은 창조된 첫 번째 조상의 유형을 가진 후손들로 구성된다고 해야 할 것이다.

새나 포유류와 같이 고등한 유기체를 연구하는 자연학자들은 종개념이 무엇인지에 대해서 좀처럼 의심을 가지지 않았다. 자연학자에게 종이란 단순히 여타 집단의 유기체와 다른 유기체의 집단을 의미한다. 여기에서 '다름'이란 관찰 가능한 형태학적 특징들의 차이를 의미한다. 19세기 중반까지 자연학자의 종개념은 거의 보편적으로 받아들여졌다. 종만큼은 아니지만 그 차이가 큰 유기체를 린네는 변종이라 불렀고 다윈조차도 이를 받아들였다. 이러한 종개념을 유형론적 또는 본질주의적 종개념이라고 한다 (정확하지는 않지만 형태학적 종개념이라고도 불린다).

유형론적 종개념은 종의 특징으로 다음 네 조건을 전제한다. (1) 종은 동일한 '본질'을 공유하는 유사한 개체들로 구성된다. (2) 각 종은 다른 종과 불연속적으로 뚜렷이 분리되어 있다. (3) 각 종은 시공간적으로 불변한다. (4) 한 종 내에서 가능한 변이들은 상당히 제한적이다. 철학자들은 이와 같이 본질주의적으로 정의되는 종을 '자연종natural kinds'이라고 불렀다.

19세기가 지나면서 이러한 유형론적 또는 본질주의적 종개념이 가지고 있는 약점이 더욱 명확해졌다. 다윈은 종이 불변한다는 개념을 확실하게 거부했다. 지리적 변이에 대한 연구와 특히 국소적 개체군 표본에 대한 분석은 종이 지역에 따라 변할 수 있는 개체군들로 구성된다는 것이 사실임을 보여줬다. 더욱이 각 개체군 내의 개체들도 서로 달랐다. 유형이나 본질은 살아 있는 자연에 존재하지 않았던 것이다.

이러한 개념적인 난점 외에도 유형론적 종개념은 실천적인 문제를 가지고 있다. 종을 판별하는 데 있어 그 개념은 대체로 아무런 도움을 주지 못한다. 교배 가능한 개체군이나 동일한 '종류'의 서로 다른 개체군 사이의 형태적 변이가 교배는 가능하지 않지만 형태적으로 유사한 개체군들 사이에서 나타나는 변이보다 더 큰 경우가 있다. 따라서 종을 분류하는 데 있어 형태학적 기준은 믿을 만한 기준이 아니다. 더 심각한 문제는 자매 종

sibling species이 발견된 것이었다. 자매 종이란 형태학적으로는 구분할 수 없지만 번식적으로 격리되어(즉, 생리적 장벽이나 행동적 장벽 때문에 교배할 수 없는) 자연적으로 형성된 개체군들이다. 이러한 개체군들은 지금까지 거의 모든 동물의 상위 분류군에서 발견되었고 마찬가지로 식물에서도 나타났다. 종을 판별하기 위해서는 새로운 기준이 필요했고 그 기준은 번식적으로 격리된 개체군들에서 발견되었다.

교배 불가능성이라는 기준으로부터 생물학적 종개념이 나왔다. 이 개념에 따르면 종이란 생리적 장벽이나 행동적 장벽에 의해서 번식적으로(유전적으로) 격리되어 자연적으로 형성된 교배 가능한 개체군들의 집합이다. 생물학적 종개념이 가지는 타당성을 완벽히 이해하는 유일한 방법은 다윈이 물었던 '왜'라는 질문을 던져보는 것이다. 종은 왜 존재하는가? 왜 우리는 원리적으로 서로 모두 교배 가능한 유사한 개체에서부터 아주 다른 개체에 이르기까지 단절 없는 연속성을 자연에서 발견하지 못하는가? 잡종에 대한 연구가 그 답을 제공한다. 부모가 같은 종이 아닌 경우(말과 당나귀와 같이) 그 자손('노새')은 잡종이다. 잡종은 일반적으로 대부분 2세대 안에 불임이 되며 생존력이 감소한다. 그러므로 동종으로 불리는 밀접한 유연관계를 갖는 개체들 사이의 짝짓기를 선호하고 먼 유연관계에 있는 개체들의 짝짓기를 허용하지 않는 메커니즘이 선택적 이점을 갖는다. 종의 번식적 격리 메커니즘이 이러한 역할을 한다. 따라서 생물학적 종은 균형 있고 조화로운 유전자형을 보호하기 위한 장치인 것이다.

생물학적 종개념에 '생물학적'이라는 수식어가 붙은 이유는 그 개념이 종이 존재하는 생물학적 근거를 제공하기 때문이다. 다시 말해 종이란 너무 다른 개체들 사이의 이종교배를 막기 위해서 존재한다. 한 종이 종 특이적인 형질이나 고유한 생태적 니치의 점유와 같은 다른 종과 구분되는

특징을 가지는 것은 부차적인 결과일 뿐이다.[5]

생물학적 종개념이 상당히 보편적으로 받아들여지는 주요한 이유는 이 개념이 생물학 연구의 모든 분야에서 매우 유용하기 때문이다. 생태학자, 행동연구자, 국소생물군연구자, 심지어 생리학자와 분자생물학자까지도 이종교배 없이 상호 공존할 수 있는 개체군들의 종류에 많은 관심을 가지고 있다. 살아 있는 유기체에 대해 연구하는 학자들은 많은 경우 유형론자들의 형태학적 기준이 아닌 유기체의 행동이나 생활사 또는 분자유전학적 특징을 이용해 종을 구분한다.

생물학적 종개념의 정의는 번식이 가능한 개체군들이 동일한 지역에 공존하고 있는 경우 언제든 어려움 없이 적용할 수 있다. 하지만 생물학적 종개념도 다음의 두 가지 상황에는 적용하기 어렵다. 첫 번째는 단성번식을 하는 유기체의 경우다. 이 유기체는 개체군을 가지지 않으며 이종교배를 하지 않는다. 명백히 생물학적 종개념은 이러한 유기체에 적용될 수 없다. 무성 유기체의 종을 구분하는 가장 좋은 기준이 무엇인지는 아직 명확하지 않다. 니치를 점유함에 있어서의 차이와 클론들 사이의 형태학적 차이 정도가 그 기준으로 제안되었지만 충분히 시험되지는 않았다. 이렇게 무성번식하는 종은 린네식의 위계 구조에서 종 범주에 놓인다.

생물학적 종개념의 두 번째 문제는 같은 종의 개체군들이 좀처럼 한정된 지리학적 지역에 제한되지 않는다는 것이다. 오히려 개체군들은 일반적으로 다양한 범위에 흩어져 있다. 이렇게 흩어져 있는 개체군들은 외형적으로 다르더라도 보통 아종으로 여겨진다. 아종은 연쇄적으로 이어져 있어 자유롭게 교배하고 유전자를 교환하는 개체군들의 일부인 경우가 많다. 그러나 많은 아종은 지리적으로 격리되어 있어 유전자를 교환할 기회가 없다. 그 결과 아종은 형태적으로 다양해진다. 시간이 흐르면 이러한 아종은 새로운 격리 메커니즘을 얻게 되어 결국 완전한 종의 지위를 얻게 될 것이다. 여러 아종으로 이루어진 종을 다형 종polytypic species이라 부르고, 아종으로 나눠지지 않는 종을 단형 종monotypic species으로 부른다.

한 종 내의 개체군이 다른 개체군과 완벽하게 지리적으로 격리되어 있을 때 다음과 같은 질문을 던져볼 수 있다. 이렇게 격리된 개체군은 여전히 부모 종의 구성원인가? 이러한 개체군들 중 어떤 것이 완벽한 종인지 아니면 다형 종인지를 결정하는 데 사용할 수 있는 기준은 무엇인가? 지리적으로 격리된 개체군들이 가지는 종의 지위는 오직 추론을 통해서만, 특히 형태적 차이의 정도를 통해서만 결정될 수 있다.[6]

생물학적 종개념의 역사는 유형론적 종개념에 비해 짧다. 뷔퐁이 그 요점을 이해했었고[7], 다윈은 변종에 대한 노트에서 종 상태는 "단지 분리되고자 하는 본능적인 충동일 뿐이다."라고 말했다. 그는 이종교배에 대한 종 간 '상호 혐오감'을 언급하며 좋은 종이란 '외형적 형질이 거의 다르지 않은 종'이라고 말하였다. 다른 말로 하자면 종의 상태는 형태학적 차이가 거의 없는 것이다. 신기하게도 후기 저작에서 다윈은 이러한 생물학적 종개념을 포기하고 유형론적 종개념으로 돌아갔다.

19세기 후반부터 20세기 초반에 점점 더 많은 자연학자가 생물학적 형질을 종과 관련시켰다. 비록 그들은 형식적 정의를 제안한 것은 아니었지만 풀톤Poulton, 조단K. Jordan, 슈트레제만Stresemann과 같은 저자들은 확실하게 생물학적 종개념을 지지했다. 그러나 1940년에 내가 생물학적 종개념에 대한 형식적인 정의를 제안하고 1942년 저작인《계통분류학과 종의 기원Systematics and the Origin of Species》에서 적극적으로 옹호하기 전까지 그 개념은 일반적으로 받아들여지지 않았다.

다른 개념보다 생물학적 종개념이 받아들여진 이유는 경쟁하는 개념들의 취약성 때문이었다. 유명론적 종개념, 진화적 종개념, 계통발생적 종개념, 인식적 종개념이 여기에 포함된다. 오늘날에도 여전히 이 개념들을 지지하는 사람들이 존재하지만 그 개념들 중 어떤 것도 생물학적 종개념만큼 종을 구분하는 데 유용하지 않았다.

경쟁하는 종개념들

유명론적 종개념에 따르면 종이란 인공물에 불과하며 오직 개체만이 자연에 존재할 수 있다. 즉 자연이 아닌 사람이 이름을 통해 개체들을 집단으로 나눠 종개념을 만든다는 것이다. 그러나 이러한 자의성은 자연 세계를 탐구하는 실제 상황에서 유지되지 않는다. 예를 들어 영국의 삼림 지대에서 쉽게 볼 수 있는 네 종의 박새나 뉴잉글랜드 숲의 일반적인 휘파람새 종을 관찰할 때 자연학자는 종 구분에 자의성이란 없으며 이러한 종들이 자연의 산물이라는 것을 깨닫는다. 뉴기니 산에 살았던 석기 시대의 원시인이 서양 자연학자들이 구분하는 것과 정확히 동일하게 종을 구분했고 또 종에 이름을 붙였다는 사실만큼 나에게 확신을 주는 것도 없다. 유명론적 종개념을 채택하기 위해서는 살아 있는 유기체와 사람들의 행동 상당 부분을 무시해야 한다.

진화적 종개념은 특히 시간 차원을 통해 종을 추적하는 고생물학자들에게 지지를 받았다. 심슨의 정의(1961:153)에 따르면 "진화적 종은 다른 계통과 분리되어 진화한 계통(조상-자손의 계통을 가지는 개체군)으로, 고유한 진화적 역할과 경향성을 가진다." 이 정의의 주요한 문제는 이 개념이 대부분의 격리된 개체군에도 동일하게 적용될 수 있다는 점이다. 또한 계통이 개체군인 것은 아니다. 더욱이 '고유한 역할'이 무엇인지, 왜 한 계통발생의 계열이 다른 계열과 교배할 수 없는지와 같은 결정적인 질문을 회피하고 있다. 마지막으로 사실상 진화적 종개념은 시간적 차원으로 종의 분류군을 구분함에 있어 그 객관성을 확보하는 데 실패하였다. 왜냐하면 점진적으로 진화하는 단일한 계통발생 계열에서 진화적 종개념은 어떤 시점에 새로운 종이 시작되고 어디에서 끝나는지 그리고 계열에서 어떤 부분이 '고유한 역할'을 하는지 결정하지 못한다. 진화적 종개념은 현재 살아 있는 종들 사이에 나타나는 불연속성이 어떻게 발생하고 유지되는지 종 문제의 핵심을 무시하고 있다. 오히려 그 개념은 화석화된 종의 분류군을 구분하려는 시도라고 할 수 있는데 그마저도 실패하고 말았다.

진화적으로 종을 정의하려는 시도는 새로운 종이 출현하는 다음의 두 가지 과정이 있다는 사실을 무시한다. (1) 계통발생의 계통이 종 수의 변화 없이 다른 종으로 점진적 변화. (2) 지리적 격리를 통한 종의 증가(다윈이 갈라파고스 섬에서 보았던 것과 같이). 분류학자가 겪게 되는 어려움은 거의 대부분 수직적 차원(시간)을 통한 종의 변화보다는 후자의 경우, 즉 수평적 차원(공간)에서의 종의 증가에 의해 야기된다. 진화적 종 정의는 오직 계통발생적 진화만을 다루면서 종의 증가에 대한 문제를 무시하지만, 생물학적 종 정의는 이 문제를 명확히 다룬다. 일반적으로 우리가 종분화에 대해서 말할 때 이는 종의 증가를 의미한다.

많은 분기론자가 채택하는 계통발생학적 종개념에 따르면 어떤 개체군에서건 새로운 '파생형질apomorphy'이 나타날 때 새로운 종이 출현한다. 이 파생형질은 단일 유전자 변이만큼이나 작을 것이다. 중앙아메리카 강의 거의 대부분의 지류에 서식하는 어종이 지역적 풍토 유전자를 가지고 있다는 것을 발견한 로젠은 이 모든 개체군이 종의 지위를 가진다고 주장하였다.[8] 그에 대해 한 비판가는 매우 높은 중성적 유전자 변이를 가지는 모든 개체가 그 부모와 적어도 한 개 이상의 유전자가 다른 경향이 있다고 아주 올바르게 지적했다. 한 개체군이 분리된 종으로 고려되기에 충분할 만큼 다르다는 것을 어떻게 결정할 것인가? 이러한 관찰은 거시분류학의 분지론적 개념을 종의 문제에 적용하려는 노력이 불합리하다는 것을 분명하게 보여준다(분지론에 대해서는 아래를 참고).

패터슨H. Paterson이 제안한 인지적 종개념은 생물학적 종개념의 다른 설명으로, 패터슨의 오해에서 비롯되었다.[9]

종의 개념, 종의 분류계급 그리고 종의 분류군

'종'이라는 단어는 다음의 매우 다른 세 가지 대상이나 현상에 적용된다. (1) 종의 개념the species concept, (2) 종의 분류계급the species category, (3) 종의 분류군species taxa. '종'이라는 단어가 가지는 이러한 매우 다른 세 가지 의미를 연구자들이 구분하지 못해 끊임없는 혼란이 발생했다.

종개념은 '종'이라는 단어의 생물학적 의미 혹은 정의다. 종의 분류계급은 유기체를 분류한 전통적인 계층구조인 린네식 계층구조의 특정한 계층이다. 이러한 계층구조에서 각각의 계층(종, 속, 목 등)은 하나의 분류계급을 가리킨다. 어떤 개체군이 종의 분류계급에 속하는지 결정하는 것은 종의 정의에 근거한다. 종 분류군은 종의 정의를 만족시키는 특정 개체군 또는 개체군들의 집합이다. 그들은 개별자('개체')이므로 정의될 수는 없고 단지 서술되고 서로에 대해 구분될 수 있을 뿐이다.

린네 시대에 종을 판별하는 일은 주로 분류학자의 관심사였지만 이제는 더 이상 그렇지 않다. 이제 진화생물학자는 종이 진화에 있어 중요한 존재자라는 것을 알고 있다. 각 종들은 생물학적 실험장이며, 발단 종과 관련하여 그 종이 점유하는 새로운 니치가 막다른 길에 다다를지 아니면 거대하고 새로운 적응 영역이 될지 예측할 수 있는 방법은 없다. 진화학자들이 말하는 경향성, 적응, 분화, 퇴행 등의 거시적인 현상은 이러한 경향을 보이는 존재자들의 연쇄, 즉 종과 분리될 수 없다. 번식적 격리 때문에 한 종에서 일어나는 진화적 과정은 그 종과 자손에 한정될 수밖에 없다.

또한 종은 대체로 생태학의 기본적인 단위로 여겨진다. 어떤 생태계도 생태계를 구성하는 종들을 분석하고 이 종들의 다양한 상호 작용을 이해하기 전까지 완벽히 이해할 수 없다. 종을 구성하는 개체들과 무관하게 종은 하나의 단위로서 환경을 공유하는 다른 종과 상호 작용한다.

동물의 경우 행동학에서 종은 중요한 단위다. 한 종의 구성원들은 많은 종 특이적 행동 패턴, 특히 사회적 행동과 관련된 행동 패턴을 공유한다. 동일한 종에 속하는 개체들은 구애 행동에서 동일한 신호 체계를 공유한다. 그리고 의사소통 체계는 대부분 종 특이적이다. 후각 신호를 교환하는 종이 가지는 종 특이적 페로몬이 여기에 해당한다.

종은 생물학적 체계의 분류계층에서 중요한 수준을 드러낸다. 그것은 중요한 많은 생물학적 현상을 포착하도록 해주는 매우 유용한 장치다. 세포의 과학에 '세포학'이라는 이름이 붙은 것과 비교해서 비록 '종의 과학'에 대한 이름은 없지만 이런 과학이 현대 생물학에서 가장 활발하게 연구되고 있는 분야 중 하나라는 점에는 의심의 여지가 없다.

거시분류학: 종의 분류

종 수준 이상으로 유기체들을 유형화하거나 분류하는 분류학의 분과학문을 거시분류학이라고 부른다. 운이 좋게도 대부분의 종은 포유류, 조류, 나비, 딱정벌레와 같이 쉽고 자연스럽게 상위 집단으로 나뉘는 것처럼 보인다. 하지만 집단 사이에 위치하고 있는 것으로 보이는 종이나 어떤 집단에도 속하지 않은 것처럼 보이는 종은 어떻게 해야 하는가?

분류학의 역사에서 유기체를 분류하는 수많은 방법과 원리가 제안되어 왔다. 때때로 그 원리들은 대상을 다른 방식으로 분류하는 결과를 가져왔다. 이런 이유로 오늘날에도 어떤 원리가 분류에 있어 가장 좋은 방법인지에 대해 분류학자들 사이에 합의가 존재하지 않는다.

하향식 분류

하향식 분류는 르네상스 시대에 약초학이 유행하면서 널리 받아들여지게 된 분류 방법이었다. 하향 분류의 주요한 목적은 다른 유형의 식물과 동물을 식별해내는 것이었다. 이 시기의 식물종과 동물종에 대한 지식은 여전히 매우 원시적이었지만 치료용으로 쓸 수 있는 식물들을 정확하게 구분해내는 것은 대단히 중요한 일이었다.

하향 분류는 아리스토텔레스의 논리적 분할법에 따라 더 큰 집합을 그 하위 집합으로 나누는 분류법이다. 동물은 온혈 동물이거나 온혈 동물이 아니다. 이런 식으로 두 개의 집합을 만든다. 그리고 온혈 동물은 다시 털이 많은 동물과 깃털을 가진 동물로 나뉜다. 이를 통해 도출된 각각의 집합(포유류와 조류)은 다시 이분법의 과정을 통해 최종적으로 식별하고자 하는 표본이 속하는 특정 종에 도달할 때까지 계속해서 나눌 수 있다.

하향 분류법은 18세기 말엽까지 분류학을 지배했고 린네에 의해 제안된 분류체계에 반영되었다. 이 방법은 오늘날에도 여전히 휴대용 도감에서 사용되고 있으며 분류 교정에 있어 핵심적인 역할을 한다. 더 이상 이 방법은 분류에는 이용되지 않고 있지만 동정에는 이용되고 있다.

동정 체계는 유용한 참된 분류 체계라고 하기에는 다수의 심각한 난점을 가지고 있다. 그 체계는 전적으로 하나의 형질(생물학에서 '형질'이란 우리가 일상용어에서 특징이라고 말하는 뚜렷한 특성이나 속성을 말한다)에 의존한다. 그리고 분류학자들이 임의적으로 선택한 일련의 형질로 이분법적 방법을 이용해 집합을 나눈다. 이러한 분류는 점진적인 개선이 거의 불가능하며, 어떤 형질을 선택하느냐에 따라 때때로 상당히 이질적인('비자연적인') 집합이 만들어지기도 한다.

물론 사람들은 오랫동안 어류, 파충류, 양치식물, 선류, 구과식물과 같은 자연적인 분류를 인식하고 있었다. 18세기 말엽에 상당히 인위적인 린네의 분류체계 대신, 유사성과 관계에 기초한 더 자연스러운 분류체계로 대체하려는 노력이 있었다. 그러나 이 기준을 어떻게 결정할 것인지는 매우 불확실했다.

상향식 분류

대략 1770년부터 아당송과 같은 분류학자들과 마찬가지로 린네조차도 상향식 분류를 더 적절한 접근법으로 옹호하였다. 상향식 분류는 조사를 통해 유사한 종이나 근연종으로 구성된 집단(분류군)으로 종을 분류하는 방법이다. 이런 식으로 새롭게 형성된 분류군들 중 가장 유사한 분류군을 다음 상위 계층의 상위 분류군으로 묶는다. 완전한 계층구조를 가지는 분류군이 형성될 때까지 이 과정을 반복한다. 이러한 방법은 단순히 일상적인 분류 방법을 종을 분류하는 데 적용한 것이다.

그러나 상향식 분류법의 지지자들은 엄격한 방법론을 발전시키는 데 실패했다. 눈에 띄는 단일한 형질에 특별한 가중치를 두는 경향이 여전히 강하게 남아 있었다. 그리고 상당히 잘 정의된 집단이나 계층구조를 가지는 분류군의 존재를 설명하는 이론이 없었다. 모든 분류학자가 대부분 자신만의 방법론을 발전시켰다.

1770년부터 1859년에 이르기까지 과도기가 이어졌다. 하향식 분류법은 완전히 폐기되었고 상향식 분류법은 분명하게 명시된 방법론 없이 임의적으로 사용되었다. 이 기간 동안 특수 목적 분류법으로 이루어진 상향식 분류법의 하위 범주가 발전했다. 이러한 분류들은 형질 전체에 기초하지 않고 특수한 목적을 위해 하나 혹은 제한된 수의 형질에 기초한다. 예를 들어 버섯은 식용을 목적으로 먹을 수 있는 버섯과 먹을 수 없는 (혹은 독이 있는) 버섯으로 분류할 수 있다. 특수 목적 분류법은 식물을 성장 형태에 따라 나무, 관목, 약초, 풀로 구분한 테오프라스투스까지 거슬러 올라간다. 특수 목적 분류법은 여전히 생태학에서 유용하게 사용된다. 예를 들어 육수학자들은 플랑크톤을 자가 영양, 초식, 포식자, 테트리터스로 나눈다. 이러한 모든 분류체계는 다윈주의적 분류체계보다 적은 정보량을 가진다.

진화적 혹은 다윈주의적 분류법

다윈은 《종의 기원》 13장에서 건전한 분류법이 다음의 두 기준에 근거해야만 한다는 것을 보여줌으로써 이 모든 분류학적 불확실성을 잠재웠다. 그 기준의 하나는 계보(공통조상)이고 다른 하나는 유사성의 정도(진화적 변화의 정도)다. 이 두 기준에 근거하고 있는 분류법을 진화적 또는 다윈주의적 분류체계라고 한다.

철학자들과 현장 분류학자들은 오래전부터 대상을 분류하는 것을 설명할 수 있는 (인과적) 이론이 존재한다면 분류집단의 구분선을 결정하는 데 이러한 이론들을 고려해야만 한다는 것을 인식하고 있었다. 그런 이유로 질병에 대한 18세기의 분류법은 19세기와 20세기에 병인학etiology에 근거한 체계로 대체되었다. 질병은 전염성 병원체에 의한 질병, 유전자 결함에 의한 질병, 노화에 의한 질병, 악성 종양에 의한 질병, 독성 물질 또는 치명적인 방사선에 의한 질병으로 분류된다. 인과관계를 고려하는 분류법은 엄격한 제약을 통해 인위적인 체계가 되는 것을 막는다.

다윈은 자신의 공통조상이론을 발전시킨 후, 곧 각 자연적인 '분류군'(또는 구분되는 유기체들의 집단)이 거의 인접한 조상들의 자손들로 구성된다는 것을 깨달았다. 이러한 분류군을 단계통monophyletic이라고 부른다.[10] 만약 분류 시스템이 단계통의 분류군에 배타적으로 그리고 엄격하게 기초하고 있다면 그것은 계보적으로 배열된 체계다.

그러나 다윈은 분명 계보가 "그 자체만으로 분류에 대해서 전해주는 바가 없다."라는 것을 알았다. 계보에 배타적으로 기초하여 유기체를 분류하는 것은 어떤 면에서는 특수 목적 분류일 뿐이다. 다윈에게 혈통이라는 기준은 유사성 기준을 대체하는 것이 아니었다. 오히려 혈통을 근연관계에 대한 증거로 받아들일 수 있는 유사성의 종류에 대한 기준으로 여겼다. 유사성을 무시할 수 없는 이유는 계통수의 다양한 가지들이 "다른 변화를 겪었고, 그것이 다른 속, 과, 목으로 분류되는 형태들로 표현되기 때문이다."(Darwin 1859:420) 다시 말해 참된 분류를 하기 위해서는 계통발생적 분기 과정에서 일어나는 차이의 정도가 분류군의 구획과 계층화에 있어 반드시 고려되어야만 한다. 따라서 건전한 다윈주의적 분류는 계보와 유사성(차이의 정도)에 대한 균형 있는 고려에 토대해야 한다.

다윈주의적 분류에서 유사성의 역할을 이해하기 위해서는 상동성homology의 개념에 대해서 이해해야만 한다. 종과 상위 분류군 사이의 관계는 상동형질의 유무에 의해서 판별된다. 둘 혹은 그 이상의 분류군의 특징이 가장 가까운 공통조상의 동일한 (또는 상응하는) 특징으로부터 계통발생학적으로 유래되었을 경우, 이를 상동형질이라고 한다. 많은 종류의 증거가 상동성을 추론하는 데 사용될 수 있다. 여기에는 구조의 위치 비교, 유사하지 않은 두 단계를 연결하는 중간 단계의 존재, 개체발생의 유사성, 조상 화석에서 나타나는 중간 조건의 존재, 유관한 단계통적 분류군에 대한 비교 연구가 포함된다.[11]

그러나 유기체들 사이의 모든 유사성이 상동성으로부터 비롯되는 것은 아니다. 진화 과정에서 일어나는 세 가지 종류의 형질 변화가 상동성처럼 보일 수 있다. 그 변화들은 수렴진화convergence, 평행진화parallelism, 역진화 reversal로, 일반적으로 상사성homoplasy이라는 용어로 분류된다. 수렴진화는 새와 박쥐의 날개와 같이 유관하지 않은 진화적 계통이 동일한 형질을 독립적으로 획득하는 경우다. 평행진화는 공통조상에서 표현형으로 표현이 되지 않았더라도 특정 형질에 대한 유전적 성향 때문에 관련이 있는 두 계통에서 독립적으로 형질이 실현된 경우다. 아칼립트라테 파리류에서 독립적으로 유병안stalked eyes을 획득한 것이 잘 알려진 사례다. 역진화는 계통발생의 몇몇 혈통에서 동일하게 발전시킨 형질을 독립적으로 잃어버리는 경우다. 계보적 분석은 유기체 집단들 사이에 나타나는 유사성을 해명해 공통조상 때문에 유사성을 가지는 것이 아닌 종의 분류군(혹은 상위 분류군)을 제외할 수 있게 해줄 것이다.

다윈이 분류 기준에 유사성의 정도를 포함시킨 이유는 가지치기와 분지가 절대적인 상관관계를 가지지 않기 때문이다. 모든 가지가 거의 동일한 속도로 분지하는 가지치기 패턴(나무)이 있다. 꼭 들어맞진 않지만 어족 language family이 이런 경향성을 보인다. 언어 진화는 적응적 요인이 아니라 확률적 요인에 의해 일어나기 때문이다. 앵글로 색슨족이 북해를 건너 영국을 식민화했을 때 그들의 언어가 영국의 기후나 그 정치적 변화에 맞춰 적응해야만 했던 것은 아니다. 그러나 파충류(공룡류)의 한 가지가 공중의 니치를 차지하려면 공중의 새로운 생활 방식에 적응해야만 했고 그 결과 극적인 표현형적 변화가 생긴다. 반면 조상의 니치에 그대로 남아 있었던 공룡류와 유관한 가지들은 거의 변화하지 않았다. 다윈주의적 분류는 생태학적 요인들과 그것이 표현형에 미친 영향을 모두 고려한다.

1965년까지 다윈주의적 분류는 거의 보편적으로 사용되었고 오늘날에도 인기 있는 체계다.[12] 그 첫 번째 단계는 유사성을 통해 관계가 있는 종을 무리 짓고 구분하는 것이다. 그리고 두 번째 단계는 이러한 집단과 그 계보적 배열이 단계통인지 검사하는 것이다. 이것이 다윈의 기준을 모두 만족시킬 수 있는 유일한 방법이다.[13]

분류학자들이 마주치는 어려움은 형질들이 일관적으로 진화하지 않는다는 점이다. 예를 들어 유충과 성체의 형질과 같이, 생애 주기의 다른 단계의 형질을 사용하면 아예 완전히 다른 분류가 가능하다. 벌 집단을 연구하던 미셰너Michener(1997)는 (1) 유충, (2) 번데기, (3) 성체의 외부 형태, (4) 수컷 생식기의 형질에 기초해서 벌의 종을 구분함으로써 네 가지의 다른 분류를 얻을 수 있었다. 분류학자들이 새로운 형질을 적용하려고 할 때마다 분류군을 다시 구분해야 할 필요가 생기거나 계층의 변화가 생긴다. 또한 생애 주기의 특정 단계의 형질조차도 진화 과정 동안 동일한 비율로 변하지 않는다.

예를 들어 인간의 가장 가까운 근연종인 침팬지와 인간의 특정 분자적 형질을 비교하면 초파리속에 속하는 한 종이 다른 종에 보이는 유사성보다 호모속Homo과 팬속Pan의 유사성이 더 크다는 것을 발견할 수 있다. 그렇지만 우리가 알고 있듯 인간은 그 특징적인 형질(중추신경계와 그 능력)과 상당히 탁월한 적응 영역의 점유에 있어 유인원 중 가장 가까운 사촌과 매우 다르다. 계통발생의 계통에서 대부분의 기관계와 분자들의 집단은 어느 정도 서로 다른 변화 속도를 가질 것이다. 그 속도는 일정하지 않고 진화 과정 중에서 빨라질 때도 있고 느려질 때도 있을 것이다. 예를 들어 특정한 DNA의 변화는 영장류보다 설치류에서 5배가 빠르다. 표현형의 서로 다른 요소들이 각기 다른 속도로 진화한다는 사실은 분류의 토대가 될 형질을 선택하는 데 있어 상당한 주의를 기울일 것을 요구한다. 다른 형질들을 사용하면 다른 분류를 가져올 것이다.

전통적인 린네식의 계층구조에서 각각의 계층(종, 속, 목 등)은 분류계층이라고 불린다.[14] 분류군의 낮은 계층에 속하는 종들일수록 더 유사하고 최근의 공통조상을 갖는다. 상위 분류계층에 대한 명확한 조작적 정의는 존재하지 않는다. 상위 분류군의 대부분(예를 들어 새와 펭귄)은 상당히 잘 구분되며, 매우 높은 정확성을 가지고 명확하게 서술될 수 있다. 하지만 거기에는 판단의 요소가 포함되어 있어 분류가 주관적으로 이루어지는 경우도 많다. 속으로 분류되는 특정 집단을 일부 학자들은 족tribe이라 말하지만 또 다른 학자들은 아과subfamily나 과라고 부르기도 한다.

현재 사용되고 있는 대부분의 분류는 다윈 시대 직후인 비교해부학의 전성기에 발달했다. 이 시기에는 특정 조상이 발견되면 그것을 하나의 줄기 조상종이 아니라 분류군 전체를 대표하는 것으로 여겼다. 이 분류에 따르면 포유류와 동일하거나 하위 분류계층에 속하는 종들의 가장 가까운 공통조상은 수궁류며, 조류의 공통조상은 공룡류(혹은 파충류의 다른 집단)가 되었다. 또한 단계통의 정의에 따라 전통적인 분류학에서의 모든 분류군이 (정확하게 형성되었을 경우) 단계통이 되었다. 즉, 이러한 단계통의 개념에 따르면 어떠한 집단도 측계통paraphyletic일 수 없다. 분지론자에게 측계통군이란 파생분류군의 줄기분지 군(가지)만을 포함하는 경우다. 측계통은 다윈주의적 분류에서는 의미가 없다. 다윈에게 분류군의 구성원이 그와 동일하거나 보다 낮은 분류계층들의 가장 가까운 공통조상으로부터 유래한 경우 그 분류군은 단계통이다. 이러한 정의는 오늘날까지도 다윈주의적 분류학자들에 의해 지지를 받고 있다.

전형적인 린네식 계층구조의 특징은 다수의 불연속성이다. 살아 있는 유기체 중에 파충류와 포유류 또는 섬새류와 펭귄류 혹은 와충류와 흡충류 사이에 중간 종이 존재하지 않는다는 것은 사실이다. 이러한 사실은 오랫동안 사람들을 곤혹스럽게 했고, 다양한 비다윈주의적 도약 이론을 출현하게 했다. 그러나 진화적 탐구는 다양성의 패턴을 이해하는 데 도움을 주었다.

새로운 유형의 유기체 대부분은 계통발생적 계통, 즉 존재하던 유형의 점진적 변화를 통해 출현하지 않는다. 오히려 창시자 종은 새로운 적응 영역에 들어가서 새로운 환경에서 최적의 적응도로 빠른 적응 과정을 거쳐 성공한다. 일단 창시자 종이 성공하면 새로운 계통은 정체기에 들어간다. 이 시기에는 많은 종이 존재하지만 구조적 유형(바우플란)의 재구성은 일어나지 않는다. 2천 종이 넘는 초파리가 이러한 상황을 보여준다. 5천 종 이상이 되는 명금류 역시 단일한 형태의 변주에 지나지 않는다.

시간에 따른 표현형의 변화와 다양성의 증가(종분화)라는 종 형성의 두 진화적 과정은 단지 약한 정도의 상관관계를 가질 뿐이다. 전형적인 린네식 계층구조에서 나타나는 분류군 사이의 차이와 상위 분류군 크기의 엄청난 편차는 이와 같은 상관관계의 부족으로 설명할 수 있다. 창시자 종이 상당히 잘 적응할 수 있는 적응 영역을 차지할 경우, 구조적 유형의 변화에 대한 선택압을 겪지 않고도 엄청난 종분화를 할 수 있다.[15] 다윈주의적 분류체계는 집단 크기가 매우 불균질한 분류군을 다룰 때와 조상의 분류군과 그로부터 파생된 분류군의 차이를 추적할 때 특히나 매우 적합하다.

그러나 다윈주의적 분류법의 문제는 현존하는 분류군의 '수평적' 분류에 멸종한 생물군을 포함하도록 확장할 때 발생한다. 최근의 생물군은 진화적 계통수의 무수한 가지의 가장자리에 있는 생물들로 구성된다. 상위의 분류군은 분지 진화나 멸종을 통해 생겨난 공백에 의해서 다른 분류군과 분리된다. 하지만 유기체의 완전한 분류를 위해서는 후손 종에 의해 현존하는 생물군과 연결되거나 서로 연결되는 멸종군도 포함해야만 한다. 화석 분류군들의 분류는 많은 문제를 가지고 있어서 아직까지 어떤 합의에도 도달하지 못했다. 현존하는 분류군 사이의 중간 단계인 화석 분류군을 어떻게 다뤄야 할 것인가? 대부분의 새로운 분류군은 조상의 개체군이 계속해서 번성하면서 '싹틔움budding'을 통해 출현한다. 화석 기록은 파생된 새로운 분류군의 '줄기 종'에 대한 증거를 제공하기에 일반적으로 너무 불완전하다.

계보와 유사성이라는 다윈주의적 분류법의 두 가지 기준은 1859년부터 20세기 중반에 이르기까지 본질적으로 변하지 않았다. 확실한 것은 많은 분류학자가 단계통을 시험하고 유사성을 신중하게 고려해야 한다는 기준을 엄격하게 적용하지 않았다는 점이다. 하지만 전적으로 새로운 분류법은 1960년대까지 제안되지 않았다. 새로운 분류법이라 여겨졌던 방법들은 다윈의 두 기준 중 하나만을 활용했을 뿐이다. 수치표형론은 유사성에 기초한 반면, 분지론cladification(헤니의 배열)은 계보에 토대하고 있다.

수치표형론

수치표형론의 목표는 다수의 공통형질을 공유하는 집단으로 종들을 분류할 때 수치적 방법을 이용함으로써 주관성과 임의성을 제거하는 것이다. 표형론자들은 공통조상의 자손들이 다수의 형질을 공유하므로 그들이 자동적으로 잘 정의된 분류군을 형성할 것이라고 믿었다.

수치표형론의 중요한 난점은 엄청난 수의 형질(50개 이상, 가급적이면 100개 이상)을 분석해야 하는 매우 다루기 힘든 방법이라는 것이다. 그리고 수치표형론은 분류학적 중요도가 다른 형질들에 대해 각기 다른 가중치를 부여하는 데 실패하였고, 분류군을 계층화하는 방법론도 가지지 못한다. 또한 형질 복합체마다 상이한 진화적 속도 역시 허용하지 못하며, 다른 형질을 적용하면 분류 결과가 완전히 달라졌고 점진적으로 개선될 수도 없었다.

형태적 형질만을 이용하는 한 수치표현형은 분석에 필요한 만큼의 충분한 형질을 확보할 수 없었기 때문에 만족스럽지 못했다. 엄청난 수의 분자적 형질을 이용할 수 있게 되면서 상황이 많이 달라졌다. DNA 혼성화는 사실상 표형론적 방법이었지만 고려할 수 있는 형질이 매우 많은 덕에 표형론적 분석이 가지는 대표적인 난점을 대부분 피할 수 있었다. 컴퓨터 분류법인 '간격법distance methods' 중 일부 역시도 본질적으로 표형론적 방법이다. 다른 접근법들(절약의 원리와 같은)과 비교해 이런 방법론의 가치에 대해서는 여전히 상당한 논란이 존재한다.

분지론

다윈주의적 분류학에 대한 최근의 또 다른 대안은 전적으로 계보학에 의존하는 배열 체계다. 1950년에 독일의 빌리 헤니히가 확실한 계보학적 분류체계를 가능하게 하는 방법을 고안했다고 주장했다. 가장 근본적인 기준은 다음과 같다. 의문의 여지가 없는 '파생형질apomorhies'의 소유 여부에만 근거해서 분류군을 포착한다. 반면 '조상형질plesiomorphic'은 무시한다. 더욱이 각 분류군은 줄기 종과 그 줄기 종의 자손 모두를 포함하는 계통수의 한 가지로 이루어진다. 예컨대 조류나 포유류와 같이 조상 종인 파충류로부터 극적으로 변화된 자손 종도 파충류와 같은 분류군에 포함되는 것으로 여겨진다. 즉, 헤니히의 참조 체계는 유사성(즉 진화적 변화의 정도)에 대한 고려 없이 단순히 계통수의 가지들(분지 군)로 구성된다.

유사성을 평가 기준으로 이용하는 다윈주의적 분류에서는 파생형질만이 아니라 가능한 많은 형질을 사용한다. 조상형질은 분류군의 분류적 지위에 대한 평가에서 종종 중요한 역할을 하기 때문에 신중하게 고려된다. 가능한 한 많은 형질을 고려하는 다윈주의적 분류는 다음과 같은 추가적인 이점을 가진다. "특정 분류군에 대상을 할당하는 행위는 그 대상에 대해 가능한 한 많은 것을 우리에게 말할 수 있어야만 한다. 가장 이상적인 것은 잠재적으로 그 대상에 대한 모든 것을 우리에게 말할 수 있는 정확한 분류일 것이다."(Dupré 1993:18)

다윈주의적 분류는 엄격한 수치표형론과는 대조적으로 분지의 원인이 반드시 고려돼야 한다는 확신을 분지론과 공유한다. 결론적으로 이 거시분류학의 두 학파는 그들이 포착하는 분류군이 반드시 단계통군이여야 한다고 주장한다. 전통적인 정의에 따르면 구성원이 가장 가까운 공통조상으로부터 유래했을 경우 그 분류군은 단계통군이다. 그리고 이 정의는 여전히 다윈주의적 분류학자들에 의해 유지되고 있다. 그러나 헤니히는 전적으로 다른 원리를 제안했다. 그에게 '단계통군'이란 줄기 종의 모든 자손들로 이루어진 집단이다. 이 같은 정의가 분류군에 대한 전적으로 다른 분류를 가져왔기 때문에 애슐록Ashlock(1971)은 헤이니의 새로운 개념에 '완계통군holophyletic'이라는 용어를 제안했다. 전통적인 용어인 단계통군은 한 분류군에 대한 한정형용사인 반면, 헤이니의 완계통군 개념은 분류군을 구획하는 방법을 가리킨다. 비록 전통적인 방법에 의해 구획된 분류군은 헤이니의 방법에 의해 구획된 분지 군과 상당히 다르지만 두 분류군의 계층구조는 엄격하게 계보적이다.

헤이니 체계의 분지는 다윈주의적 분류군과 대응되지 않기 때문에 다른 전문적인 명칭인 '분지 군cladon'이라고 불린다.[16] 각 분기 군은 '줄기 종' 즉, 가지(분지)의 최초 파생형질을 보이는 종에서 유래한다. 계층보다는 분기가 헤이니 체계의 근간이 되기 때문에 우리는 '분지론'이라는 용어를 통해 다윈주의적 분류와 구분한다.

형질을 고유파생형질과 조상형질로 나누는 분지적 분석은 계통발생을 분석하는 훌륭한 방법이다. 이것은 분류군이 단계통군인지 검사하는 데도 사용될 수 있다. 형질의 계통발생적 측면에 관심이 있다면 계통발생을 기준으로 종과 분류군의 서열을 분류하는 훌륭한 방법을 찾아야 한다. 그러나 분지도cladogram는 계통발생적 연구에는 매우 유용하지만 전통적인 분류의 거의 모든 원리를 위반한다. 그 결점은 다음과 같다.

(1) 대부분의 분지(분지 군)는 줄기 종과 줄기 군이 그 분지의 대표 군crown group보다 자매 분지의 줄기 군과 더 유사하므로 상당히 이질적이다. 다시 말해 유사하지 않은 종들의 집단이 하나의 분지 군으로 묶이고, 유사한 종들의 집단(자매 분지 군)이 다른 분지 군으로 나뉜다.

(2) 대부분의 줄기 종이나 전체 줄기 군은 전통적으로 조상의 분류군에 포함됐다. 예를 들어 포유류의 조상인 수궁류는 물론 새의 조상으로 추정되는 공룡류도 파충류에 포함된다. 분류 군에서 이러한 줄기 군을 제거하면 이 분류군은 '측계통 군'이 되므로 분지론적 원리에 따라 타당한 분류군일 수 없다. 그 결과 현재 상위 분류군으로 인정되는 많은 생물이 그 지위를 잃게 될 것이다. 그리고 파생 분류군을 일으키는 현재 파악된 모든 화석 분류군도 마찬가지다.

(3) 자매 군들에 동일한 분류학적 계층이 부여되어야 한다는 요구조건

은 현실적이지 않다. 일반적이지는 않지만 종종 자매 군은 특정 가지에 한정된 고유파생형질autapomorphic character의 수에서 차이를 보이기 때문이다. 헤이니의 배열에 따르면 조상으로부터 얼마 진화하지 않은 자매 군과 극적인 변화를 겪은 자매 군이 동일한 분류계층으로 분류될 것이다.

(4) 헤이니의 방법론의 경우 계층을 할당하는 타당한 이론이 없다. 헤이니의 지지자들은 헤이니가 제시한 두 기준인 지질학적 시간과 자매 군의 분류계급적 동등성을 포기했다. 대신 그들은 헤이니가 특히나 거부했던 기준인 차이의 정도를 채택했다. 하지만 이 역시 주관적으로 사용되는 기준일 뿐이다.

(5) 헤이니에 따르면 새로운 공동파생형질synapomorphy을 가지는 모든 줄기 종에는 새로운 계층이 할당되어야 한다. 비록 대부분의 분지론자에 의해 무시되었지만 몇몇의 학자들이 이 원리를 종 수준에 적용했다. 그리고 그들은 하나의 형질이라도 다른 모든 개체군을 종 수준(계통발생적 종개념)으로 격상시키자고 요구하기까지 했다. 물론 이와 같은 헤이니 체계의 극단적 추구는 분류학에 혼란을 야기하고 어떠한 정보 검색도 사실상 불가능하게 만든다.

(6) 모든 비파생형질이 무시되었다. 대부분의 사람이 인정하는 가장 오래된 분류학의 원리 중 하나는 더 많은 형질을 사용할수록 그 분류는 더 유용하고 신뢰성이 높아진다는 것이다. 분지론적 분석이 아주 꼭 알맞은 파생형질만을 사용할 수 있다 해도 분류에서 분류군을 구획할 때 이러한 원리는 무의미해진다. 사실 조상형질의 사용으로 많은 분류군이 특징지어진다. 더욱이 고유파생형질이 무시되는 경우 진화의 속도에 있어 진화적 비대칭성이 완벽하게 은폐된다. 헤이니의 분지론은 사실상 전통적인 분류학의 성격보다는 동정체계의 성격을 갖는다는 것이 더 명확하다. 실로 주

요. 분지론자들은 계속해서 그들의 방법론이 형질을 진단하는 데 유용한 검색 방법이라고 강조한다.

(7) 분지론자들의 구획법에 따르면 분지 군은 관계의 한쪽 측면만을 반영하게 된다. 왜냐하면 자매 군이 매우 먼 자손보다 유전적으로 더 가깝다 하더라도 분지 군으로부터 배제되기 때문이다. 분지론적 원리에 따르면 샤를마뉴의 현재 자손들이 샤를마뉴의 형제자매보다 더 밀접한 유연관계를 갖는다.

원리적으로 분지론적 분류는 단일 형질 분류체계다. 분지 혹은 '분지 군'은 줄기 종의 최초 파생형질에 의해서 특징지어진다.[17] 아무리 엄격하게 계통발생에 적용하더라도 단일 형질 분류체계는 인위적이고 이질적인 분류군을 야기한다. 100년 이상 주요한 분류학자들은 단일 형질 분류체계에 반대해왔다. 그들이 말하는 좋은 분류체계란 가능한 한 많은 수의 형질에 기초하고 있는 것이다.

헤이니의 계통발생적 분지론의 이러한 단점들은 왜 그의 분류체계가 전통적인 다윈주의적 분류체계를 대체하지 못했는지 그 이유를 보여준다. 그러나 단지 계통발생적 정보에만 관심이 있다면 헤이니의 체계를 사용해도 무방하다. 다시 말해 헤이니의 분지론과 전통적인 다윈주의적 분류체계 모두 타당하지만 그 목적과 적용은 매우 다르다.[18]

정보의 저장과 검색

지금까지 살펴본 이런 어려움 때문에 학자마다 다른 분류체계를 옹호하는 일이 자주 일어난다. 어떤 체계를 선택해야 할까? 그 답은 가장 실용적이고 정보 저장과 검색에 있어 가장 안정적인 경향이 있는 분류체계를 선택하라는 것이다. 안정성은 모든 의사소통체계에서 기본적으로 요구되는 조건이다. 분류체계의 유용성은 안정성과 직접적인 관계가 있다. 전통적인 다원주의적 분류체계는 매우 안정적인 경향이 있어 이러한 관점에서 이상적이다. 반면 분지론은 전통적인 분류학과 자주 충돌한다. 그리고 상사성에 대한 새로운 분석과 마찬가지로 새로운 형질에 대한 연구는 분류체계에 상당히 변화를 가져와 불안정성을 야기한다.

출판된 분류체계에서 분류군의 배열은 필연적으로 선형적(일차원)이다. 하지만 공통조상은 삼차원적으로 가치를 치는 현상이다. 어떻게 계통발생적 나무를 가지와 잔가지로 나눌 것인지 그리고 이 잔가지들을 선형적인 연쇄로 배열할 것인지는 어느 정도 인위적이다. 이는 특히나 계통수가 나무 형태보다는 덤불 형태를 보일 경우에 더 그렇다. 이 문제를 해결하기 위해 얼마간의 협약이 채택되었다. (1) 명확한 파생분류군은 그것이 갈라져 나온 조상분류군 다음에 위치시킨다. 예를 들어 와충류 다음에 흡충류와 촌충류를 위치시킨다. (2) 더 일반적이고 외견상으로 더 '원시적인' 분류군 다음에 전문화된 분류군을 위치시킨다. (3) 이유 없이 널리 받아들여지고 있는 배열을 변화시키지 말아야 한다. 이러한 전통적인 배열은 정보의 저장과 검색에 있어 중요한 역할을 했기 때문에 분류학 문헌과 박물학에서 사용되었다.[19]

이름 짓기

상위 계층에 위치하는 분류군들의 이름은 정보 검색의 목적을 위해 편의를 제공하는 역할을 한다. 그리고 딱정벌레나 호랑나비과 같은 용어들은 그 유용성을 최대화하기 위해 전 세계에 있는 동물학자들에게 동일한 의

미여야만 한다.[20] 만약 이름을 부여하는 효율적이고 보편적으로 받아들여지는 체계가 없다면 무수히 많은 유기체를 지시하고 그들에 대한 정보를 저장하는 것은 전적으로 불가능했을 것이다. 이러한 실용적인 이유로 분류학자들은 이름을 부여하는 일련의 규칙을 채택하고 있다.

동물학, 식물학, 미생물학의 명명법은 국제적인 규약으로 이러한 규칙들을 규정하고 있다. 분류학자들의 의사소통체계의 주요한 목적은 《동물학 명명법 규약The Code of Zoological Nomenclature》(1985) 서문에 잘 언급되어 있다. "규약의 목적은 동물의 학명에 있어서 그 안정성과 보편성을 증진하는 것이고 이름 각각의 고유성과 차이를 보장하는 것이다. 그 모든 조항은 이러한 목적에 기여해야 한다." 식물이나 동물의 학명은 속명과 종명으로 구성된다(린네식의 이명법). 예를 들어 유럽산 조팝나물은 히에라키움*Hieracium*(속명) 아우란티아쿰*Aurantiacum*(종명)이다. 유기체의 학명을 위해 채택된 언어는 중세시대 이후 과학자들 사이에서 공용어로 사용된 라틴어다.

새로운 종을 처음으로 서술하는 경우 불만족스러운 때가 많으며 특히 잘 알려지지 않은 집단에 대해서는 더욱 그렇다. 또한 그것이 실제 종이라고 하더라도 확실한 서술을 제공하지 못하는 경우가 있다. 이런 이유로 모든 종은 무엇이 그 종에 속하는지 결정하는 데 항상 이용될 수 있는 고유한 '유형'을 갖는다. 유형의 결정에는 이 종이 최초로 서술된 이후에 얻어진 새로운 정보들이 모두 사용된다. 이런 '유형'이 린네 시기의 본질주의적 철학에 토대하고 있다고 여기는 것은 잘못된 이해다. 왜냐하면 '유형'이 그 종에 대해 특별한 전형성을 가지는 것도 아니며 현대의 종에 대한 서술이 유형에만 배타적으로 의존하는 것도 아니기 때문이다. 사실 모든 종과 개체군은 가변적이기 때문에 종에 대한 서술은 이런 다양성에 대한 세심한 평가를 포함해야 한다. 다시 말해 종에 대한 서술은 많은 수의 표본에 토대해야만 한다는 것이다.

한 종의 유형이란 표본이다. 한 속의 유형이란 종이다(기준 종type species). 과의 유형은 속이다. 한 과의 이름은 기준 속type genus의 중간 이름을 사용해서 지어져야만 한다. 한 종의 기준표본type specimen이 수집된 장소가 기준표본산지type locality다. 이러한 정보는 몇몇 아종으로 구성된 종인 모든 다형적 종에서 중요하다.

한 분류군에 대해 여러 이름이 가능한 경우 가장 오래된 이름이 일반적으로 유효명valid name으로 여겨진다. 그러나 특히 분류학의 초기에 여러 가지 이유 때문에 오래된 이름들이 간과되거나 무시되고 새로운 이름이 분류군의 이름으로 보편적으로 채택되었다. 시간이 지나 이전에 무시되던 옛 이름이 단지 먼저 생겨났다는 이유로 다시 사용되는 경우 정보 검색에 큰 문제가 발생한다. 현대 명명 조약에는 이런 경우 이전의 이름은 명명법의 안정성을 위해 거부될 수 있다는 조약이 있다. 이런 우선권 원리는 동물 명명법에서는 종과 속 그리고 과에만 적용되고 그보다 상위의 분류군에는 적용할 수 없다.[21]

유기체의 체계

대략 19세기 중반에 이르기까지 유기체는 동물과 식물로 분류됐다. 명확하게 동물이라고 할 수 없는 대상들은 식물로 분류했다. 그러나 균류와 미생물을 면밀하게 조사한 결과 그 생물체들은 식물과 특별한 관련이 없으므로 독립된 상위 분류군으로 분류해야 한다는 것이 분명해졌다. 유기체의 분류에 대한 가장 극적인 변화는 1930년대 성취된 통찰로 야기됐다.

박테리아와 그 동류로 구성된 모네라 계Monera(원핵생물)는 세포핵을 가지고 있는 모든 다른 유기체(진핵생물)와는 전적으로 다른 것이었다.

생명의 기원(약 38억 년 전)으로부터 약 18억 년 전에 이르기까지 오직 원핵생물만이 존재했다. 현재 원핵생물은 고세균Archaebacteria과 진정세균Eubacteria이라는 두 계kingdoms로 나뉜다. 이들은 리보솜의 구조와 적응에 있어서 주요한 차이를 보인다.[22] 약 18억 년 전에 최초의 단세포 진핵생물이 출현했다. 이 세포는 세포막으로 둘러싸인 분리된 염색체로 구성된 핵과 여러 세포 기관을 가지고 있는 것이 특징이었다. 세포 기관은 공생 원핵생물들의 침입을 통해 진화한 것이 확실하다. 어떻게 핵이 형성되었고 이런 공생이 기원했는지에 대한 세부 내용은 여전히 논쟁 중에 있다. 최초 다세포 유기체의 화석 기록은 약 6억 7천만 년 전쯤에 나타난다.

진핵생물을 분류하는 방법은 다양하다. 최근까지 편의를 위해 단세포 진핵생물은 일반적으로 하나의 분류군인 원생생물protist(프로티스타Protista)로 나눴다. 원생생물 중 일부(프로토조아Protozoa)는 동물과, 또 다른 일부는 식물과, 나머지는 균류와 밀접한 관련이 있다는 것이 완전히 밝혀졌다. 하지만 엽록체와 운동성의 여부를 묻는 전통적인 동식물 진단 기준은 이 수준에서 잘 성립하지 않는다. 또한 편의를 위해서 사용하는 이름인 '원생생물'을 그대로 유지하기에는 너무도 많은 불확실성이 존재한다. 카발리어-스미스Cavalier-Smith 등의 학자들은 이전에 간과되던 형질(예를 들어 특정 세포막의 유무)과 분자 형질에 대한 새로운 연구를 이용해 중요한 분류체계를 제시하였다.

여전히 단세포 원핵생물을 원생생물이라고 말하는 것이 유용하긴 하지만 정식 분류군으로서 원생생물은 더 이상 옹호되기 힘들다. 이러한 원생생물이 3개 아니면 5개 혹은 7개의 계로 이루어졌는지에 대해서는 집합론자와 분지론자 사이에 여전히 논쟁이 있다.[23] 비전문가는 보다 간단한 분류법을 알아두는 것이 유용할 것이다. 유기체의 체계는 두 개의 역empire과 각각의 계로 구성된다.

원핵생물 역(모네라)	진핵생물 역
진정세균 계 원시세균 계	아케조아 계 원생동물 계 크로미스타 계 메타피타 계(식물) 균 계 메타조아 계(동물)

8

'어떻게'의 문제: 새로운 개체의 형성
"How?" Questions: The Making of a New Individual

모든 종은 수천, 수만, 심지어는 수억의 개체들로 구성된다. 매일 그중 많은 수가 사라지고 새로운 개체에 의해서 대체된다. 우리는 새로운 개체를 생성하는 메커니즘으로 보통 유성번식을 떠올리지만 가장 간단한 방법은 이미 존재하던 개체가 둘로 분열하는 것이다. 이는 원핵생물, 대부분의 원생생물이나 균류, 심지어는 일부 무척추동물문이 번식하는 일반적인 방법이다.

분열 외에도 무성으로 번식하는 여러 다른 방법이 있다. 일부 식물과 무척추동물에서 자주 사용되는 패턴은 출아를 통해 새로운 개체를 만드는 것이다. 싹이 종국에는 체벽을 깨고 나와 새로운 개체가 된다. 영양번식 또한 식물에서 자주 활용된다. 그리고 일부 무성번식 유기체에서는 새로운 개체가 수정되지 않은 난자에서 발달한다. 이러한 과정을 단성번식

parthenogenesis이라고 부른다. 진딧물과 갑각류 플랑크톤 그리고 몇몇 동물들이 단성번식과 유성번식을 번갈아가면서 사용한다.

상위 유기체에서 새로운 개체의 대부분은 유성번식을 통해서 만들어진다. 이 과정은 난자와 정자가 형성되고, 두 성이 만나 짝짓기하며, 배아 발달을 보살피는 매우 복잡한 사건들을 포함한다. 놀랍지 않게 이는 진화생물학에서 가장 오랫동안 지속된 논쟁 하나를 야기했다. 그것은 유성번식 전략의 선택적 이점을 설명하는 것이었다. 단성번식을 통해 자손을 생산하는 암컷은 혼자서는 번식할 수 없는 수컷을 낳아 절반 정도의 자손을 낭비하는 암컷보다 두 배의 생산력을 가진 것처럼 보인다. 유성번식의 성공에 대한 가장 좋은 설명은 그것이 자손의 유전적 변이성을 증가시킴으로써 생존투쟁에서 다양한 이점을 가지게 되었다는 것이다. 질병에 대한 취약성의 감소는 그 많은 이점 중 하나일 뿐이다.

두뇌 활동을 제외하고, 생물 세계에서 새로운 성체가 수정된 난자에서 발달하는 것만큼이나 놀랍고 경외심을 불러일으키는 현상은 없다. 이 과정을 이해하고자 했던 우리의 역사는 크게 세 시기로 나눌 수 있다. 고대에서 1830년대에 이르는 첫 번째 시기에는 발달하고 있는 배아를 서술하는 데 그 초점이 맞춰져 있었다. 이 시기는 특히 배아에 대한 부성과 모성의 상대적 기여도에 관심이 있었다. 두 번째 시기는 세포이론에서 척추동물의 난자와 정자가 단세포라는 것이 밝혀지면서 시작했다. 이 시기의 탐구자들은 특히 수정된 난자 세포의 분화 그리고 구조와 기관을 형성하는 세포 분화의 최종적인 운명에 관심이 있었다. 이 두 시기 동안 발생학은 필연적으로 서술적일 수밖에 없었다. 이 시기의 목표는 무슨 일이 발생하는지를 발견하는 것이었다.

세 번째 시기 동안 발생학자들은 발생이 어떻게 일어나는지, 즉 배아의 구조적 형태를 형성하는 메커니즘을 탐구할 수 있게 되었다. 20세기 초에 발생이 특정한 유전자에 의해서 조절되며 배아의 부분들 사이에 복잡한 상호 작용이 있다는 사실이 밝혀졌다. 즉, 세포 발달은 유전자뿐만 아니라 발생의 각기 다른 단계에서 세포가 위치하고 있는 세포 환경에 의해서도 영향을 받는다.

초창기 유전자와 유전자에 의해 통제되는 생화학적 과정에 대한 분석은 환원주의적일 수밖에 없었다. 하지만 곧 유전자가 오케스트라에 있는 음악가와 같이 다른 유전자는 물론 세포 환경과도 상호 작용한다는 것이 밝혀졌다. 개체가 형성되는 과정에서 유전자와 세포의 잘 조직화된 상호 작용에 대한 연구는 현재 발생생물학의 주요한 주제다. 그러나 신중한 서술적 연구의 시기를 거치지 않고서는 이러한 연구를 시작할 수 없었다. 발견은 고통스러울 정도로 천천히 진행되었다.

발생생물학의 시작

다양성은 생명 세계의 두드러진 특징이며, 이는 발생 과정도 마찬가지다. 그러나 유연관계가 있는 유기체는 일반적으로 유사한 발생 과정을 겪는다. 병아리의 발생이 포유류 배아나 척추동물의 배아와 유사한 과정이라는 생각은 기원전 1000년경에 이집트인에 의해 어렴풋이 제안되었다. 그러나 동물의 발생에 대한 서술적인 비교 연구를 진행한 아리스토텔레스의 위대한 저작들이 그 이전에 알려진 것들을 압도했다. 그는 수컷과 암컷의 본성, 번식 기관의 구조와 기능, 출산을 하는 태생과 체외의 알에서 부화하는 난생, 동물들이 보이는 다른 유형의 교미 형태, 정액의 기원과 특성은 물론 번식 및 발달과 관련해서 생각할 수 있는 거의 모든 특성을 논하면서 번식생물학의 영역을 개척했다.

사실 아리스토텔레스는 19세기 말까지도 논쟁이 지속되었던 번식과 관련된 주요한 두 가지 문제로 이미 고민하고 있었다. 한 가지는 범생설pangenesis로 신체를 구성하는 모든 세포가 유전물질을 번식세포로 보낸다는 이론이었다. 다른 한 가지는 전성설과 후성설 논쟁이었다. 한 학문의 선구자가 어떻게 이토록 완벽한 설명을 해낼 수 있었는지 상상하기 어렵다. 그는 광범위한 비교 관찰을 근거로 놀라운 판단을 이끌어냈다. 19세기까지 이를 능가하는 저작이 나오지 못했다.

그러나 인간이었던 아리스토텔레스는 몇 가지 실수를 범했다. 그는 여러 동물의 암컷이 난자를 생산하는 것을 관찰했지만, 포유류의 암컷이 난자를 가진다는 생각은 전혀 하지 못했다. 오히려 그는 수컷의 정액이 암컷의 월경혈을 응고시켜 형태를 부여하고 이로부터 포유류의 배아가 기원한다는 이론을 받아들였다.[1]

아리스토텔레스는 그에게 강력한 인상을 남긴 발생의 특이성을 설명하고자 했을 때 두 번째 오류를 범했다. 개구리의 난자는 개구리로 발달하지 물고기나 닭으로 발달하지 않는다. 난자에는 마치 의도된 목표를 향해 나아가도록 인도하는 어떤 정보를 포함하는 것처럼 보인다. 이런 특이성으로 인해 아리스토텔레스는 난자가 오류 없이 성체로 발달할 수 있게 하는 '목적인final cause'이란 것을 가정하였다. 형이상학적 동인처럼 보이는 아리스토텔레스의 형상이 순수하게 물리화학적 요소들로 설명 가능한 유전 프로그램이었다는 것은 오늘날에 와서야 해명되었다. 수정된 난자의 발달은 유전 프로그램에 의해서 인도된다.[2]

비록 번식과 배아의 발달은 이후 몇 세기에 걸쳐 매혹적인 주제로 다루어졌지만 발생생물학은 아리스토텔레스 이후로 암탉의 알을 육안과 간단한 렌즈의 도움을 통해 세밀하게 연구한 17세기의 하비에 이를 때까지 실질적으로 진보하지 못했다. 하비는 분명하게 달걀의 노른자막 구조를 배아가 기원하는 장소로 서술하였다. 더욱이 하비는 배아에 기여하는 응고된 월경혈이 포유류의 자궁에는 존재하지 않는다는 것을 증명하고 포유류가 난자를 가진다고 가정하였다. 비록 1827년 칼 에른스트 폰 베어Karl Ernst von Baer에 의해 발견되기 전까지 진짜 포유류의 난자가 발견하지는 못했지만, 얼마 지나지 않아 스텐센Stensen과 더 흐라프de Graaf에 의해 난소에서 난포가 발견되었다. 여성의 난소가 남성의 고환에 대응하는 역할을 한다는 것이 분명해졌다.

병아리의 발달에 대한 엄청난 세부 내용들이 하비 이후 발견되었다. 특히 초기 복합현미경의 사용이 중요한 역할을 했다. 말피기에서 시작해 후에 스팔란차니Spallanzani, 폰 할러von Haller, 카스파 프리드리히 볼프까지 생물학자들은 병아리 발달의 세부사항에 대한 우리의 지식을 상당히 확장시켰다. 그러나 이 모든 연구자는 여전히 배아 기관의 점진적인 발달을 아리스토텔레스의 생리이론과 연결시키고자 노력했다. 이들에게 아리스토텔레스의 이론은 자신들이 새롭게 발견한 관찰들을 끼워 맞추고자 노력했던 개념적 틀이었다.

반대로 19세기 발생학은 완전히 다른 정신 아래에서 실행되었다. 아마도 이 정신은 이전 시대의 정신보다 더 과학적이라고 말할 수 있을 것이다. 모든 기능생물학의 영역에서 확실한 사실이 건전한 이론의 토대가 되어야 한다는 것이 필수적인 조건이 되었다. 19세기 초 발생학을 대표하는 3인의 위대한 연구자인 크리스티안 판더Christian Pander, 하인리히 라트케Heinrich Rathke, 폰 베어가 주로 병아리에 근거해서 자신들의 발견을 조심스럽게 서술했고 그 발견에 대해서 이론을 제시했다.[3] 척삭과 신경 그리고 가장 중요한 3개의 층으로 이루어진 배엽의 발견이 여기에 포함되었다. 그들은 병아리에서 찾은 자신들의 발견을 다른 척추동물은 물론 가재나 무척추동물과도 비교했다.

이미 쉽게 이용할 수 있었던 병아리와 개구리의 발생은 전통적으로 발생학 연구의 표준적인 기준으로 여겨졌다. 그러나 두 동물은 척추동물의 발달 과정일 뿐이었고 독립적인 발생 경로를 가지는 다른 수많은 생물이 존재했다.[4] 발달하는 수정란의 난할 패턴은 특히나 다른 분류군에서 놀랍도록 다르다. 19세기 실험발생학자들이 척추동물의 발달을 피낭동물, 극피동물, 연체동물, 강장동물, 그 외의 다른 비척추동물들과 비교했을 때 많은 차이를 보인다는 것이 분명해졌다. 다음에 이어지는 발생과 관련된 일반적인 설명은 대부분 척추동물에 해당하는 것이다.

세포이론의 영향

1980년대에 슈반과 슐라이덴에 의해 제안된 세포이론의 다양한 기여 중하나는 당시 모호한 개념이었던 난자와 정액이라는 용어에 새로운 의미를 부여한 것이었다. 난자가 세포라는 것을 증명한 최초의 인물은 레마크 (1852)였다. 하지만 1680년에 레벤후크가 정액에서 정자를 발견한 후에도 정자가 단지 정액에 있는 기생충일 뿐이라는 생각이 널리 받아들여졌다. 물론 몇몇 사람들이 정자가 부성의 기여분을 배아에 전달하는 운반자라고 주장했지만, 쾰리커(1841)가 증명하기 전까지 각각의 정자가 하나의 남성 번식세포라는 것을 깨닫지 못했다.

이상하게도 약 1880년까지 수정의 의미와 관련하여 여전히 상당한 불확실성이 남아 있었다. 물리주의자에게 수정이란 단지 난세포가 난할을 시작하게 하는 자극이나 신호에 불과했다. DNA를 발견한 미셔가 1874년에 수정을 해석한 방식이 이것이었다. 결국에는 헤르트비히나 반 베네덴과 같은 세포학자들이 정자가 단순히 난할을 처음 시작하게 하는 명령 이상, 즉 남성 번식세포의 핵 또한 전달한다는 것을 밝혀냈다.

남성 염색체의 반수체인 핵이 난자 속으로 들어간다. 이 염색체들은 난자에 위치하고 있는 여성 염색체의 반수체와 결합해서 배수체인 접합자 핵을 형성한다. 그러므로 수정은 배수체를 회복할 뿐만 아니라 부성과 모성의 유전자를 혼합하는 역할을 한다. 쾰로이터와 같은 식물육종가들은 오래전부터 이를 알고 있었다.

후성설인가, 전성설인가?

하지만 '형태를 갖추지 못한' 물질인 접합자가 어떻게 병아리나 개구리 혹은 물고기와 같은 성체로 자라날 수 있을까? 17세기부터 20세기까지 이 문제와 관련한 논쟁이 계속됐다. 결국 두 가지 주요한 가설이 제시되었고 각각 훌륭한 논증에 근거하여 발전하였다. 지금은 두 가설 모두 부분적으로 맞는 부분도 있었지만 틀린 부분도 있다는 것이 밝혀졌다. 그 가설은 전성설과 후성설이다.

전성론자는 수정된 난자가 그 난자를 생산한 종의 성체로 오류 없이 자란다는 관찰로부터 자신의 가설을 도출한다. 그들은 미래의 유기체가 축소된 형태로 이미 난자나 정자에 들어 있다는 결론을 내린다. 발생이란 단지 이러한 본래적인 형태가 펼쳐지는 과정일 뿐이다. 그들은 이를 '진화'라 부른다. 이 이론은 초기 확고한 전성주의자였던 말피기의 주장에 의해

지지됐다. 말피기는 가장 이른 시기의 발생 단계를 확인할 수 있었던 암탉의 수정된 달걀을 관찰하면서 유기체의 형태가 이미 그 달걀 내부에 형성되어 있었다고 확신했다.

전성론이라는 개념은 논리적으로 다음과 같은 가정으로 확대되었다. 그 가정은 한 유기체가 미리 형성되어 있을 뿐만 아니라 미리 형성된 유기체의 모든 자손이 그 내부에 존재해야 한다는 것이다. 이 확대된 전성론을 엠보이트먼트설theory of emboitement이라고 불렀다. 이 이론에 대해 미리 형성된 개체가 어디에 위치하고 있는지와 관련해서 추가적인 질문이 제기되었다. 난자론자의 주장과 같이 난자에 위치하고 있는 것인가, 정자론자의 주장과 같이 정자에 위치하고 있는 것인가? 이 시기의 문헌에 나타나는 다양한 도해와 삽화를 보면 정자에 에워싸인 작은 인간(호문쿨루스homun-culus)을 볼 수 있다.

식물을 대상으로 실행한 쾰로이터의 이종교배 실험은 잡종이 부성과 모성 모두에 의해 동등하게 결정될 수 있다는 것을 보이며 모든 전성론을 분명하게 논박하였다. 미리 형성된 성체가 부모 한쪽의 번식세포에만 존재할 수 없는 것이다. 전성론에 대한 결정적인 반증이었던 이 실험은 아마도 식물을 가지고 진행되었기 때문에 오랫동안 무시되었을 것이다. 그러나 노새나 다른 잡종 동물의 사례도 마찬가지로 무시되었다. 또한 히드라나 몇몇 양서류와 파충류에서와 같이 유기체의 특정 부분이 제거되었을 때 본질적으로 후성적 과정을 통해 재생할 수 있다는 발견 역시 무시되었다.

전성론자에 반대하는 후성론자는 발생이 전적으로 형태가 없는 물질로부터 시작되며, 볼프가 '본질적인 힘vis essentialis'이라고 부른 어떤 외부적 힘이 그 물질에 형태를 부여한다고 생각했다.[5] 그러나 후성론은 왜 닭의 수정란이 닭을 만들고 개구리의 수정란이 개구리를 만드는지 설명할 수 없었다. 또한 그것은 개체발생 과정에서 나타나는 배아 구조와 조직의 분화를 설명할 수 없었다. 더욱이 후성론은 중력과 같은 보편적 힘과는 달리 모든 종이 그 자신만의 '본질적인 힘'을 가져야만 한다고 믿었다. 하지만 어떤 후성론자도 그 본질적인 힘이 무엇이고 왜 그렇게 특이적인지 설명할 수 없었다.

그럼에도 불구하고 후성론이 승리하였다. 특히 향상된 현미경 기술을 통해 수정된 난자를 관찰한 결과 여기에서 미리 형성된 형체의 흔적을 발견할 수 없었다. 그러나 이 문제는 20세기까지 최종적으로 해결되지 않았다. 문제 해결을 위한 첫 번째 걸음은 유전학에서 시작됐다. 유전학은 유전형(개체의 유전적 구성)과 표현형(개체의 관찰 가능한 모든 형질)을 구분하고 발생 과정 동안 병아리의 유전형이 포함되어 있는 유전자가 병아리의 표현형의 생산을 조절할 수 있다는 것을 보여주었다. 발생에 대한 정보를 제공하는 유전형은 미리 형성된 요소다. 그러나 유전형은 또한 아무런 형태가 없는 물질인 것처럼 보이는 난자의 후성적 발달을 지시하면서 후성론자가 주장한 본질적인 힘의 역할을 한다.

최종적으로 분자생물학이 '본질적인 힘'의 정체가 접합자의 유전자 DNA 프로그램이라는 것을 밝힘으로써 미지의 존재가 제거되었다. 유전 프로그램이라는 개념의 도입이 그 오래된 논쟁을 종결한 것이다. 이런 해결책은 어떤 면에서 전성설과 후성설을 종합한 것이다. 표현형을 발현하는 발생의 과정은 후성적이다. 그러나 발생은 전성론적이기도 하다. 왜냐하면 표현형의 많은 부분을 결정하는 유전 프로그램이 대물림되며 접합자가 이런 유전 프로그램을 포함하고 있기 때문이다.

오랫동안 지속된 논쟁의 최종적인 해답이 두 반대 진영의 요소를 모두 포함하고 있는 일은 생물학에서 흔한 일이다. 각 진영의 옹호자들은 서로 코끼리의 다른 부분을 만지고 있는 장님과 유사하다. 최종적인 답은 오류를 제거하고 반대하는 다양한 이론들의 타당한 부분만을 추려냄으로써 성취될 수 있었다.

발달하는 세포의 분화

오랫동안 전혀 설명할 수 없었던 발생의 가장 놀라운 측면 중 하나는 단세포인 접합자가 점차 여러 세포들로 분화하는 것이다. 어떻게 신경세포가 장관세포와 달라질 수 있었을까?

유전적 결정 요인이 세포핵에, 더 구체적으로는 염색체에 존재한다는 것이 발견된 1870년대와 1880년대에 세포 분화의 문제는 더 곤혹스러워졌다. 바이스만이 주장한 것과 같이 신체에 있는 모든 세포의 핵이 동일한 유전적 결정 요인을 가지고 있다면 발생 과정을 겪으면서 어떻게 세포가 그렇게 달라질 수 있겠는가?

간단한 해결책은 염색체가 체세포 분열 과정 동안 다른 유전적 요소가 포함된 염색체의 부분들이 딸세포 각각으로 차등적으로 배분된 후 그 딸세포가 받은 특정한 유전적 요소들에 의해 세포 분열이 일어난다고 가정하는 것이다. 이러한 비균등적 세포 분열 이론은 1880년대부터 적어도 1900년이 되기 전까지 의심을 받지 않는 주요한 입장이었다. 그러나 이 이론이 사실이라면 세포학자들이 관찰한 체세포 분열의 정교함은 아무런 의미를 가지지 못한다. 루(1883)는 왜 핵이 단순히 그 적도면을 따라 반으로 나뉘어서 두 딸세포의 핵이 되지 않는지 물었다. 체세포 분열 동안 각 염색체가 하나의 매우 긴 염색질 열로 전환되는 정교한 메커니즘의 의미는 무엇인가? 루가 지적했듯 이 메커니즘은 핵이 상당히 이질적인 물질, 아마도 완전히 다른 입자들로 구성되는 경우에만 그 의미를 갖는다. 그 경우 입자들이 한 줄의 실에 매달려 있고 그 실이 세로로 나눠질 수 있을 경우에만 이 입자들이 두 딸세포로 동등하게 배분되는 것이 가능하다. 이를 통해 이질적인 핵의 내용물이 두 딸세포로 완전히 동등하게 배분되는 것을 보장할 수 있다.

우리는 지금 루의 이론이 본질적으로 옳았으며, 그가 체세포 분열의 관찰로부터 놀라운 추론을 이끌어냈다는 것을 알고 있다. 하지만 그 이론은 몇 년이 지나면서 발견된 몇몇 관찰들에 의해 논박되는 것처럼 보였다. 루 자신도 결국에는 자신의 타당한 이론을 포기하고 대신 불균등한 체세포 분열을 받아들였다. 루가 마음을 바꾼 이유는 초기 난할 이후 분화된 세포가 몇몇 유기체에서 극도로 달라지고 완전히 다른 기관이 된다는 관찰 때문이다. 만약 유전적 요소들이 동등하게 나뉜다면 어떻게 이런 일이 가능하겠는가?

다른 발견들이 그 수수께끼를 심화시켰다. 루, 드리슈, 모건, 윌슨에 의해 진행된 실험은 다른 동물 집단의 난할 세포가 다른 '잠재력'을 갖는다는 것을 보여줬다. 해초 속의 난할 세포가 분리되었을 때 그 세포는 마치 분리된 적이 없는 것처럼 이전과 동일한 속성을 가지는 각 계통의 자손 세포들을 형성한다. 난할 세포가 분리되어 만들어진 두 세포는 각각 절반의 형태를 가지는 해초 속의 유충 두 마리를 만들어낸다. 이런 분화 방식을 모자이크 또는 결정 발생determinate development이라고 부른다. 반면 성게의 난할 세포가 두 개로 분리되면 그 크기는 축소되지만 거의 정상적인 두 마리의 유충을 만들어낸다. 이는 매우 다른 분화 방식으로 조절 발생regulative development이라고 부른다. 사태를 더 복잡하게 만드는 것은 많은 집단의 발생이 이 두 방식 사이의 어느 중간쯤에 위치하고 있다는 것이다.

여러 유기체들에서 발생의 세부 사항이 연구되면 될수록 뚜렷한 일반적인 원리를 확립하는 것은 점점 더 어려워졌다. 한 종류의 유기체에서도 발생 과정이 종종 다르다는 것이 밝혀졌다. 발생 과정에 있는 어떤 세포들은 세포 환경에 영향을 받지 않는 것처럼 보이는 반면, 다른 세포들은 환경에 의해 완전히 다시 프로그램될 수도 있다. 어떤 세포들은 최초 형성된 조직에 머무는가 하면 다른 세포들은 상당히 먼 곳으로 이동하기도 한다. 수많은 실험의 결과로 유전자형과 난할 세포의 분화 사이의 관계에 대한 본성은 오랫동안 수수께끼로 남았다.[6]

결국 20세기 분자생물학의 연구 결과, 모든 세포가 분화 과정을 겪는 동안 특정 시간에 특정 세포의 핵에 위치하고 있는 유전자의 아주 작은 부분만이 발현된다는 것이 밝혀졌다. 조절 메커니즘은 특정 시간에 유전자 산물이 세포 내에서 필요한지 그 여부에 따라 특정 유전자를 켜거나 끈다. 이 조절 활동의 타이밍은 부분적으로는 유전자형에 프로그램되어 있으며 또 부분적으로 이웃한 세포에 의해서 결정된다. 너무도 복잡했기에 바이스만과 같은 생물학자는 유형자형의 이런 정교한 능력의 가능성을 상상할 수도 없었고 결국 불균등한 핵분열이라는 잘못된 해결책을 제시하였다. 심지어 오늘날도 조절 유전자가 다른 유전자들이 언제 발현되어야 하는지를 어떻게 '아는지' 잘 이해하고 있는 것은 아니다.

많은 접합자, 특히 난황이 풍부한 접합자에서 초기 세포 분열은 전적으로 세포질의 모계 요소에 따라 조절된다는 것이 추가적으로 발견되었다. 이것이 루가 오해했던 부분이다. 발생의 가장 이른 초기 단계가 완료된 후에야 새로운 접합자의 핵에 위치한 유전자가 작동한다. 어떻게 난소가 특정 물질을 난황의 다른 부분에 위치시키는지 그리고 어떻게 적절히 이 물질들을 전달하는지는 여전히 수수께끼로 남아 있다.

예를 들어 예쁜 꼬마 선충에서 몇몇 다른 세포 계열의 창시자 세포는 모계로부터 물려받은 조절 요소들을 포함하는 난자 세포질의 특정 지역에 위치한다. 그에 반해 척추동물과 같이 조절 메커니즘을 통해 발생하는 분류군에서는 초기에 고정된 세포 계통이 존재하지 않는다. 그리고 엄청난 세포 이동이 존재하며 이미 존재하던 조직이 다른 조직의 발달에 영향을 미치는 유도induction 과정이 상당 부분 세포의 특징을 결정한다. 분화 경로의 엄청난 차이는 선충과 척추동물 사이에서만 발견되는 것이 아니라 더 근접한 생물, 예를 들어 척추동물을 포함하는 척색동물과 극피동물 사이에서도 발견된다. 발생 과정은 매우 다양하다. 발생 과정 중 일부는 전적으로 환경의 영향으로부터 독립된 반면, 다른 과정은 환경으로부터 상당한 영향을 받는다.

배엽의 형성

발생 연구에 원시적인 방법론을 사용했던 18세기의 학자들은 개체발생 과정에서 최초로 심장이 출현하며, 그 외의 기관들은 발생 과정 중 기능적으로 필요한 시기에 나타난다고 생각했다. 그러나 볼프, 판더, 폰 베어는 전혀 그렇지 않다는 것을 보여주었다.

개구리 난자의 최초 여덟 번째 분열과 열두 번째 분열 사이에 포배라 불리는 공 모양의 세포가 형성된다. 포배의 표층 일부분이 오목한 부분으로 '함입되어' 이중층의 낭배를 형성한다. 마지막으로 여러 과정을 통해 중배엽이라 불리는 중간층이 발달한다. 이 세 배엽을 형성하는 세포들이 포배의 외부를 형성한다. 외배엽이 될 세포들은 반구의 상부에 위치하며 적도 부근에 있는 세포들은 중배엽이 된다. 반구의 복측에 위치하는 세포의 대부분은 내배엽이 된다. 판더(1817)는 병아리에서 최초로 삼층의 세포를 발견했고 얼마 지나지 않아 폰 베어(1828)가 삼배엽의 형성이 모든 척추동물에서 나타나는 발생의 특징이라는 것을 보여줬다. 각각의 배엽은 특정한 기관계가 된다. 외배엽은 피부와 신경계가 되고, 내배엽은 내장계가 되며, 중배엽은 근육과 결합조직, 혈관계가 된다.

1830년대 이후 세포이론의 적용으로 배엽의 발생에 대한 연구자들의 이해가 증진되었다. 강장동물을 포함한 모든 무척추동물에서도 외배엽과 내배엽이 존재한다는 것이 얼마 지나지 않아 발견되었다. 또한 포배의 외배엽이 함입되어 낭배를 형성하는 배엽의 형성 과정이 모든 유기체에서 동일하다는 것이 밝혀졌다.[7]

1870년대 말엽 동일한 배엽이 모든 유기체에서 동일한 구조를 만드는지에 대한 의문이 생겨났다. 특히 중배엽과 다른 두배엽의 관계에 대한 의문이 제기되었다. 재생실험과 다양한 화학 처리 실험 그리고 병리학적 분석은 배엽이 그 본래 역할과는 다른 역할을 할 수 있다는 것을 보여줬다.

수술적 방법, 특히 이식 실험이 실험발생학에 도입된 이후 배엽이 가진 잠재성에 대한 연구는 새로운 국면을 맞이했다. 이 실험들은 배엽의 부분을 새로운 위치에 이식하거나 배양조직에서 배양하면 일반적인 위치에서와는 다르게 발달한다는 것을 보였다. 예를 들어 분리된 외배엽의 경우 배양조직에서 신경조직으로 분화하는 데 실패한다. 다른 배엽층에 있는 세포의 영향을 받지 않을 때 외배엽은 표피만을 형성할 뿐이다. 양서류 배아 초기 외배엽 조직을 복측강 부분으로 이식하면 내배엽 조직과 마찬가지로 외배엽 조직은 일반적으로 형성되는 구조들로 분화할 수 있다. 이 모든 실험의 결과는 배엽이 확고한 특이성을 가지고 있다는 학설이 더 이상 유지될 수 없다는 것이었다. 배엽은 다른 배엽이나 세포 복합체와 일반적인 관계를 갖는 경우 정상적인 잠재력을 가지지만 정상적인 관계가 아닌 경우 또 다른 잠재력을 갖는 듯 보인다.

더욱이 배엽은 발생 과정 동안 통합성을 유지하지 않는다는 것이 밝혀졌다. 대신 많은 배아 세포는 오랫동안 이동하는 과정을 겪는다. 예를 들어 중배엽은 외배엽이나 내배엽에서 이동한 세포로부터 형성된다. 척추동물의 신경세포나 색소세포는 신경관에서 기원해서 오랫동안 이동 과정을 겪는다. 어떤 경우에는 세포가 특정 지역에서 방출된 화학 자극에 끌려 매번 그 지역으로 이동한다. 이 과정을 유도라고 한다.

유도

1900년 무렵 루는 고정된 유전적 프로그램에 따라 발달하는 조직(결정 발생)과 인접한 조직이나 구조에 의해 영향을 받는 조직(조절 발생)을 구분해야 한다고 주장했다. 이러한 구분은 실험발생학에서 '유도'라 불리는 새로운 개념으로 이어졌다. 이 용어는 한 조직이 다른 조직의 연속된 발달에 영향을 주는 모든 상황을 가리킨다.

유도 현상은 개구리 배아의 눈 발생과 관련해서 슈페만Spemann(1901)에 의해 처음으로 분명하게 증명되었다. 수정체는 수정체 외배엽에 의해 형성된다. 그런데 그 아래 있는 중배엽 조직(눈의 원기eye anlage)이 파괴되거나 제거되면 수정체가 발달하지 않는다. 슈페만은 눈의 원기를 다른 신체 조직에 이식해서 그 조직의 외배엽이 수정체를 형성하는 동일한 능력을 가지는지 살펴봄으로써 자신의 발견을 실험했다. 실험 결과는 실제로 그 지역의 외배엽이 수정체를 형성한다는 것이었다. 마지막으로 그는 눈이 될 위치에 있는 외배엽을 제거하고 다른 부위에 있는 외배엽으로 대체했다. 그러자 다시 대체된 외배엽이 수정체를 형성했다. 그 이후 다른 종의 개구리를 가지고 실험한 학자들은 다른 결과를 얻었다. 때때로 눈의 원기가 제거되었을 때에도 '수정체의 자발적 발달free-lens development'이 있었다. 슈페만은 최종적으로 머리에 위치한 외배엽의 상당 부분이 수정체를 형성하는 성향을 갖고 있다고 결론 내렸다.

다른 이식 실험들에서 슈페만은 원구배순dorsal blastopore lip의 일부분이 원장primitive gut의 천장 부분에서 신경관 조직을 유도한다는 것을 보여주었다. 그는 '형성체organizer'가 이 현상의 원인이라는 가설을 세웠다. 서술적인 작업의 상당 부분을 수행한 힐데 만골트Hilde Mangold와 공저한 이 논문은 1924년에 발표되어 큰 반향을 일으켰고 실험생물학자들의 열광적인 지지를 받았다. 종국에는 심지어 '죽은' 형성체나 무기질 역시도 때때로 신경관 형성을 유도한다는 것이 밝혀졌다.

이후 슈페만과 그 분야의 다른 학자들은 연구를 중단하거나 다른 문제로 관심을 돌렸지만 슈페만이 올바른 방향으로 나아가고 있었다는 것은 이제 분명해졌다. 최근 신경관을 유도하는 능력을 가지고 있는 것처럼 보이는 한 단백질이 식별되었다. 슈페만은 이 영역에서 실행된 모든 실험을 검토한 후, 유도를 유도하는 조직과 유도되는 조직 사이의 복잡한 상호 작용이라고 결론내렸다.[8]

유도하는 조직이 유도되는 조직에게 보내는 화학적 신호의 본성과는 상관없이, 유도가 척추동물과 같이 조절 시스템을 이용하는 유기체의 발생에서 중요한 역할을 한다는 것이 널리 받아들여졌다. 개체발생 과정에서 세포나 조직 사이의 상호 작용에 대한 연구는 위상생물학topobiology이라는 생물학의 독립적인 분야가 되었다. 위상생물학은 특별한 분석을 위해 세포막의 특성을 분석한다. 결정 발생을 엄격하게 따르는 소수의 유기체를 제외하고는 거의 모든 유기체의 발생에서 세포나 조직 사이의 상호 작용이 중요한 역할을 한다는 것은 이제 아주 분명해졌다.

발생 반복

메켈-세레스Meckel-Serrès와 폰 베어로 거슬러 올라가는 자연학자들은 발생에서 나타나는 진화적 함의에 흥미를 느꼈다. 1820년대 중반 라트케는 조류나 포유류의 배아에서 아가미와 주머니를 발견했다. 이 관찰은 당시 지배적 사고였던 '존재의 대사슬(자연의 사다리)'에 상당히 잘 들어맞았다. 만약 성체를 더 완전한 존재자 순으로 배열할 수 있다면, 그 배아도 마찬가지의 순서로 배열할 수 있지 않을까? 배아는 원시적인 형태로부터 미숙한 완전성으로 진행되는 단계가 아닌가? 분명히 아가미는 어류의 단계를 나타내며, 이보다 이른 배아 단계는 더 원시적인 유형들의 발생 반복을 보인다.

그 결과 메켈-세레스의 법칙이라고도 불리는 발생 반복 이론이 출현하였다. 이 법칙에 따르면 유기체는 개체발생 과정 동안 그 조상들이 지나온 계통발생 단계를 되풀이한다. 다윈 이전에는 아직 진화적 사고가 정립되지 않았지만 발생 반복 이론은 자연의 사다리 높은 곳에 위치하고 있는 유기체가 개체발생 과정 동안 그 이전의 유기체들의 계통발생 과정을 거친다는 널리 받아들여지던 생각과 잘 맞아 떨어졌다.

폰 베어는 사다리의 '낮은' 위치에 있는 유형과 일부 개체발생적 단계 사이의 유사성이 있다는 점을 인정하기는 했지만, 진화적 해석은 단정적으로 거부하였다. 그에게 초기 단계들은 단지 더 단순하고 동질적인 것이고 후기 단계들은 더 전문화되고 이질적인 것이다. 개체발생이란 모두 단순한 것으로부터 복잡한 것으로의 이행이다. 이를 '폰 베어의 법칙'이라 부른다. 폰 베어는 목적론적 해석의 상당 부분을 받아들였지만 다윈의 공통조상이론은 받아들이지 않았다.

상황은 에른스트 헤켈Ernst Haeckel에 와서 달라졌다. 누구보다도 발생의 발생 반복 측면을 강조한 헤켈은 낭배의 단계가 무척추동물의 진화와 대응하고, 그 후의 발단 단계는 더 '고등' 유기체가 가진 '유형'의 진화에 대응된다고 제안했다. 다윈의 《종의 기원》이 출간된 지 얼마 되지 않아 헤켈은 "개체발생은 계통발생은 반복한다."를 '근본적인 생물 발생 법칙'으로 선언하였다. 이 주장은 비교발생학에서 엄청난 관심을 불러일으켰고, 개체발생 연구자들은 그들의 모든 발견이 헤켈의 주장을 입증하는 것이라고 생각했다. 19세기 후반 몇 해 동안 발생학은 발생 반복 연구로부터 얻어진 증거의 도움을 받아 공통조상을 연구하는 학문이 되었다.

하지만 대체로 발생학자들은 폰 베어의 법칙을 지지하며 발생 반복 이론, 특히나 그 극단적인 입장을 거부하는 경향이 있었다. 이런 입장을 선택한 이유는 상당 부분 이론적인 것이었다. 그들은 왜 배아가 조상의 단계들을 밟아야 하는지에 대한 어떤 확실한 근거도 마련할 수 없었고, 폰 베어가 주장한 것처럼 단순한 것이 복잡한 것으로 진행한다는 이론에 더 편안함을 느꼈다. 실로 배아는 일반적으로 성체보다 더 단순하며 덜 분화되었다. 그러나 폰 베어의 지지자들은 아가미와 같은 발생 반복에 대한 징후들이 완결된 발생보다 결코 단순하지 않다는 사실을 무시했다. 폰 베어의 법칙은 발생 반복을 은폐했을 뿐이지 설명하지 않았다.

발생유전학

19세기의 마지막 사반세기에 발생은 생물학의 다른 분과에 의해 연구되었다. 이 분과는 종국에 유전학이라고 불리게 된다. 그러나 이 새로운 분야는 동질적이지 않았다. 유전에 대한 연구는 두 개의 분과로 나눠진다. 하나는 후에 전달유전학이라고 불렸고, 다른 하나는 발달유전학 또는 생리유전학이라고 불렸다. 한 세대에서 다음 세대로 유전적 요인이 전달되는 양상을 연구하는 멘델유전학은 전적으로 전달유전학이었다. 반면 발생유전학은 유기체의 개체발생 과정에서 유전적 요인의 영향을 다뤘다. 바이스만과 같은 몇몇 학자들은 유전학의 이러한 두 측면을 구분하지 못했다. 이는 상당 부분 유전학에 대한 초기의 오해에서 비롯되었다. 모건이 이룬 업적은 두 분과를 명확하게 구분하고 자신의 연구를 전달유전학의 영역으로 엄격하게 제한한 것이다.

같은 시기에 또 다른 연구자들이 발생유전학에 집중을 하고 있었다. 리처드 골드슈미트(1938)가 처음으로 이 분야의 주요 저작물을 출간하였다. 이 분야에서 당시 언급되던 연구의 대부분은 사변적이었다. 분자생물학이 출현하고 나서야 발생유전학이 성숙하기 시작하였다. 그러나 웨딩턴Waddington이나 슈말하우젠Schmalhausen이 발간한 초기의 출판물들에서 이미 현대 발생유전학에서 연구하는 주제 대부분의 윤곽이 나타나고 있다.

에이버리Avery(1944)가 유전적 정보의 운반자가 DNA라는 것을 증명했을 때 발생유전학은 새로운 시기를 맞았다. DNA는 유기체를 구성하는 단백질 산물들을 조절한다. 그러므로 발생이란 개체발생 과정 동안 여러 종류의 단백질을 생산하고, 기관과 장기를 합성하기 위해 이 단백질들은 극도로 특이적인 방식으로 조합하는 과정이다. 현대 유전학의 개척자들은 유전자와 발생 사이의 연관성을 잘 인식하고 있었지만 발생학과 유전학을 종합하는 것에는 성공하지 못했다. 사실 그들은 이를 진지하게 시도해보지도 않았다.

고전 유전학은 유전자 각각을 강조한다. 그러나 당시에는 돌연변이 연구, 특히 해롭거나 치명적인 돌연변이에 대한 연구를 통해서만 발생에 유전자가 어떤 기여를 하는지 결정할 수 있었다. '야생형wild type'으로 불리는 정상적인 유전자가 발생에 어떻게 기여하는지 연구하는 방법이 없었던 것이다. 실제로 불량 유전자 분석은 1930년대부터 발생유전학에서 선호되던 방법이다. 이러한 분석은 대부분 돌연변이를 포함하고 있는 특정한 조직이나 배엽에 한정되었으므로 그 결과도 대단할 것이 없었다. 또한 이 분석은 대부분의 돌연변이가 정상적인 유전자 산물을 만들어내는 데 실패한다는 것을 보여주었지만 그것의 생화학적 본성을 이해하는 데 도움을 주지는 못했다.

비록 유전자 산물의 생화학적 본성은 밝혀지지 않았지만, 이 연구들은 특정 유전자가 일반적으로 발생 과정에서 특정한 조직의 특정한 단계에서만 활성화된다는 것을 분명하게 증명하였다. 이러한 발견으로 볼 때 발생이란 유전자의 순차적 발현으로 기술할 수 있을 것이다.

분자생물학의 영향

분자유전학은 유전자가 단백질이 아니며, 배아 발생을 구성하는 재료도 아니라는 것을 밝혀냈다. 그리고 유전형이란 배아를 구성하기 위해 필요한 명령들의 집합이라는 것을 보여주었다. 이러한 깨달음은 발생유전학의 방법론과 개념 체계에 심대한 영향을 끼쳤다. 1960년대와 1970년대에 유전자 작용에 대한 세부 사항들이 해명되기 시작했을 때 왜 이전의 설명 체계가 충분하지 못했는지 그 이유가 분명해졌다.

유전자는 단백질을 전사하는 엑손과 단백질 합성 이전에 제거되는 인트론뿐만 아니라 효소를 만드는 구조유전자와 조절유전자, 그리고 측면순서 flanking sequence로 구성된다. 1880년대부터 조심스럽게 제안되어 왔듯이, 유전자는 단백질이 필요할 때마다 켜졌다가 꺼질 수 있다는 가설이 마침내 확실해졌다. 더욱이 분자 혁명은 유전자가 만드는 단백질에 의해서 세

포가 특징지어진다는 사실을 우리가 인식할 수 있도록 도움을 줬다.[9]

핵에 있는 DNA는 메신저 RNA를 통해 폴리펩티드와 단백질로 번역되며, 이 모든 기구들이 세포 환경과 계속해서 상호 작용한다. 이 시스템은 예상보다 훨씬 복잡한 것으로 드러났다. 발생생물학의 이상은 다음과 같다. (1) 발생에 관여하는 모든 유전자를 발견하는 것. (2) 유전자 산물의 화학적 본성과 발생 과정에서의 역할이 무엇인지를 포함해, 각각의 유전자가 기여하는 바가 무엇인지 결정하는 것. (3) 각 유전자가 언제 활성화될 것인지 그 타이밍을 제어하는 조절 메커니즘을 분석하는 것. 놀랍게도 발생유전학을 연구하는 과학자들은 특정 유기체에 대해서는 이러한 목표를 상당 부분 성취해냈다.

결정 발달을 하는 선충과 초파리와 같은 유기체 연구에서 엄청난 진보가 있었다. 예를 들어 예쁜 꼬마 선충에서는 1000개 이상의 돌연변이를 가진 100개 이상의 유전자가 발견됐다. 더욱이 이러한 유전자의 DNA가 대부분 식별되었고 또 그 정확한 염기쌍 역시 포착되었다. 예쁜 꼬마 선충의 성체는 810개의 체세포를 가지고 있다. 세포 계보 연구를 통해 어떤 기관이 어떤 난할 세포에서 갈라져 나왔는지를 결정하는 것이 가능해졌다.

결정 발달을 하는 또 다른 유기체인 초파리는 엄청난 수의 유전자를 가지고 있다는 단점이 있어 사례 연구로 적합하지 않지만 이를 상쇄할 만한 유전적 장점과 형태학적 장점을 가지고 있다. 무엇보다도 현대 발생학 연구가 시작됐을 때 이미 초파리 돌연변이에 대한 엄청난 목록을 이용할 수 있었다. 염색체에 있는 유전자 위치도 밝혀졌다. 또한 초파리의 침샘염색체는 돌연변이의 본성을 해명할 수 있게 했다.

그러나 가장 중요한 것은 초파리가 체절 유기체라는 점이다. 유전자 분석을 통해 연구자들은 어떤 유전자가 어떤 체절의 발달에 기여하는지를 포착할 수 있었다. 초파리에는 5개의 머리 마디와 3개의 가슴 마디, 8개에서 11개의 배 마디가 있다. 현재 다수의 유전자가 특정한 마디 혹은 마디의 집단에 영향을 미치는 것으로 알려졌다. 이러한 유전자 중 어떤 유전자가 무엇을 하는지 상당 부분 밝혀졌다. 특히나 흥미로운 것은 동일한 좌위에 있는 다른 대립유전자들의 결과를 비교하는 것이었다.

척추동물과 같이 조절 발생을 하는 유기체의 유전적 분석은 상대적으로 많은 발전을 이루지 못했다. 이러한 동물들의 세포는 발생의 16세포기에서 32세포기에 이르기까지 특화되지 않는다. 아마도 표현형에 유해한 변화를 가져오는 돌연변이를 연구하는 인간의 유전적 질병 연구가 인간의 발생에 대한 이해에 가장 큰 기여를 했을 것이다. 이를 통해 특정한 염색체에 발생 확률이 높은 돌연변이를 할당하는 것이 가능해졌다. 아마도 인간 게놈 프로젝트를 통해 종국에는 모든 돌연변이의 위치가 밝혀질 것이다. 그러나 조절을 통해 진행되는 발생의 본성, 빈번한 유도 작용, 특정 세포복합체의 엄청난 이동을 고려했을 때 특정 유전자와 표현형의 발달 사이에 일대일 관계가 성립한다고 하기는 어려울 것이다. 조절 발달을 하는 유기체의 발생 체계는 결정 발달을 하는 유기체보다 훨씬 복잡하다. 우리는 일반적인 결론에 만족해야만 할지도 모른다.

분자발생학에서 가장 흥미진진한 발견 중 하나는 특정 유전자 군이 먼 친척 관계에 있는 동물군에까지 널리 분포하고 있다는 발견이었다. 혹스 유전자Hox genes로 불리는 이 유전자 군들은 초파리에서 최초로 발견되었다. 그리고 서열 분석을 통해 쥐, 양서류, 선충과 같은 다른 동물에서도 혹스 유전자가 발견되었다. 예를 들어 척추동물에는 네 개의 혹스 유전자 군이 있다. 이 혹스 유전자 군들은 어떤 특정한 구조보다는 유기체 내부의 상대적 위치를 암호화하고 있는 것으로 보인다. 혹스 유전자는 또한 강장

동물, 편형동물, 절지동물, 연체동물, 극피동물을 포함해 대부분의 무척추동물에서 발견되었다. 발생을 조절하는 다수의 유전자와 함께 특정한 수의 혹스 유전자 군이 동물의 문 사이에서 너무도 넓게 분포되어 있어서 슬랙과 그 동료들(1993:491)은 이러한 유전자 집합을 '동물형zootype'이라고 부르며 이것이 선조인 후생동물이 소유하던 유전자형의 일부분을 반영하는 것이라고 제안하였다. 이런 유전자 집합은 분명 매우 오래된 계통발생학적 시간과 관련이 있다. 이 유전자들 중 어떤 유전자가 동물의 선조인 원생생물에서 발견될지는 아직 알려지지 않았다.

발생생물학과 진화생물학

한동안 대부분의 유전학자는 진화란 단지 유전자 빈도의 변화라고 생각했다. 이 시기에 대진화적 변화에서의 발생의 역할은 무시되었다. 최근에 와서야 다시 이와 같은 발생의 매우 흥미로운 측면이 강조되기 시작하였다.

선택의 주된 대상인 개체는 발생 과정에서 유전자와 유전자 그리고 유전자와 환경이 상호 작용한 결과물이다. 그리고 이러한 상호 작용은 진화적 변화의 허용 가능한 범위를 한정한다. 대부분의 종이 나타내는 표현형의 통일성이 이러한 사실을 보여준다. 특정 종의 표준적인 유형과는 다른 형태들은 안정화 혹은 정상화 선택을 통해 제거될 것이다.[10](9장 참고) 이러한 발생적 제약들에 대한 연구는 현대 발생생물학에서 흥미를 끄는 주요한 분야 중 하나다.

서로 다른 유전자와 유전자 군은 접합자 발생의 각기 다른 단계에서 작동한다. 발생생물학자들은 오랫동안 발생 과정의 마지막쯤에서 일어나는 유전자 활동이 최근의 계통발생에서 획득된 것인 반면 초기에 일어나는 유전자 활동은 '가장 오래된' 유전자라고 믿어왔다. 예를 들어 최근에 획득한 유전자에서 발생한 돌연변이는 성적 이형성 정도의 변화나 격리 메커니즘의 행위적 요소에 영향을 미치는 식의 변화를 통해 표현형에 작은 변화만을 가져올 것이다. 반면 초기 유전자의 돌연변이는 전체 발생 과정에 근본적인 변화를 가져올 것이고 따라서 대부분 해로울 것이다.

이러한 개념을 문자 그대로 해석하는 것에 대해 많은 반론이 제기되었다. 하지만 그것이 아마도 원리적으로 타당하다는 것을 암시하는 다수의 발견이 있었다. 만일 그렇다고 한다면 우리는 캄브리아기 이후의 구조적 유형이 상대적으로 안정성을 가지는 것에 비해, 후생동물의 유전형이 출현한 지 얼마 되지 않았던 선캄브리아기와 초기 캄브리아기에 새로운 구조적 유형의 생물이 많이 출현한 것 등의 다양한 진화적 현상을 설명할 수 있다. 또한 이는 왜 진화적 혁신이 종종 구조의 기능 변화 때문에 일어나는지를 설명한다. 이러한 기능의 변화는 최소화된 유전형의 재구조화만을 필요로 한다는 장점을 가진다.

또한 모든 개체가 어느 정도 통합된 시스템으로서 선택에 반응하는 발생시스템이라는 인식은 오랫동안 발생학자들을 괴롭혀 온 두 가지 진화적 현상을 설명한다. 그 첫 번째는 흔적구조vestigial structure의 존재다. 대부분의 유전자와 유전자 군은 표현형에 광범위한 영향을 미친다. 때문에 한 유전자 군이 관여하는 다수의 표현형 중 하나가 더 이상 자연선택에 의해 지지되지 않는다 해도 이를 조절하는 유전자가 여전히 다른 기능을 가지고 있는 한 흔적형질은 사라지지 않을 것이다. 흔적형질은 자연선택에 의해 유지되는 것이다. 두 번째 진화적 현상은 발생 반복이다.

발생 반복에 대한 재고찰

현대 생물학자들이 받아들일 수 있는 용어로 발생 반복을 설명하기 위해서는 새로운 토대 위에서 출발해야만 한다. 미켈-세레스 원리는 이상주의적 형태학이 지배적인 영향력을 미치던 시기에 제안되었다. 발생 반복설을 제안한 헤켈과 그 지지자들은 조류나 포유류가 어류와 정확히 동일한 배아 단계를 거치지 않는다는 것을 잘 알고 있었다. 발생 반복설의 주창자들은 반대자들이 그들을 비난하는 것과 달리 포유류나 조류의 배아 단계가 양서류 혹은 조류의 '성체' 단계와 정확히 동일하다고 주장하지 않았다. 오히려 그들은 배아 단계가 그 조상들의 '영속적인' 단계를 닮았다고 주장했다. 여기에서 그들이 '영속적'이라는 단어를 통해 의미한 바는 더 앞에 오는 개체발생 단계가 선행하는 원시형을 나타낸다는 것이다.[11] 사실 이 발생 반복론자들은 더 앞에 오는 개체발생 단계가 종종 성체 단계보다 진화적으로 더 발전했다는 점을 지적했다. 이런 주장은 몇몇 해양생물이나 기생동물의 유충과 같이 유충 단계가 특별한 삶의 양식으로 채택된 유기체에서 특히 잘 맞는다.

발생 반복 이론을 평가하는 데 있어 두 가지 질문을 반드시 구분해야만 한다. (1) 개체발생 단계는 조상 유형의 개체발생 단계와 유사한가? 즉, '발생 반복'이 실제로 일어나는가? (2) 만약 그렇다면 왜 발생 반복이 일어나는가? 왜 이런 조상의 개체발생 단계가 지속되는가? 첫 번째 질문에 대한 답은 '그렇다'는 것이다. 하지만 두 번째 질문의 경우 다음과 같이 묻는 것이 정당할 것이다. 왜 포유류는 곧바로 목 부분을 발달시키지 않고 아가미활gill arch 단계라는 우회로를 거치는 것인가? 그 답은 표현형이 특정 유전자에 의해 배타적이며 직접적으로 엄격하게 통제되지 않고 유전형과 세포 환경 사이의 상호 작용을 통해 발달하기 때문이다. 개체발생의 특정 단계에서 발생의 그 다음 단계는 유전형의 유전적 프로그램과 그 단계의 배아를 구성하는 '체세포 프로그램somatic program' 모두의 통제를 받는다. 예를 들어 이런 도식을 아가미활 문제에 적용해보면 아가미활 시스템은 조류와 포유류의 목 부분의 연속적인 발달을 위한 체세포 프로그램이라 할 수 있다(Mayr 1994).

'체세포 프로그램'이 새로운 용어임에도 불구하고 이러한 해석은 백 년도 전에 제시된 것이다. 발생의 특정 단계가 부분적으로 이전의 단계에 의해 통제된다는 생각은 오랫동안 지속된 발생생물학의 근본적인 생각 중 하나다. 따라서 관념적인 형태학의 유형주의적 사고를 배제한다면 발생 반복론에 의문스러운 점은 없다.

유기체의 복잡성과 그 집단 사이의 다양성에도 불구하고 모든 동물의 발달초기에는 배엽의 발달과 형성(장배형성)에서 엄청난 유사성을 보인다. 왠지 나는 이 단계가 조상이 가진 조건들에 대한 발생 반복을 보여준다는 느낌을 억누를 수 없다. 헤켈의 호사스런 이론 때문에 이러한 생각은 상당히 인기가 없어졌지만 주어진 사실들을 냉철히 검토해봤을 때 더 나은 해석이 나오지는 않는다.

어떻게 진화적 발전이 일어나는가?

발생시스템은 너무도 단단히 엮여 있어 생물학자들은 종종 이를 유전형의 '응집'이라고 부른다. 진화생물학자에게 문제는 어떻게 이런 응집성이 발생했고 또 어떻게 그것이 깨져 주요한 새로운 진화적 발전이 가능했냐는 것이다.

1954년에 내가 제안한 한 모형에 따르면 진화는 거대하고 밀도가 높은 종에서 오히려 느리게 일어나는 반면 가장 급격한 진화적 변화는 주변으로부터 격리된 소규모의 창시자 개체군에서 일어난다.[12] 발생의 용어로 표현하면 거대하고 밀도가 높은 종은 발생적으로 안정적인 반면 규모가 작은 창시자 개체군은 안전성이 부족해 매우 빠른 유전적 재구성을 통해 새로운 표현형으로 빠르게 변화하게 한다. 엘드리지와 굴드(1972)는 '단속 평형'이라는 용어를 이용해서 이런 모형을 받아들였고 밀도 높은 종의 발생적 정체기가 수만 년 동안 지속될 것이라고 제안하였다. 계속된 탐구결과, 실제로 많은 종에서 이러한 현상이 나타난다는 것이 입증되었다. 이러한 모형은 아주 분명하게 대진화에서 발생의 중요성을 강조하였다. 하지만 그것은 왜 특정 종의 유전형이 상당히 안정적인 반면 다른 종의 유전형은 빠르게 변화할 수 있는지를 설명하지 못했다. 이러한 차이는 오늘날에도 여전히 해명되지 않았다.

이러한 모형은 1930년대 초에 피셔와 홀데인이 제안한 모형과 정확히 반대된다. 피셔와 홀데인의 관점에 따르면 진화적 변화의 비율은 개체군이나 종이 나타내는 유전적 변이율과 상관관계를 갖는다. 그러므로 더 크고 밀도가 높은 종이 더 빠르게 진화한다. 계속 진행된 모든 연구는 피셔와 홀데인의 가설을 분명하게 논박했다. 그와 반대되는 나의 해석은 밀도가 높은 종에서 더 많은 상위 상호 작용이 일어나며 새로운 변이나 재조합이 종 전체로 퍼지는 데 오랜 시간이 걸려 진화가 더 느리게 일어난다는 것이다. 훨씬 적은 수의 개체들을 가지고 있기 때문에 변이가 덜 은폐되는 창시자 개체군은 보다 쉽게 다른 유전형, 비유적으로 표현하면 다른 적응 정점adaptive peak으로 옮겨갈 수 있다. 변이나 유전적 재조합을 통해 야기되는 개체군과 종에서 나타나는 진화율의 변화를 '이시성heterochrony'이라고 부른다.

계층 조직을 가지는 발생 과정의 모든 단계에 상당한 유전적 변이가 존재한다는 것은 이제 잘 알려져 있다. 밀크맨Milkman(1961)은 단일한 표현형적 형질의 발현과 관련해서 기이한 유전적 변이가 자연 개체군에 얼마나 많이 있을 수 있는지 유려하게 기술한 바 있다. 이러한 변이들은 자연선택이 발생 과정에 영향력을 행사하는 것을 가능하게 한다. 명백히 많은 형태학적 특징이 생리적 작용과 밀접한 상관관계를 맺고 있다. 다면발현성의 생리적 과정에 대한 선택압은 종종 다른 방법으로는 설명할 수 없는 형태학적 변화에 대한 원인이다.

발생학자들은 다른 지리적 품종들이나 가까운 유연관계가 있는 종들에서 나타나는 발생 과정의 변화를 비교해서, 어떤 발생적 변화가 근접한 유연관계가 있는 종에서 가능하고 가능하지 않은지를 보여줄 수 있어야 할 것이다. 불행하게도 이런 연구와 관련해서 발생생물학자들의 전통적인 방법은 그들이 실제로 선호하지는 않았을지라도 유형적 사고를 허용했다. 다윈주의적 개체군 사고는 좀처럼 그들의 탐구에서 요구되지 않았다. 웨딩턴과 같은 소수의 사람들만이 변이의 존재를 인정하였고 발생생물학자들 사이에서 개체군 사고의 수용은 느리게 진행되고 있다. 과거 발생생물학자들은 병아리, 개구리, 초파리와 같은 실험실에서 사용하는 모형 시스템에 따라 자신들의 분석을 택하고 표현형에서 직접적으로 유전자 수준으로 나가는 경향이 있었다. 최근까지도 그들은 대부분의 대진화적 사건의 기폭제, 즉 지리적 변이를 가져오는 경로를 이용하는 데 실패했다.

하지만 다른 어떤 생물학 분과도 발생생물학만큼 생명과학의 독특한 설명 방식을 모범적으로 대표하는 분과는 없다. 발생생물학은 발생 과정에 각각의 유전자가 기여하는 바를 밝혀내려는 목표를 가진 굉장히 분석적인 학문인 동시에 굉장히 전일론적인 학문이다. 실현 가능한 발생은 유전자와 조직 사이의 상호 작용을 담고 있는 전체 유기체에 의존하기 때문이다.

유전적 프로그램을 해독하는 일은 개체발생 과정의 근접인과를 나타낸다. 반면 유전적 프로그램의 내용은 궁극(진화적)인과의 결과다. 이러한 요소와 인과관계의 풍부함이 생명 세계가 가지는 아름다움이자 매력이다.[13]

'왜'의 문제: 유기체들의 진화
"Why?" Questions: The Evolution of Organisms

중세는 물론이고 거의 다윈의 시대에 이르기까지 세계는 불변하며 짧은 시간 동안만 지속된 것으로 믿어져 왔다. 그러나 이러한 기독교적 세계관에 대한 신뢰는 이미 일련의 과학 발전에 의해 몇몇 방면에서 약화되었다. 과학 발전의 첫 번째 순간을 장식한 코페르니쿠스 혁명은 지구와 그 거주자인 인간을 우주의 중심에서 밀어냈고, 그 과정에서 성서의 모든 말씀을 문자 그대로 해석해서는 안 됨을 증명했다. 두 번째는 지질학자들의 탐구로 인해 지구의 긴 연대가 드러났던 것이다. 세 번째가 지구의 생물상이 창조 이래로 변하지 않았다는 이론을 논박하는 멸종한 동물군의 화석이 발견된 것이다.

그러나 단기간만 존재했고 불변하는 세계라는 이론을 뒤집는 이런 증거들과 그 추가 증거들(그리고 점진적 진화를 다룬 라마르크의 잘 발전된 이론이나 뷔퐁과 블루멘바흐, 칸트, 허튼 그리고 라이얼의 글에서 표현된 의심들)에도 불구하고 1859년까지도 다소 성서적인 세계관이 우세했다. 이런 믿음은 일반인들뿐만 아니라 상당수의 자연학자와 철학자 사이에서도 흔히 통용되었다. 장기간에 걸쳐 끝없이 변화하는 세계를 가정하는 진화론의 확립을 위해서는 길고 긴 일련의 발전이 선행되어야 했다. 오늘날의 우리에게는 이상하게 들릴지 모르지만 진화라는 개념은 당시의 서양 세계에는 이질적인 것이었다.

'진화'의 다양한 의미들

'진화'라는 말은 찰스 보네Charles Bonnet가 배아 발달(8장 참조)에 관한 전성설에 사용하면서 과학에 소개되었다. 그러나 이 용어는 발생생물학에서 더 이상 그런 의미로 사용되고 있지 않다. 진화는 지구상의 생명의 역사에 관한 세 가지 개념에 사용되기도 했는데 아직도 그중 하나에 사용된다.

변성돌연변이진화transmutational evolution 또는 변성돌연변이설transmutationism은 주요한 돌연변이나 격변을 통해 새로운 유형의 개체가 갑작스럽게 생겨나는 것을 가리킨다. 이 개체는 후손을 남김으로써 새로운 종의 조상이 된다. 격변이라는 개념은 비록 진화의 관점에서는 아니었지만 이미 그리스인들이나 피에르 모페르튀이Pierre Maupertuis(1750)가 제안했던 것이다. 다윈의《종의 기원》의 출판 후에도 격변의 개념은 자연선택론을 받아들일 수 없었던 다윈의 친구인 토머스 헉슬리를 포함해서 많은 진화론자에 의해 채택되었다.

변형진화transformational evolution는 위와 대조적으로 수정된 난자가 성체로 발달하는 것과 같은 한 개체의 점진적 변화를 가리킨다. 모든 항성은 변형진화를 겪는다. 예를 들면 황색 항성이 적색 항성으로 변형되는 것이다. 지각구조에서 작용하는 힘으로 산맥이 융기한다거나 침식으로 인해 붕괴한다거나 하는 대부분의 무생물계의 변화가 일정한 방향성을 갖는다면 변형진화의 속성을 갖는 것이라고 볼 수 있다. 생명계에 대해서는 다윈의 이론에 앞섰던 라마르크의 진화론이 변형진화론이다. 라마르크는 진화가 두 가지 과정으로 이루어진다고 보았다. 적충류와 같은 단순한 유기체가 자연적으로 새롭게 기원하고 이런 유기체가 점진적 변화를 통해 더 고등하고 완벽한 종으로 변해간다. 《동물 철학Philosophie Zoologique》(1809)에 제시된 라마르크의 변형진화는 한때는 폭넓게 채택되었지만 다윈의 이론으로 대부분 대체되었다.

변이진화variational evolution는 자연선택을 통한 다윈의 진화론으로 대표되는 개념이다. 이 이론에 의하면 각 세대마다 어마어마한 양의 유전적 변이가 산출되지만 이 막대한 수의 자손 중 번식에 성공해 살아남는 것은 소수에 지나지 않는다. 환경에 가장 잘 적응한 개체들이 생존하고 번식에 성공할 확률이 가장 높다. 진화는 (1) 환경 변화에 가장 잘 대처할 수 있는 유전자형의 지속적인 선택(또는 차별적 생존), (2) 개체군 내부의 새로운 유전자형들 사이의 경쟁, (3) 우연에 기초한 확률적 과정으로 유전자 발생 빈도가 달라져 일어나는 개체군 구성의 지속적 변화라고 말할 수 있다. 모든 변화는 유전적으로 고유한 개체들의 개체군에서 일어난다. 그래서 개체군이 유전적으로 재조직화되는 진화는 필연적으로 점진적이고 연속적이다.

다윈의 초기 노트에 있는 글들을 보면 그가 시간과 공간이라는 진화의 두 차원을 아주 잘 알고 있었음을 볼 수 있다. 시간적 변형(계통진화)은 기존의 종이 새로운 형질을 습득할 때와 같이 적응성의 변화를 다룬다. 그러나 이 개념 단독으로는 결코 유기체의 놀라운 변화들을 설명할 수 없다. 계통

진화를 통해 다수의 종으로 증가할 수는 없기 때문이다. 이를 설명하기 위해서는 공간 속의 변화(종분화와 계통의 증가)를 추가해야 한다. 이는 부모 개체군을 넘어서는 다양한 새로운 개체군의 형성과 이러한 개체들이 새로운 종을 이루며 마침내는 더 상위의 분류집단으로 진화해가는 것을 다룬다. 이러한 종의 증가를 종분화라고 한다.

라마르크는 진화의 지질학적(종분화적) 측면에 대해서는 아무런 할 말이 없었다. 실제로 그는 변형진화론자로 자연발생설을 받아들였기에 '종들이 어떻게 증가하는가?'라는 문제의 의미조차 깨닫지 못했던 것 같다. 심지어 다윈도 후기 저작에서는 이 주제를 무시했다. 고생물학자들은 다윈의 시대와 그 이후로도 수십 년간 계속해서 계통진화만이 의미를 갖는 유일한 진화라는 생각을 고수했다. 1930년대와 1940년대에 도브잔스키와 마이어의 저작을 통해 비로소 진화는 시간 속의 변형인 동시에 공간 속의 변형이기도 하다는 사실이 강조되었다. 종분화를 통한 유기체의 다양성에 대한 기원은 계통 내에서 적응된 변화만큼이나 진화생물학의 중요한 관심사가 되었다.

다윈의《종의 기원》은 변이진화의 상이한 측면을 다음과 같은 다섯 가지 주요 이론으로 확립했다. (1) 유기체들은 시간을 통해 꾸준히 진화한다(아마 사람들이 진화론 그 자체로 일컫는 내용일 것이다). (2) 상이한 종류의 유기체들이 공통조상으로부터 내려온다(공통조상이론). (3) 종들은 시간이 흐르면서 증가한다(종증가이론 또는 종분화). (4) 진화는 개체군의 점진적 변화를 통해 일어난다(점진주의이론). (5) 진화는 한정된 자원을 놓고 엄청난 수의 독특한 개체들이 벌이는 경쟁을 통해 이루어지며 이로 인해 생존과 번식에서 차이가 생긴다(자연선택이론).

다윈의 진화론

다윈은《종의 기원》에서 동물들이 시간에 따라 진화한다는 이론을 뒷받침하는 다수의 증거를 제시했다. 그 후 수십 년간 생물학자들은 진화가 일어났다는 사실을 지지해주는 전혀 모순이 없는 풍부한 증거를 찾고 발견했다. 다윈 이래 125년이 넘는 동안 발견된 증거들이 너무나 압도적이라 생물학자들은 진화를 더 이상 이론이라 하지 않고 지구가 태양 주위를 돈다거나 지구는 평평한 것이 아니라 둥글다는 것만큼이나 잘 확립된 자명한 사실로 생각한다. 도브잔스키가 말한 것처럼 "진화론의 관점에서 보지 않으면 생물학의 어느 것도 의미가 없다." 진화를 자명한 사실로 인정한 진화론자들은 더 이상 증거를 찾기 위해 시간을 투자하지 않는다. 이들이 지난 130년간 축적된 진화를 옹호하는 강력한 증거들을 모아보려고 애쓰게 되는 때는 단지 창조론자들을 논박할 때뿐이다.

생명의 기원

다윈의 진화론에 대해 제기된 초기의 반론 중 하나는 비록 다윈이 다른 유기체들로부터 새로운 유기체가 나오는 것을 설명했다 하더라도 생명이 무기물에서 비롯되는 과정을 설명하지는 못했다는 것이다. 루이 파스퇴르와 다른 이들은 산소가 풍부한 대기 속에서 자연발생이 일어나는 것이 불가능함을 증명하는 연구들을 수행했다. 이는 생명의 발생에 어떤 초자연적 기원, 즉 신을 필요로 한다는 생각을 강력하게 지지하는 것으로 보였다.

　나중에 생명이 발생한 지구의 초기 대기 속에는 오늘날과 달리 산소가 없었다는 사실(또는 그저 흔적만 있다는 것)이 발견되었다.[1] 스탠리 밀러Stanley Miller(1953)는 플라스크 속에 메탄, 암모니아, 수소, 수증기 등 혼합기체를 넣고 전기 자극을 가해 아미노산, 요소, 그리고 다른 유기분자들을 얻을 수 있음을 보여주었다. 지구 대기에 산소가 없었을 때는 이런 유기분자를 축적할 수 있었을 테고, 실제로 나중에 운석과 성간에서 유사한 분자들을 발견했다.

생명, 특히 단백질과 RNA가 이러한 유기분자들의 조합에서 어떻게 출현했는가를 설명하는 많은 가설이 있다. 이러한 생명 발생에 관한 시나리오들의 일부는 상당히 설득력이 있긴 하지만 중간 단계의 화학적 화석이 없어서 옳은 가설을 골라낼 방법은 없다. 최초의 유기체들은 종속영양 생물들로 추정된다. 즉 주변 환경에서 얻을 수 있는 생명 전 단계의 유기화합물을 이용해 생명 작용을 했을 것으로 보인다. 유기체들은 단백질이나 핵산 같은 더 큰 거대분자들을 만들어야 했지만 처음부터 아미노산, 퓨린, 피리미딘, 당을 직접 합성할 필요는 없었다. 자연적으로 형성된 가장 단순한 유기화합물이 반응을 통해 중합체를 형성하게 되고 마침내는 훨씬 거대한 복잡성을 가진 복합체를 이루게 되었다.

생명의 기원이 아주 복잡한 주제인 것은 틀림없지만 이제 더 이상 수수께끼는 아니다. 사실상 물리화학의 법칙을 토대로 무기물로부터 생명의 기원을 설명하는 데 근본적인 어려움은 이제 없다.

다윈의 공통조상이론

다윈은 1830년대에 비글호 여행에서 돌아온 후 갈라파고스 제도에 있는 세 종류의 앵무새가 남아메리카 대륙의 동일한 앵무새 종으로부터 유래했다고 결론지었다. 한 종이 다양한 자손 종들을 산출할 수 있다는 말이다.

이 발견으로부터 앵무새들 모두가 공통된 조상을 갖는다는 가설이 쉽게 유도된다. 그리고 결국은 모든 생명이 공통된 조상에서 나왔다고 말할 수 있다. 모든 유기체의 개체군은 하나의 공통된 조상에서 유래했다. 다윈의 이론이 새로웠던 점은 그가 18세기에 그토록 널리 지지되었던 '자연의 사다리'의 단선적인 모양과 대비되는 다양한 가지를 갖는 계통수를 제안한 점이다.

다윈의 이론은 그때까지 단순한 흥밋거리나 창조주의 계획에 대한 증거로 기록될 수밖에 없던 많은 생물학적 현상을 설명함으로써 설득력을 얻었다. 우선 다윈의 공통조상이론은 비교해부학자들, 특히 퀴비에와 오웬이 발견한 사실을 설명해주었다. 유기체들이 공동의 '바우플란bauplan'(또는 구조적 유형이나 형태적 유형)에 따라 구성되며 각 개체군은 정해진 유형으로 재구성될 수 있는 명확한 원형을 갖게 된다는 것이다. 공통조상을 통한 진화론은 또한 린네의 계층구조와 생물상의 지질학적 분포 유형을 아주 설득력 있게 설명했다. 모든 대륙으로 유기체들이 점차 퍼지면서 새로운 정착지에 적응해나가는 과정에서 이런 유형이 나타남을 밝힌 것이다.

공통조상은《종의 기원》의 출판 이래 다윈의 진화적 사고방식의 이론적 틀이 되었다. 그것이 지닌 매우 비범한 설명의 힘을 생각하면 놀라울 것도 없다. 실제로 비교해부학, 비교발생학, 계통분류학, 그리고 생물지리학에 의해 드러난 공통조상의 증거들은 너무나 강력해 공통조상에 의한 진화의 개념은《종의 기원》출판 직후 10년 이내에 대부분의 생물학자에 의해 받아들여졌다.

다윈은 "모든 식물과 동물은 생명이 처음 나타난 하나의 형태로부터 유래했다."라고 명시했다. 하지만 공통의 기원을 얼마나 확대할 수 있는가 하는 문제는 초기의 논쟁거리였다. 곧 식물과 동물의 특징을 모두 가진 원생생물이 발견되었는데 그 양상이 너무나 다양해서 이 중간적인 생명체의 일부는 분류하는 데 아직도 이견을 빚고 있다. 공통조상이론은 20세기에 분자생물학자들이 핵이 없는 박테리아조차도 원생생물, 곰팡이, 동물, 식물과 동일한 유전암호를 가지고 있다고 밝히면서 정점을 이루었다.

공통조상이론은 분류학에 아주 고무적인 영향력을 미쳤다(7장 참조). 이 이론은 각 유기체 집단, 특히 격리된 종들의 근연종을 발견하고 그것들의 공통조상을 재구성하는 작업이 필요함을 제안했다. 이런 접근은 식물보다 동물에 더욱 시사적이었는데, 계통을 구성하는 것은 분명 후기 다윈 시대 동물학자들의 인기 있는 관심사였다. 특히 유연관계가 있거나 공통의 조상을 가진 것으로 추정되는 유기체들을 대상으로 모든 구조와 기관에 대해 상응하는 구조를 찾아 상동성을 밝히는 비교 연구가 성행했다. 두 형질이 그와 대응되는 직계 공통조상의 구조 혹은 형질로부터 계통발생학적으로 유래한 경우 이 두 형질은 상동적이라고 할 수 있다. 예컨대 파충류와 조류의 경우처럼 두 집단의 관계를 이런 식으로 설정할 수 있는 경우, 연구자들은 이 둘의 공통조상의 예측을 시도한다. 1861년에 발견된 시조새의 화석처럼 조류와 파충류의 특성을 동시에 갖춘 그런 '잃어버린 고리'가 화석으로 나타난 것은 매우 반가운 일이었다. 이것이 꼭 시조새가 직계 조상이라는 의미는 아니지만 어떤 단계를 거쳐 그 이행이 일어날 수 있었는지를 보여준다.

이런 연구들은 배아에 대한 비교 연구로 확장되었으며, 곧 헤켈이 특히 강조한 것처럼 개체의 발생과정은 흔히 조상들이 거친 것과 같은 단계를 거친다는 것이 발견되었다. 예를 들면 지구상의 모든 네 다리 동물은 개체발생 중에 원형 아가미 단계를 거친다. 말하자면 물고기 조상의 아가미를 반복해 발전시킨다는 것이다. 동물들이 자기 조상의 성체 단계를 개체발생 시에 반복한다는 것은 사실이 아니지만, 반복이론의 온건한 각색은 상당한 유효성을 갖는다(8장 참조).

동물의 계통수는 적절한 시기에 신뢰성 있게 재구성된 반면, 식물에 대해서는 이제야 분자생물학적 증거의 도움으로 작업이 진행되고 있다. 궁극적으로 이 방법은 워즈Carl Woese가 진정세균과 고세균 두 핵심 분류로 나눈 원핵생물에도 적용된다. 실제로 이 발견들은 모든 유기체에 대해서 새로운 분류 계획을 가능하게 한다(7장 참조).

인간의 기원

아마도 공통조상이론의 가장 중요한 결과는 인간 위치의 변화였을 것이다. 신학자와 철학자에게 공히 인간은 나머지 생명체와는 동떨어진 피조물이었다. 아리스토텔레스, 데카르트 그리고 칸트의 철학은 아무리 여러 면에서 다르더라도 이 점에서는 일치한다.《종의 기원》에서 다윈은 다음과 같은 은밀한 지적을 했다. "인간의 기원과 그 역사에 빛이 던져질 것이다." 그러나 헤켈(1866)과 헉슬리(1863) 그리고 (1871년에) 다윈 자신이 인간은 원숭이와 같은 조상으로부터 진화한 것이 분명하다고 결정적으로 증명해서 인간을 동물계의 계통수에 놓게 된다. 이것은 성서와 대부분의 철학자가 주장하던 인간 중심적 전통을 실질적으로 끝내버렸다.

다윈의 종증가이론

생물학적 종개념은 종을 서로 번식적으로 격리된 개체군의 집합으로 정의한다. 이 번식적 격리는 전통적으로 격리의 메커니즘으로 언급되어 온 불임의 장벽이나 행동의 상반성을 포함한 일정한 종적 특성에 의해 이루어진다. 이로 인해 영역을 공유하는 다양한 종들 간의 이종교배가 방지된다. 종분화의 문제는 개체군들이 어떻게 격리 메커니즘을 획득해 점진적인 진화를 이루게 되는가를 설명한다.[2] 이제 종분화의 지배적 과정이 지리적으로 격리된 개체군들의 유전적 차이를 나타내는 지리적 혹은 이소적 종분화라는 것은 보편적인 동의를 얻고 있다. 이것은 이역적 종분화dichopatric speciation와 주변지역성 종분화peripatric speciation의 두 가지 형태로 나타난다.

이역적 종분화는 이전에는 연속적이던 개체군의 서식지가 새로이 생겨난 장벽(산맥, 바다, 또는 식물상의 불연속성)에 의해 나뉘며 생긴다. 염색체의 상반성과 같은 순전한 우연이건, 또는 성선택의 결과(아래 참조)로 인한 행동의 기능적 변화이건, 생태적 변화의 우연적 부산물이건 간에 분리된 두 집단은 시간이 지나면서 점점 더 유전적으로 달라진다. 그리고 이런 차이의 결과로 격리 메커니즘이 획득되어 향후 두 집단이 다시 접촉하게 되더라도 완전한 다른 종으로 남는다. 새로운 종 대부분이 다시 접촉을 하기 전에 격리 메커니즘이 발달한다는 점은 거의 확실하다. 이차적 접촉이 성립된 후에도 격리를 확고하게 하기 위한 상당한 추가 조정을 거칠 수는 있지만 기본적인 격리 요소는 접촉 이전에 생겨난다.

주변지역성 종분화에서 창시자 개체군은 이전에 종이 서식하던 범위를 넘어서서 자리 잡는다. 수정된 하나의 암컷이나 소수의 개체에 의해 창시된 개체군은 부모 종의 유전자 중 단지 작은 부분만을 그리고 흔하지 않은 조합을 가질 것이다. 동시에 그것은 물리적 환경과 생물학적 환경의 변화 때문에 자주 새롭고 심각한 선택압에 노출된다. 그러한 창시자 개체군은 격렬한 유전적 변형을 겪으며 급속한 종분화를 겪을 수 있다. 더구나 창시자 개체군은 자신의 다양하지 않은 유전적 토대와 극적인 유전적 재구성으로 인해 대진화적 전개를 포함한 새로운 진화적 출발에 특히 유리한 위치에 오게 된다.

이러한 두 형태의 이소성 종분화에 더해 다른 시나리오들도 제안되었는데, 그중 일부는 실제로 일어날지도 모른다. 이런 제안들 중 가장 그럴듯한 과정은 동소적 종분화sympatric speciation다. 즉 부모 종의 개체들이 서식하는 범위 내에서 생태적 분화로 인해 새로운 종이 생겨나는 것이다. 반면 한 종의 서식지에 있는 생태적 절벽을 따라 두 종들 사이에 경계가 발달한다는 이른바 근지역성 종분화parapatric speciation가 일어날 가능성은 아주 희박하다.

다윈의 점진주의이론

다윈은 생전에 진화적 변화의 점진적 본성을 강조했다. 점진성은 라이얼의 동일과정설의 필연적 결과이기도 하지만 새로운 종이 갑자기 출현한다는 주장은 다윈이 보기에는 창조론에 너무 많이 양보하는 것이었다. 확실히 일정한 지역에서 모든 종은 다른 종들과 뚜렷한 경계를 갖는다. 하지만 다윈은 지리적인 대표 개체군과 대표 변종, 대표 종들을 비교할 때 어디서나 점진성의 증거를 보았다.

결국 진화는 개체군들 안에서 일어나며 유성생물 개체군은 결코 격변에 의해서가 아니라 단지 점진적으로만 변한다는 사실은 아마도 다윈보다 우리에게 더 명백한 것 같다. 배수성 염색체polyploidy와 같은 약간의 예외도 있으나 그것들은 대진화에서 결코 주요한 역할을 하지 않았다.

다윈의 점진주의에 대한 가장 흔한 반론은 그것이 완전히 새로운 기관,

구조, 생리학적 능력, 그리고 행동 유형의 기원을 설명할 수 없다는 것이다. 예를 들어 초보적인 날개가 어떤 과정을 통해 자연선택되어 실제로 날 수 있을 만큼 커질까? 다윈은 그러한 진화적 새로움을 가능하게 하는 두 과정을 제안했다. 그중 하나는 세베르초프A. N. Severtsoff(1931)가 기능의 강화라고 부른 것이다. 눈의 기원을 보자. 그렇게 복잡한 기관이 어떻게 자연선택으로 만들어질 수 있는가? 실제로 초기의 원시적 수용기관은 단순히 표피 위에서 빛에 감응하는 부분이었으며, 색소, 표피의 렌즈 같은 두꺼운 부위 그리고 눈의 다른 모든 부수적 특성은 진화 도중에 점진적으로 첨가되었다는 것이 밝혀졌다. 여러 무척추동물에는 아직도 다양한 중간적 단계들을 볼 수 있다. 그러한 기능의 강화는 예를 들어 두더지, 고래, 박쥐에서 나타나는 포유류 앞다리의 여러 가지 변형을 설명해준다.

그러나 진화적 새로움을 주는, 전적으로 다르고 훨씬 더 극적인 방식 하나는 한 기관의 기능이 변하는 것이다. 말하자면 물벼룩의 촉수 같은 기관이다. 이러한 기관이 새로운 선택압을 받아 커지고 변형되어 물갈퀴의 기능을 얻는다. 새의 깃털은 체온 조절에 쓰였던 파충류의 비늘에서 유래해 변형을 거쳐 새의 앞다리와 꼬리 쪽에서 비행과 관련된 새로운 기능을 획득했다.

기능의 계승이 일어나는 동안 한 기관은 항상 동시에 두 가지 일을 수행하는 단계를 거친다. 물벼룩의 촉수는 감각기관이면서 동시에 수영을 돕는다. 기능 변천의 가장 흥미로운 예 중에는 행동 유형과 관련 되는 것들이 있다. 특정 오리들에게 깃털 다듬기가 구애 행위와 통합되는 것 같은 경우다. 많은 동물의 행동적 격리 메커니즘은 아마도 격리된 개체군 내에서의 성선택으로부터 유래했을 것이며, 정착한 종이 근연종과 접촉한 후에만 자신들의 새로운 기능을 드러낸다.

대규모 멸종

대규모 멸종의 발견은 다윈의 점진주의에 제기된 두 번째 반론이었다. 다윈에 앞서 퀴비에와 더불어 시작되는 격변주의자들은 대규모 멸종이 많이 일어났다고 주장하면서 그것을 통해 당시 지배적이던 생물상이 단지 새로운 생물상으로 대체되기 위해 전부는 아니라도 상당 부분은 제거되었다고 주장했다. 그런 격렬한 변화를 추측하게 하는 화석 기록은 상당히 많다. 예를 들면 페름기에서 트라이아스기로, 또는 백악기에서 제3기로의 변화가 그러하다. 라이얼의 《지질학 원론》의 주요 목표는 격변설을 논박하고 지구 역사의 점진적 변화를 주장하는 허턴의 명제를 실증하는 것이었다. 다윈의 점진주의는 라이얼의 관점을 반영한다. 따라서 격변주의자들이 예상한 정확한 지점에 대규모 멸종이 일어난 것에 대한 확고한 자료가 뒷받침되자 다윈의 점진주의는 예상치 않은 전개를 보인다.

대규모 멸종은 아주 드문 격변적 사건으로 점진적 변화를 이끄는 변이와 선택의 정상적인 다윈적 순환과 중첩된다. 다윈은 개별 종들의 멸종과 새로운 종에 의한 대체가 생명의 역사를 통해 연속적이라는 것을 잘 알고 있었다. 그러나 이 눈에 띄지 않는 멸종에 더해 생물상의 넓은 부분이 동시에 멸종되는 지질학적 시대의 경계선으로 사용되는 결정적인 시기들이 있었다. 이 변화들 중 가장 격렬한 것은 모든 종의 95퍼센트 이상이 완전히 멸종된 페름기 말이었다.

대규모 멸종의 원인은 오늘날에도 여전히 논쟁거리이다. 공룡을 멸종시킨 백악기 말의 대규모 멸종은 거의 확실히 소행성의 충돌과 그것이 야기한 기후 변화를 비롯한 환경적 변화들의 결과였다. 이 이론은 1980년 물리학자 월터 앨버레즈Walter Alvarez에 의해 처음으로 제기되었고 그 뒤로 많은 증거로 뒷받침되었다. 실제로 충돌로 인한 분화구 자체가 유카탄 반도의 끝부분에서 확인되었다. 그러나 다른 대규모 멸종을 소행성 충돌로 돌리려던 시도들은 성공하지 못했다. 대부분의 대규모 멸종은 오히려 해저 지각의 크기에 영향을 미치는 판구조적인 변화나 해류 혹은 다른 기후적 변화들에 관련된 것으로 보인다. 이런 멸종들은 규칙적인 순차를 보이는데 몇몇 학자들은 태양 복사 에너지의 동요와 같은 꽤 그럴듯한 지구 외적인 원인을 가정하기도 했다. 그러나 지구 외적인 설명에 관한 대부분의 증거는 비판적 분석을 이겨내지 못했다.

대규모 멸종을 야기했던 격변에서 살아남은 운 좋은 종들이 창시자 개체군을 이룬다. 이것들은 완전히 다른 생물상의 환경을 갖고 있으며 새로운 진화의 경로를 시작할 수 있었다. 이러한 가능성이 가장 눈에 띄게 드러난 사례는 제3기 초에 볼 수 있다. 이때 포유류가 폭발적으로 확산되었고 공룡이 멸종하기까지 약 1억 년 이상 지구를 지배했다.

다윈의 자연선택론

공통조상으로부터 종이 점진적으로 진화한다는 다윈의 종합적 이론은 이후 오랫동안 널리 받아들여졌으며, 많은 경쟁적 이론이 진화적 변화에 영향을 주는 메커니즘을 찾으려 애썼다. 약 80년간 각 이론의 옹호자들은 서로 논쟁을 통해 모든 반다윈적 설명을 철저히 반박했고 마침내는 진화적 종합을 통해 다윈의 자연선택론만이 고려할 만한 진지한 이론으로 남게 되었다.

진화적 변화에 대안 경쟁이론들

세 가지의 주요한 비다윈적 또는 반다윈적 이론은 도약진화주의, 목적론, 라마르크주의다.

도약진화주의는 다윈 이전 시대를 지배한 전형적인 사고의 결과로 다윈의 동시대인들 중에는 헉슬리와 쾰리커에 의해 지지되었다. 그리고 진화적 종합의 시대로 들어오면 멘델주의자들(베이트슨, 드 브리스, 요한센)과 몇몇 다른 사람들(골드슈미트, 윌리스, 신데볼프)에 의해 지지되었다. 개체군 사고가 더 널리 인정되고 종분화의 도약진화주의적 과정을 받쳐줄 만한 증거를 찾지 못하게 되자 도약진화론은 마침내 폐기되었다. 새로운 종이 격변적으로 발생하는 경우는 유성번식하는 유기체에서 배수성 염색체와 몇몇 다른 형태의 염색체상이 재구성하는 때뿐이다. 이런 경우는 종분화에서는 상대적으로 드문 형태다.

목적론의 이론들은 자연 속에 모든 진화의 계보를 더 높은 완성으로 이끄는 내적 원리가 있다고 주장한다. 베르크의 '법칙적 발생nomogenesis' 같은 이른바 정향진화의 이론들, 오스본의 '귀족적 발생aristogenesis', 테야르 드 샤르댕의 오메가 원리 등이 목적론적 이론의 예다. 목적론적 이론은 진화적 변화(많은 역전을 포함하는)의 우연성이 드러나고 일관된 진보적 변화를 산출할 수 있는 적절한 메커니즘도 발견되지 않자 모든 지지자를 잃었다.

라마르크주의자들과 신라마르크주의자들의 이론에 의하면 유기체들은 진화하는 동안 획득형질의 유전을 통해 점진적으로 변한다. 이 새로운 형질들은 용불용의 효과나 더 직접적으로는 환경의 영향으로 생기는 것이라고 믿었다. 라마르크주의는 멘델주의자들의 도약진화주의보다 점진적 진화를 훨씬 더 잘 설명했기 때문에 진화적 종합에 앞서 무리 없이 보급되었다. 실제로 1930년대까지는 다윈주의자보다 라마르크주의자가 더 많았다.

라마르크주의 이론은 유전학자들이 표현형에서 새로이 획득한 형질들은 다음 세대에 전달될 수 없으므로 획득형질의 유전('약한 유전soft inheritance')은 일어날 수 없다는 것을 증명했을 때 후원을 잃었다. 20세기에 약한 유전 이론은 분자생물학자들의 발견으로 최종적으로 사망선고를 받는다. 분자생물학은 단백질(표현형) 안에 포함된 정보가 핵산(유전자형)에 전달될 수 없음을 입증했다. 분자생물학의 소위 중심원리central dogma가 라마르크주의의 마지막 신뢰를 앗아간 것이다. 물론 입증이 필요한 이야기지만 어떤 미생물(아마도 원생생물까지)이 외부 조건에 부응하여 돌연변이를 만드는 것이 가능하다. 하지만 유전자형의 DNA가 표현형에서 너무 멀리 떨어져 있는 복잡한 유기체에 대해서는 결코 적용될 수 없다.

자연선택

다윈의 자연선택은 오늘날 생물학자들에게 진화적 변화를 설명하는 신뢰할 만한 메커니즘으로 거의 보편적으로 받아들여진다. 그것은 변이와 적절한 선택이라는 두 단계의 과정으로 가장 잘 구상화된다.

첫 단계는 유전자 재조합, 유전자 확산, 우연적 요소와 변이로 인한 각 세대의 대규모 유전적 변이의 생산이다. 변이는 명백히 다윈의 사상에서 가장 취약한 부분이었다. 많은 연구와 가설에도 불구하고, 그는 변이의 원천을 이해하지 못했다. 그는 변이의 본성에 대해 명백하게 잘못된 생각들을 가지고 있었는데, 이 오류는 바이스만과 1900년대 후기 유전학에 의해 교정되었다. 우리는 이제 유전적 변이가 '강한 유전hard inheritance'이며, 다윈이 생각한 것처럼 '약한 유전'이 아니라는 것을 잘 알고 있다. 우리는 또한 멘델식 유전이 입자적이라는 것, 즉 부모의 유전적 형질은 수정으로 섞이지 않고 분리되어 일정하게 유지된다는 것을 알고 있다. 최종적으로 우리는 1944년 이래 유전물질(핵산으로 구성된)이 표현형을 직접적으로 변화시키는 것이 아니라, 단순한 유전정보(청사진 또는 계획)로서 단백질이나 다른 표현형의 분자들에 영향을 줄 수 있는 가능성일 뿐임을 알고 있다.

변이의 산출 과정은 대단히 복잡한 것으로 드러났다. 핵산은 돌연변이를 일으킬 수 있고(염기쌍의 구성 변화에 의해), 그것도 매우 풍부하게 나타난다. 더구나 유성번식 유기체에서 배우자들이 융합할 때는(감수분열) 부모 염색체가 쪼개지고 재조합되는 과정이 일어난다. 그 과정에서 부모 유전자형이 어마어마하게 다양한 유전적 재조합을 이룰 수 있기 때문에 모든 자손은 유일성을 띤다. 돌연변이뿐만 아니라 이 재조합 과정에 대해서도 우연이 최고로 군림한다. 감수분열 동안에는 전체적으로 일련의 연속적 단계들이 있는데 단계마다 유전자들의 조합은 광범위하게 임의적이며, 자연선택의 과정에 막대한 우연성을 부여한다.

자연선택의 두 번째 단계는 적절한 선택이다. 이것은 새로이 형성된 개체들(접합자들)의 생존과 재생산에서의 차별을 의미한다. 모든 세대에서 대부분의 유기체의 생존 비율은 아주 낮다. 이 개체들 중 소수만이 유전적 구성 덕택에 지배적인 환경 아래 다른 것들보다 더 높은 생존율과 번식률을 갖는다. 굴이나 다른 해양생물의 경우처럼 번식 단계에서 부모가 수백만의 자손을 낳는 경우에도 안정된 상태의 빈도로 개체군을 유지하는 데 그 많은 자손 중 둘만이 필요하다. 평균적으로는 단지 둘만이 필요하다. 다음 세대의 생존자로 선택되는 데는 우연적 요소가 주 역할을 하겠지만 시간을 두고 보면 유전적 특질이 생존에 주요한 역할을 한다는 것에 의심의 여지가 없다. 이런 식으로 개체군의 적응은 세대에서 세대로 전해지며, 개체들은 환경 변화에 대처할 수 있는 능력을 갖는다. 엄청나게 다양한 자손들 사이에서 일정한 유전자형들이 선호되기 때문이다.

자연선택을 통한 진화에 대한 다윈의 설명모형

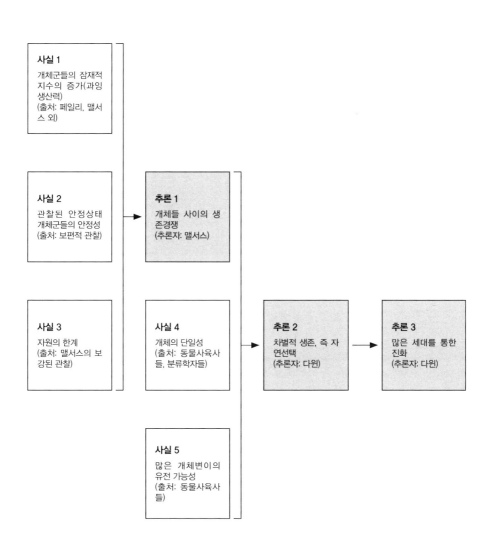

우연인가, 필연인가?

그리스인들로부터 19세기에 이르기까지 세계의 변화가 우연에 기인하는가, 필연에 기인하는가 하는 것은 커다란 논쟁거리였다. 이 오래된 수수께끼에 탁월한 해결책을 발견한 사람은 다윈이었다. 양자에 다 기인한다는 것이었다. 변이의 산출에는 우연이 지배하는 반면, 적절한 선택에는 필연이 폭넓게 작용한다. 그러나 다윈이 '선택'이라는 말을 사용한 것은 별로 운이 좋지 않았다. 왜냐하면 그것은 자연 속에 신중하게 선택하는 어떤 행위자가 있다는 것을 암시하기 때문이다. 현실적으로 '선택된' 개체들은 단지 적응에 실패하거나 운이 나빴던 개체들이 개체군으로부터 제거된 후에 남아 있는 것들이다. 따라서 선택이라는 말을 '비임의적 제거'라는 말로 대치하자는 주장이 제기되었다. 선택이라는 용어를 계속 사용하고 있는 사람들, 추정컨대 진화론자들의 다수를 차지하고 있을 그들은 그것이 실제로는 비임의적인 제거를 의미한다는 것, 그리고 자연에는 어떤 선택적 힘도 존재하지 않는다는 것을 잊어서는 안 될 것이다. 우리는 이 용어를 단지 어떤 개체들을 제거하게 한 불리한 상황들의 집합을 지시하는 데 사용한다. 그리고 물론 그러한 '선택적 힘'은 환경적 요소들과 표현형으로 나타나는 성향들의 복합체다. 다윈주의자들은 당연히 이렇게 생각하지만 그들의 반대자들은 종종 이 말을 문자 그대로 해석하여 공격한다.

최근에서야 진화론자들은 다윈의 자연선택에 의한 진화론이 과거의 본질주의적이거나 목적론적인 이론들과 얼마나 다른지를 충분히 이해하게 되었다. 다윈은 《종의 기원》을 출판했을 때 자연선택의 존재를 입증하지 못했다. 다윈의 이론은 다섯 가지 사실과 세 가지 추론에 기초한다(도표 참조). 최초의 세 가지 사실은 개체군들의 실질적인 기하급수적 증가, 관찰된 개체군들의 정상 상태의 안정성, 그리고 한정된 자원이다. 이로부터 개체들 간에 경쟁(생존경쟁)이 있을 수밖에 없다는 추론이 나온다. 나머지 두 사실은 모든 개체의 유전적 단일성과 많은 개체 변이의 유전 가능성은 차별적 생존(즉 자연선택)이라는 두 번째 추론과 많은 세대를 통해 이 과정이 진행되어 진화를 야기하게 된다는 세 번째 추론이다.

다윈은 베이츠Henry Walter Bates(1862)가 맛좋은 나방이 독성을 가지거나 혹은 적어도 먹을 수 없는 나방과 밀접한 유사성과 유사한 지리학적 변이를 보인다는 것을 증명하자 아주 기뻐했다. 베이츠가 발견한 이런 의태는 명백히 자연선택을 증명한 최초의 증거였다. 이제는 이런 잘 확립된 증거가 수천은 아니라도 수백 개는 존재한다. 몇 가지 유명한 예로, 해충들의 살충제에 대한 저항, 항생제에 대한 박테리아의 저항, 산업적 흑색소 과다증, 오스트레일리아의 점액수종증 바이러스의 감소 현상, 질병세포 유전자와 다른 혈액유전자 그리고 말라리아 등이 있다.

자연선택의 원리는 너무도 논리적이고 명백해서 현대에는 거의 의문의 대상조차 되지 않는다. 각각의 개별 사례에 검증할 수 있고 또 해야만 하는 것은 표현형을 구성하는 특정 형질에 자연선택이 얼마나 기여했는가 하는 것이다. 우리는 각 유전형질에 대해 이 형질이 진화를 통해 나타난 이유가 자연선택 덕분인가 하는 점과 자연선택이 선호한 그 형질의 생존 가치는 무엇인가 하는 것을 물을 필요가 있다. 이것이 이른바 적응주의 프로그램이다.

성선택

생존에 유리한 형질로는 불리한 기후조건(추위, 열, 가뭄)에 대한 인내력, 양식의 효율적 사용, 경쟁 능력, 병원균에 대한 고도의 저항력, 그리고 적을 피하는 능력의 증가가 있다. 그러나 생존만으로는 개체의 다음 세대에 대한 유전적 기여를 보장할 수 없다. 진화적 관점에서 개체는 더 나은 생존 특성들이 아닌 풍부한 번식력으로 더 성공적일 수 있다. 다윈은 개체가 번식적 특성들로 유리하게 되는 과정을 '성선택'이라 불렀다.

그는 특히 수컷극락조의 화려한 깃털, 수컷공작의 꼬리, 그리고 수사슴의 당당한 뿔과 같은 수컷의 이차 성정에 대해 강렬한 인상을 받았다. 오늘날 우리는 암컷이 이러한 형질에 기초해 자신의 배우자를 선택하는 능력('암컷의 선택'이라 불리는 과정)이 수컷들이 경쟁자들과 싸워서 암컷에게 접근하는 능력보다 배우자 선택에 더 중요하게 작용함을 안다. 아마도 암컷이 때때로 자손의 생존가치를 더욱 높일 수 있는 수컷을 택할 수 있다면 성선택과 자연선택은 꼭 전적으로 분리되는 것은 아니다.

게다가 형제 간 경쟁이나 부모의 투자처럼 생존보다 번식의 성공에 더욱 효과적인 다른 생활사 현상들도 있다. 따라서 번식의 성공을 위한 선택은 성선택이라는 말로 암시하는 것보다 명백히 더 큰 범주다. 사회생물학자들은 번식의 성공을 위한 선택의 측면에 대해 많은 연구를 했다.[3]

진화적 종합과 그 이후

다윈이 《종의 기원》을 출판한 후 80년 동안 다윈주의자들과 비다윈주의자들 사이에는 논쟁이 계속되었다. 사람들은 1900년 멘델의 유전 법칙이 재발견되어 변이에 빛을 던져줌으로써 의견일치가 이루어졌다고 생각할지도 모른다. 그러나 그것은 더 심각한 갈등을 야기하였다. 초기의 멘델주의자들(베이트슨, 드 브리스 그리고 요한센)은 개체군적으로 사고할 수 없었고 점진적 진화와 자연선택을 거부했다. 멘델의 유전법칙에 반대한 자연학자와 생물통계학자도 더 나을 것이 없었다. 그들은 멘델이 증명한 입자 유전보다는 혼합 유전을 받아들였으며, 자연선택과 획득형질의 유전 사이에서 시시한 주장을 할 뿐이었다. 1930년대 초까지도 가까운 미래에는 합의를 이루지 못할 것이라는 결론이 내려지곤 했다.

그러나 합의를 위한 토대가 만들어졌다. 유전학자와 자연학자 들은 각각 적응성과 생물다양성의 기원에 대한 우리의 이해를 놀랍게 증가시켰지만 진화생물학에 대한 상대 진영의 입장에 대해서는 아주 잘못된 생각들을 가지고 있었다. 실로 두 진영을 연결할 다리가 필요했고, 1937년 도브잔스키의《유전학과 종의 기원Genetics and the Origin of Species》의 출판이 그 역할을 했다. 도브잔스키는 자연학자인 동시에 유전학자였다. 그는 러시아에 살던 젊은 시절에는 딱정벌레 분류학자였으며, 종과 종분화에 관한 유럽의 풍부한 문헌에 정통했고 개체군 사고에 완전히 몰입했다. 그는 모건의 실험실에서 일하기 위해 미국으로 건너온 1927년 이후로 유전학자들의 업적과 사상을 잘 알게 되었다. 그 결과 자신의 책에서 진화생물학의 양대 분과를 공평하게 평가할 수 있었다. 유전자 풀의 유전자들을 전환시켜 적응성을 유지하거나 향상시키는 것, 새로운 생물다양성 특히 새로운 종을 낳는 개체군의 변화 등이 그가 제기한 것들이다. 도브잔스키의 거친 구상은 마이어(종과 종분화, 1942), 심슨(고차적 분류, 대진화, 1944), 헉슬리(1942), 렌슈(1947), 그리고 스테빈스(식물들, 1950)에 의해 세부사항이 채워졌다. 동시에 독일에서도 체트베리코프의 학생인 티모페예프-레소프스커에 의해 주도된 종합이 있었다.

진화적 종합 이전까지 종 수준 이상의 진화인 대진화에 대한 연구는 본질적으로 유전학이나 종분화의 연구와 실질적 관련이 없는 고생물학자들의 수중에 있었다. 고생물학자들은 대부분 다윈주의자가 아니었고 대부분

도약진화주의나 어떤 형태의 목적론적 자가발생을 믿었다. 그들은 일반적으로 대진화 과정과 그 원인들이 유전학자와 종분화의 연구자들이 연구한 개체군 현상과는 아주 다른 특수한 종류의 것이라고 생각했다. 상위 분류군에서는 불연속성이 우세했기 때문에 이 주장은 입증된 것처럼 보였다. 즉 대진화에 관한 자료들은 다윈의 점진성 원리와 완벽한 갈등을 이루는 것이었다. 대진화의 모든 현상은 소진화의 관찰과 다르게 보였다.

대부분의 대진화 연구자는 여전히 변형진화의 관점에서 생각했다. 즉, 더 높은 전문화나 적응성을 향한 진화적 계보의 점진적 변화를 믿었다. 그러나 이들은 화석기록이 전혀 이러한 개념을 지지해주지 못한다는 다윈의 딜레마에 직면했다. 도리어 계통발생적 혈통의 길고 연속적이며 점진적인 변화는 있다 해도 아주 드물게만 존재했다. 대신에 새로운 종과 고차적 유형들의 화석기록은 언제나 갑작스럽게 출현하였고 대부분의 계통은 대개 조만간 소멸했다. 물론 화석기록의 불완전함을 내세울 수도 있었다. 그러나 이것은 타당한 반론을 회피하는 것으로 보였으므로 많은 고생물학자가 도약진화주의를 채택했고, 드 브리스와 골드슈미트 같은 유전학자들이 거대 돌연변이('전도유망한 괴물')에 의한 진화를 가정했을 때 만족했다.

심슨(1944:206)은 자신이 급속진화quantum evolution로 명명한 다른 해결책을 시도했다. "비평형상태인 한 생물개체군이 조상의 조건들과는 명백히 다른 새로운 평형상태로 상대적으로 빨리 변천하는 것"이 그것이다. 그는 이것이 "짧은 기간에 특수한 상황에서 상대적으로 빠른 속도로 커다란 변천이 일어난다."라는 잘 알려진 사실을 설명한다고 생각했다. 그의 글을 보면 심슨이 계통적 노선 내에서 진화적 변화의 커다란 가속화를 염두에 두었음은 명백하다. 그에게는 이런 유형의 해답이 엄밀하게 계통적인 종 개념에 의해 요구되었던 것이다. 급속진화는 도약진화주의로 돌아가는 것으로 비판받았으며 심슨은 후에(1953) 이것을 일부 버렸다.

대진화에 대한 설명

진화적 종합이 도약진화주의, 자가발생이론, 그리고 약한 유전을 차례로 거부하게 되자 대진화를 개체군적 현상, 즉 진화과정에서 일어나는 사건과 그로부터 직접 파생되는 현상들로 설명하는 것이 점차 필요하게 되었다.[4] 이것은 특히 화석기록에서 격변으로 나타나는 경우에 적용된다. 고생물학자들은 이 문제를 해결할 정보도 없었고 개념적 틀도 없었다.

1954년에 나는 다음과 같은 제안을 했다. 즉 유전적 재구성이 종분화 과정 중에 창시자 개체군 안에서 일어난다는 것, 그리고 화석기록의 공백은 시공간적으로 매우 제한되어 종분화하는 창시자 개체군이 대부분 화석을 남기지 못한다는 사실로 설명된다는 것이다. 거대한 진화적 변화를 연구하는 사람들이 지금 관심을 기울여야 할 것은 바로 주변으로 격리되어 종분화를 하는 개체군이다.

내가 보기에 동등하지 않은 (그리고 매우 급속한) 진화의 속도, 진화적 연속성의 단절과 명백한 도약, 최종적으로 새로운 '유형'의 기원을 포함해 특히 고생물학자가 다루던 많은 수수께끼 같은 현상이 이러한 사라진 창시자 개체군들을 고려함으로써 밝혀질 듯하다. 주변 지역으로 격리된 개체군의 유전적 재조직은 연속적 체계의 일부를 이루는 개체군 내의 변화보다 몇 배나 빠른 진화적 변화를 허용한다. 그렇다면 여기에 유전학의 관찰 사실들과 어떤 갈등도 일으키지 않고 대진화에서 나타나는 빠른 변화를 설명할 수 있는 메커니즘이 존재한다.[5]

이 제안은 1971년 엘드리지에 의해, 그리고 1972년 엘드리지와 굴드에 의해 수용되었는데 이들은 이런 종류의 종분화적 진화에 '단속평형'이란 용어를 도입했다. 그들은 나중에 이런 과정으로 발생한 새로운 종이 성공을 거두면 정체기를 시작하게 되고, 최종적인 소멸에 이를 때까지 수백만 년간 사실상 변하지 않고 남아 있을 것이라고 결론 내렸다. 따라서 대진화는 변형진화의 한 형태가 아니라 한 종 내부의 진화와 마찬가지로 다원적인 변이진화다. 새로운 개체군들은 계속 생산되고 그중 대부분은 조만간 멸종한다. 어느 정도는 새로운 종을 이루게 되지만 대개 어떤 대단한 진화적 새로움도 얻지 못해 결국 멸종하고 만다. 새로운 종들 중에서 유전적 재구성의 기간과 이어지는 강한 자연선택의 기간 동안 널리 개체를 퍼뜨리면서 만개하게끔 하는 유전자형을 획득하여 화석기록의 새로운 구성자가 되는 것은 극히 드물다.

결과적으로 엘드리지와 굴드의 논문을 통해 고생물학자들은 종분화 현상에 아주 정통하게 되었고 화석기록 속에 왜 그토록 많은 단절이 있었는지 이해하게 되었다. 그러나 단속평형설의 가장 중요한 기여는 정체를 이루는 빈도를 주목하게 한 점일 것이다. 이를 정상화 선택normalizing selection이라 설명하는 몇몇 유전학자들의 노력은 당연히 어떤 설명도 되지 못한다. 모든 개체군은 지속적으로 정상화 선택에 영향을 받는다고 보아야 한다. 그러나 어떤 개체군들과 종은 정상화 선택에도 불구하고 매우 빨리 진화한다. 반면 어떤 것들은 수백만 년 동안 변하지 않는 표현형을 간직한다. 이런 안정된 표현형은 특별히 잘 균형 잡힌 내적으로 응집력 있는 유전자형의 산물이라고 가정하지 않을 수 없다.

실제로 생명의 역사에는 그러한 내적 응집력이 존재함을 보여주는 많은 현상이 있다. 선캄브리아기 말기와 초기 캄브리아기에 일어난 다양한 구조적 유형들의 실제적 폭발을 달리 설명할 방법은 없다. 전적으로 불완전한 화석기록으로도 60~80가지의 동물유형이 당시에 발견되어 현재 존재하는 30개 정도의 동물종과 대조를 이룬다. 마치 초기에는 새로운 동물계의 유전자형이 충분히 유연했던 것처럼 보인다. 아마 새로운 많은 생물형이 생겨나 일부는 성공하지 못해 멸종되고, 현대의 척색동물, 극피동물, 절지동물 등으로 대표되는 남아 있는 생물형은 더욱 확고하게 되었다고 거의 시험 삼아 말할 수 있을 것이다. 초기 고생대 이래로 주요한 새로운 체제가 산출된 적은 한 번도 없었다. 마치 기존의 것들이 '응결'되어 완전히 새로운 구조적 유형을 만드는 실험은 더 이상 하지 않게 하는 내적 응집력을 획득한 것으로 보인다.

유전학의 역사 초기에 대부분의 유전자가 다면발현한다는 것이 알려졌다. 즉 하나의 유전자가 표현형의 여러 상이한 측면에 영향을 미친다는 것이다. 마찬가지로 표현형의 구성소들은 대부분 다원적 특질, 즉 많은 유전자의 영향을 받는다는 것도 발견되었다. 이러한 유전자들의 상호 작용은 개체들의 적응과 선택에 결정적인 중요성을 갖지만 분석하기가 너무나 어렵다. 대부분의 개체군 유전학자는 아직도 추가적인 유전현상과 단일유전자의 위치를 연구하는 데 자신을 한정한다. 진화적 정체, 구조적 유형의 항상성 같은 현상을 연구하는 것이 유전학적 분석으로 감당하기는 너무 벅차다는 점을 생각하면 이해가 된다. 유전자형의 응집과 진화 속에서 그 역할을 더 잘 이해하는 것은 아마 진화생물학이 제기하는 가장 도전적인 문제일 것이다.

진화는 진보인가?

대부분의 다윈주의자들은 지구상의 생명의 역사에서 진보적인 요소를 인지해왔다. 이들은 20억 년 이상 생명 세계를 지배해왔던 원핵생물로부터 잘 조직된 핵과 염색체 그리고 세포질 기관을 가진 진핵생물까지, 단세포 진핵생물(원생생물)로부터 고도로 전문화된 기관 체계들 간에 엄밀한 작업 분담을 하는 식물과 동물까지, 동물 내에서는 기후에 적응하여 사는 냉온 동물에서 항온동물까지, 항온동물 중에서는 작은 뇌와 낮은 사회조직을 가진 유형들로부터 매우 큰 신경중추계를 가지고 고도로 발달한, 부모의 보호를 받으며 다음 세대로 정보를 전달하는 능력을 가진 유형까지 나타나고 있는 진보의 양상에 주목해왔다.

생명의 이런 변화들을 진보라고 부르는 것이 합당한가? 해답은 진보의 개념과 정의를 어떻게 하느냐에 달려 있다. 생명에서의 이런 변화는 자연 선택이라는 개념 하에서 사실 필연적이다. 왜냐하면 경쟁과 자연선택의 결합된 힘은 멸종과 진화적 진보 외의 다른 대안을 남겨놓지 않기 때문이다.

생명의 역사에서 이러한 변화는 산업발전에서 나타나는 일부 변화들과 유사하다. 왜 지금의 자동차는 75년 전보다 놀라울 정도로 좋아졌는가? 그것은 더 좋아지고자 하는 엔진 차량의 어떤 내적 경향 때문이 아니라, 구매자의 요구를 통한 경쟁이 막대한 선택압을 낳는 동안 제조업자들이 계속 여러 가지 신제품을 실험했기 때문이다. 자동차 산업에서나 생명계에서 우리는 어떤 목적론적 힘도, 어떤 기계적 결정론도 발견하지 못한다. 진화적 진보는 단지 변이와 선택이라는 단순한 다윈적 원리의 필수불가결한 결과일 뿐이다. 거기에는 목적론자들(스펜서와 같은)과 정향진화론자들의 진보주의에서 발견되는 관념적 요소는 없다.

놀랍게도 그토록 많은 사람이 진보를 이끄는 순전히 기계적인 경로, 즉 다원주의적 진화를 이해하는 데 어려움을 겪는다. 다원주의적 진화론에 따르면 모든 계통적 계보는 다르게 발전한다. 원핵생물과 같은 일부 계보는 수십억 년 동안 거의 변화하지 않았다. 또 어떤 것들은 진보적인 특징은 전혀 나타나지 않지만 고도로 전문화된다. 대부분의 기생생물과 특수한 니치를 갖는 일부 동물은 퇴화를 겪은 듯이 보이기도 한다. 생명의 역사에는 진화를 가리키는 아무런 보편적 경향이나 가능성도 존재하지 않는다. 진보처럼 보이는 것은 단지 자연선택으로 야기된 변화의 산물일 뿐이다.

왜 유기체는 불완전한가?

자연선택이 필연적으로 진화적 진보를 낳는 것이 아니라면 다윈이 지적한 대로 완성을 이룰 수도 없다. 자연선택의 효력에 대한 한계는 멸종이 보편적으로 일어난다는 점에서 가장 뚜렷하다. 과거에 존재했던 모든 진화적 경로의 99.9퍼센트 이상이 사라졌다. 대규모 멸종은 진화가 변형진화에서처럼 더 고차적인 완성을 향한 한결같은 접근이 아니라 예측 불가능한 과정이라는 것을 확실히 알려준다. '가장 훌륭한 것'이 재난으로 갑자기 멸종할 수도 있으며, 재난보다 앞선 계통발생으로 얻은 진화적 연속성은 아무런 우월성이나 전망을 남기지 못할 수도 있다.

다윈이 지적했듯이 "자연선택은 매일 매시간 세계를 통틀어 모든 변이를 아무리 가벼운 것일지라도 세밀히 검토함"에도 불구하고 변화에 작용하는 그 힘에는 많은 한계와 제한이 있다.

우선 한 형질을 완성하는 데 필요한 유전적 변이는 바로 일어나는 것이 아니다. 두 번째로 진화 기간 동안 새로운 환경 상황에 대한 여러 가능한 해답들 사이에서 하나를 택하는 것은 퀴비에가 이미 지적했듯이 연쇄적 진화의 가능성들을 엄청나게 제한할 수도 있다. 예를 들면 골격의 선택적 이점이 척추동물과 절지동물의 선조 사이에서 발달했을 때 절지동물의 선조는 외부골격을 발달시키는 데 필요한 조건을 가지고 있었고, 척추동물의 선조는 내부 골격을 형성하는 데 필요한 조건을 가지고 있었다. 이러한 큰 유기체 집단의 연속적인 전체 역사가 그들의 격리된 선조들이 취한 두 가지 다른 통로에 의해 영향을 받았다. 척추동물은 공룡, 코끼리, 고래와 같은 커다란 동물로 발달할 수 있었지만 절지동물이 이를 수 있었던 가장 큰 유형은 커다란 게였다.

자연선택의 또 다른 제한은 발생적 상호 작용이다. 표현형의 다양한 구성소들은 서로 독립적인 것이 아니며 상호 작용 없이 선택이 일어나는 경우는 아무것도 없다. 전체의 발생적 메커니즘은 단일한 상호 작용 체계다. 이것은 《균형의 법칙Loi de balabcement》이라는 책에서 조프루아 생띨레르 Geoffroy Saint-Hilaire(1818)가 언급했을 정도로 오래전부터 형태학 연구자들에 의해 알려졌다. 유기체들은 경쟁적 요구들 사이에서 타협한다. 특수한 구조나 기관이 선택의 힘에 얼마만큼 대응할 수 있는가는 유전자형의 다른 구성요소나 다른 기관들이 보내는 저항으로도 상당히 달라진다. 루는 경쟁하는 발생적 상호 작용이 유기체의 부분들 사이의 투쟁이라고 했다.

유전자형의 구조 자체도 자연선택의 힘을 제한한다. 유전자형에 대한 고전적 비유는 유전자들을 목걸이의 진주알처럼 꿰어놓은 줄로 비유하는 것이다. 이 관점에 따르면 각 유전자들은 어느 정도 서로 독립적이다. 하지만 기존의 이미지 중 그대로인 것은 별로 없다. 이제는 유전자의 기능적 분류도 알려져 있는데 그중 일부는 물질을 생성하고 어떤 것은 생성된 물질을 조절하며 또 전혀 아무런 기능도 없는 것도 있다. 단일한 부호를 갖는 유전자, 중간 정도로 반복적인 DNA, 고도로 반복적인 DNA, 전이인자*, 엑손, 인트론과 더 많은 다양한 DNA가 있다. 유전자가 서로 어떻게 상호 작용

---

* 한 복제군에서 다른 복제군으로의 전이가 가능한 유전자

하는지 그리고 다른 유전자 좌위 사이의 상위적 상호 작용을 조절하는 것은 무엇인지와 같은 문제는 여전히 유전학에서 이해가 부족한 분야다.

자연선택에 부과되는 또 하나의 제한은 비유전적 변형 능력이다. 표현형이 유연할수록 (발생적 유연성 덕분에) 불리한 선택압의 힘을 약화시킬 수 있다. 식물들과 특히 미생물들은 동물보다 훨씬 표현형의 변형(더 넓은 반응양태 reaction norm) 능력이 뛰어나다. 비유전적 적응도 엄밀한 유전적 조절 아래 있기 때문에 이러한 현상에도 자연선택이 연루된다. 한 개체군이 새로이 특화된 환경으로 이동하면 유전자들은 비유전적 적응능력을 강화한다. 혹은 실제로 폭넓게 적응능력을 대체해 후속 세대의 생애 동안 유전자 선택이 일어날 것이다.

마지막으로 한 개체군 내의 적응과 번식에 차이를 주는 것은 우연의 결과인데, 이 또한 자연선택의 힘을 제한한다. 우연은 감수분열시 부모 염색체들 사이의 교차cross-over에서 새롭게 형성된 접합자의 생존까지, 번식 과정의 모든 수준에서 작동한다. 더구나 잠재적 장점을 가진 유전자 조합들은 이 장점으로 선택되기도 전에 폭풍, 홍수, 지진 또는 화산폭발과 같은 무차별적인 환경적 힘으로 파괴되기도 한다. 그러나 시간을 두고 보면 다음 세대의 조상이 되는 그러한 소수 개체들의 생존에 상대적 적합도가 상당히 커다란 역할을 한다.

최근의 논쟁들

진화적 종합은 진화가 유전적 변이와 자연선택에 기인한다는 다윈의 기본원리를 완전히 입증했다. 그러나 이러한 기본적인 다윈주의적 틀에는 아직도 상당한 이견의 여지가 있다.

수년 동안 들끓었던 논쟁 하나는 '선택의 단위unit of selection'가 무엇인가 하는 것이다. '단위'라는 말을 처음 적용했던 사람들은 정확하게 무슨 의미로 그렇게 했는지를 전혀 설명하지 못했다. 물리학과 기술공학에서 단위라 함은 힘의 양화를 명시한다. 자연선택에서 단위라는 말은 아주 다른 의미를 갖는다. 게다가 대부분의 논의에서 아주 다른 두 가지 현상에 함께 쓰이고 있다는 것은 더욱 심각한 문제다. 한편으로는 선택의 대상이 되는 유전자 또는 개체나 집단을 의미하는 '~의 선택selection of'에 대해 쓰이면서, 또 다르게는 예컨대 두꺼운 피부처럼 선택에 의해 선호되는(종종 단일 유전자에 의해 부여된) 특수한 형질이나 특성을 지시하는 '~을 위한 선택 selection for'에도 적용된다.

단위라는 용어는 유전자, 개체, 종 또는 무엇이 선택의 대상인지 논하는 문제에서 부적절하다. 선택된 대상(유전자, 개체, 종)을 지적하는 것이 진화론자들이 말하고자 하는 것이었다면 '표적target'이라는 훨씬 적당한 용어가 있다. 하지만 이 말도 '선택의 단위'라는 말이 내포하는 모든 것을 포괄하지는 않는다. 이 부분에 대해서는 명백한 개념적 명시와 정확한 용어 사용이 필요하다.

대부분의 유전학자는 계산의 편의를 위해 유전자를 선택의 대상으로 간주하며 진화를 유전자 빈도의 변화로 보는 경향이 있다. 자연학자들은 선택의 원칙적 대상이 되는 것은 전체로서의 개체이며 진화는 적응적 변화와 다양성의 기원이라는 두 과정이라고 변함없이 주장해왔다. 유전자는 직접적으로가 아닌 전체 유전형의 맥락에서만 선택에 노출되고 다른 유전자형과의 관계에서 다른 선택적 가치를 가질 수 있으므로 유전자를 선택의 대상이라고 하는 것은 상당히 부적절해 보인다는 입장이다.

'중립적 진화neutral evolution'의 지지자들은 가장 강력하게 유전자를 선택의 대상으로서 보는 쪽에 속한다. 1960년대의 전기영동 방법을 통한 알로자임allozme 연구는 모든 사람의 예상을 훨씬 넘어서는 유전적 변이의 가능성을 보였다. 킹Jack Lester King과 주크스Thomas Jukes뿐만 아니라 기무라Motoo Kimura도 이 사실을 비롯한 관찰에 의거해 많은 유전적 변이가 '중립적'이라고 결론 내렸다. 이것은 새롭게 돌연변이된 대립유전자가 표현형의 선택적 가치를 변화시키지는 않는다는 뜻이다. 중립적 돌연변이의 빈도가 정말로 기무라(1983)가 주장한 것처럼 그렇게 많은지를 놓고 중요한 논쟁이 있다. 그러나 더욱 논쟁을 부르는 부분은 중립적 대립유전자의 치환이 갖는 진화적 의미다. 중립주의자들은 유전자를 선택의 대상으로 보기에 중립적 진화를 아주 중요한 현상으로 본다. 그러나 자연학자들은 개체 전체를 선택의 대상으로 보기 때문에 진화는 개체의 속성이 변화할 때만 일어난다고 주장한다. 그들은 중립적 유전자의 치환은 단지 진화적 '잡음'이며 표현형의 진화와는 상관관계가 없는 것으로 본다. 개체 전체가 그 유전자형의 전반적 특성으로 인해 선택되는 것이라면 무임승차로 아무리 많은 중립적 유전자를 가져가든 선택과는 무관하다는 것이다. 자연학자들이 보기에 이른바 중립적 진화라는 것은 다윈의 이론과 전혀 부딪힐 것이 없다.

집단선택

최근의 논문들은 개체에 더해 전체 개체군 심지어 종도 선택의 대상이 되지 않는지의 문제에 대해 상당한 애매함을 보였다. 이 논쟁의 많은 부분은 '집단선택group selection'이라는 이름을 걸고 이루어졌다. 문제는 하나의 집단 전체가 그것을 구성하는 개체들의 선택적 가치와 무관하게 선택의 대상이 될 수 있는가 하는 것이었다. 이 문제에 대한 적절한 접근을 위해서는 약한 집단선택soft group selection과 강한 집단선택hard group selection을 우선 나누어야 한다.

약한 집단선택은 단순히 집단을 구성하는 개체들의 평균 선택가치 때문에 특정 집단이 다른 집단보다 더 번식적으로 성공적일 때 발생한다. 유성번식을 하는 종들의 모든 개체는 번식적 공동체에 속하기 때문에 모든 개체선택은 약한 집단선택에 해당된다. 이런 경우 약한 집단선택이라는 말을 개체선택 대신 택해서 굳이 얻을 수 있는 이점은 없다.

강한 집단선택은 집단 전체가 개체 구성원의 적합도의 단순한 합이 아닌 적응적인 집단 형질을 가질 때 일어난다. 그러한 집단의 선택적 이점은 개체 구성원들의 선택가치의 산술평균보다 더 크다. 그러한 강한 집단선택은 오직 집단 구성원들 사이의 사회적 조장이 존재하거나 인간의 경우와 같이 문화적 집단을 구성하는 구성원의 평균 적합도 값을 강화하거나 약화시킬 수 있는 문화를 집단이 가지는 경우에만 일어난다. 동물에서는 그러한 강한 집단선택은 구성원들 사이에 작업분담이나 상호협동이 있을 때 발견된다. 예를 들어 약탈자를 경고하는 보초병을 둔 집단은 안전할 것이다. 또 다른 집단은 양식을 찾기 위해 협동하고 머물 만한 안전한 장소를 찾거나 공동생활의 다른 협동적 국면들을 통해 자신의 생존력을 증가시킬지도 모른다. 그러한 강한 집단선택의 경우에서는 집단선택이라는 용어의 사용이 합당하다.

논쟁은 소위 종선택species selection을 어디에 놓을 것인가를 두고도 소용돌이쳐 왔다. 새로운 종의 출현이 다른 종을 멸종시키는 것은 아주 흔한 일인 듯하다. 어떤 새로운 종의 성공은 종선택으로 칭해졌다. 이들의 성공으로 보아 새로운 종이 오래된 종보다 우월한 생존능력을 갖는다고 보면 종선택이란 말을 쓰는 것은 그럴 법하다. 그러나 종치환을 초래하는 메커니즘은 개체적 선택이므로 선택이라는 용어를 이중적으로 쓰지 않는 것이 혼동을 줄일 수 있다. 그래서 나는 종전복이나 종치환이란 용어를 선호한다. 어쨌거나 용어문제와는 무관하게, 이것이 진화적 변화의 뚜렷한 국면이며 대진화에서 특별히 중요한 것이라는 데는 의심의 여지가 없다. 그것은 엄밀하게 다원적 원리 아래서만 일어난다.

사회생물학

1975년 에드워드 윌슨Edward Wilson이 출판한《사회생물학: 새로운 종합 Sociobiology: The New Synthesis》은 사회적 행동에서 진화가 어떤 역할을 하는가의 문제를 두고 열띤 논쟁을 불러일으켰다. 윌슨은 사회성 곤충들의 행동을 최초로 연구한 학자들 중 한 사람으로서, 그는 사회적 행동이 그때까지 받아들여진 것보다 더 많은 주목을 받을 가치가 있으며 실제로 그 연구는 사회생물학이라 명명한 특수한 생물학 분야의 주제가 될만하다는 결론에 이르렀다. 그는 사회생물학을 '모든 사회적 행동의 생물학적 기초에 관한 체계적 연구'로 정의했다. 루즈Michael Ruse는 그의《사회생물학: 의미와 무의미Sociobiology: Sense or Nonsense》(1979a)에서 '동물 행동, 더 정확히는 동물의 사회적 행동의 생물학적 본성과 기초들에 관한 연구'로 사회생물학을 정의했다.

윌슨의 작업은 두 가지 이유로 매우 논쟁적이었다. 첫째로 그는 인간 행동을 그의 작업 속에 포함시켰으며 동물에서 발견했던 것들을 자주 인간에 적용시켰다. 다른 이유는 그와 루즈가 '생물학적 기초'라는 구절을 다소 애매한 방식으로 사용했다는 것이다. 윌슨에게 행동의 생물학적 기초는 유전적 경향이 행동의 표현형에 기여한다는 것을 의미했다. 그러나 정치적 동기를 가진 그의 반대자들에게 생물학적 기초는 '유전적으로 결정되었다'는 것을 의미했다. 물론 인간은 유전자들에 의해 모든 행동이 엄밀하고 배타적으로 조정되는 자동인형들일 수도 있다. 윌슨을 포함한 거의 모든 사람이 실제로는 그렇지 않다는 것을 안다. 하지만 쌍둥이 입양 연구를 통해 유전적 유산이 태도, 소질, 기호에 커다란 기여를 한다는 것도 또한 볼 수 있다. 현대 생물학자는 본성과 양육nature-nurture에 관한 오래된 극단적 논쟁을 되풀이하기에는 너무나 많은 것을 알고 있다. 왜냐하면 거의 모든 인간적 특성은 유전과 문화적 환경의 상호 작용에 영향을 받는다는 점을 알기 때문이다. 윌슨이 환기한 가장 중요한 점은 인간 연구의 많은 측면에서 동물 연구에서와 같은 문제들을 만나게 된다는 것이다. 마찬가지로 동물 행동에서 옳다고 발견된 많은 대답은 인간 행동의 연구에도 적용할 수 있다.

윌슨과 루즈가 제안한 사회생물학의 정의에 따르면, 아마 동물들에서 발견되는 모든 사회적 행동과 상호 작용을 감싸는 어떤 영역이 있는 것처럼 생각할 수 있다. 이것은 아프리카의 유제류 및 사회생활을 하는 조류의 이주, 투구게의 알을 낳기 위한 이주, 그리고 다른 무척추동물과 척추동물(흰 고래와 같은)의 이주 같은 모든 사회적 이주를 포함한다. 하지만 이런 현상을 비롯한 많은 사회적 현상이 윌슨과 루즈의 연구대상이 되지는 못했다. 루즈에 따르면 사회생물학의 주제는 오히려 공격성, 성과 성선택, 부모의 투자, 여성의 재생산 전략, 이타주의, 친족선택kin selection, 부모 조작parental manipulation, 그리고 상호 이타주의다.

이 중 대부분이 두 개체의 상호 작용과 관련되며 직·간접적으로 번식의 문제를 다룬다. 모든 인간 활동은 궁극적으로 번식의 성공을 돕거나 저해하는 것으로써 넓게 말하자면 성선택에 연결된다.

그렇게 한정된 사회생물학은 명백히 사회적 행동의 전 영역 중 매우 특수한 부분이며, 그런 만큼 갖가지 문제를 야기한다. 두 개체 사이에 일어나는 어떤 종류의 상호 작용을 사회적 행동으로 특징지을 것인가? 자원을 얻기 위한 경쟁이 사회적 행동이었던 적이 언제 있었는가? 만약 자원을 위한 경쟁인 형제간 경쟁이 사회적 행동이라면 사회적 행동이 아닌 경쟁이 있을 것인가?

사회생물학에 대한 대부분의 공격은 인간에 대한 적용을 문제 삼는다. 루즈의 책에서 3분의 2에 달하는 많은 부분이 동물 행동과 비례하는 인간 행동에 바쳐져 있다. 이것이 바로 사회생물학이 논쟁적 위치를 점하는 커다란 이유이며 윌슨과 루즈가 사회생물학에서 제기한 문제들을 연구하는 대부분의 활동적인 학자가 자신들의 작업에 사회생물학이란 말을 사용하지 않는 까닭이다. 이들은 자신을 사회생물학자라고 부르지 않는다.

분자생물학

마지막으로 최근에는 분자생물학의 새로운 발견들이 어느 범위까지 현재의 진화론에 대한 수정을 요구하는가의 문제에 많은 노력이 기울여졌다. 때때로 분자생물학의 발견이 다윈 이론의 변형을 요구한다는 입장이 나오기도 한다. 하지만 그렇지는 않다. 진화와 관련된 분자생물학의 발견은 유전적 변이의 본성과 기원 그리고 정도를 다룬다. 전이인자의 존재와 같은 일부 발견은 놀라운 것이지만 이 새로운 분자생물학의 발견이 만들어낸 모든 변화는 궁극적으로 자연선택에 노출되어 있으며 따라서 다윈적 과정의 일부다.

가장 커다란 진화적 중요성을 갖는 분자적 발견은 다음과 같다. (1) 유전 프로그램은 그 자체로서 새로운 유기체를 만드는 재료를 공급하는 것이 아니라 단지 표현형을 만드는 청사진(정보)일 뿐이다. (2) 핵산에서 단백질로 가는 경로는 일방통행이다. 단백질이 얻을지도 모르는 정보는 핵산으로 되돌려지지 않는다. 즉 '약한 유전'은 없다. (3) 유전부호만이 아니라 사실상 대부분의 기본적인 분자 활동의 메커니즘은 가장 원시적인 원핵생물로부터 그 이상의 모든 유기체에서 동일하다.

다중적 원인, 다중 해답

다윈 시대 이래 일어난 생물학상의 많은 논쟁의 실마리는 진화론자들의 사고방식에 일어난 중요한 두 가지 변화에서 구할 수 있다. 첫째는 다중적이고 동시적 원인들의 중요성을 인지하는 것이다. 거듭 말하건대 진화적 문제는 근접원인이나 진화적 원인의 한쪽만을 고려하면 모순이 생긴다. 현실의 결과에는 근접원인과 궁극원인이 동시적으로 영향을 미친다. 마찬가지로 다른 쏟아지는 논쟁들도 우연적 현상과 선택이 동시에 일어난다는 것, 개체군의 지질학과 유전적 변화들이 함께 종분화 과정에 영향을 미친다는 것을 깨달을 때만 해결되었다.

거의 모든 진화적 도전은 다중적 원인들과 함께 다중적 해답을 가지며, 이러한 가능성을 인식함으로써 많은 논쟁이 해결되었다. 예를 들어 종분화에 있어서 어떤 유기체 집단에서는 수정 이전 격리 메커니즘에 의해 종분화가 일어나는 반면 다른 집단에서는 수정 이후 격리 메커니즘에 의해 종분화가 일어난다. 때때로 지리적으로 나누어진 혈통들은 비록 번식적으로 격리된 것은 아니지만 표현형에서는 완전한 종만큼이나 다르다. 다른 한편으로 표현형으로는 구분 불가능한 종들(동기종)이 번식적으로는 완전히 격리되어 있는 경우도 있다. 배수성 염색체나 무성번식은 일부 유기체 집단에서는 중요하지만 다른 집단에서는 전혀 존재하지 않는다. 염색체 재구성은 어떤 유기체 집단에서는 종분화의 중요한 구성소인 듯하나 다른 집단에서는 나타나지 않는다. 어떤 집단은 풍부하게 종분화를 하지만 다른 집단에서는 종분화는 매우 드문 사건이다. 유전자 흐름gene flow은 어떤 종에서는 엄청나지만 다른 집단에서는 격렬하게 줄어든다. 하나의 계통적 혈통은 매우 빨리 진화할 수도 있고 반면에 긴밀하게 연결된 다른 집단은 수백만 년 동안 완전한 정체 상태를 겪을 수도 있다.

요컨대 많은 진화적 도전에는 가능한 해답이 여러 가지가 있다. 그리고 이 해답들은 모두 다윈적 패러다임과 양립 가능하다. 이러한 다윈주의로부터 배워야 할 첫 번째 교훈은 진화생물학에서 철저한 일반화는 거의 틀리는 수가 많다는 점이다. 어떤 일이 '흔히' 일어난다는 것이 그 일이 언제나 일어나야 한다는 것을 의미하지는 않는다.

10

생태학이 묻는 물음은 어떤 것들인가?
What Questions Does Ecology Ask?

생태학은 모든 생물학 분야 가운데 가장 다양하며 포괄적이다. 생태학이 생명체들과 그들을 둘러싼 생물적·무생물적 환경 사이에 일어나는 상호작용을 다룬다는 데 이의를 다는 사람은 거의 없겠지만, 이와 같은 정의에 의해 포괄될 수 있는 영역이 어디까지인지는 막막한 문제다. 도대체 생태학에 귀속되는 고유의 주제란 어떤 것인가?[1]

'생태학'이라는 용어를 만든 것은 1866년의 헤켈이었는데, 그것은 '자연의 살림household of nature'을 가리키는 것이었다. 1869년에는 다음과 같이 한 단계 다듬어진 정의가 제안되었다. "생태학이란 자연의 경제학에 관한 지식의 체계이다. 즉 그것은 동물이 무기물적인 환경 및 유기체적 환경과 맺는 관계 전체에 대한 고찰이며, 여기에는 무엇보다 먼저 동물이 그것과 직·간접으로 접촉하는 다른 동물 그리고 식물들과 맺는 우호적·적대적 관계가 포함된다. 한마디로 생태학은 다윈이 생존투쟁의 조건이라고 불렀던 모든 복합적 상호관계에 관한 연구다."

　그러나 헤켈에 의해 명칭이 부여된 뒤에도 대략 1920년 이전의 생태학은 왕성한 활동성을 보이는 분야가 아니었으며, 학회의 설립이나 전문 학술지의 등장은 그보다도 훨씬 더 나중에야 이루어졌다. 한편 다른 측면에서 보자면 생태학은 어느 생태학자의 표현대로 다름 아닌 '자기의식이 담긴 자연사'로 규정할 수 있는데, 자연사에 대한 관심으로 말하자면 인간이 미개했던 시대까지 거슬러 올라갈 것이다.[2] 생활사, 번식 행동, 기생, 적 물리치기 등 자연학자의 관심이라면 어떤 것이나 자동적으로 생태학자의 관심사가 된다.

생태학의 간략한 역사

아리스토텔레스에서 린네와 뷔퐁에 이르기까지 자연사는 대개 서술적인 분야였지만 전적으로 그런 것은 아니었다. 즉 자연사 연구자들은 그들의 관찰에 덧붙여서 비교작업과 설명적 이론의 제안을 시도했는데, 거기엔 당시의 지배적인 시대정신이 반영되었다. 자연사 연구의 융흥기는 18세기부터 19세기 전반까지였는데, 그 시대는 자연신학의 이념에 의해 지배되고 있었다.

　이러한 세계관에 따르자면 자연 속의 모든 것은 조화 가운데 있다. 신이 그런 조화 이외의 것을 의도할 이유가 없는 것이다. 이런 세계관 속에서 생존투쟁은 온유한 방식으로 이루어지며 자연의 균형을 유지하게끔 조정되어 있었다. 어쩌다 지나치게 많은 수의 후손이 생기는 경우엔 기후적 요인, 포식, 질병 등에 의해 조절이 이루어진다. 자연신학자의 눈에 자연은 잘 프로그램된 하나의 기계처럼 작동하고, 모든 사항은 궁극적으로 창조자의 자비와 결부된다. 이런 세계관은 린네와 윌리엄 페일리William Paley 그리고 윌리엄 커비William Kirby의 저술들 속에 잘 반영되어 있다.

셸본의 교구목사였던 길버트 화이트Gilbert White는 18세기의 자연신학자로 영어권에서는 가장 잘 알려져 있다고 할 만한 인물이다. 자연신학은 대륙에서도 꽃을 피웠다.[3] 그러나 19세기 중엽에 자연신학이 몰락하고 과학주의가 점차로 득세하면서 대체로 서술적인 수준에 머무르는 자연사는 더 이상 적합성을 유지할 수 없게 되었다. 이제 자연사는 설명적인 모습을 띠지 않으면 안 되었다. 관찰과 서술이라는 종전의 임무는 계속 유지되었지만, 그 밖에 비교와 실험, 추측, 설명적인 이론들에 대한 시험 등 다른 과학적 방법들이 적용되면서 생태학이 형성되어갔다.

그 후 생태학의 발달에 주요한 영향을 미친 두 분야는 물리주의와 진화론이었다. 물리학은 이미 설명력 있는 과학으로서 높은 위상을 지니고 있었는데, 이로부터 생태학적 현상을 순수하게 물리적인 요소들로 환원해보고자 하는 시도가 유도되었다. 이것의 시초가 된 작업은 알렉산더 폰 훔볼트Alexander von Humboldt의 생태학적 식물지리학(1805)이었다. 거기서 훔볼트는 고도와 위도에 따른 식물군의 분포를 결정짓는 요소로서 온도가 압도적인 중요성을 지닌다고 강조했다(아래 참조). 그의 선구자적 작업은 하트 미리엄C. Hart Merriam(1894)에 의해 확장되었다. 미리엄은 애리조나 북부에 있는 샌프란시스코 산의 식물지역 분포를 온도에 의한 결과로 설명하고자 했다. 또한 유럽의 식물지리학자들도 마찬가지로 물리적 요인들, 특히 온도와 습도의 중요성을 강조했다.

생태학에 중요한 영향을 미친 두 번째 요소는 다윈의 저서《종의 기원》

의 출판이었다. 다윈은 《종의 기원》을 통해 자연신학을 완전히 반박하고, 자연에서 일어나는 현상을 경쟁, 니치의 배제, 포식 관계, 번식력, 적응, 공진화 등의 개념을 가지고 설명했다. 동시에 그는 목적론을 거부하고 개체군이나 종의 운명에 우연적인 요소가 끼어든다는 것을 인정했다. 이렇게 해서 다윈과 현대 생태학자들이 바라보는 자연은 자연신학자들이 상정하던 신에 의해 조정되는 자연과는 전혀 다른 것이 되었다.

다윈 이후로는 생명체의 모든 생리학적 적응과 생태학적 적응—그것들 각각의 특수한 생활양식 또는 그것들이 살아가는 특수화된 환경에 대한 적응—이 생태학의 관심사로 제대로 자리 잡았다. 이리하여 생태학자들은 다음과 같은 물음들을 던지기 시작했다. 어째서 이렇게 많은 생물종이 존재하는 것인가? 이 생물종들은 환경이 제공하는 자원을 어떤 방식으로 나눠 갖는가? 대부분의 시기 동안 환경이 상대적으로 안정성을 지니는 까닭은 무엇인가? 한 종의 안녕과 개체군의 밀도는 물리적인 요인들과 생물적 요인들, 즉 더불어 살아가는 다른 생물종들 가운데 어느 편의 제약을 더 받는가? 한 생물종이 그것의 환경에 적응할 수 있도록 해주는 것은 어떤 생리학적, 행태적 그리고 형태적 특성들인가?

오늘날의 생태학

현대 생태학과 그것에 부수되는 논쟁거리들은 개체의 생태학, 종에 관한 생태학(종생태학autecology과 개체군생물학), 그리고 군집에 관한 생태학(군락생태학synecology과 생태계생태학)의 세 범주로 분류된다. 전통적으로 동물학자들은 종생태학적인 문제들에, 식물학자들은 군락생태학적 문제들에 관심을 기울였다. 식물학자 하퍼John L. Harper(1977)는 식물을 연구함에 있어 동물학자들이 씨름하는 것과 같은 종생태학적 문제들을 연구한 사람이다. 그러나 오늘까지도 여전히 동물생태학과 식물생태학은 상이한 분야로 존립한다. 한편 균류와 원핵생물에 관한 생태학은 적어도 그런 명칭으로 존재하지는 않는다.[4]

개체생태학

19세기 후반에 이르러 생태학자들은 자연학자들의 활동의 연장선상에서 특정한 종에 속하는 개체들이 필요로 하는 정확한 환경적 요구가 어떤 것인지를 고찰하고 있었다. 이런 환경적 요구란 기후에 대한 내성, 생활주기, 필요로 하는 자원들, 그리고 적들, 경쟁자들, 질병 등 생존조건이 되는 요소들이다. 그들은 어떤 종에 속하는 한 개체가 그 종에 고유한 환경 속에서 성공적으로 살아가기 위해 성취해야만 하는 적응을 연구 대상으로 삼았다. 이와 같은 적응의 국면에는 겨울잠, 이주, 야행성, 그리고 생명체를 때로는 극지방이나 사막 같은 극한 조건에서도 생존하고 번식할 수 있게끔 해주는 그 밖의 여러 가지 생리학적 메커니즘과 행동양식이 포함된다.[5]

개체생태학의 관점에서 보자면 환경의 주된 역할은 지속적으로 안정화선택stabilizing selection을 수행함으로써 최적의 상태를 기준점으로 허용 가능한 변이의 폭을 벗어난 개체들을 속아내는 것이다. 이것은 다윈주의자의 생각과도 정확히 일치한다. 자연선택에서 중심적인 역할을 하는 것은 환경—생물적인 것과 물리적인 것을 망라하여—이다. 한 생물이 지닌 모든 구조와 생리학적 특성, 행동양식 뿐만 아니라 표현형과 유전자형을 이루는 실로 거의 모든 요소가 생명체와 환경 간의 최적의 관계를 향해 진화해왔다.

종생태학

개체생태학 다음으로 오는 발달의 단계는 종생태학인데, 우리는 개체군생물학이라는 표현을 쓰기도 한다. 다른 종의 개체군들과 접촉상태에 있는 국소적 개체군은 특히 생태학의 이 분야에서 관심사가 된다. 이때 생태학자가 개체군생물학자의 관점에서 고찰하는 것은 개체군의 밀도(단위면적당 개체 수), 변화하는 조건에서 개체군(크기)의 증가율(또는 감소율) 등이며, 만일 단일한 종의 개체군에 관한 연구인 경우에는 개체군의 크기를 조절하는 모든 변수들, 즉 출산율, 평균수명, 사망률 등이 연구대상이다.

이 분야의 역사는 인구의 성장과 그것을 조절하는 요소들에 관심을 기울이고 있던 수학적 인구통계학의 한 학파에까지 거슬러 올라간다. 이와 결부된 사람들로는 레이먼드 펄Raymond Pearl, 비토 볼테라Vito Volterra, 로트카A. J. Lotka 등을 꼽을 수 있다.[6] 생태학연구자에게 실제로 중요한 의미를 지녔던 것은 1927년 발간된 찰스 엘튼Charles Elton의 저서 《동물생태학 Animal Ecology》, 즉 '동물의 사회학과 경제학'이었다. 개체군생물학이 생태학의 한 하위분야로 뚜렷이 인정된 것은 이때부터이다.[7]

수학적 개체군생태학을 전문으로 하는 대부분의 학자에게 개체군의 개념은 기본적으로 유형론적인 것이었으며, 거기서 한 개체군에 속하는 개체들 간에 생기는 유전적 변이는 무시되었다. 그들이 말하는 개체군이란 어떤 유전적인 의미나 진화적 의미도 갖지 않는, 다만 수학자들의 집합개념에 해당하는 것이었다. 이에 비해 진화생물학의 맥락에서 형성되어야만 하는 개체군 개념의 결정적인 국면은 개체군을 이루는 개체들의 유전적 고유성이다. 이런 종류의 '개체군 사고'는 본질주의를 깔고 있는 유형론적 사고와 뚜렷한 대비를 이룬다. 생태학에서 한 개체군에 속하는 개체들의 유전적 고유성이란 무시되는 것이 보통이다.

니치

생물종은 환경 속에서 그것이 필요로 하는 모든 조건을 제공해주는 특정한 부분의 영역을 점유하는데, 이것은 생물종이 지니는 중대한 특성이다. 조셉 그리넬Joseph Grinnell이 세운 고전적인 니치 개념에 따르면 자연은 수많은 니치로 구성되어 있는 것으로 그려지고, 각각의 니치는 한 생물종에 적합하다. 엘튼의 생각도 이와 비슷했다. 니치는 환경에 속한 것이었다.

이블린 허친슨Evelyn Hutchinson이 도입한 니치 개념은 이와 약간 달랐다. 그 역시 니치를 다차원적인 자원공간으로 정의했지만, 그를 따르는 학파는 니치를 생물종에 귀속된 것으로 생각하고 있었다. 이렇게 보면 어떤 공간에 생물종이 존재하지 않는 경우, 니치 또한 존재하지 않는 셈이다. 그러나 특정한 국소지역을 연구하는 자연학자라면 누구나 충분히 활용되지 않고 있는 자원, 또 그 밖의 관점에서도 비어 있다고 보이는 니치들을 발견하게 된다. 예를 들어 보르네오와 수마트라의 삼림에는 각각 28종과 29종씩의 딱따구리가 서식하고 있는 반면, 이 지역들과 구조와 식물적 조성 면에서 유사한 뉴기니의 숲에는 딱따구리가 서식하지 않을 뿐 아니라 다른 조류도 살지 않는다. 침입자 종이 그곳에서 군집을 구성하고 있던 이전 개체군의 크기에 거의 또는 전혀 영향을 미치지 않은 것처럼 보이는 경우에도 주인 없는 니치의 개념은 잘 드러난다.

한 생물종이 필요로 하는 조건들 가운데 한 가지 요소가 충족되지 않는 경우, 즉 예를 들어 토양에 특정한 화학적 성분이 결핍되어 있거나 온도가 지나치게 높을 때, 그 요소는 '한계자원' 또는 '한계요인'의 의미를 갖게 되면서 문제의 지역에 그 생물종이 존재할 수 없게 만든다. 한 생물종이 서식하는 공간의 경계선은 만일 그것이 어떤 지리적 조건에 의해 결정되지 않는 경우라면 기온, 강우량, 토양의 화학적 성분, 그리고 포식자의 존재 등 한계요인들에 의해 제약된다. 또 다윈도 분명히 인식하고 있었듯이, 대륙에서는 생물종의 존재 경계가 다른 종들과의 경쟁에 의해 결정되는 것처럼 보이는 경우가 종종 있다.

경쟁

한 종에 속하는 여러 개체 또는 몇몇 상이한 종들이 한정된 양의 동일한 자원에 의존하는 경우 '경쟁'이라고 불리는 상황이 발생한다. 경쟁이 존재한다는 사실은 자연학자들에게 이미 오래전부터 알려져 있었으며, 다윈은 그 효과를 상세하게 서술하기도 했다. 동일한 종에 속하는 개체들 간의 경쟁, 즉 종 내부의 경쟁은 자연선택의 주요한 메커니즘이며 진화생물학이 다루는 주제다. 반면 상이한 종에 속하는 개체들 간의 경쟁, 즉 종간 경쟁은 생태학의 주요한 관심사다. 생물종 간의 경쟁은 경쟁상대가 되는 개체군들의 크기를 조절하는 요인 가운데 하나이고, 극단적인 경우에는 경쟁하던 어느 한 생물종의 멸종을 초래하는 수도 있다. 《종의 기원》에서 다윈은 유럽으로부터 옮겨온 경쟁 종들 때문에 멸종에까지 이른 뉴질랜드의 토착 동식물 종들에 관해 서술하고 있다.

　필요한 주요 자원이 충분하고도 남음이 있을 정도로 제공되고 있는 상황에서는 심각한 경쟁이 일어나지 않는다. 예를 들어 초식동물들이 공존하고 있는 경우 대부분이 여기에 해당한다. 더 나아가서 많은 생물종은 한 가지 자원에만 전적으로 의존하지도 않는다. 즉 주자원이 고갈 지경에 이르는 경우 그것들은 대안적인 자원 쪽으로 옮아간다. 또 경쟁하는 종들의 경우 보통 서로 다른 자원 쪽으로 눈을 돌리게 된다. 통상적으로 경쟁은 환경에 대한 유사한 요구를 가진 근친관계 속에서 가장 심하게 나타난다. 그러나 전혀 그런 연관이 없는 형태의 생물들끼리 동일한 자원을 놓고 경쟁하는 일이 일어나는 수가 있다. 식물의 씨앗을 먹는 설치류와 개미 사이에 일어나는 경쟁이 한 예다. 동물군이나 식물군 전체가 경쟁에 휘말리게 되는 경우도 있다. 이런 경우 경쟁의 결과는 눈에 여실히 드러나 보이게 되는데, 플라이오세에 남북 아메리카 대륙이 파나마 지협에서 연결되었을 때 벌어진 상황이 여기에 해당한다. 이때의 경쟁으로 결국 남아메리카의 포유류 종들 가운데 상당수는 북아메리카로부터 침입한 종들과의 경쟁을 극복하지 못하고 멸종을 맞았다. 또 거기에는 포식자들이 늘어난 것도 중요한 몫을 했다.

경쟁이 어느 정도까지 군집의 조성 및 특정 종의 밀도를 결정짓는가 하는 문제는 상당한 논란의 원천으로 존재해왔다. 문제는 경쟁이 일반적으로 직접 관찰 가능한 것이 아니라는 데 있다. 그것은 어떤 종의 확산이나 증가가 나타나는 동시에 다른 종이 감소되거나 사라지는 현상을 바탕으로 추론되어야만 하는 것이다. 러시아 생물학자인 가우제G. F. Gause는 실험실에서 두 가지 생물종을 가지고 여러 가지 실험을 했는데, 단 하나의 균일한 자원만이 제공되고 있을 경우에는 결국 한쪽 종이 소멸해버렸다. 그는 자신의 이런 실험과 또 자연에서 행한 관찰을 기반으로 이른바 '경쟁 배제의 법칙'을 정식화했다. 그것은 어떤 두 종도 동일한 니치를 점유하지 않는다는 법칙이다. 그 뒤로 이 '법칙'에 위배되는 것으로 보이는 사례들이 여럿 발견되었다. 그러나 보통 그런 반례들은 문제의 두 종이 비록 그들의 필요가 겹치는 주요한 자원을 놓고 경쟁하고 있는 경우라고 해도 정확히 동일한 니치를 점유하지는 않는다는 사실이 밝혀짐으로써 해결되곤 했다.

종들 간의 경쟁은 진화에서 중대한 의미를 갖는다. 그것에 의해 공존하고 있는 생물종들에 원심적 선택압centrifugal selection pressure이 작용하게 되고, 그 결과로 같은 지역에 존재하는 종들 간에 형태적인 차이가 벌어지는 현상이 초래된다. 뿐만 아니라 경쟁의 결과로 각각의 생물종은 그것들의 니치를 서로 중첩되지 않는 영역 쪽으로 확장하려는 성향을 나타내게 된다. 다윈은 이런 것을 가리켜 '분지의 원리the principle of divergence'라고 불렀다. 또 경쟁에 의해 한 종이 멸종에 이르게 되는 경우는 '종선택'이라는 개념으로 표현했다. 하지만 종치환species replacement이나 종전복species turnover이 이 상황을 더 적절히 서술하는 개념일지도 모른다. 물론 결과적으로 종 전체의 안녕과 존립이 영향받는 것이긴 하지만 선택압이란 경쟁 관계에 있는 종에 속하는 개체들에 작용하는 것이기 때문이다. 따지고 보면 '종선택'이란 사실상 개체선택의 결과물이다.

경쟁은 어떤 종류의 필요한 자원을 놓고서라도 일어날 수 있다. 동물의 경우엔 보통 먹이가 그 대상이다. 숲을 이루는 식물들의 경우에는 빛이 경쟁의 요체일 수도 있다. 얕은 바다에 사는 저생해양생물에서 볼 수 있는 많은 경우처럼 바닥층 속에서 사는 생물들의 경우에는 공간이 문제다. 실제로 물리적 요인이든 생물적 요인이든 생명체에 필수적인 것이라면 무엇이든지 경쟁의 요소가 된다. 또 보통은 개체군의 밀도가 높을수록 경쟁이 더욱 심해진다. 포식관계와 더불어 경쟁은 개체군의 밀도와 결부되어 있으면서 개체군의 성장을 조절하는 가장 중요한 요인이다.

번식 전략과 개체군의 밀도

개체군생물학자들은 대부분의 생물종을 그 개체군의 크기 및 번식 전략과 관련해서 두 가지 범주로 분류할 수 있다는 것을 알게 되었다. 그중 한 편에서는 개체군의 크기가 환경의 격변에 의해, 또 종 내부의 약한 경쟁과 더불어 심하게 변동한다. 여기에 속하는 종들은 많은 자손을 생산하는 경향이 있다. 이런 경우 우리는 그것들이 r-선택 전략을 채택했다고 말한다. 한편 이와 다른 종들은 해가 바뀌어도 (서식지의) 부양 용량과 결부된 거의 일정한 개체군의 크기를 나타낸다. 이런 종들은 강한 의미에서 종 내부의 경쟁과 종간 경쟁을 겪는다. 또 이들은 일반적으로 수명이 길고 발달이 늦으며 번식이 지연되는 양상 및 한배 생산의 성향을 나타낸다. 이런 경우는 K-선택 전략이라고 불린다.

그런데 만일 생겨난 자손들이 모두 생존한다고 가정하면, 다양한 번식 전략 가운데 어떤 것을 취하든지 간에 얼마 지나지 않아 어떤 개체군의 크기나 무한대로 커진다. 하지만 한 세대의 자손들 가운데 단지 일부분만이 다음 세대까지 살아남는다는 사실은 이미 고대로부터 알려져 있었다. 모든 세대에서 일어나는 이런 감소에 작용하는 요인으로는 제한된 자원을 둘러싼 경쟁, 기후의 변화, 포식, 질병, 혹은 번식의 실패 등이 있다. 결과적으로 대부분의 생물종에서 개체군은 개체들의 수준에서 나타나는 변이, 요동, 죽음 등의 요인들에도 불구하고 안정적인 상태를 유지한다.

생태학자들에게 일찍부터 알려져 있던 것으로 (여기에는 데이비드 랙David Lack이 제시한 설득력 있는 증거가 기여했다) 개체군 내의 자연적인 사망률이 개체군의 밀도에 의존한다는 사실이 있다. 이는 밀도가 증가하면 포식이나 경쟁, 질병, 먹이의 고갈, 숨을 만한 장소의 부족 등의 요인들이 보다 커다란 영향력을 행사하게 되고 결과적으로 더 높은 사망률을 초래함으로써 개체군의 성장이 느려진다는 것을 의미한다. 이렇게 해서 우리는 개체군이 자기조절능력을 가졌다는 견해에 도달한다.[8] 그런 자기조절은 지배영역을 수립하고, 새들의 경우 한배 생산의 수를 줄이고, 또 일부 식물들의 경우 산포散布의 정도를 증가시키는 등 개체군의 성장에 대한 여러 가지 생활사적 제약을 통해 이루어진다. 그러나 이러한 자기조절 능력이 작동하기 위해서는 집단선택이 전제되어야만 하는데(8장 참조), 집단선택의 개념은 처음 제안되었을 때 인기를 누렸지만 사회적인 종 이외의 경우에는 해당 사항이 없는 과정이라는 사실이 곧 판명되었다. 랙과 윌리엄즈George C. Williams 같은 학자들은 개체들에 작용하는 자연선택과 친족선택(12장 참조)만 가지고도 한때 자기조절이라는 가설에 의존해서 설명했던 지배영역의 형성, 낮은 번식률, 산포 등의 현상을 충분히 설명해낼 수 있다는 것을 입증해 보였다. 오늘날 자기조절 능력에 관한 이론은 더 이상 심각하게 고려되지 않고 있다.

앤드류워사Andrewartha와 버치Birch는 기후가 개체군 밀도와 관련된 모든 부정적 요인보다도 강력하게 작용하며, 결국 밀도와 무관한 방식으로 개체군의 크기를 조절할 수 있다고 주장했다. 실제로 우리는 혹독한 겨울이나 더운 여름, 가뭄, 지나치게 많은 강수량 등이 개체군에, 특히 곤충을 비롯한 여러 무척추동물의 개체군에 치명적인 영향을 줄 수 있다는 사실을 알고 있다. 개체군에서 그것의 밀도와 무관하게 일어나는 변화에 대한 복잡하고 정교한 통계적 분석을 통해서 확인할 수 있는 것은 개체군의 밀도에 의한 영향은 기후에 의해 유도되는 개체군의 변동에 덧붙여지는 효과로 나타난다는 사실이다. 개체군의 크기는 물리적인 요인과 생물적 요인에 의해 조절되는 것이 분명하다.

포식자와 피식자 그리고 공진화

대부분의 생물 종은 매년 뚜렷이 비슷한 개체군의 크기를 보여주는 반면, 어떤 것들에서는 불규칙적이거나 주기적인 변동이 특정적으로 나타난다. 엘튼(1924)은 쥐나 북미산 나그네쥐, 또는 산토끼처럼 몸집이 작은 초식동물들에서 나타나는 변동은 예컨대 북극여우 같은 그들의 포식자에 대해서도 유사한 변동을 낳는다는 사실을 입증했다. 예를 들어 작은 북극지방 설치류는 보통 3~4년 주기로 변동을 나타내는데, 그것들의 포식자 개체군역시 그러하다. 몸집이 약간 큰 산토끼 종류는 9~10년 주기의 변동을 보이는데, 산토끼의 포식자군 역시 마찬가지 양상을 보인다. 오늘날 우리는이렇게 초식동물에서 나타나는 주기가 그들의 포식자에서도 나타나는 반면, 그 역은 반드시 성립하는 것이 아님을 알고 있다.

포식자에 의한 압력에 대응해서 피식자는 보통 어떤 적응행태(예를 들면 피신처를 찾아다니고 발견하는 일)를 습득하게 된다. 또 한 단계 진전된 보호장치(예를 들어 두꺼운 껍데기)나 혐오감을 유발시키는 어떤 성질 등이 이런 적응에해당한다. 한편 시간이 흐름에 따라 거꾸로 포식자에서도 이에 대응하는방향의 선택이 일어난다. 결국 이는 포식자와 피식자 간에 계속되는 일종의 '군비경쟁arms race'을 초래한다. 대부분의 식물은 다양한 화학물질, 특히 알칼로이드계 물질을 가지고 초식동물들이 자기를 싫어하게끔 만드는일련의 방어장치를 형성한다. 하지만 또 이런 화학적 방어장치에 맞설 수있는 능력을 지닌 몇 종의 초식동물이 있게 마련이다.

어떤 식물이 초식동물에 대항해서 새로운 화학물질을 장착하는 진화를하면 초식곤충은 그 화학물질을 해독하는 새로운 메커니즘을 갖는 방향으로 진화한다. 이런 경우 우리는 상호 작용하는 종들이 '공진화coevoultion'한다고 말할 수 있다. 공진화는 결국 상리공생과 같은 상호부조의 형태로이어질 수도 있다. 상리공생으로 이어진 유명한 예로는 유카yucca 나방의경우가 있다. 이 나방은 그것의 유충을 자라게 하는 과정에서 유카속 식물의 잠재적 씨앗들 중 일부를 파괴하는 한편 꽃을 수분시킨다. 이를 통해나방의 유충들이 생존할 수 있을 뿐만 아니라 충분한 수의 유카 식물의 씨

앗 생산 역시 보장된다.

또 어떤 경우에는 새로 등장한 포식자들이 특정한 피식자 종에 치명적인 영향을 미치는 경우가 있다. 드문 경우지만 어떤 포식자에 의해 한 지역의 피식자 종이 완전히 사라져버리는 일도 있다. 오스트레일리아의 퀸즐랜드에서 선인장 나방Cactoblastis에 의해 오푼시아Opuntia 종의 개체군이 사실상 자취를 감춘 예가 있다. 하지만 보통은 어느 정도의 피식자 개체들이 살아남고 포식자 개체군과의 충돌이 지나가고 난 뒤 피식자 개체군이 다시 회복되곤 한다. 포식자와 피식자 간의 다중적 상호 작용은 생태학에서 활발히 연구되는 분야다. 특히 농업에서 해충의 문제와 관련해서 이 같은 연구는 대단히 중요하다.

먹이사슬과 개체수 피라미드

엘튼은 한 군집의 성원들은 실질적으로 하나의 먹이사슬을 형성한다고 지적했다. 이 먹이사슬의 첫 번째 고리에는 광합성을 하는 식물이 있고, 다음에는 초식동물, 그리고 육식동물, 그러고 나서 마지막에 분해자인 미생물과 균류가 위치한다. 첫 단계인 식물은 생산자라 불리고, 나머지 단계의 성원들은 소비자라고 불리곤 한다. 육식동물의 단계는 그 몸 크기에 따라 더 분류될 수 있어서, 커다란 육식동물은 초식동물뿐만 아니라 종종 작은 육식동물들까지 먹이로 삼는다.

평균적으로 말하자면 먹이사슬의 피라미드에서 위로 올라갈수록 몸 크기는 커지고 개체수는 줄어든다. 초식동물에는 수많은 종류의 곤충과 그것들의 유충이 포함된다. 한편 육식동물은 초식동물보다 몸집이 한층 크고 수는 훨씬 적다. 하지만 코끼리나 커다란 발굽동물들은 초식동물도 큰 몸집을 지닐 수 있음을 보여준다. 가장 큰 초식동물인 코끼리나 초식성 공룡은 그들과 공존하거나 공존했던 가장 커다란 육식동물보다 실제로 더 큰 몸을 지녔다.

광합성을 하는 식물들은 지구상의 생물들 가운데 그 생물량biomass에서 최대의 비중을 차지한다. 반면 초식동물의 총량은 그보다 훨씬 적고, 육식동물은 더 적다. 육식동물의 개체수는 그들에게 잡아먹히는 초식동물의 수보다 훨씬 적다. 이렇게 해서 '개체수 피라미드'가 성립한다. 이 피라미드는 먹이사슬 꼭대기에 있는 생명체가 상대적으로 희박한 밀도를 지닌다는 사실을 반영한다. 쥐를 잡아먹고 사는 고양이나 크릴새우Euphausia를 먹는 고래에서 우리는 먹이사슬 피라미드가 위층으로 갈수록 개체수의 감소가 일어나는 예를 확인할 수 있다.

생활사와 분류학적 연구

개체군생물학에서 종의 희귀성, 특정 종이 퍼져 있는 영역의 크기, 포식자와 피식자 간 상호 작용 등에 관한 비교연구는 현존하는 생물종 및 그것들의 생활사에 관한 지식에 의존한다. 전통적으로 대부분의 자연학자는 동시에 분류학자였다. 현존하는 생명체들의 생활사에 관한 연구는 실제로 그들이 생물을 구별하고 분류하는 일에 커다란 도움을 주었다. 그러나 이런 이중적 능력은 자연사 연구로부터 생태학이 독립하면서부터 점점 찾아보기 힘들게 되었다. 하지만 나중에도 여전히 모든 훌륭한 분류학자는 동시에 훌륭한 자연사학자였다.[9]

동물과 식물의 생활사에 대한 연구는 분명 생태학자의 오랜 관심사 가운데 하나다. 식물의 경우 한해살이식물과 여러해살이식물 사이의 구분이란 생활사적 측면과 결부된 기준에 따른 것이고, 식물들을 약용식물, 관목, 교목 등으로 분류하는 것 역시 생태학적 기준에 따른 것이다. 동물의 경우에는 실질적으로 그들의 생활사를 이루는 모든 국면, 즉 수명, 번식력, 정주성sedentariness, 니치의 성격, 계절성, 번식의 빈도, 짝짓기의 체계 등이 번식의 성공 여부와 개체군의 크기에 영향을 미치는 요인이며, 따라서 그것들은 하나같이 개체군생물학자에게 관심의 대상이다.

그러나 수백 년에 걸친 분류학자들의 노고에도 불구하고, 우리는 얼마나 많은 생물종이 존재하는지에 대한 신뢰할 만한 답을 갖고 있지 않다. 더구나 각 종의 생활사에 관한 실제적인 지식은 더욱 부족한 형편이다. 만일 1000만 개의 종이 존재하는데 (이것은 아주 보수적인 어림값에 해당한다) 대략 150만 종이 서술되고 있다면, 우리는 전체의 15퍼센트를 알고 있는 셈이다. 반면 존재하는 생물종의 수가 (현재 가장 많이 인정받고 있는 어림대로) 3000만 종이라고 하면 우리가 알고 있는 비율은 5퍼센트로 내려간다.

뿐만 아니라 여러 종류의 생물군에 대해 우리가 가진 지식의 수준은 매우 들쑥날쑥하다. 조류의 경우 지난 10년간 새로 알려진 종의 수는 전체의 1퍼센트 미만이었다. 다시 말해 99퍼센트가 이미 알려져 있었던 셈이다. 반면에 곤충과 거미류 그리고 무척추동물의 경우 우리에게 알려진 종들의 수는 전체의 약 10퍼센트로 추산된다. 이런 상황은 균류와 원생생물 그리고 원핵생물 등에서도 마찬가지다. 국지적 종 다양성 연구에 있어 열대 지역의 생물계 그리고 특수한 해양환경에 관한 연구는 지극히 부족한 상태다. 생태학자들이 진심으로 분류학 연구에 지지를 보내는 데는 이런 이유가 있다.

군집생태학

19세기 후반 생태학은 차츰 그것의 뿌리인 자연사와 식물지리학으로부터 독립적인 학문으로 성장해갔고 그러면서 개체나 개체군에 관한 생태학과는 전혀 다른 종류의 생태학이 발달하기 시작했다. 이 새로운 '군집생태학community ecology' 또는 '군락생태학'은 상이한 생물종들로 구성된 군집의 조성과 구조에 관심을 두고 있었다.[10]

우리는 뷔퐁의 글 속에서 이러한 관점의 단초를 발견할 수 있다. 그러나 군집생태학의 진정한 창시자는 훔볼트였고, 그 시작은 식물군락의 유형에 대한 그의 분석에서 비롯되었다. 식물군락의 유형에는 초지, 온대 낙엽성 삼림, 열대 상록성 우림, 툰드라, 사바나 등이 있는데, 실제로 이것들이 가장 확연한 군집의 예라는 이유로 군락생태학은 식물군집에 역점을 두는 동시에 지질학적 성격을 강하게 띠게 되었다.

우림은 오세아니아 지역의 것이건 아마존 지역의 것이건 고유의 특성적 외양을 갖는다. 어느 대륙에 있는 것이든 사막 또한 이와 마찬가지로 고유한 특정적 모습을 띤다. 다윈도 언급한 바와 같이 분류학적 측면에서 보자면, 어떤 동일한 식물군락 유형(예를 들면 사막)에 속해 있지만 서로 다른 대륙에 위치한 식물들 간의 관계보다 같은 대륙에 존재하는 식물들 상호 간의 관계가 보다 더 가깝다. 훔볼트 이후, 특히 19세기 후반 이후로 생태학자들은 다양한 식물군락 유형과 더불어 그런 식물군락을 형성하는 원인을 규명하려 했다.

이러한 전통이 낳은 가장 성공적인 성과로는 유진 워밍Eugene Warming의 《식물 생태학Ecology of Plants》(1896)을 들 수 있다. 워밍은 생태학의 아버지라고 불리는 사람이다. 그를 추종하는 학자들은 모두 그들의 설명에서 강한 물리주의적 경향을 보였다. 그들은 식물군락의 분포와 관련하여 온도와 물, 빛, 질소, 인, 염분 그리고 여러 화학물질의 역할을 강조했다. 워밍에게서 특이한 것은 이전의 학자들과는 대조적으로 온도보다도 강수가 더 원초적인 결정요인이라고 보았다는 점이다. 워밍은 열대 지역에 대한 연구를 바탕으로 이와 같은 결론에 도달한 것이었다. 정확히 말하자면 이런 유형의 생태학은 식물에 관한 지리학적 생태학이라는 개념으로 알려졌다.[11]

천이와 극상

20세기 초 미국 생태학자 프레더릭 클레멘츠Frederic Clements는 화산폭발이나 큰 홍수, 태풍, 산불 등으로 인한 교란이 있은 뒤에는 식물군집에서 천이과정succession이 일어난다는 것을 처음으로 지적했다. 예를 들어 손대지 않고 내버려둔 들판에서는 초본식물, 관목류, 그리고 교목류가 차례로 출현하면서 결국 하나의 숲이 형성된다. 맨 먼저 나타나는 것들은 언제나 빛을 좋아하는 종들이다. 반면 그늘에서도 살 수 있는 종들은 천이의 나중 단계에서 출현한다.

　클레멘츠를 비롯한 초기 생태학자들은 천이의 순서에 거의 법칙 수준의 규칙성이 나타난다고 보았다. 그러나 그런 견해는 계속 버티지 못했다. 가장 주도면밀하게 기록된 천이 사례 가운데 하나는 크라카타우 섬의 생물계가 1883년의 화산폭발로 인해 완전히 황폐해진 뒤 재건되는 과정이었다(Thornton 1995). 이것뿐만 아니라 다른 천이의 예에서도 우리는 어떤 일반적인 경향을 읽어낼 수 있다. 하지만 보통 세부적인 사항까지 예측하기란 불가능하다. 미국 동부 뉴잉글랜드 지방의 버려진 초원이 스트로부스소나무와 회색 자작나무로 뒤덮이고, 근처의 다른 초원에도 노간주나무, 귀룽나무, 그리고 단풍나무들이 들어서기 시작한다. 천이는 토양의 특성,

햇볕과 바람에 노출되는 정도, 강수량의 변화, 정착의 우연성 그리고 그밖의 다른 무작위적 과정 등 많은 요소의 영향을 받는다. 천이를 연구한 초창기 인물은 다름 아니라 미국의 자연학자이자 시인이었던 헨리 데이비드 소로우Henry David Thoreau(1993)였다.

클레멘츠와 초기 생태학자들이 '극상climax'이라고 부른 천이의 마지막 단계 역시 예측 가능하거나 균일한 조성으로 이루어져 있다고 할 수 없다. 상당히 성숙한 군집에서도 생물종의 조성에서 심한 변동이 일어나곤 한다. 또 극상의 성격 역시 천이에 영향을 주는 요인들에 의해서 영향을 받는다. 하지만 성숙한 자연환경은 일반적으로 평형상태에 있고, 시간의 흐름 속에서도 비교적 작은 변화만을 나타낸다.

클레멘츠는 극상을 하나의 생명체로 파악하면서 그것을 '초超유기체'라고 했다.[12] 그러나 극상의 개념을 받아들이는 사람들 중에도 그의 이런 생각을 거부하는 이들이 있었다. 하나의 개미 왕국colony을 하나의 초유기체라고 보는 일은 정당화될 수도 있다. 그것의 의사소통 체계가 고도로 조직화되어 있음으로 인해 개미 왕국 전체가 한 몸과 같은 통일성을 지니고 환경에 반응하면서 작동하기 때문이다. 그러나 식물의 극상군집이 그와 같은 상호 의사소통적 그물망을 갖는다는 증거는 없다. 이런 까닭에 적잖은 사람들은 상호 작용이 느슨하다는 것을 강조하기 위해 '군집'이라는 말 대신 '연합association'이라는 표현을 쓴다.

'생물군계biome'라는 개념은 공존하는 동물군과 식물군을 포괄적으로 가리키는데, 이는 그다지 성공적인 개념적 확장이 아니다. 물론 많은 동물이 특정한 식물과 연합 상태로 살아가지만, 예를 들어 '가문비나무-큰사슴 생물군계'라는 개념을 사용할 경우 오해의 여지가 있다. 가문비나무의 군집은 큰사슴이 존재하는가 그렇지 않은가에 따라 이렇다 할 영향을 받지 않는다. 실제로 큰사슴이 전혀 서식하지 않는 광대한 가문비나무숲 지역이 존재한다. 식물군집을 초유기체로 서술하는 데에는 늘 어떤 신비주의적인 음조가 끼어들고 있다.

클레멘츠의 그것과 대립되는 성격을 띠는 식물생태학의 개념이 허버트 글리슨Herbert Gleason(1926)에 의해 창시되었다. 글리슨이 주장한 중심 내용은 한 생물종의 분포란 그것의 니치가 요구하는 바에 의해 제약되는 것이므로 식물군락의 유형은 단순히 개별 종들의 생태학으로부터 귀결된다는 것이었다.

생태계

어떤 국소 지역에 존재하는 동식물의 연합 상태를 서술하기 위해 제안된 극상, 생물군계, 초유기체 등의 전문개념이 이런저런 이유로 비판을 받으면서 생태계ecosystem라는 개념이 점점 더 널리 수용되기 시작했다. 생태계라는 개념을 제안한 것은 1935년 영국 식물생태학자인 탠슬리A. G. Tansley 였는데, 그것은 연합 상태에 있는 생명체들의 계 전체를 환경의 물리적 요소들과 한데 묶어 부르는 말이다.

린데만R. Lindeman(1942)은 그런 계가 지니는 에너지 변환의 기능을 강조했다. "생태계는 살아 있는 개체들과 그들의 활동을 매개로 일어나는 에너지 및 물질의 순환, 변환, 그리고 축적을 포함하고 있다." 여기서 말한 물질 및 에너지의 운반과 저장에 관여하는 주요한 생물학적 과정으로는 광합성, 분해, 식물 섭취, 포식, 그리고 기생을 비롯한 여러 양태의 공생성 활동 등이다. 이렇게 본다면 생태학자는 "주어진 생태계 속을 움직여 지나가는 물질과 에너지의 양과 그런 이동의 속도에 우선적인 관심을 갖는다(Evans, 1956)."라고 할 수 있다. 그런 정량적인 자료를 구하는 것이 실제로 국제적인 생물학 프로그램의 중심 임무였다.

한 가지 유감스러운 사실은 이러한 물리주의적 접근이 그 이전의 견해와 비교해 볼 때 커다란 진전이라고 볼 수 없다는 것이다. 생태계의 개념은 1950년대와 1960년대에 특히 유진 오덤과 하워드 오덤의 열성적인 공헌에 힘입어 한때 굉장히 유행했지만, 지금은 더 이상 지배적인 패러다임이 아니다. 글리슨이 극상과 생물군계를 겨냥해 던진 비판적 논변은 생태계에도 적용될 수 있다. 뿐만 아니라 상호 작용의 수는 너무 많기 때문에 대형 컴퓨터를 여러 대를 동원한다고 해도 분석하기가 어렵다.

끝으로 대부분의 젊은 생태학자는 물리적인 상수들을 측정하는 일보다 생명체들의 행태 및 생활사적 적응에 관한 생태학적 문제들 쪽으로 더 끌리고 있다. 그럼에도 불구하고 동물과 식물의 국소적 연합 상태를 가리키기 위해 에너지 측면은 많이 고려하지 않은 채 우리는 여전히 '생태계'라는 말을 사용하고 있다. 생태계는 우리가 참된 체계로부터 기대하는 수준의 통일성을 가지고 있지 못하다.

다양성

어떤 주어진 장소에 공존하는 종의 수를 제약하는 요소들은 무엇인가? 우리가 얻어낼 수 있는 하나의 뚜렷한 일반화는 환경의 요구가 강할수록 군집을 구성하는 생물종의 수가 줄어든다는 것이다. 그러므로 예를 들어 사막이나 극지방 툰드라처럼 모진 환경에서는 아열대나 열대 지역의 숲속에 비해 훨씬 적은 수의 생물종들만이 살고 있다. 이것이 전부가 아니다. 어떤 생물상이 이전에 분리된 상태로 존재하던 두 개의 생물상이 융합된 결과로 형성되었다든가 또는 어떤 지리적 영역이 (예를 들어 여러 곳에 잠재적인 지리적 장벽들을 갖고 있음으로써) 종분화에 적절하다는 것처럼 역사적인 성격을 지니는 요인들 또한 종의 다양성에 중요한 영향을 미친다는 것이 분명하다. 말레이시아의 어떤 지역에 존재하는 종의 수가 그에 상응하는 아마존 우림 지역의 경우에 비해 세 배나 되는 이유를 우리는 이런 관점에서 설명할 수 있다.

두 종의 생물이 어떤 지역에서는 서로 몰아내려고 하지만 다른 곳에서는 평화롭게 공존하는 경우가 있다. 잠재적인 경쟁자들끼리 이른바 길드를 형성하는 수도 있고, 길드의 특수한 조성이 지역에 따라 달라질 수도 있다. 예를 들어 뉴기니 동쪽의 작은 섬들에서는 과일 먹는 비둘기 종류가 발견되는데 거기엔 큰 것, 중간 크기의 것 그리고 작은 몸집을 지닌 것들이 있다. 반면 어떤 섬에서 어떤 크기의 비둘기가 서식하는 것으로 나타날지는 예측 불가능하다. 여기에는 우연적인 요소가 작용하는 것으로 보인다.

하나의 군집이 어느 정도의 안정성을 지니는 것으로 보이는가와 상관없이, 모든 군집은 멸종과 새로운 콜로니 형성 사이의 균형을 반영하고 있다. 이런 사실은 일찍이 섬 지역의 개체군을 연구하던 학자들에 의해 발견되었고, 나중엔 수학적인 형태로 섬 지역 생물지리학의 법칙으로 정식화되었다. 섬의 크기가 작으면 작을수록 종의 전복은 빠르게 일어난다. 거꾸로 변화가 느리게 일어날수록 그 지역에만 한정되어 나타나는 종의 비율은 늘어난다. 한 개체군이 섬 위에 고립된 상태에서 더 오래 존립할수록 그것이 새로운 종으로 분리될 가능성은 커진다.[13]

1955년 맥아더R. H. MacArthur는 군집이 다양성을 지니면 지닐수록 더 높은 안정성을 지니게 되리라고 주장했다. 반면 메이R. M. May(1973)는 이와 상반되는 결론을 내놓았고, 뒤이은 연구들은 합의를 도출하는 데 성공하지 못했다. 분명한 것은 군집의 조성이란 역사적, 물리적 그리고 생물적 요소들 간의 고도로 복잡한 상호 작용의 결과로 주어진다는 사실, 그리고 그것에 대한 예측은 단지 근사적으로만 가능하다는 사실이다. 환경의 물리적 특성 그리고 경쟁자나 적의 존재 여부 같은 요소들이 군집의 조성에 미치는 영향은 보통 확연히 드러난다. 그러나 이런 요소들 간의 상대적 중요성의 비중은 역사적 우연에 의해 크게 좌우되곤 한다.

고생태학

화석을 모아 맞추는 연구가 성숙단계에 이르면서 고생물학자들은 옛 생물계의 생태학에 관심을 기울이기 시작했다. 여러 가지 생태학적 문제가, 특히 화석에 나타난 생물상과 관련하여 정식화되었다. 그러나 이런 연구를 통해 확보된 결론들은 차별적 보존이라는 문제에 의해 제약된다. 부드러운 몸을 지닌 종의 화석은 아주 드문 조건에서만 화석이 되고, 조개처럼 딱딱한 껍데기나 골격이라고 해도 그 보존에 상당한 차이가 나곤 한다. 예를 들어 산호 군집과 같이 한 지역의 군집 전체가 잘 보존된 형태로 나타나기도 한다. 화석생물이 매장되고 보존된 환경을 연구하는 데는 화석생성학taphonomy의 방법이 이용된다.

어떤 주요한 생물종 전체가 자취를 감춰버리는 경우가 있다. 이는 고생태학에서 관심이 가장 뚜렷이 집중되는 문제 영역이다. 예를 들어 고생대의 무척추동물 가운데 가장 지배적인 종이었던 삼엽충은 무슨 이유로 멸종되어 버렸나? 또 마찬가지로 중생대의 가장 번성한 생물 종 가운데 하나였던 암모나이트는 왜 멸종된 것인가? 그렇게 한 생물 군이 사라져버린 일이 지구 역사상 있었던 거대한 멸종의 시기들 가운데 어느 것과 일치하는 경우라면 그와 같은 일반적 멸종의 원인을 통해 특정 종의 멸종 역시 설명할 수 있다. 예를 들어 공룡의 멸종은 시기적으로 백악기 말에 일어났는데 우리는 유카탄 반도에 떨어진 알바레스 소행성에 의한 충격이 그 원인이었다는 데 대강 의견의 일치를 보고 있다. 삼엽충의 멸종에 관해서는 '기능 면에서 한층 효율적인' 연체동물과의 경쟁이 그 원인이었다고 말하지만, 이는 '이것이 일어난 뒤 저것이 일어났으니 이것이 저것의 원인a post hoc, ergo propter hoc'이라고 말하는 식의 부당한 추론에 해당한다.

지구의 생명은 물속에서 생겨났고 최대의 생태학적 혁명은 물을 정복한 사건이었다. 먼저 식물이 그러고 나서 동물이 물을 차지했다. 하지만 물속에서 삼엽충과 암모나이트가 교체되어 사라지는 사건이 있었던 것과 마찬가지로 물에서도 중요한 멸종과 교체가 일어났다. 공룡의 멸종 뒤에 포유류가 갑자기 증가한 일은 대단히 자주 언급된다. 그러나 그만큼 완벽한 교체의 예는 아닐지언정 그보다 훨씬 더 격렬한 교체가 지상식물들에서 일어났다. 양치류 식물, 속새 식물, 그리고 겉씨식물은 백악기 동안 거의 꽃식물, 즉 속씨식물로 교체되었다. 리걸P. J. Regal(1977)은 식물군락의 변동과 관련하여 (바람이 아니라) 곤충에 의한 수분과 조류 및 포유류에 의한 씨 퍼뜨림을 설득력 있게 제안했다. 그런데 이 시나리오에서 흥미로운 점은 생리학적 요인이나 기후적 요인이 아니라 생태학적 요인이 변화의 바탕을 이루고 있다는 사실이다.

생태학의 논란들

생태학에서 제기된 논쟁점 가운데 결정적으로 해결된 문제는 거의 없다. 개체군의 밀도, 경쟁, 또 포식관계를 조절하는 요소는 무엇인가? 밀도 의

존적 요인과 밀도 독립적인 요인 중 어느 것이 더 중요한가? 천이가 종착하게 되는 단계는 있는가? 그리고 그것은 어떻게 예측할 수 있는가? 경쟁적 배제의 '법칙'이란 얼마나 강제력이 있는 것인가? 이런 모든 물음에 관해서 지배적인 견해에 해당하는 것들이 있지만, 반면에 소수의 견해도 존재한다. 그리고 다양성이 가장 풍부한 생물상이 가장 안정한가 그렇지 않은가 하는 문제처럼 견해의 빠른 변화가 일어나기도 한다.

비록 대부분이라고는 할 수 없을지는 모르지만 생태학의 여러 문제에서 올바른 대답은 다원주의적인 것이라고 생각된다. 상이한 종류에 속하는 생명체들은 상이한 규칙들을 따른다. 달리 말하자면 물과 땅이라는 두 가지 환경에서 결정력을 갖는 요인들은 서로 다를 수 있다. 위도에 따라 지배적인 요인들이 변화할 수도 있다. 두 학자가 어떤 생태학적 문제에 관해 일치하지 않는 답을 내는 경우 반드시 어느 한 쪽이 틀렸다고 볼 수는 없다. 문제 상황 자체가 다원주의적인 경우일 수 있기 때문이다.

생물학의 다른 분야에서도 그렇지만, 생태학에서도 문제는 근접인과와 진화적 인과 양쪽을 모두 파악하는 데 실패함으로써 생기는 수가 있다. 근접원인이 걸린 생물학이냐 진화적 원인이 걸려 있느냐 하는 양자택일이 딱 들어맞지 않는다는 점은 다른 대부분의 생물학 분야와 비교할 때 생태학이 갖는 특이성이다. 게다가 진화생태학 같은 생태학의 부분 영역은 두 인과의 미묘한 상호협동에 의해서 지배된다. 생태학적 문제를 연구함에 있어 인과성의 문제를 제대로 규명하고자 한다면 이러한 두 종류의 인과를 구별하는 것은 대단히 중요한 일이다.

진화적 문제에 대한 해답을 찾기 위해 개체군적 사고를 적용해야 하는 것과 마찬가지로, 우리는 환경보존을 위해서만이 아니라 임업, 농업, 수산업 등에서 제기되는 다양한 경제 문제를 위시해서 환경과 결부된 모든 문제를 다루는 데 생태학적 사고를 적용하지 않으면 안 된다. 반면에 단순한 처방으로 해결되는 경우가 드물다는 사실 또한 우리는 항상 기억해야 한다. 생태학적 상호 작용은 연쇄작용의 성격을 띠는 것이 보통이고, 이런 경우 작용의 최종 결과는 오직 매우 상세하고 복잡한 분석을 통해서만 드러난다. 방사성 물질의 영향으로 인해 노바야젬랴Novaja Zemlya 지역의 바다새 왕국이 파괴된 일이 결국 그 지역의 어업을 붕괴시키리라고 예견할 수 있었던 사람은 없었다. 고의든 우연이든 오스트레일리아의 토끼의 경우처럼 생소한 동식물종이 어느 지역에 새로 도입되는 경우 때로는 예기치 못한 치명적인 효과를 낳기도 한다. 생태학적 분석이 이런 모든 문제를 다 예견하고 피할 수 있게 하는 것은 아니다. 그러나 그런 일이 가능한 경우도 분명히 있으며, 생태학적 분석은 적어도 치명적 효과를 완화시키거나 역전시키는 일에 기여할 수 있다.

문명화된 인류의 출현은 그 이전까지 자연 상태로 존재하고 있던 거의 모든 식물군집에 영향을 미쳤다. 조지 퍼킨스 마시George Perkins Marsh와 앨도 레오폴드Aldo Leopold로부터 시작해서 자연학자들은 인간이 얼마나 다양한 방식으로 자연적 식물군 전반에 걸친 변화를 야기해왔는가를 지적한다. 지중해 지역 산들의 숲이 사라지고 이제는 열대우림 지역의 숲이 사라져가고 있는 것, 아열대 지역의 목초지 여러 곳에 (특히 염소들에 의한) 과부하가 걸리고 있는 것, 이런 사실들은 자연환경과 그 안에서 살아가는 인간들에게 격렬할 뿐만 아니라 종종 재앙적인 성격을 띠는 작용으로 돌아온다. 자연보호 운동이 더 이상의 위험을 감소시키기 위해 필요한 조치의 규모를 (특히 인구조절과 관련해서) 지적하면서 주의를 환기하고자 했던 점이 바로 이것이다.

모든 종에 마찬가지지만 인간에게도 종 고유의 생태학이 존재한다. 생태학자가 마주한 네 가지 주요한 문제 영역은 (1) 인구 증가 메커니즘과 그것의 결과, (2) 자원 사용, (3) 인간이 환경에 미치는 영향, (4) 인구의 증가와 환경적 효과 사이의 상호 작용이다. 생태학자와 환경론자 들이 종종 지적하듯이 인류의 미래라는 문제는 궁극적으로 생태학적 문제다.

11

진화에서 인류의 자리
Where Do Humans Fit into Evolution?

대부분의 고대문명, 그리스 철학 그리고 특히 기독교 종교에서 인간은 주변의 자연과 완전히 동떨어져 있는 존재로 인식되어 왔다. 18세기에 이르러서야 과감한 몇몇 학자들이 인간과 원숭이의 유사성에 대해 주목하였는데 린네는 호모 속genus *Homo*에 침팬지를 포함시키기까지 하였다. 그러나 인간이 영장류의 후손일 것이라는 가정을 분명하게 내세운 사람은 아마도 프랑스의 자연학자 라마르크(1809)였던 것 같다. 그는 어떻게 인간이 나무에서 내려와 두발로 생활할 수 있었는지 그리고 섭취하는 음식물의 종류가 달라짐에 따라 사람의 얼굴 형태가 어떻게 변화되었는지를 설명하는 과정을 제시하기까지 했다.

그러나 사실상 인간이 원숭이를 닮은 조상으로부터 유래하였다는 결론을 내릴 수밖에 없게 만든 것은 바로 다윈의 공통자손에 관한 이론이었고,

이에 대한 비교형태학적인 증거들이 압도적인 자리를 차지하게 되었다. 몇 년 지나서 헉슬리와 헤켈을 비롯한 여러 학자들은 인간의 기원에 있어서 초자연적인 것은 아무것도 없다는 원칙을 확고히 세웠다. 이제 호모 사피엔스와 이들의 진화역사는 더 이상 주변의 생물계와 격리되지 않고 과학의 한 영역을 차지하게 되었던 것이다.

이 새로운 생물학 분야는 느리기는 했지만 마침내는 인류생물학human biology으로 발전되었다. 이는 여러 뿌리, 즉 형질인류학physical anthropology, 비교해부학, 생리학, 유전학, 인구통계학, 문화인류학, 심리학 등 여러 분야에 바탕을 둔 것이었다. 인류생물학에서는 두 가지 면을 다룬다. 인간은 어떻게 해서 다른 모든 생물과 구별되는 독특한 특성을 갖게 되었으며 또 그러한 특성이 인류조상의 것으로부터 어떻게 진화되어 왔는지를 설명하는 것이다.

인간이 동물이라는 점, 그러나 다른 동물과는 물론, 인간과 가장 가까운 친척인 원숭이와도 근본적으로 다른, 이 모순처럼 보이는 점을 어떻게 설명할 수 있을까? 인간과 그리고 다양한 생명계를 세심하게 조사하면 할수록 인간이란 존재는 결코 생겨날 수 없었을 것 같은 느낌을 강하게 받는다. 동물계에서 이처럼 독특한 존재가 어떻게 등장할 수 있었을까?

다윈 이전의, 예를 들어 라마르크와 같은 학자들은 인간의 등장은 보다 완벽함으로 향하려는 자연의 섭리에 의한 필연적인 결과, 즉 인간은 자연의 사다리에서 가장 높은 위치를 차지하고 있는 존재라고 한결같이 주장했다. 그러나 이러한 목적론적인 해석은 다윈에 의해 더 이상 소용없게 되어 버렸다. 다윈의 자연선택설은 그 이전에 형이상학적 개념으로만 설명하였던 모든 현상을 기계론적으로 설명할 수 있게 만들었다. 이제 생물학은 분명하고 새로운 임무를 부여받았다. 다른 모든 생물에서 작동하는 보편적인 진화 과정, 즉 자연선택 과정을 거쳐 인간 역시 유인원 조상으로부터 서서히 진화하였다는 사실을 설명해야만 했다.

인간 진화의 연구에서 1859년 이후 폐기되어 버린 또 하나의 강력했던 사고는 본질주의였다.* 다윈의 새로운 개체군 개념은 한 집단을 구성하는 각 개체의 독특함을 강조한 것으로 이러한 생각은 인간에 대해서도 똑같이 적용되어야 했다. 인류학자들은 이러한 생각을 너무 느리게 받아들였지만 일단 받아들이게 되자 이 새로운 인식은 매우 뛰어난 결과를 이끌어 낼 수 있었다.

호모 사피엔스의 진화에 관한 많은 부분은 오늘날까지도 여전히 수수께끼로 남아 있다. 호미니드** 계열은 지금의 원숭이로 이어지는 유인원 계열로부터 언제 또 어디에서 갈라져 나온 것일까? 그리고 호미니드 계열이 원숭이 계열에서 떨어져 나온 이후 어떠한 과정을 거쳐 진정한 인간의 단계에 도달하게 된 것일까?

인간과 원숭이의 관계

다윈 이후 최초의 진화계통수에서 인류의 가지는 매우 오래 전에 갈라져 나온 것으로 생각하지만 1300만 년에서 2500만 년 전(중신세Miocene)의 인류 화석을 찾으려는 노력은 모두 수포로 돌아갔다. 한 때 아시아에서 발견

---

* 본질주의란 자연에 존재하는 모든 사물이나 현상의 무리를 단순한 유형들로 구분할 수 있으며 이들의 각 구성원(개체)은 무리의 본질에 의해 규정된다는 사고다. 다윈 시대에 많은 학자가 생물의 모든 종이 서로 연결될 수 없는 차이에 의해 뚜렷이 구분되며 하나의 종은 언제나 일정한 특징을 갖고 있는 자연의 한 종류로 간주하였다. 이에 반해 다윈의 개체군 중심 사고는 모든 동식물에서 각 개체들의 독특함을 인정한 것으로 이는 자연선택이론의 바탕이 되었다.

** 호미니드hominid는 오스트랄로피테쿠스 속과 호모 속에 속하는 초기인류를 의미한다.

된 1400만 년 전의 유인원 화석인 라마피테쿠스*Ramapithecus*가 유인원보다는 사람에 가까운 것으로 여겨지기도 했으나 결국 이것은 오랑우탄 계열에 속한 것으로 판명되었다.

1849년 지브랄타에서 발견된 네안데르탈인Neanderthal 화석의 발견은 초기 호미니드에 대한 연구의 시작을 의미하였다. 이후 40년에 걸쳐 발견된 호미니드 화석은 모두 호모 사피엔스이거나 네안데르탈인이었다. 1892년 뒤보아E. Dubois는 자바에서 초기 호미니드를 발견하였고 이를 피테칸트로푸스 에렉투스*Pithecanthropus erectus*라고 이름을 붙였다. 1921년에는 이것의 변종인 북경원인(시난트로푸스 페키네시스*Sinanthropus pekinesis*)이 중국에서 발견되었다. 이 둘은 나중에 아프리카에서 발견된 화석과 함께 호모 에렉투스*Homo erectus*로 묶어 다루어지게 된다.

그러나 사실 '잃어버린 고리'는 1924년에 이르러서 발견되었는데 다트R. Dart는 남아프리카에서 인간과 원숭이의 중간형으로 보이는 화석을 찾아냈다. 그는 이것을 오스트랄로피테쿠스 아프리카누스*Australopithecus africanus*로 불렀으며* 이를 시작으로 많은 수의 오스트랄로피테쿠스의 화석이 아프리카 동부와 남부지역에서 발견되었다. 이들은 보통 두 갈래로 나뉘는데 한 갈래는 호리호리한 몸집을 가진 오스트랄로피테쿠스 아프카누스가 속하는 가지로 결국 호모 속의 기원이 되는 갈래이며 다른 하나는 강건한 몸집을 가진 종류의 갈래로 남아프리카의 오스트랄로피테쿠스 로부

• 1924년 다트는 남아프리카의 타웅Taung에서 약 300만 년 전의 어린아이 머리뼈 일부를 발견하였다. 두뇌의 크기는 유인원보다 크지는 않았으나 이빨은 유인원의 것과 차이가 있고 두발로 걸어다녔다는 점에서 인간과 꼬리 없는 원숭이를 이어주는 연결고리라고 주장하였다. 이 주장은 즉시 받아들여지지 않았으나 이후 30 년 간 아프리카에서 이와 유사한 화석이 발견되면서 오스트랄로피테쿠스 아프리카누스('아프리카의 남쪽 원숭이'라는 뜻)라는 이름으로 인정되었다. 당시 많은 사람이 인류의 기원지가 아시아일 것으로 생각했기 때문에 이 화석이 아프리카에서 발견되었다는 점은 큰 의미를 갖는다.

스투스*Australopithecus robustus*(200~150만 년 전)와 동아프리카의 오스트랄로피테쿠스 보이세이*Australopithecus boisei*(220~120만 년 전)로 대표되는 가지다.[1] 투르카나 호수 서쪽에서 발견된 머리뼈, 이른바 '검은 머리뼈'는 세 번째 로부스트 종, 즉 오스트랄로피테쿠스 아이티오피쿠스*Australopithecus aethiopicus*(250만~220만 년 전)에 해당하는 것으로 아마도 보이세이의 조상으로 생각되고 있다.[2] 로부스트 계열은 약 100만 년 전에 절멸되었다.

호리호리한 몸집을 가진 오스트랄로피테쿠스 가지는 작은 뇌를 가진 두 종을 포함하는 것으로 오랫동안 생각되었는데 이들은 350~280만 년 전 탄자니아에서 에티오피아에 걸친 북부 아프리카 지역에 존재했던 오스트랄로피테쿠스 아파렌시스*Australopithecus afarensis*˙와 300~240만 년 전 아프리카 남부지역에 존재했던 오스트랄로피테쿠스 아프리카누스였다. 이 두 호미니드 종은 두발로 걸어 다녔지만 상당히 긴 팔을 가졌고 그 밖의 특징들도 이들이 아직은 반 나무 위 생활을 하였음을 보여주고 있다. 이들의 뇌는 현재의 침팬지의 것보다 크다고 말할 수 없기 때문에 인간보다는 유인원에 가까운 존재로 인정되고 있다.

한편으로 인류학 연구가 계속되고 또 다른 한편에서는 많은 분자생물학적 연구가 진행되면서 인간 종은 아프리카의 유인원과 매우 가까우며, 또 놀랍게도 고릴라보다는 침팬지가 인간과 더 가깝다는 점이 확인되었다. 즉, 고릴라는 침팬지 계열에서 호미니드가 갈라져 나온 것보다 좀 더 앞선 시기에 떨어져 나간 것이다.[3] 분자생물학적 근거에 따르면 침팬지 계열과

˙ 1974년 요한슨D. Johansson과 화이트T. White는 에티오피아 하다르Hadar에서 오스트랄로피테쿠스 아프리카누스보다 오래된 화석을 발견하여 이를 오스트랄로피테쿠스 아파렌시스 (일명 '루시Lucy') 라고 이름 붙였다. 발견된 뼈는 키 105cm 정도 되는 젊은 여성의 것으로 척추뼈와 갈비뼈, 많은 머리뼈조각, 골반뼈의 일부, 왼쪽 넙다리뼈(대퇴골), 오른쪽 종아리뼈 등이었으며 전체 뼈대의 약 40%에 해당하였다. 뼈대를 복원한 결과 두발로 걸어 다녔음이 분명하게 확인되었다.

인간 계열은 500~600백만 년 전에 갈라진 것으로 보인다.[4]

많은 예측과 아프리카 전역에 걸친 활발한 탐색 작업에도 불구하고 오랫동안 오스트랄로피테쿠스 아파렌시스보다 오래된 오스트랄로피테쿠스 종은 발견되지 않았다. 1994년 하나의 종이 에티오피아에서 발견되었는데 이는 440만 년 전에, 즉 호미니드가 침팬지 계열에서 떨어져 나온 시기에 살았던 것으로 판명되었다. 이 화석에 대한 자세한 연구는 이제 막 시작되었지만 이 화석은 오스트랄로피테쿠스 아파렌시스보다 침팬지에 더 가까운 특징을 보여주고 있다. 아리디피테쿠스 라미두스*Aridipithecus ramidus*라는 이름이 붙여진 이 에티오피아의 화석은 현재까지 잘 알려져 있는 호미니드 화석 중에서 가장 오래된 것이다.* 이 발견에 이어 아파렌시스와 아프리카누스보다 오래된 발뼈와 이빨이 아프리카 동부 및 남부지역에서 발견되었는데 이들은 라미두스와 아파렌시스/아프리카누스의 중간 단계로 기록되어 있다. 지금까지 800만 년에서 440만 년 전 사이를 확실하게 말해줄 수 있는 화석은 아직 발견되지 않고 있다.

인간과 침팬지의 공통조상은 지금의 침팬지처럼 주먹으로 땅을 짚으며 걸어 다녔으며 팔다리, 머리뼈, 뇌, 이빨 그리고 고분자물질에 이르기까지 모든 특징이 각자의 속도를 갖고, 즉 '모자이크 진화과정'을 통해 진화된 것 같다.** 말하자면 호모라는 '유형'은 전체적으로 동시에 진화하지 않았다는 것이다. 오늘날 인간과 침팬지는 뇌의 발달이나 이와 연관된 행동에서

---

* 아리디피테쿠스 라미두스(오스트랄로피테쿠스 라미두스)는 에티오피아의 아라미스Aramis에서 화이트 교수팀에 의해 발견되었으며 약 440만 년 전의 것으로 알려져 있다. 이 호미니드가 두발로 걸을 수 있었는지는 불확실하지만 뒤통수뼈(후두골)의 큰구멍(대후두공, 이 구멍을 통해 뇌와 척수가 연결된다)이 유인원보다 훨씬 앞쪽에 위치해 머리가 척추뼈 위에 얹어져 있었을 것으로 추측된다. 또한 이빨의 모양과 크기 등으로 미루어 유인원과는 다른 초기 호미니드 종으로 인정받고 있다.

** 모자이크 진화란 개체가 나타내는 특징, 즉 표현형과 유전형의 구성성분이 서로 다른 속도로 그리고 다른 비율로 변화한다는 것이다.

서로 커다란 근본적인 차이가 있음에도 불구하고 헤모글로빈이나 그 밖의 다른 고분자물질의 구조는 놀라울 정도로 유사하다.

호모 하빌리스, 호모 에렉투스, 호모 사피엔스의 출현

약 190만 년에서 170만 년 전에 오스트랄로피테쿠스로부터 호모 하빌리스*Homo babilis*라는 새로운 종이 생겨나게 되었다. 이들은 머리뼈의 뚜렷한 특징과 커다란 뇌 그리고 하빌리스 화석이 발견되는 어느 곳에서나 함께 출토되는 간단한 돌연장으로 특징지어진다. 처음에 하빌리스 호미니드는 개체에 따라 체구와 뇌 크기가 다양했기 때문에 매우 당혹스러웠다. 결국 여기에는 두 종이 섞여 있는 것으로 결론을 내리고 크기가 큰 것을 호모 루돌펜시스*Homo rudolfensis*라고 이름을 다시 붙이게 되었다.

호모 하빌리스는 비교적 커다란 뇌와 큰 체구를 가진 호모 에렉투스의 조상으로 생각된다. 하지만 아프리카의 화석기록에서 호모 에렉투스는 하빌리스 만큼 이전으로 거슬러 올라간다. 즉, 에렉투스는 약 190만 년 전에 살았으며 일부는 불을 사용했던 것으로 여겨지는데 이를 제외하고는 하빌리스와 에렉투스의 생활방식은 유사했던 것 같다. 아마도 호모 에렉투스는 주로 채식 위주의 생활방식을 부분적으로 육식 생활방식으로 바꾼 최초의 호미니드로 생각된다. 말하자면 이 종은 사냥꾼이 되었던 것이다.

호모 에렉투스는 분명히 성공적으로 정착했고 아프리카에서 근동지역을 거쳐 아시아 쪽으로 빠른 속도로 퍼져 나갔는데 가장 오래된 에렉투스 화석은 자바 섬의 190만 년 된 지층에서 발견되었다. 가장 초기의 호모 에렉투스와 가장 최근(약 30만 년이 채 안되는)의 것 사이에 어떻게 진화가 거의 일어나지 않았는지에 대해서는 아직 잘 알 수 없지만 이들은 어느 정도의 지리적 변이를 나타내고 있다. 가장 오래된 유적에서는 화석과 함께 단순한 돌연장만이 발견되었으며 보다 복잡한 형태의 양날 손도끼는 약 150만 년 된 지층에서 발견되었다. 그러나 이후 100만 년을 거치는 동안 사실상 아무런 진전을 보이지 않았다. 호모 하빌리스는 이미 190만 년 전에 원시적인 돌연장을 사용하였다.

현대 인류가 속하고 있는 호모 사피엔스는 어쨌든 호모 에렉투스로부터 진화했지만 어디에서, 어떻게 진화했는지는 아직 큰 논란거리로 남아 있다. 현대 인류의 기원에 관해서는 크게 두 가지의 이론이 제기되어 있다. 하나는 여러 지역의 호모 에렉투스 개체군으로부터 진화되었다는 다지역 진화이론multiregional theory으로 이는 원래 아프리카, 중국 및 동인도 등, 현세 호모 사피엔스의 지리적 종족과 이에 해당하는 호모 에렉투스가 유사하다는 생각에 기반을 두고 있다. 쿤Coon(1962)의 이론에 따르면, 뇌 크기를 증가시키는 선택압이 어느 시점에 여러 유형의 호모 에렉투스에 작용하여 각 유형에 해당하는 호모 사피엔스로 서서히 진화되었다는 것이다.

이와 반대되는 이론이 이른바 '어머니 이브Mother Eve' 가설로 불리는 것으로 미토콘드리아의 형성에 기반을 두고 있다.* 이 시나리오는 20만 년 전에서 15만 년 전에 아프리카의 사하라 이남지역에서 새로운 종이 생겨났으며 여기에서 현존하는 인류가 기원했다는 것이다. 이 주장에 의하면

---

* DNA는 세포핵뿐만 아니라 미토콘드리아 내에도 존재한다. 수정 시 정자는 세포핵 DNA만 제공하지만 완전한 세포인 난자는 미토콘드리아 DNA를 가지며 이는 복제를 통해 자손에게 전달된다. 즉 미토콘드리아 DNA는 모계를 통해서만 자손 대대로 전달된다. 1987년 칸R. Cann, 스톤킹 M. Stoneking 및 윌슨A.C.Wilson은 아시아, 오스트레일리아, 아프리카 등 다섯 지역의 147명의 미토콘드리아 DNA를 분석한 결과 현세 인류는 약 20만 년 전에 아프리카에서 시작되어 이후 여러 지역으로 이주한 것이라는 이론을 제기하고 최초의 어머니를 '이브'라고 불렀다(Nature, 325:31-6, 1987). 즉 현세 인류는 개체군 크기의 축소과정, 이른바 병목현상을 겪은 하나의 조상집단에서 유래하였다는 것이다. 그러나 현세 인류의 시작을 20만 년 전으로 잡으면 이보다 이전에 살았던 호모 에렉투스나 3만5천 년 전까지 살았던 네안데르탈인 등은 인류의 진화와 무관한 것이 되어 버리므로 한편에서는 이 주장에 대해 강한 반론을 제기하고 있다.

약 20만 년 전에 호모 사피엔스 사피엔스*Homo sapiens sapiens*가 아프리카 사하라 남쪽 어디에선가 초기 호모 사피엔스(이들은 아프리카 호모 에렉투스의 후손)로부터 생겨났다는 것이다. 호모 사피엔스 사피엔스는 약 10만 년 전에 근동 지역에서, 약 6만 년 전에는 동인도와 뉴기니에서, 약 4만 년 전에는 유럽에서(이들의 후손이 크로마뇽인Cro-Magnon Man으로 알려져 있다.) 그리고 적어도 약 3만 년 전에는 극동 지역에서 생존했다. 크로마뇽인의 골격은 현세인류와 매우 유사하여 서로 동일한 종으로 간주되고 있다. 크로마뇽인은 쇼베, 라스코, 알타미라 등지에서 발견되는 섬세한 동굴 미술과 정교한 돌연장을 남겼다.

1994년 아얄라Ayala는 호모 에렉투스로부터 지금까지의 인류 진화에서 '어머니 이브' 가설을 반박하고 지역적 연속성을 뒷받침하는 분자생물학적 증거를 제시하였다. 인간의 유전자 풀을 조사하면 원시의 다형성poly-morphism이 높은 빈도로 나타나는데 이러한 점은 '어머니 이브' 가설에서 주장하는 것처럼 인류가 좁은 병목을 지나왔을 것이라는 가능성을 배제하는 것이라고 그는 믿고 있다.

인류 진화에서 다지역진화이론을 받아들인다면 화석기록이 갖고 있는 또 하나의 수수께끼를 설명하는 데 도움을 줄 수 있다. 중국과 자바에서 서부 유럽과 아프리카에 이르기까지 발견되는 초기 사피엔스 화석은 에렉투스와 매우 유사하지만 상당히 커다란 뇌(약 1200cc)를 가지고 있다. 따라서 이들은 중간 단계의 화석으로 생각되며 그 시기는 약 50만년에서 13만 년 전에 해당한다.

네안데르탈인과 크로마뇽인

1849년 지브랄타에서 네안데르탈인 화석이 발견된 이후 호모 사피엔스와 네안데르탈인과의 관계는 끊임없는 논란의 대상이 되어 왔다. 크로마뇽인(호모 사피엔스 사피엔스)이 서구에 도달하기 이전인 13만 년 전에서 15만 년 전 사이에 원시 사피엔스 집단은 네안데르탈인에 의해 대체되었는데 이들은 스페인(지브랄타)에서 유럽을 지나 서아시아(투르키스탄), 그리고 남쪽으로는 이란과 팔레스타인까지 (아프리카와 자바는 제외) 퍼졌다고 알려져 있다. 네안데르탈인은 현대인보다 평균적으로 약간 큰 부피(1600cc에 달하는)의 뇌를 갖고 있었음에도 불구하고 겨우 원시 석기문화만을 가지고 있었고 이러한 문화는 이들이 생존했던 10만 년 동안 아무런 발전의 징후를 나타내지 않는다. 호미니드 계열에서 네안데르탈인 가지는 크로마뇽인이 유럽으로 밀려들어온 지 한참이 지난 약 3만 년 전 내지는 이에 약간 못 미치는 시기에 완전히 사라져 버렸다.

네안데르탈인과 크로마뇽인은 서로 다른 두 지리적 종족인가 아니면 완전히 다른 별개의 종인가? 처음에는 이들이 서로 매우 뚜렷한 신체적 차이점을 가지고 있었기 때문에 서로 독립된 종이라고 주장되었다. 그러나 이들이 지리적으로 서로 단절되어 있다는 믿음에서 지리적 종족(아종sub-species) 수준으로 축소 분류되었다. 네안데르탈인과 현세인류가 팔레스타인의 같은 지역에 있는 인접한 동굴에서 약 4만 년(약 10만 년 전부터 6만 년 전까지) 동안 공존한 사실이 알려지면서 이들은 서로 다른 종이라는 주장이 다시 제기되었다. 그러나 이 시기는 기후 변동이 매우 심했던 시기로 네안데르탈인은 가장 추운 시기에 이 팔레스타인 지역에 살았던 반면 호모 사피엔스 사피엔스는 보다 따뜻하고 건조했던 시기에 이 지역에서 살았던 것으로 판명되었다. 즉 이 두 호미니드가 같은 지역에서 발견되었더라도 같은 시기에 같은 지역에서 공존한 것은 아니었다.

네안데르탈인이 현세 사피엔스와 같은 종이라고 생각되었던 시기에 팔레스타인에서 나온 일부 화석은 이 두 종 사이에서 교배가 이루어졌음을 보여주는 것으로 생각되었다. 그러나 이후 조사가 계속되면서 이러한 주장은 지지를 얻지 못했으며 이 두 종이 1만 년 내지는 1만5천 년 동안 공존했음에도 불구하고 서로 교배했다는 증거는 유럽의 어느 지역에서도 발견되지 않고 있다. 네안데르탈인은 이들이 차지하고 있었던 유럽에 호모 사피엔스 사피엔스가 들어오고 난지 1만5천년 후에 사라져 버렸다. 동부와 남부 아시아에서도 초기 사피엔스는 결국 사라져 버리고 현세 사피엔스가 그 자리를 차지하였다.

호미니드 화석의 분류

1950년대 이전 시기에 인류의 기원에 관한 연구는 해부학자들의 전유물이었으며 호미니드를 분류하는 데는 유형주의적 사고와 목적론적 사고가 지배적으로 작용하였다. 개체의 특징이나 종에서 나타나는 수많은 변이에 대한 고려는 거의 없었다. 발견된 각각의 화석은 모두 서로 다른 유형으로 간주되어 항상 두 단어의 이름이 붙여졌고 이들은 모두 유인원 조상과 현세인류를 연결하는 단일한 상승 계열에 속하는 구성원으로 간주되었다.[5]

그러나 실제로 발견되는 화석은 이러한 개념적인 계보 구성에 대한 확신을 예상했던 것만큼 제공해주질 못했다. 특히 혼란스러운 것은 과거의 어떤 유형과도 연결성이 없는 새로운 유형의 호미니드가 갑작스럽게 등장하는 것이었다. 예를 들면 호모 하빌리스와 이들의 조상으로 생각되는 오스트랄로피테쿠스 아프리카누스, 또 호모 에렉투스와 이들의 조상으로 보이는 호모 하빌리스 그리고 호모 사피엔스와 이들 조상인 호모 에렉투스 사이에 커다란 간격이 존재한다는 점이다. 또 다른 문제점은 지리적으로 멀리 떨어진 곳에서 발견된 것들을 같은 선상의 계열에 놓을 것인가 아니면 수직 서열에 놓을 것인지에 대한 어려움이었다.

　유형론적이며 일차원적 사고를 가지고 있던 사람들은 분명히 네발 동물 사이에서 광범위하게 나타나는 지리적 종분화를 알아차리지 못하였다. 영장류에 속하는 대부분의 종은 지리적인 종분화를 나타내며, 대부분의 영장류 속(레무르나 세르코피테쿠스와 같이 매우 커다란 것들을 제외하고)은 이소 종allopatric species들로 구성되어 있다.* 호미니드속의 화석 역시 이소 종으로 이루어져 있다고 믿을 만한 이유는 여러 가지가 있다. 이러한 사실은 오스트랄로피테쿠스 아프리카누스가 아프리카 남부에, 아파렌시스는 이보다 북쪽에 국한되어 발견되며, 오스트랄로피테쿠스 로부스투스는 아프리카 남부에, 보이세이는 아프리카 동부에 제한적으로 나타난다는 점에 의해서도 뒷받침되고 있다.

　지금까지 대부분의 호미니드 화석이 발견된 지역은 아프리카 동부에서 남부에 걸친 좁은 지역이지만 또 다른 호미니드 종의 원조는 아직 탐사되지 않은 아프리카의 서부, 중앙부 및 북부에 걸친 넓은 지역에 살았을 것으로 보인다(실제로 350만 ~ 300만 년 된 오스트랄로피테쿠스 화석이 최근 중앙아프리카의 차드에서 발견되었다). 말하자면 라미두스, 아파렌시스, 로부스투스, 하빌리스 및 에렉투스 등 여러 이소 종이 아프리카의 아직 탐사되지 않은 지역에서 살았던 것으로 추측된다. 화석기록에서 급격하게 일어나는 몇몇 변화는 '싹돋음budding'이라는 말로 설명될 수 있다.[6] 이는 새로운 후손형이 집단 주변의 격리된 개체군에서 생겨나고 이들의 유전적 재구성이 완료된 후 조상의 종과 접촉을 이루는 것을 의미한다. 우리가 그와 같은 격리된 지역을 발견할 수 있을 가능성은 매우 희박하다.

---

* 이소 종은 개체군이 대륙이동, 섬의 형성 등 지리적 변화에 의해 격리된 후 별도의 자연선택 압력이 주어지게 되면 새로운 종의 형성이 가능해진다. 이 새로운 종은 분포지역이 다시 합쳐지더라도 원래의 개체군과 교배가 불가능해진다. 이와 같이 형성된 종을 이소 종이라 한다.

적은 수의 호미니드 화석이 발견되었을 당시에는 이들을 아파렌시스, 아프리카누스, 하빌리스 그리고 사피엔스 등으로 분류하는 것은 쉬운 일이었다. 이들 각각은 25만 년 전에서 150만 년 전 사이에 살았던 호미니드를 대표하는 것들이다. 최근에 추가적으로 발견되는 수많은 화석은 전형적인 표본과 표본 사이의 중간 시기에 해당하거나 전혀 다른 지역에서 발견되기 때문에 그 특징이 전형적이지 않다. 이러한 것들은 모자이크 진화를 잘 보여주는 것으로 이들의 어떤 특징은 조상의 것이고, 또 다른 특징은 후손의 것이며, 그 밖의 특징은 중간형을 나타내고 있다.

분류 체계에 있어서 현존하는 호모 사피엔스를 어느 위치에 자리매김할 것인가에 대한 문제는 뚜렷한 의견의 일치를 얻지 못하고 있는데 이것의 주된 원인은 한 분류방식에 기준으로 사용된 특징이 다음 분류에서 사용된 것과 서로 달랐기 때문이었다. 줄리언 헉슬리Julian Huxley(1942)는 인간만 갖고 있는 독특한 특성, 특히 문화를 갖고 있으며 지구상에서 가장 우월한 존재라는 점에서 호모 사피엔스를 위한 독립적 계통, 즉 싸이코조아psychozoa를 제안하였다. 약 50년 후 다이아몬드Diamond(1991)는 극단적으로 반대의 입장을 취해 침팬지를 호모 속에 자리매김하였는데 이는 이들 사이의 분자생물학적 유사성에 기반을 둔 것이었다. 헉슬리가 인간의 독특함을 너무 강조하였다면 다이아몬드는 반대로 그것을 모두 무시해버린 오류에 빠진 것이다.

분류의 가장 오래된 원칙 중의 하나는 기준이 되는 특징을 다룰 때에는 이들을 단순하게 더하거나 상대적으로 지나치게 많은 무게를 두지 말아야 한다는 것이다. 인간의 중추신경계가 매우 빠르게 진화된 점, 태어나기까지 모체 내에서 보호받는 기간이 크게 늘어난 점 그리고 모든 생리학적, 사회적 그리고 문화의 발달 등은 인간 종이 적어도 판Pan(침팬지)과 분자생물학적인 유사성을 가졌음에도 불구하고 독립된 속으로 자리매김 하는 것을 분명히 정당화한다. 다이아몬드의 기준에 따른다면 오스트랄로피테쿠스 역시 호모와 동의어가 될 수 있기 때문에 우리가 사용하는 명명법은 서로 다른 호미니드의 차이를 나타내는 데 더 이상 이용할 수 없을 것이다.

오늘날 주된 호미니드 화석과 이들의 관계에 대해서는 일치된 의견이 모아지고 있지만 세밀한 호미니드 화석의 계열 구축은 개체군 사고에 바탕을 둔 보다 많은 화석의 발견을 통해서만 가능할 것이다. 이러한 사고는 1950년대 형질인류학에 도입되기 시작하였지만 오늘날까지도 오스트랄로피테쿠스와 호모 에렉투스를 여전히 유형 수준에서 다루고 있다. 형질인류학자들은 이러한 개체군들이 얼마나 넓게 퍼져 있는지, (호모 에렉투스의 경우) 이들이 얼마나 심한 지리적 변이를 나타내고 있는지는 물론 수많은 주변 격리군이 존재했을 가능성에 대해서도 종종 무시하고 있다.

인간으로

무엇이 인간의 진화를 가능하게 했고 어떤 과정을 거쳐 인간의 특성을 획득하게 되었을까? 오랫동안 인간의 진화를 공부하는 학생들은 다음과 같은 시나리오를 별 부담감 없이 받아들여 왔다. 마이오세에 들어 아프리카의 기후가 점차 건조해지면서 많은 무리의 인류 조상은 넓게 펼쳐진 지역에 고립되었는데 이러한 지역에서는 걸어 다니는 것이 훨씬 유익하였다. 팔과 손이 자유로워지면서 도구의 이용이 가능해지고 더 나아가 새로운 도구를 고안하고 능숙하게 사용하게 되면서 이러한 것들이 뇌를 커지게 만든 선택압으로 작용하였다. 따라서 이러한 시나리오에서는 두발 걷기가 도구 사용을 거쳐 인간화로 이어지는 과정의 열쇠인 것이다.

유인원으로부터 인간으로의 진화에 관한 아주 최근의 증거들은 이러한 단순한 설명을 반박하고 있다. 포유동물 중에서 언제나 곧게 서서 두발로 걷는 것은 인간만이 갖고 있는 특징임은 사실이다. 캥거루나 일부 설치동물처럼 두발로 뛰어다니는 포유동물이나 일부 영장류, 곰처럼 뒷발을 이용해 설 수 있는 동물 그리고 거미원숭이, 고릴라, 특히 침팬지처럼 간혹 두발로 걸을 수 있는 동물들이 있기는 하지만 이런 방식이 주된 이동 방식은 결코 아닌 것이다.

그러나 두발로 걸을 수 있었다는 것만으로 도구 사용이 가능했다고 말할 수는 없으며 또 도구의 사용으로 인해 뇌가 급격하게 커졌다고 말할 수도 없다. 침팬지가 활발하게 도구를 사용하는 것을 인간이 도구를 사용하는 것과 동일시할 수는 없다 하더라도, 호미니드의 도구 사용은 두발 걷기 이전에도 잘 이루어졌을 가능성을 보여주고 있다. 또한 인간이 만든 도구가 화석기록에 처음으로 등장하고 난 이후 거의 200만 년 동안 도구를 사용하는 기술이 거의 발전하지 않았다. 그리고 무엇보다도 두발 걷기 또한 뇌 크기의 뚜렷한 증가와 시기적으로 일치하지 않는다. 여러 종의 오스트랄로피테쿠스가 살았던 200만 년 이상 이들은 두발로 걸어 다니기는 했지만 그 밖의 여러 다른 기준에서 본다면 이들은 여전히 유인원이었다. 곧게 서서 걸을 수 있는 능력은 뇌의 크기를 지금의 사람의 것과 비슷한 수준으로 발달시키지 못했고 이들의 뇌는 여전히 작은 크기에 머물러 있었다.

초기의 오스트랄로피테쿠스는 여전히 반나무 위 생활을 하고 있어 이들의 다리는 나무타기에 적합하였고 이들의 팔은 나중에 나타난 호미니드와 현세인류의 것보다 다소 길었다. 따라서 이들의 아기들은 오늘날의 여러 원숭이 종류에서 볼 수 있는 것처럼 어미가 나무 위에 있는 동안 어미

몸에 딱 달라붙어 있기 위해 태어날 때 충분히 발달된 몸을 가지고 있어야만 했다. 그러나 200만 년에서 250만 년 전 이들의 생활이 지상 생활로 완전히 바뀌자 어미의 팔과 손은 자유롭게 되어 아기들을 돌볼 수 있게 되었고 이는 무력한 상태의 신생아 기간을 전보다 길어지게 만들었다. 느리게 일어난 이러한 변화는 결과적으로 어린 유아기에 지속적인 뇌의 성장을 가능하게 하였고 이러한 점이야말로 인간에게서 볼 수 있었던 특성이었던 것이다.* 즉 두발 걷기는 도구 사용이 아닌 모성 행동에 가장 중요한 영향을 끼쳤던 것이었다.[7]

완전한 두발 걷기와 자식 돌보기와 같은 초기 인류의 변화는 오스트랄로피테쿠스 전체가 아닌 집단 주변의 격리된 일부 개체군에서 발전되었을 것이다. 틀림없이 이러한 변화는 적절한 생태학적인 지위를 확보할 수 있다는 점에서 가속화되었겠지만 이 점에 대해서 우리는 분명하게 설명하기는 어려울 것 같다.

인간 조상들은 똑바로 서서 걷는 능력을 획득함에 따라 운동기관의 적절한 재형성이 요구되었다. 호리호리한 몸집의 오스트랄로피테쿠스의 반나무위 생활과 반지상생활 방식으로부터 호모 에렉투스의 완전히 두발로 걸어 다니는 생활방식으로 변화한 것은 진화가 매우 가속화되었던 시기였다. 그러나 두발로 이동하는 행동은 오늘날 많은 사람이 갖고 있는 척추이상이나 정맥류 문제에서 보듯이 지금까지도 완전한 것은 아니다.

오스트랄로피테쿠스는 대부분 지금의 침팬지처럼 초식 생활을 했다. 호모 에렉투스로 진화되면서 완전히 지상으로 내려오자 이들은 초식 생활자에서 육식 생활자, 즉 사냥꾼으로 바뀌었다고 한때 생각되었다. 또한 호모

---

* 인간의 경우, 뇌의 성장이 어머니의 자궁 내에서 완전히 이루어진다면 분만 시 머리가 골반뼈를 통과할 수 없다. 골반을 빠져 나올 수 있는 머리의 부피는 약 750cc가 한계다.

에렉투스가 현대인에 비해 강한 이빨과 발달된 얼굴 근육을 갖고 있다는 점 때문에 과거 사람들은 이들을 야만적인 원시인으로 잘못 인식하였다. 그러나 이러한 해석은 최근 이빨의 마모상태에 대한 조사와 거주지에 대한 재검토를 통해 얻어진 증거들에 의해 지지를 얻지 못하고 있다. 지금의 침팬지와 마찬가지로 호모 에렉투스도 주식의 일부로 가끔 동물을 먹었을 것으로 추측하지만 커다란 동물의 사냥은 우리 인류 역사에서 분명히 그 이후에 등장한 것이었다.

아마도 사냥 행위와 포식자들(사자, 표범, 하이에나)에 의해 남겨진 시체를 먹는 생태계 청소 행위가 혼합된 이행 시기가 존재했을 것이다. 틀림없이 두발 걷기는 여럿이 모여 야생동물 무리를 사냥해서 신선한 고기를 얻는 데 큰 역할을 했다. 또한 자식들을 돌보는 데에도 두발 걷기는 큰 도움을 주었는데 호미니드 무리는 다른 포유동물처럼 힘없는 새끼들의 보호구역을 벗어나지 않는 좁은 영역에만 머무르지 않고 활동 범위를 크게 넓힐 수 있었다. 그러나 호미니드는 생태 청소부에서 발생하는 식중독을 피할 수 없었을 것이고 따라서 어떤 호미니드도 생태 청소부가 주된 생활방식이 아니었을 것이다. 트레비노Trevino(1991)는 초기 사피엔스가 많은 음식을 풀의 씨앗과 야생 곡식으로부터 얻었다는 설득력 있는 근거를 제시하였다.

그럼에도 불구하고 결국 대규모 사냥으로 생활 방식의 전환은 아마도 인간화 과정에 중요한 역할을 했을 것이다. 사냥 생활은 보다 체계적인 거주지의 구축, 야생동물의 공략 계획과 사냥 작전의 개발 그리고 더욱 효과적인 무기의 제작을 유도했다. 무엇보다도 가장 중요한 것은 여러 가지 점에서 이 새로운 생활 방식은 더욱 발전된 의사전달체계, 즉 말의 발달을 요구했다는 점이다.

언어, 뇌, 정신의 공진화

오스트랄로피테쿠스는 원숭이 정도의 작은 크기(400~500cc)의 뇌를 가졌지만 호모 에렉투스는 상당히 큰 뇌(750~1250cc)를 가졌다. 그러나 사실상 뇌가 커진 것은 호미니드 계열이 침팬지로부터 갈라져 나온 이후 지난 15만년이란 매우 짧은 기간에 이루어진 것이다. 인간 뇌의 진화과정에 있어서 이런 엄청난 성장이 일어나는 데 어떤 선택압이 작용한 것일까?

아이 돌보기, 사냥과 더불어 뇌의 크기 증가에 기여한 주요 요인은 언어speech의 발달과 이를 통해 가능해진 문화의 형성 그리고 다음 세대로의 문화 전달이었다. 이러한 요인들은 서로 밀접하게 연관되면서 동시에 작용하였기 때문에 이들 중 두드러진 요인 하나만을 선택한다는 것은 무의미하다.

동물 사이에서는 언어가 존재하지 않는다. 분명히 많은 동물 종은 소리를 이용한 복잡한 교신를 갖고 있지만 이는 신호의 교환에 불과한 것으로 문장을 만들 수도 없고 문법도 존재하지 않는다. 만약 인간이 신호교환만할 수 있다면 과거에 일어난 일을 설명할 수도 없으며 앞일에 대한 구체적인 계획을 세울 수도 없을 것이다. 40년 이상 여러 연구자들이 침팬지에게 언어를 가르치려고 시도하였지만 헛수고였다. 동물들은 많은 단어를 습득할 수 있는 상당한 지능을 보였고 이를 이용하여 올바른 신호를 표현하게 할 수는 있었지만 언어를 통해서만 전달할 수 있는 어떤 것도 전달할 수 없었다.

침팬지(또는 다른 종류의 동물)의 신호전달체계와 진정한 언어 사이에는 커다란 차이가 있다. 한때 언어학자들은 현존하는 가장 원시적인 종족들의 언어를 연구하면 의사소통체계의 중간 형태를 찾아볼 수 있을 것이라고 생각하였다. 그러나 예외 없이 이들의 언어체계 역시 상당히 복잡하고 성숙한 것이었다. 어떻게 신호체계로부터 언어가 발전될 수 있었는지에 대해서는 몇 가지 시나리오가 있지만 이 간격을 메워줄 수 있는 '언어화석 fossil language'은 얻을 수 없기 때문에 이를 확인할 수는 없다.[8] 언어의 진화에 대해 실마리를 얻을 수 있는 가장 좋은 방법은 아마도 어린아이들이 언어를 습득하는 과정을 관찰하는 일일 것이다. 다윈은 이러한 점에 노력을 기울인 사람들 가운데 한사람이었다. 오늘날 이러한 연구는 여러 심리언어학자에 의해 진행되고 있지만 이는 서로 다른 문법의 언어를 사용하는 어린아이들을 비교하면서 이루어져야만 한다.

　말의 발달은 신경계는 물론 후두의 발성기관 그리고 이와 관련된 호흡기관의 구조에 대한 선택압으로 작용했다. 몇 가지 연구결과는 오스트랄로피테쿠스의 발성기관이 올바른 말을 하기에 알맞은 구조가 아니었을 것이라는 점을 보여주고 있다. 그러나 호모 계열은 낮게 위치한 후두, 난원형으로 배열된 치열, 틈새가 없는 치아, 목뿔뼈(설골)와 후두연골의 분리, 일반적인 혀의 움직임 그리고 둥근 천정을 이루는 입천장(구개) 등의 해부학적 특징 때문에 말의 발달에 적응할 수 있었던 것이다. 네안데르탈인은 이러한 구조적 특징의 일부가 결여되었기 때문에 발음의 정확성이 모자랐을 것으로 생각된다.

　진정한 언어사용 능력이 결여되어 있었다는 점이 네안데르탈인이 건장한 현대인만큼이나 커다란 뇌를 좀 더 잘 사용하지 못한 이유를 설명하는 데 도움이 될 수 있을까? 네안데르탈인의 문화는 그들의 단순한 돌연장에서 볼 수 있듯이, 나중에 등장한 현세인류에 비해 상당히 원시적인 것이었다. 네안데르탈인에게는 활과 화살도 없었고 낚시 도구 같은 것도 없었다. 하지만 초기 사피엔스 역시 아마도 그 정도의 열등한 문화를 가졌을 것이다. 언어, 뇌 그리고 문화의 진화에 있어서 이러한 점과 그 밖의 불확실한 점들을 분명히 밝히기 위해서는 상당한 연구가 더 필요하다.

약 30만 년에서 20만 년 전의 소규모 수렵-채집인 집단 내에서 서로의 의사를 효과적으로 교환하기 위해 말이 사용되기 시작하면서 뇌 크기의 증가는 더욱 촉진되었다. 그러나 10만 년 전 무렵 이러한 뇌 크기의 증가는 갑작스럽게 멈춰버리고 네안데르탈인과 초기의 현세인류부터 지금에 이르기까지 뇌는 거의 같은 크기를 유지해 왔다. 약 10만 년 동안 지속된 뇌 크기의 증가는 약 1만 년 전 무렵에 일어난 농업의 발달보다 앞선 것으로 생각하고 있다. 다이아몬드가 말하고 있는 문화에서의 '앞을 향한 대도약Great Leap Forward'은 이 시기에 매우 빠르게 이루어진 것처럼 보이지만 이는 뇌 크기의 증가나 다른 육체적 특징의 변화와 연관되어 있지는 않다. 왜 그런지는 단지 추측만 하고 있을 뿐이지 아직 확실한 해답을 얻지 못하고 있다.[9]

뇌 크기의 증가가 멈춰버리게 된 하나의 원인은 아마도 무리의 규모가 커졌기 때문이라고 생각된다. 추측하건대 초기 인류는 침팬지나 작은 규모의 수렵채집인 무리와 유사한 집단구조 형태를 가졌을 것이다. 이러한 작은 무리의 경우 치사율은 높고 무리의 적은 수만이 성공적으로 자손을 생산하였을 것이며 따라서 유전자의 흐름은 제한적이었을 것이다. 이러한 모든 요인이 강력한 선택압으로 작용하여 진화가 빠르게 진행되었고 결과적으로 뇌 크기가 빠른 속도로 증가할 수 있었다.

인류 사회에서 커다란 규모의 무리를 이루는 것이 일반화되면서 능력 있는 우두머리에 의한 자손 생산의 이점은 줄어들었고, 무리의 구성원 사이에서 유전자의 흐름은 커졌을 것이다. 그리고 작은 크기의 뇌를 가진 사람들은 적은 수의 무리에 속해 있었을 때보다 효과적으로 보호를 받으면서 수명은 더 길어지고 보다 높은 출산율을 보였을 것이다. 달리 말해서 사람들 사이에서 더 커진 사회적 결속은, 한편으로 문화의 진화에는 커다란 역할을 할 수 있었지만 유전자의 진화에서는 정체기에 들어서게 만들었을 것이다.

진화의 연구가 마음의 기원에 대해 어떠한 빛을 던져줄 수 있을까? 정신 활동은 사람만이 갖고 있는 특성이라는 제한된 생각 때문에 마음에 대한 연구는 오랫동안 커다란 진전이 없었다. 오늘날 동물 행동을 연구하는 사람들은 정신 활동에 있어서 일부 동물들(코끼리, 개, 고래, 영장류, 앵무새)과 사람 사이에는 범주적 차이가 없다는 사실을 확인하였다. 의식에 있어서도 마찬가지다. 의식의 근거는 무척추동물은 물론 심지어는 원생동물에서도 나타난다. 정신이나 의식은 사람과 '동물'을 구분하는 기준이 될 수 없는 것이다.

인간의 정신은 영장류와 호미니드 조상 모두에 있어서 수없이 일어나는 작은 도약의 연쇄를 통해 궁극적으로 만들어진 산물로 생각된다. 결코 한 순간에 나타난 것은 아니다. 믿을 수 없을 정도로 복잡한 중추신경계의 산물, 즉 정신은 비록 형성 단계에 따라 매우 일정한 속도는 아니었지만 아주 천천히 꾸준하게 형성되었다. 의사소통과 문화의 발달을 일으킬 수 있었던 언어가 등장한 시기는 분명히 마음의 형성이 크게 촉진된 시기였음이 확실하다.

지난 40년간 우리가 얻은 한 가지 사실은 진화는 앞으로도 계속되는 과정이지만 뚜렷한 파동 양상으로 앞으로 나아갈 것이며, 생물계의 모든 특징이 동시에 또는 같은 속도로 진화하지는 않는다는 점이다. 호리호리한 몸집의 오스트랄로피테쿠스처럼 여전히 '동물에 지나지 않는' 존재로부터 유일하고 특별한 종인 현세인류로 이어지는 과정은 서서히 진행되었지만 이는 변화의 수준을 크게 바꾸었던 것이다.

문화의 진화

오스트랄로피테쿠스부터 호모 하빌리스까지, 그리고 호모 에렉투스, 초기 호모 사피엔스를 거쳐 약 20만 년 전에 현세 호모 사피엔스 사피엔스가 등장하기까지, 호미니드 계열은 두발 걷기, 말 그리고 뇌의 성장 등 지속적인 신체적 변화를 거쳐 왔다. 이와 나란히 인류 문화도 점진적으로 꾸준히 발전해온 것으로 오랫동안 믿어왔다. 그러나 이것은 사실이 아니다. 존재했던 호미니드의 85퍼센트가 눈에 띄는 문화의 발전을 이루지 못했다.

인류의 문화적 진화에 있어서 가장 중요한 발전 중 하나는 호미니드 집단의 사회적 통합이었다. 영장류 가운데 오랑우탄과 같은 일부 종은 단독 생활을 하며 침팬지나 개코원숭이와 같은 종은 비교적 커다란 규모의 사회를 이루며 생활한다. 호모 에렉투스 시대에 완전히 지상 생활로 바뀌면서 무리의 크기는 점차 커지게 되었다. 이를 통해 얻어지는 분명한 이점은 침입자로부터 자신들을 더욱 잘 보호할 수 있을 뿐만 아니라 같은 종 내부에서 다른 경쟁 집단에 대항할 수 있는 능력이 커졌으며 또 새로운 자원, 특히 음식을 찾아내는 일이 훨씬 수월해진 것이다.

결과적으로 집단 자체가 선택의 대상이 되었으며, 생존과 부 그리고 집단의 번식을 성공적으로 높일 수 있는 여러 행동 및 생리적 변화가 자연선택 과정에서 전반적으로 유리하게 작용하였을 것이다. 여기에는 여성이 지속적으로 섹스를 받아들일 수 있게 된 것, 발정기가 뚜렷하게 드러나지 않게 된 것, 폐경기가 생겨난 것 그리고 기대 수명이 연장된 것 등 영장류에서는 물론 침팬지에서조차 나타나지 않는 현세인류의 특징들이 포함된다.*

---

* 오웬 러브조이Owen Lovejoy의 주장에 따르면, 호미니드는 자손의 번식율을 높이기 위한 방법으로 수컷은 암컷의 관심을 끌기 위해 음식을 채집하여 운반하는 역할을 맡았으며, 암컷은 수컷이 돌보는 자식이 자신의 것이라는 점을 확실하게 보여주기 위해 수컷에게 충실해야 했다. 이러한 과

분명히 인접한 집단과 종족 사이에서는 격렬한 분쟁이 일어났으며 우월한 집단이 흔히 열등한 집단을 절멸시켰다. 네안데르탈인이 서부 유럽에서 사라진 사실은 아직 설명되지 못하고 있다. 그들은 크로마뇽인들과 1만5천 년 동안 공존했던 것으로 여겨지는데 크로마뇽인은 네안데르탈인보다 훨씬 높은 수준의 문화와 정보교환 능력을 가지고 있었기 때문에 네안데르탈인의 절멸에 대한 해석으로 대량 학살의 가능성을 배제할 수 없다. 이러한 학살은 유인원 계열에서 새롭게 나타난 현상은 아니었을 것이다. 최근 침팬지 집단에 대한 몇몇 관찰 보고에 따르면 이들은 이웃 집단, 즉 경쟁 집단을 완전히 말살시켜 버리기도 한다는 사실이 확인되었다.

사회적 동물의 경우, 집단 내에서 일어나는 마찰의 가능성, 특히 수컷이 암컷을 차지하기 위한 경쟁과 같은 행동들은 협동의 장점을 크게 감소시킨다. 인간의 경우 큰 규모의 집단에서 일어나는 부분적인 마찰들은 일부일처제와 사회적 계층 형성을 지향하는 문화적 경향을 통해 줄일 수 있었다. 아마도 집단 내에서 '우월한' 남성은 원시종족이나 오늘날의 일부 현대문화권(이슬람과 같은)에서 볼 수 있는 것처럼 일부다처제를 취했을 것이다. 그러나 대부분은 마찰을 없애는 수단으로 일부일처제를 채택했다. 결혼이란 그렇게 하지 않았더라면 경쟁자가 되었을 가족들 간의 결속을 굳건하게 만드는 전략이 되었던 것이다.

결혼은 사회적 계약이므로 결혼의 붕괴는 항상 커다란 문제와 실망을 안겨주게 된다. 대부분의 인간 사회에서 근친상간을 금지하는 규율을 만

정에서 발정기가 없어져 섹스의 시간적 제한이 사라졌고 한 쌍의 결합(핵가족)이 가능하였다는 것이다. 그러나 이에 대한 강력한 반론은 화석 루시(오스트랄로피테쿠스 아파렌시스)로부터 나왔다. 루시는 수컷에 비해 신체적으로 크게 왜소하다. 거의 예외 없이 암컷을 여럿 거느리고 있는 수컷 영장류는 암컷에 비해 큰 몸집을 갖고 있기 때문에 루시가 한 남편을 가졌다는 주장은 특별한 설명이 요구된다.

들어 강요하는 것은 아마도 가족 내에서의 불화를 감소시키며, 유전자 풀을 다양화하기 위한 것으로 볼 수 있다. 소수의 문화권에서는 일처다부제(여성이 여러 남편을 거느릴 수 있는)를 수용하고 있다. 그러나 더 일반적으로는 신랑의 가족이 신부에 대한 대가를 지불해야만 했는데 이는 신부가 신랑 가족의 노동력에 크게 보탬이 될 수 있기 때문이었다. 특히 성적 자유와 여성의 역할에서 여러 사회구조가 보여주는 뚜렷한 차이점은 오늘날까지도 수많은 인간사회에서도 볼 수 있다.

호미니드 계열 전반에 걸쳐 가족은 집단 구조의 기본이 되어왔다. 현세의 수렵-채집자 사회에서 흔히 남성은 주식의 단백질과 지방질을 공급하는 사냥꾼으로서, 여성은 열매를 통해 탄수화물과 일부 단백질을 제공하는 채집인으로서 노동을 분담하였다. 따라서 남성과 여성은 하나의 협동 단위를 이루고 있다. 그러나 핵가족(부부와 아이들)뿐만 아니라 대가족(할아버지와 할머니와 이들의 자손들, 사촌, 삼촌, 숙모 등)의 구성원 사이에서도 응집력은 있었다. 대가족은 단지 서로 도움을 주고받는 것뿐만 아니라 문화적 결속과 문화를 다음 세대로 전달하는 데 중요했다. 대가족은 물론 심지어 핵가족의 붕괴는 도시 빈민가에서 볼 수 있는 문화적 붕괴의 근본 원인 중 하나다.

집단의 규모가 커짐에 따라 노동의 세분화와 직업의 전문화는 점점 중요해졌고 이는 더 나아가 사회계층 형성에 큰 역할을 했다. 봉건주의는 가장 단적인 예다. 전문화는 인간 집단을 이전보다 훨씬 다양한 생태학적 니치를 차지하게 만들었다. 다른 생물종들은 단지 하나의 니치를 차지하는 반면 인간은 수많은 니치를 갖고 있는 것이다.

사실 심슨과 헉슬리가 지적했듯이 적응 영역의 존재를 받아들인다면 인간은 이 영역 전체를 스스로의 힘으로 완전히 차지할 것이다. 그리고 적응 영역의 독점이라는 독특성이 분류와도 연관이 있다고 생각한다면 헉슬리가 인간을, 침팬지와 유전학적인 유사성에도 불구하고, 독립적인 생물계, 즉 싸이코조아로 분류한 것이 완전히 잘못된 것만은 아니었다.

문명의 시작

인류 문화의 진화에서 중대한 시점은 수렵채집기에서 경작과 가축 사육 시대로 전환되는 시기로 볼 수 있다. 이는 불과 약 1만 년 전의 일이지만 앞서 수백만 년에 걸친 인류진화 과정에서 일어났던 그 무엇보다도 인류 와 지구상에서의 인류의 역할에 엄청난 영향을 끼쳤다. 이것이 문명의 시 작이었다.

인간의 영구적이고 완전한 정착은 약 1만 년 전에 이루어졌는데 이 중 에서 상당한 규모의 정착을 도시라고 고고학자들은 말하고 있다. 이러한 정착에 의해 노동은 더욱 세분화되었으며 기술적인 발전, 특히 의학의 발 전이 이 시기에 이루어지게 되었다. 도시는 무역과 소모성 천연자원의 개 발을 가능하게 하였고 무엇보다도 농업이 발달하면서 인구의 급격한 증가 를 가져왔다.

이러한 문명화 덕분으로 인간은 주변 환경에 크게 의존하지 않게 되었 다. 오늘날 우리는 북극지방부터 남극지방까지, 그리고 가장 습한 열대지 방부터 사막 주변 지역에 이르는 거의 모든 지역에 걸쳐 살고 있다. 집, 의 복, 이동 수단, 그리고 많은 종류의 기계 장치 덕분으로 지역적 기후로부 터, 그리고 다른 생물들의 경우에는 마주칠 수밖에 없는 환경적 제한으로 부터 자유로워질 수 있었다. 이러한 이유에서 인구의 폭발적인 증가는 연 속해서 맬서스의 예측을 벗어나고 있는 것이다. 그러나 이러한 성공적인 적응은 돌이킬 수 없는 천연자원의 고갈과 자연에 서식하는 생물들의 파 멸을 가져오게 만들었다.

인종과 인류의 미래

현대 인류를 인종으로 분류하고 이들의 생물학적 위치에 대해서는 블루멘바흐 이후 계속 논란이 되어 왔다. 노예 제도가 있던 시대에 백인들 사이에서는 백인, 흑인 그리고 몽골 아시아인이 서로 별개의 종이라는 단순한 생각이 널리 퍼져 있었다. 이제 이러한 생각은 완전히 없어졌지만 여러 학자가 인식하고 있는 다섯부터 오십 이상에 이르는 인종의 숫자는 '인종'의 의미에 대한 논란이 아직 해결되지 않고 있음을 보여준다.

생명 연구에서 유형주의적 사고는 결코 교훈을 제시해주지는 못하며 특히 인종에 대한 문제에서만큼은 가장 부도덕하고 해악을 끼치는 것으로 작용해왔다. 오늘날 분자생물학 연구에 의하면 모든 인종은 서로 매우 가까운 관계이며 단지 집단의 변이에 불과하다는 점을 보여주고 있다. 이들은 흔히 신체적, 정신적, 행동양식 등 여러 면에서 평균적으로 차이를 나타내기는 하지만 이들의 변이곡선은 크게 중복되어 있다.

분명히 인종적 특성은 존재한다. 두 인종이 오랫동안 단절되어 있을수록 유전적 차이는 더 커질 것이다. 같은 인종에 속한 집단들은 서로 다른 인종에 비해 더 큰 유사성을 갖는다.[10] 피부색이나 눈의 색깔, 머리털, 코와 입술 모양, 머리뼈의 모양, 키와 같은 외형적 차이에 토대해서 사하라 남쪽의 아프리카 사람을 서유럽 사람이나 동아시아 사람으로 오인하는 사람은 아무도 없을 것이다. 유전학과 분자생물학 연구를 통해 인종 간의 평균적인 차이점이나 판별 가능한 형질들이 더욱 늘어났다. 그러나 사실 고려해야 될 정신 활동을 지배하는 유전자의 역할에 대해서는 거의 알려진 바가 없다.

언제나 인종의 탓이라고 여겨지던 대부분의 특성은 그들의 유전형과 관런이 있는 것이 아니라 각 인종이 갖고 있는 문화적 특성인 것이다. 우리는 어떤 인종을 우호적이다, 잔인하다, 똑똑하다, 우둔하다, 믿을 만하다, 교활하다, 근면하다, 게으르다, 의심이 많다, 편파적이다, 감성적이다, 속을 알 수 없다고 말하고 있다. 사실상 대부분 개개인의 특성으로 돌려져야 하는 것이 어떤 인종을 규정하는 특성으로 주장되어온 것 같다. 일부 집단, 예를 들어, 뉴잉글랜드 청교도, 유럽의 집시, 미국 몇몇 도시의 흑인 빈민 집단들의 문화적 특색이 비교적 잘 알려져 있다 하더라도 나는 이러한 인종적 차이에 대한 주장을 뒷받침할 만한 과학적인 근거를 전혀 알고 있지 못하다. 인종 간의 생물학적 차이에 대한 과학적 연구는 자칫 인종차별주의로 흐를 수 있기 때문에 이러한 분야에서 신뢰성 있는 사실을 얻어내기는 어렵다.

우리는 인간 종이 다시 몇 개의 종으로 갈라질 확률이 얼마나 되는지에 대한 물음을 종종 받곤 한다. 대답은 '전혀 없다'이다. 사람은 북극에서 열대지역까지, 동물이 서식할 수 있는 지역이란 지역은 모두 차지하고 있다. 과거 10만 년 동안 지리적으로 단절된 인종이 생겨났어도 이들은 다른 인종과 접촉하자마자 서로 교배가 쉽게 이루어졌다. 오늘날 종형성에 요구되는 충분히 오랜 고립 상태가 형성되기에는 모든 사람 집단 사이에서 너무나도 많은 접촉이 일어나고 있는 것이다.

그렇다면 다음과 같은 의문이 생긴다, 오늘날의 인간 종이 전체적으로 더욱 발전된 새로운 종으로 진화해나갈 수 있을까? 말하자면 슈퍼맨과 같은 능력을 가진 인간으로 진화할 수 있을까? 이 점에 대해서도 '그렇게 될 수도 있다'고 희망적으로 말하기는 어렵다. 분명히 인간 유전형에는 매우 많은 유전적 변이가 존재하지만 오늘날의 상황은 일부 호모 에렉투스 집단이 호모 사피엔스로 진화했던 당시와는 매우 다르다. 그 당시 집단 구조는 작은 무리를 이루고 있었고 각 무리에는 결과적으로 호모 사피엔스로 진화를 가능하게 만든 우수한 특성에 대한 강력한 자연선택이 존재하였다. 또한 대부분의 사회적 동물과 마찬가지로 강력한 집단선택 역시 분명히 존재했던 것이다.

이와는 달리 현대 인류는 대규모 사회를 이루고 있고, 오늘날에는 보다 우수한 능력을 가진 새로운 종의 등장을 가능케 하는 뛰어난 유전형에 대한 어떠한 자연선택의 징후가 나타나지 않고 있다. 사실 많은 학자는 오늘날 인간 유전자 풀이 퇴화를 겪고 있다고 말한다. 인간 유전자 풀의 커다란 다양성을 고려해볼 때 종의 유전적 퇴화는 당장 위험한 것은 아니다. 인류의 미래에 대해 더욱 공포감을 주고 위협하는 것은 대부분의 인간 사회가 갖고 있는 가치체계의 붕괴인 것이다(12장 참조).

그러면 우수한 유전형에 대한 인위적인 선택은 어떠한가? 다윈의 사촌인 골턴Galton은 적절한 선택을 통해서 인류를 발전시킬 수 있으며 앞으로 그렇게 해야 할 것이라고 처음 제안했다. 골턴은 '우생학'이라는 용어를 만들어냈다. 급진파에서 보수파에 이르기까지 많은 사람이 우생학이 인류를 더욱 완벽한 존재로 끌어올릴 수 있는 방법이라고 생각하여 이를 쉽게 지지했다. 이 순수한 원래 목적이 결국에는 인류가 지금까지 보아 왔던 것 중에서 가장 흉악한 범죄로 이어진 것은 슬픈 아이러니다. 우생학은 유형주의 관점에서 해석되면서 곧 인종차별주의가 되어버렸고 결국에는 히틀러의 공포를 일으킨 것이다.

우생학적 수단을 통해서만 인류의 근본적인 유전학적 '개선'을 달성할 수 있을지는 모른다. 그러나 여러 가지 이유에서 이는 불가능하다. 첫째로 선택하여 조작하려는 현재와 미래 사람들의 비육체적 특성을 설명할 수 있는 유전적 기반에 대한 지식을 우리가 갖고 있지 못하다. 둘째로 이러한 일이 성공적이고 균형적으로 이루어지려면 인간 사회는 항상 수많은 서로 다른 유전형이 섞여 공존해야 한다. 그러나 어느 누구도 '올바른' 혼합체가 어떠한 형태로 이루어져야 하고 또 어떻게 선택해야 바람직한 것인지에 대해서 아무런 아이디어를 갖지 못하고 있다. 마지막으로 가장 중요한 것은 우생학을 실행하기 위해서 이루어져야 하는 과정들은 한마디로 민주주의에서는 받아들여질 수 없다는 점이다.[11]

인간 평등의 의미

인류 집단에서 각 개인이 서로 똑같지 않은 것은 유성번식하는 다른 모든 생물체와 마찬가지다. 각 개인은 서로 다른 형태학적, 생리학적 그리고 정신적 형질들, 그리고 이러한 형질들을 지배하고 있는 유전인자들이 서로 다르게 조합되어 있는 존재이다. 인간의 표현형, 특히 행동적 특성에 관한 한 엄청난 다양성을 보이고 있음은 두말할 필요가 없으며 유전자 또한 인간의 행동과 성격에 커다란 영향을 끼치고 있다. 어떤 사람은 선천적으로 손재주가 무딘 반면 어떤 사람은 놀라운 왼손 사용 능력까지 갖고 있다. 어떤 사람은 뛰어난 수학적 재능을 갖고 있지만 어떤 사람은 이러한 재능이 좀 부족하다. 일반적으로 음악적 재능은 선천적으로 타고나는 두드러진 특성 가운데 하나로 여겨지고 있다.

사실상 모든 인류 집단에서 다양성(다형성)이 없는 인간의 특성은 거의 찾아볼 수 없다. 바로 이러한 다양성이야말로 건강한 사회의 기반을 이루는 것이다. 이는 노동의 세분화를 가능하게 해주지만 이와 함께 남녀 모두 잘 적응할 수 있는 사회에서 각자가 알맞은 자리를 차지할 수 있도록 해주는 사회 시스템도 요구한다.[12]

대부분의 사람은 평등주의를 선호하며, 평등이란 의미가 법 앞에서 공평하고 또 동등한 기회 부여라는 점에 동의한다. 그러나 평등함이 전체적인 동일함을 의미하는 것은 아니다. 평등은 사회적이고 윤리적인 개념이지 생물학적인 개념은 아니다. 평등주의란 이름으로 인류의 생물학적 다양성을 무시하는 것은 해악이 될 수밖에 없으며 이는 지금까지 교육과 의학, 그 밖의 여러 인간 활동의 장애물이 되어왔다.

인간의 생물학적 다양성에도 불구하고 평등의 원리를 적용하기 위해서는 고도의 신중함과 공평한 의식을 필요로 한다. 홀데인(1949)은 이런 점을 매우 올바르게 지적하고 있다. "자유가 기회의 평등을 요구한다는 점은 널리 받아들여지고 있다. 그러나 잘 인식하지 못하고 있는 점은 자유가 문화적으로는 바람직해도 사회를 움직이는 데는 꼭 필요하지 않은 규범에 잘 적응하지 못하는 사람들에 대해서도 다양한 기회 제공과 관용 또한 요구한다는 사실이다."

12

진화가 윤리를 설명할 수 있는가?
Can Evolution Account for Ethics?

인간 도덕성에 관한 이론만큼이나 1859년의 다윈 혁명으로부터 큰 충격을 받은 이론도 없을 것이다. 다윈 이전에는 '인간 도덕성의 근본은 무엇인가?'라는 질문에 대한 전통적인 대답은 '신이 주신 것이다.'였다. 아리스토텔레스로부터 스피노자와 칸트에 이르기까지 대표적인 철학자들은 모두 이 문제에 관련하여 다음과 같은 질문들을 해왔다. '도덕성의 본질은 무엇인가?', '어떤 도덕성이 인류에게 가장 타당한가?' 다윈은 이 같은 심오한 질문들에 대한 그들의 결론에 도전하지 않았다. 다만 인간의 도덕성이 신에게서 부여받은 것이라는 주장이 근거 없음을 보여주었을 뿐이다.

이를 위해 그는 두 가지 논거를 사용했다. 첫째, 그의 공통조상이론이 그동안 유일신 종교뿐 아니라 철학자들에 의해 주어진 자연에서의 인간의 독보적 위치를 박탈했다. 그러나 도덕성에 관한 한 다윈도 인간과 동물

간에 근본적인 차이가 있다는 데 동의했다. 나는 인간과 다른 동물들 간의 차이점 중 도덕의식 또는 양심이 무엇보다 중요하다고 생각하는 다른 학자들의 판단에 전적으로 동의한다(1871:70). 그렇지만, 인간도 동물을 그 조상으로 삼고 있기 때문에 이 차이 역시 진화의 관점에서 설명되어야 했다. 인간과 동물 간에 어떤 불연속적인 차이가 존재한다는 것을 인정하려면 도약의 개념을 받아들여야 했지만, 다윈은 그것을 완강하게 거부했다. 점진주의의 신봉자였던 다윈은 모든 것이, 심지어는 인간의 도덕성조차도 모두 점진적으로 진화했다고 주장했다. 실제로 다윈은 인간이 유인원 계통으로부터 갈라져 나온 후 오랜 시간(현재 적어도 500만 년은 되었을 것으로 추정)이 흘렀으며, 그 기간은 인간의 윤리개념이 여러 중간 단계를 거쳐 점진적으로 발달하는 데 충분한 시간을 제공했다고 믿었다.

둘째, 그의 자연선택론은 자연현상들에서 모든 초자연적인 요소를 제거했으며 은연중에 인간의 도덕성을 비롯한 세상의 모든 것이 다 신에 의해 만들어지고 그의 율법에 따라 움직인다는 자연신학의 가정들을 반박했다. 다윈의 등장으로 철학자들은 인간 도덕성에 대한 설명을 초자연적인 것에서 자연적인 것으로 바꿔야 했다. 지난 130년간 윤리와 진화의 관계에 관한 문헌의 대부분은 다 '자연주의적 윤리naturalistic ethics'를 추구해왔다. 1871년 다윈이 처음으로 이 문제를 거론한 이후 125년 동안 이 주제에 관련하여 매년 여러 권의 책이 출간되었다.

그들 중 몇몇은 진화에 관한 연구가 인간 도덕성의 기원에 대하여 새로운 관점은 물론 확고한 윤리적 규범들까지 제시할 것이라는 기대를 나타내기도 했다. 선도적인 진화학자들은 자연선택이 적절한 수준에서 작용하여 이타주의와 공리에 대한 배려가 중요한 역할을 하는 인간 사회의 윤리를 만들어냈을 것이라는 다소 겸손한 제안을 받아들였다. 어떤 의미로는 당연한 일이겠지만 윤리학자들은 과학 또는 더 정확히 말해 진화생물학이 구체적인 윤리 규범들을 제공할 수 있도록 조직되어 있는 것은 아니라고 주장한다. 그러나 중요한 것은 인간의 유전 구조는 물론 문화적 진화까지도 고려하는 철저하게 생물학적인 윤리체계가 그런 요소들을 고려조차 하지 않는 체계보다는 본질적으로 더 일관성이 있을 것이라는 사실이다. 이처럼 생물학적 정보에 근거를 둔 체계는 비록 진화의 개념에서 유래한 것은 아니더라도 적어도 그와 일관된다.

전통적으로 윤리는 과학과 철학이 상충해온 영역이다. 대부분의 철학자는 윤리란 본래 가치를 동반하므로 과학자들은 사실에나 충실하도록 하고 가치의 확립과 해석은 철학에게 맡기라고 말한다. 그러나 과학자들은 인간 행위의 궁극적 결과들에 대한 새로운 과학 지식들로 인해 윤리를 생각하게 되는 것은 불가피한 일이라고 지적한다. 우리가 지금 겪고 있는 폭발적인 인구 증가, 공기 중의 이산화탄소량 증가, 열대 삼림의 파괴 등은 그저 몇몇 예들에 지나지 않는다. 과학자들은 이러한 문제들에 주의를 환기시켜 그것을 해결할 방법을 찾는 것이 그들의 임무라고 생각한다. 여기에는 어쩔 수 없이 가치판단이 개입한다. 종종 다른 과학적 자료들은 물론 진화과정에 대한 우리의 이해가 행위에 대한 여러 대안이 가능한 경우 우리로 하여금 윤리적으로 가장 적절한 선택을 하도록 해줄 것이다.

인간 윤리의 기원

만일 자연선택이 자기 이득, 즉 각 개인의 이기성만을 보상한다면, 이타주의와 사회 전체의 복리에 대한 책임감을 기본으로 하는 윤리가 어떻게 발달할 수 있을까? 헉슬리의 저서《진화와 윤리Evolution and Ethics》(1893)는 이 주제에 많은 혼란을 가져왔다. 목적인을 믿고 있던 헉슬리는 자연선택을 통한 진정한 다윈의 생각을 전혀 반영하지 않았다. 그는 자연선택은 오로지 개체 수준에서만 작용한다고 믿었기 때문에 자연선택은 공익에 대하여 아무런 기여도 할 수 없다는 결론을 내렸다. 이 점에 관하여 헉슬리 자신이 얼마나 혼란스러웠는가를 고려할 때, 그의 저서가 오늘날까지도 권위 있는 문헌으로 여겨지는 것은 불행한 일이다.

그러나 헉슬리는 어렴풋이나마 개인의 이기심이 사회의 복지와 엇갈릴 수밖에 없다는 점을 이해하고 있었다. 자연주의적 인간 윤리학에 주어진 가장 중요한 문제는 기본적으로 이기적인 개체들로부터 어떻게 이타적인 행동이 나타나는가 하는 수수께끼를 푸는 일이다. 다윈주의자에게 특별히 어려운 것이 바로 어떻게 자연선택이 이타주의의 진화에 기여했는가 하는 문제다. 자연선택이란 언제나 철저하게 이기적인 개체들을 보상하는 게 아니던가?

지난 30년간의 길고 격렬한 논쟁을 통해 학자에 따라 '이타적'이라는 용어를 서로 다른 뜻으로 사용하고 있다는 사실이 밝혀졌다. 다른 사람들에게 도움이 되는 것을 의미한다는 점은 분명하다. 하지만 그런 행위가 반드시 이타주의자에게 해가 되어야만 하는 것인가? 어느 동물이 자기가 속해 있는 집단의 구성원들에게 포식동물이 접근한다는 사실을 알리기 위해 경고음을 낸다면 그 포식동물의 주의를 끌게 되어 분명히 자신을 위험하게 만들 것이다. 이타적 행위는 일반적으로 '비용과 이득이 번식 성공도로 가늠될 때 손해를 보면서도 다른 개체를 돕는 행위(Trivers, 1985)'라고 알려져 있다.

그러나 일상적인 용어로 볼 때 이타주의가 반드시 위험이나 불이익을 내포할 이유는 없다. 이타주의는 철학자 오귀스트 콩트Auguste Comte가 다른 사람들의 복리를 염려한다는 것을 뜻하기 위해 만든 용어다. 예를 들어 길을 걷다가 어느 넘어진 할머니를 돕는다면 자신에게 아무런 위험이 되지 않는 가운데 이타적인 행위를 한 것이다. 비용은 기껏해야 그저 1분 정도를 소비한 것뿐이다. 우리는 여러 가지 좋은 일을 하며 즐거워하는 따뜻하고 너그러운 사람들을 잘 알고 있다. 이렇다 할 비용을 들이지 않고 좋은 일을 하는 것도 이타적인 것이 아닌가? 좋은 일을 하는 데 든 적은 노력도 '비용'이라고 할 수 있는가?

나는 '이타주의altruism'라는 용어를 이타적인 행동을 하는 사람에게 위험이나 손해가 되는 경우에만 한정하는 것은 우리가 일반적으로 사용하는 용도는 아니라고 생각한다. 자연선택이 어떻게 이타주의의 출현을 돕는지를 밝히려면 이런 다양한 종류의 행동들을 구분하는 것이 중요하다.

다윈은 그 당시 이미 이 문제의 해답을 일부 찾았지만 우리는 근래에 들어서야 보다 잘 이해할 수 있게 되었다. 즉 개인은 세 가지 다른 맥락에서 선택의 단위가 될 수 있다. 개체, 가족 구성원(보다 정확히 말하면 번식자), 그리고 사회집단의 성원이 그것이다. 개인이 단위인 경우에는 헉슬리가 생각한 대로 오로지 이기적인 성향만이 자연선택의 보상을 받는다. 그러나 다른 두 경우에는 집단의 다른 성원들에 대한 배려, 즉 이타주의가 선택된다. 인간 행동에서 흔히 볼 수 있는 윤리적 딜레마들은 이 세 측면을 고려하지 않고서는 이해할 수 없다.

포괄적합도 이타주의

동물들 사회에 가장 흔하게 분포하는 특수한 형태의 이타주의로는 포괄적합도 이타주의inclusive fitness altruism가 있다. 이것은 주로 자식돌보기 행동을 보이거나 대체로 대가족으로 이루어진 사회집단을 가지고 있는 종에서 발견된다. 어미 그리고 드물게는 아비가 자식을 보호하는 행동, 가까운 친족들에게 위험한 상황을 경고하거나 위험으로부터 보호하려는 경향, 그들과 기꺼이 먹이를 나누어먹는 행위와 분명히 행위자에게는 해가 될 수 있지만 수혜자에게는 이득이 되는 다른 많은 행동이 이에 포함된다.

홀데인, 해밀턴, 그리고 많은 사회생물학자가 지적한 대로, 이 같은 행동들은 이타주의자가 자식이나 가까운 친족 등 자신의 행동으로부터 도움을 얻는 자들과 공유하는 유전자형의 적합도를 증가시키기 때문에 자연선택될 가능성이 높다. 우리는 이것을 가리켜 이런 행동들이 이타주의자들의 포괄적합도를 올려준다고 말한다. 이처럼 다음 세대들의 유전자 풀이 가까운 친족들을 위한 몇몇 개체들의 공헌에 영향을 받으면, 우리는 그 과정을 친족선택이라 부른다.

자식돌보기는 포괄적합도를 높이는 종류의 이타주의를 가장 잘 보여주는 예다. 문제의 행동이 이타주의자의 유전자형에 이득이 되는 한, 엄밀히 말하면 그것은 이타적 행동이라기보다 이기적 행동이다. 사회생물학 문헌에는 이타적인 행위로 보이지만 실제로는 포괄적합도를 높여주는, 즉 유전자형의 관점에서 볼 때 궁극적으로 이기적인 행위들에 대한 예들이 엄청나게 많다.

포괄적합도 이타주의는 현재 진화생물학의 주요 논쟁거리다. 몇몇 학자들은 인간 윤리의 전부가 본질적으로 포괄적합도 이타주의일 수밖에 없다고 생각하는 듯싶다. 다른 학자들은 진정한 인간 윤리가 진화하면서 포괄적합도 이타주의를 대체했다고 생각한다. 나는 개인적으로 다소 중립적인 생각을 갖고 있다. 나는 자기 자식에 대한 어머니의 본능적인 모성애나 같은 집단에 속해 있는 사람들에 비해 낯선 사람들을 도덕적으로 달리 대하는 것과 같은 인간의 행동에서 포괄적합도 이타주의의 흔적을 본다. 구약 성서에 적혀 있는 도덕규범들의 대부분이 이 같은 전통을 잘 나타낸다. 하지만 나는 포괄적합도 이타주의는 주로 자식에 대한 부모의 사랑을 중심으로 오늘날 인간 윤리의 작은 부분을 차지할 뿐이라고 생각한다.

다윈은 포괄적합도의 가능성을 잘 알고 있었다. 어느 인류 집단에서 탁월한 능력을 지닌 사람이 희생적인 죽음을 맞은 것에 대하여 다윈은 다음과 같이 말했다. "만일 그런 사람들이 그 같은 정신적인 탁월함을 물려받을 자식을 낳았다면 그보다도 더 훌륭한 자손들이 태어날 확률은 아무래도 조금은 높을 것이다. 그리고 아주 작은 집단에서는 더 높을 것이다. 그들이 만일 자식을 낳지 않는다고 하더라도 그들과 혈연관계에 있는 사람들이 있을 것이다(1871:161)." 그러면서 다윈은 혈연관계의 사람이란 유전자 구성이 비슷한 사람을 의미한다고 설명했다.

포괄적합도 이타주의가 만연되도록 하는 선택압은 원시적인 인간 집단에서 뿐만 아니라 대가족이 사회적 집단의 핵심인 모든 사회성 동물에서 발생한다. 다윈은 수차례에 걸쳐 사회성 동물들은 친족들을 인식하고 편애하는 놀라운 능력을 지녔다고 강조했다. "이 같은 사회적 본능이 같은 종의 모든 개체에게 고르게 주어지는 것은 결코 아니다(1871:85)." 베이트슨 (1983)의 편지는 몇몇 특정한 동물들에서 이 같은 관계를 인식하는 능력이 얼마나 잘 발달되었는가를 실험적으로 잘 보여준다.

호혜성 이타주의

표범과 같은 단서성 동물들은 사회성 동물들에 비해 포괄적합도 이타주의를 경험할 기회가 적다. 단서성 동물들에서는 포괄적합도 이타주의가 대체로 자식을 향한 어미의 행동에 국한되어 있다. 단서성 동물들은 자식을 제외한 다른 어느 누구에게도 이타적으로 행동하지 않는다는 결론에 유일한 예외가 있다면 그것은 바로 유전적으로 연관되어 있지 않은 개체들 간에 서로 이득이 되는 관계, 즉 호혜성 이타주의reciprocal altruism의 경우들이다. 큰 포식성 물고기의 몸에서 체외기생충을 제거해주는 청소부 물고기가 전형적인 예다. 제3자와의 싸움을 대비하여 두 개체가 동맹을 맺는 것도 또 다른 좋은 예다.

실제로 이 관계에서 속칭 이타주의자는 언제나 바로 이득을 얻거나 장차 이득을 얻을 것을 기대하고 있기 때문에 여기에서 이타주의라는 용어는 퍽 넓은 의미로 쓰이고 있다. 이러한 호혜관계들, 그중에서도 특히 영장류들 간의 관계는 언제나 다음과 같은 사고를 전제로 한다. 내가 이 친구를 이 싸움에서 도우면 그도 나중에 내가 싸우고 있을 때 나를 도울 것이다. 다시 말하면 이 같은 행동은 기본적으로 이타적이라기보다 이기적이라는 뜻이다.

호혜성 이타주의는 간단히 말해서 서로 이득을 주고받는 행위 또는 호의의 상호교환이다. 그러나 이러한 이득은 박애주의자가 자선성금에 대한 보답으로 동료 시민들로부터 인정, 존경, 또는 칭송을 받을 때 또는 과학자가 자기 분야에서 괄목할 업적을 남겨 노벨상, 발잔Balzan상, 일본Japan 상, 크러퍼드Crafoord상, 볼프Wolff상 등을 수상했을 때처럼 크게 드러나지 않을 수도 있다. 오랜 기간에 걸쳐 사회에 도움이 되는 업적을 남긴 개인들을 인정하고 보답하는 것은 좋은 사회를 만드는 데 매우 중요한 일이다. 우리는 스포츠에서 업적을 보상받는 것은 너무나 당연하게 여긴다. 뛰어난 운동선수들만이 올림픽 메달을 받는다. 그러나 인류가 이룬 모든 위대한 업적은 인류 전체의 불과 1퍼센트에 의해 이루어졌다는 점을 명심해야 한다. 훌륭한 업적에 대한 인정과 보상이 없다면 우리 사회는 모든 사람에게 동등한 보상을 해주어야 한다는 원칙으로 구성되었던 공산주의 사회들에서 보았듯이 결국 붕괴하고 말 것이다.

하지만 모든 이타적 행위가 다 보상받는 것은 아니다. 이타적인 행동을 한 사람이 보상을 기대하지도 않거니와 실제로 어떤 형태의 보상도 원하지 않는 경우들을 우리는 잘 알고 있다. 호혜성 이타주의가 만일 정기적으로 일어나기만 한다면 이타주의자나 그의 가까운 친족들에게 아무런 대가가 주어지지 않는 순수한 이타주의적 행동들을 불러일으킬 수 있을 것이라는 주장들도 있었다. 그러므로 우리 인류의 조상들이 지녔던 호혜성 이타주의는 인간 도덕성의 한 근원인지도 모른다.

진정한 이타주의의 출현

개체 수준의 선택압을 통해 진화한 포괄적합도 이타주의와 호혜성 이타주의보다 훨씬 더 중요한 인간 윤리의 요소는 문화집단에 작용하는 선택압에 의해 진화한 윤리 규범과 행동들이다. 다윈도 잘 알고 있었듯이 인류의 역사에는 상당히 강력한 집단선택이 작용해왔다.[1] 개체선택과 달리 집단선택은 비록 개체에게는 해가 되더라도 집단을 강화하는 진정한 이타주의나 그 밖의 다른 덕행들을 보상한다. 역사가 거듭하여 보여주듯이 문화집단 전체의 복리에 가장 크게 기여하는 행동들이 보전되었고, 또 그런 행동규범들이 가장 오래 살아남았다. 다시 말해 인간의 윤리 행위는 적응적이다.[2]

대부분의 동물 집단은 선택의 대상이 되지 못한다. 협동이 이루어지고 있는 이른바 사회성 동물들은 예외다. 물론 떼를 지어 사는 동물들이라고 다 사회적 집단을 이루는 것은 아니다. 예를 들어 물고기 떼나 이동 중인 아프리카 초원의 거대한 유제류 무리들은 사회적 집단이 아니다.

인간은 사회성 동물의 훌륭한 예를 보여준다. 가족 단위가 조금 커진 형태였던 초기 인류 집단들은 다른 사회성 영장류에서 나타나는 무리 구조의 연장에 지나지 않았다. 젊은 암컷들 혹은 수컷들은 아마 자기 무리를 떠나 다른 무리에 합류했을 것이다. 그렇지 않다면 집단 수준의 행동이 포괄적합도 이타주의를 보였을 것이다. 대가족이나 비교적 작은 규모의 무리가 크고 사뭇 개방적인 사회로 진화하기 위해서는 이전에 가까운 친족에게만 행해지던 이타주의가 비친족 개체들에게로 확장될 수밖에 없었다. 이같이 진정으로 이타적인 행위의 흔적이, 유전적으로 관련이 없는 개체들 간에도 교환이 일어나는 비비원숭이와 같은 영장류에서도 나타난다.[3]

인간 진화의 역사에서 몇몇 호미니드 개체들은 단순히 대가족으로 구성되어 있는 작은 집단보다는 큰 무리가 다른 무리를 상대로 승리할 확률이 높다는 것을 인식하게 되었을 것이다. 보다 나은 동굴, 물웅덩이, 또는 사냥터를 보유한 무리가 이득을 보려는 외부인들을 불러 모았을 것이다. 집단의 규모가 커지면 먼 친족이나 비친족의 복리까지 챙겨야 했지만, 즉 포괄적합도의 범위를 넘어서야 했지만, 인력 증가로 인하여 집단이 보다 막강해지는 선택적 이득이 있었다. 결국 무리 내에서 기본적으로 이기적인 개인들의 경향을 견제하고 집단 전체에 직접적으로 도움이 되는 이타주의의 부담을 그들에게 부과하기 위하여 비친족에 대한 문화적 행위규범이 마련되었다. 물론 전쟁에 나가 목숨을 잃는 것처럼 그렇지 않은 경우들도 있지만, 자신들의 복리가 집단의 복리와 밀접하게 연결되어 있는 대부분의 개인은 궁극적으로 이득을 보게 되었다.

집단적 규범을 제대로 적용하기 위해서는 추론 능력을 가지는 인간 두뇌의 진화가 선행되어야 했다. 큰 두뇌와 큰 사회집단 간의 공진화는 두 가지 새로운 형태의 윤리적 행위를 가져왔다. (1) 집단선택의 형태로 작용하는 자연선택은 개인에게는 해가 되는 경우가 있더라도 집단에 이득이 되는 이타적인 성향을 보상했고, (2) 인간은 새로이 얻은 추론 능력 덕분에 순전히 본능적인 포괄적합도에 의존하지 않고 의식적으로 이기적인 것보다 윤리적인 행동을 선택했다. 윤리적 행동은 의도적 선택을 할 수 있는 인지능력을 기초로 한다. 어미 새의 이타적 행동은 선택에 의한 것이 아니다. 본능적일 뿐 윤리적인 것이 아니다. 심슨(1969:143)이 지적한 대로 단어의 전체 의미로 볼 때 인간만이 유일한 윤리적 동물이다. 인간 윤리를 제외하곤 그에 준하는 윤리란 없다. 포괄적합도를 기본으로 하는 본능적 이타주의로부터 판단에 따른 집단 윤리로 넘어가는 적응만큼 인간화 과정에서 중요한 단계는 또 없을 것이다.

심슨(1969)에 따르면 어떤 행동이 윤리적으로 분류되려면 다음과 같은 조건들이 만족되어야 한다. (1) 행위의 대안적 양태들이 있어야 한다. (2) 개인들은 이러한 대안들을 윤리적으로 판단할 능력을 갖추고 있어야 한다. (3) 개인들은 윤리적으로 옳다고 판단되는 대안을 자유롭게 선택할 수 있어야 한다. 따라서 윤리적 행동은 분명히 자신의 행위에 대한 결과를 예측할 수 있고 결과에 책임지려는 개인의 자질에 달려 있다. 이것이 바로 도덕심의 기원과 기능을 가능하게 한 토대다.

아얄라(1987)는 대체로 나와 비슷한 견해를 피력했다. 그는 인간이란 생물학적으로 다음의 세 가지 필요충분조건들을 갖추고 있기 때문에 윤리적인 행동을 하는 것이라고 설명했다. 그 세 가지 조건들은 (1) 자기 자신의 행위가 어떤 결과를 빚을 것인지 알 수 있는 능력, (2) 가치판단을 할 수 있는 능력, 그리고 (3) 행동의 대안적 방향들을 놓고 선별할 수 있는 능력이다.

본능적으로 행동하는 동물과 선택 능력을 지닌 인간 간의 차이가 윤리의 존재를 가르는 선이다. 죄의식, 양심의 가책, 후회, 공포, 또는 동정심이나 고마움 등 도덕적인 판단과 관련 있는 행동들에 따라오는 감정들이 인간의 비윤리적이거나 윤리적인 행동에 대한 의식적인 본성을 나타낸다. 윤리적 행동을 보일 수 있는 능력은 유아기와 아동기가 엄청나게 길어진 것, 그래서 자식을 돌보는 기간 역시 길어진 것, 인간 집단이 대가족 규모 이상으로 늘어난 것, 종족 특유의 전통과 문화가 발달한 것 등 다른 인간 특성들의 진화와 밀접하게 연관되어 있다(제 10장 참조). 전체적으로 볼 때 이처럼 서로 연관된 발달과정에서 무엇이 원인이고 무엇이 결과인지를 밝힌다는 것은 불가능한 일이다.

문화집단이 어떻게 그들 나름의 독특한 윤리 규범들을 얻는가?

아리스토텔레스, 스피노자, 칸트로부터 현대의 철학자들에 이르기까지 이 질문에 대한 논의가 뜨거웠다. 다윈 이전에는 도덕규범들이 신에게서 부여받았거나 아니면 순전히 인간 사고(그 자체도 신에게서 부여받은 것으로 여겼지만)의 결과라는 두 가지 대답이 보편적이었다. 다윈 자신도 심사숙고, 즉 사고의 결과로 나타나는 행위들만 도덕적·윤리적이라고 규정해야 하는지 또는 충동적으로 또는 '본능적으로' 저지른 용감하거나 자비로운 행위들도 도덕적 행위로 간주해야 하는지에 대하여 고민했다. 도덕적인 존재를 '자신의 과거와 미래의 행위 또는 동기를 비교할 줄 아는, 그래서 그들을 받아들이거나 거부할 수 있는 개체'라고 정의한 것으로 보아 다윈은 신중하게 생각하는 행동을 도덕성의 중요한 요소로 여긴 듯싶다. 그러면서도 그는 또한 다른 모든 사회성 동물에서 나타나는 '사회적 본능'에 대한 준본능적인 반응도 윤리적 행위로 간주했다. 이 결론은 어떻게 그리고 왜 이 같은 사회적 본능이 진화했는가 하는 질문으로 이어졌다.

버트란트 러셀Bertrand Russell도 비슷한 생각을 가지고 있었다. 다만 좀 더 간결하게 표현했을 뿐이다. 그는 "집단에 이득이 되는 것이 객관적으로 옳다. 전 세계의 윤리 규범들을 비교해보면 공동체의 복리가 어떤 형태로든 개인의 이득에 앞서는 집단들이 더 성공적이었다."라고 여겼다. 서로 다른 인간 문화집단들의 상대적인 성공을 언급한 점에서 러셀의 설명이 다윈의 설명보다 조금은 더 만족스럽다. 어떤 집단들은 집단의 성공 가능성, 즉 수명을 증진시키는 도덕규범을 가졌고 다른 집단들은 급격히 절멸로 이끈 적응적이지 못한 도덕규범을 가졌다.

한 문화집단이 가지고 있는 특정한 가치체계가 그 집단을 수적으로 번창하게 만들어, 결국 이웃집단에 종족말살의 전쟁을 일으키고 승자가 패자의 영토를 차지하는 시나리오를 상상하는 것은 그리 어렵지 않은 일이다. 이 시나리오에서 보면 다른 집단에 비해 자신들의 집단을 보다 강력하게 만들어주는 집단 내 이타주의를 비롯한 그 밖의 다른 행동들은 시간이 흐름에 따라 자연선택의 보상을 받는다. 집단을 분열시키는 성향들은 그 집단을 약하게 만들어 결국 절멸로 이끈다. 그러므로 각 사회집단 또는 종족의 윤리체계는 몇몇 지도자의 개선 노력은 물론 시행착오나 성공과 실패를 통해 끊임없이 변화할 것이다

무엇이 도덕적이고 집단에 최선인가 하는 것은 당시 상황에 따라 달라진다. 윌슨James Wilson(1975)은 감자 기근 시기(1846~1848)의 아일랜드 사람들과 제2차 세계대전 직후 미국 통치기간의 일본인들이 각각 가치관이 변한 사실을 지적했다. 영아살해, 성 매매 허가, 재산권, 폭력성 등에 대하여 종족 간에 존재하는 엄청난 차이들이 문화적인 윤리 규범의 가소성을 말해준다. 실제로 만일 모든 인간 집단이 다 똑같은 규범을 가지고 있다면

이롭지 못할 수도 있다. 영아사망률이 높은 원시종족에서는 높은 출생률이 윤리적일 것이다. 한편 과밀국가에서는 자식을 하나 또는 둘만 가지기로 하는 것이 집단 전체는 물론 각 가족에게도 큰 이득이 될 것이다. 시골 마을에서는 대가족이 함께 모여 사는 것이 가장 유리하겠지만, 복잡한 도회에서는 끊임없는 분쟁을 몰고 올지도 모른다.

윤리 규범들의 우선순위도 상황에 따라 문화권마다 다르다. 현재 중국 정부가 인권을 그리 중요하게 여기지 않는 것이 한 예다. 전 세계가 다 동일한 윤리 규범 우선순위를 갖고 있다고 쉽게 생각하는 미국인 중개자들은 중국인들의 입장을 이해하지 못한다. 자신들의 고유한 문화 속에서 어린아이들에게 이러한 규범의 우선순위를 가르치는 것이 바로 일종의 도덕 교육이다.

서양 철학자들은 가치에 순위를 매길 수 있는 다양한 잣대들을 제안하여 이 같은 윤리적 상대성을 극복해보려 했다. 황금률Golden Rule이 그런 잣대의 하나다. 규범이란 다수에게 최대의 이득을 제공하는 정도에 따라 평가해야 한다는 공리주의가 또 하나의 제안이다. 정직성은 오랫동안 훌륭한 가치로 인정되었고 정의는 서양에서 가장 고귀한 윤리 규범이다. 하지만 어떤 것이 정당하고 공정한 것인지에 대하여 모든 사람이 공감하는 것은 아니다. 최근에는 개인의 삶에 의미를 부여할 수 있는 태도들이 높게 평가되어야 한다고 말하기도 한다.

도덕적이라고 여겨지는 것들의 대부분은 자기가 속해 있는 집단의 규모와 관련이 있다. 원시사회에서는 확실히 사회집단의 적절한 크기가 있었다. 집단이 지나치게 커지면 지도자들이 통제력을 잃게 되어 결국 갈라진다. 이 같은 현상은 남미 인디언 종족들과 몇몇 사회성 동물들에서 관찰되었다. 반대로 집단이 너무 작으면 경쟁 집단들의 공격대상이 된다. 약 1만

~1만5천 년 전에 농경시대로 접어들면서 집단 규모는 원시 종족의 규모를 넘어서기 시작했다. 식량의 증가가 인구 증가를 가능하게 했고, 큰 집단일수록 침략자들로부터 자신을 더 잘 보호할 수 있게 되었다. 그러나 집단의 규모가 커지면서 새로운 윤리적 갈등이 생겨났다. 예를 들면 재산권이 중요해지는 것과 같이 가치관의 변화가 불가피했다.

인간 문화집단이 커짐에 따라, 특히 도시가 만들어지고 국가가 형성됨에 따라 단일한 한 사회 속에서도 제가끔 조금씩 다른 윤리관을 갖고 있는 다른 사회 계층들이 생겨났다. 이런 변화가 얼마나 필연적이었고 심지어는 바람직한 일이었는지는 논란의 여지가 있다. 대부분의 봉건사회에서 보듯이 이러한 변화에 의해 전반적인 불평등이 나타나고 궁극에는 혁명으로 이어졌다. 서구에서 일어난 민주주의와 평등의 원칙을 위한 투쟁은 이전 시기의 사회적 불평등에 대한 반응이었다.

어떤 사회에서는 집단 내 개인들의 가치가 대체로 동일하지만, 다른 소집단의 윤리 규범들은 다르기도 하다. 낙태, 동성애자들의 권익, 불치병자들의 권리, 사형 등을 둘러싼 의견 대립은 윤리적으로 상당히 다양한 현대 미국사회의 불화를 잘 보여주고 있다.

합리적 사고인가, 임의의 생존인가?

그렇다면 특정 집단이 어떻게 그들만의 고유한 윤리 규범을 얻게 되는가 하는 물음에는 어떤 결론을 내릴 것인가? 인간 사고의 결과인가, 아니면 가장 적응적인 윤리체계를 가진 집단들의 임의적인 생존의 결과인가? 원시 인간 사회의 엄청나게 다양한 윤리 규범들을 보면 많은 차이는 그저 우연에 의한 것이라는 생각이 든다. 하지만 중국과 인도를 포함한 주요 종교들과 철학들을 비교해보면 역사는 달라도 윤리 규준들은 놀랄 만큼 흡사함을 알 수 있다. 이는 이 같은 규준들을 마련한 철학자, 예언자, 또는 입법자들이 자신들의 사회를 주의 깊게 관찰했고, 그 관찰 결과를 가지고 사고할 수 있는 능력 덕분에 어떤 규범이 이롭고 어떤 규범이 그렇지 못하다는 것을 결정했다는 것을 의미한다. 산 위의 설교Sermon on the Mount에서 모세와 예수가 공표한 규범들은 크게 보아 사고의 결과임이 확실하다. 그와 같은 규범들은 일단 받아들여지면 문화적 전통의 일부가 되며 세대를 거쳐 문화로서 전해진다. 몇몇 저자들은 인간의 모든 윤리행위는 합리적인 손익분석의 결과라고 주장한다. 다른 이들은 다윈이 사회적 본능이라고 부른 준 본능적 성향의 반응으로 본다. 나는 어쩔 수 없이 그 중간 어디에 해답이 있다고 생각한다. 모든 윤리적 문제에 대하여 우리가 합리적으로 특수한 윤리 규범을 만들어낸 것은 분명히 아니다. 대부분의 경우 우리는 우리 문화의 전통적인 규범에 따라 결정한다. 여러 규범들 간에 갈등이 있을 때에야 우리는 비로소 합리적인 분석을 한다.

그러나 한 문화권의 개인들이 어떻게 이러한 전통규범을 습득하게 되는가? 도덕심의 발달에서, 본성과 양육의 상대적인 역할은 무엇인가?

개인은 어떻게 도덕성을 습득하는가?

20세기 유전학의 발달로 인해 '도덕심은 타고난 것인가, 습득한 것인가?'라는 질문이 점점 더 중요해졌다. 행동주의자들과 그들의 추종자들은 우리가 이른바 백지상태로 태어나며 모든 행동은 다 학습의 결과로 생겨난다고 믿는다. 반면, 동물행동학자들ethologists과 사회생물학자들은 우리가 상당 부분 유전적으로 프로그램되어 있다고 믿는다. 이 두 진영이 자신들의 주장을 뒷받침하기 위해 내세우는 증거들은 무엇인가?

행동주의자들은 인간의 윤리 성향의 대부분이 타고난 것이 아니라는 막강한 증거들을 내세운다. 이에 대한 증거들은 다음을 포함하여 다양하다. (1) 서로 다른 민족 집단과 종족의 엄청나게 다른 종류의 도덕성, (2) 특정한 정치체제 하에서 또는 경제적 위기를 거치면서 도덕성이 여지없이 무너지는 현상, (3) 소수, 특히 노예들에 대한 거침없고 비도덕적인 행동, (4) 민간인들에 대한 무차별 폭격과 같이 전쟁에서 보여주는 비정한 행동. (5) 유아기의 임계시기 동안 어머니나 어머니 역할을 대신할 사람이 없을 때나 성적으로 유린되었을 때 겪는 아이들의 성격 파괴 등등이 그것이다.

이 같은 증거들은 행동주의자들과 그 추종자들로 하여금 어떤 선천적 요소도 부정하게 만들었고 모든 도덕적 행위는 환경 자극에 대한 조건적 반응형태의 합리적 사고 결과라고 믿게 했다. 그들의 반대파는 상당한 유전적 요소가 있다고 믿는다.

지난 몇십 년 동안 축적된 증거들은 인간 개인이 가지고 있는 가치관이 선천적인 성향과 학습 모두의 결과임을 보여준다. 절대적으로 큰 부분은 같은 문화집단의 다른 성원들을 관찰하거나 그들로부터 교육받아 형성된다. 그러나 자기 집단의 도덕규범을 수용하는 능력은 개인 간에 큰 차이가 있다. 윤리 규범을 습득하여 윤리적인 행동을 보이는 선천적 능력에는 유전이 결정적으로 기여한다. 그런 능력을 보다 많이 갖춘 개인일수록, 이기심과 포괄적합도에 기초하여 생물학적으로 물려받은 규범들을 보완하는 (그리고 일부 치환하는) 부가적인 윤리 규범들을 보다 잘 받아들일 수 있다.

어떤 사람들은 어릴 때부터 야비하고 무례하며 이기적이고 정직하지 못하다. 그런가하면 처음부터 작은 천사 같은 이들도 있다. 그들은 따뜻하고 철저하게 이타적이며 언제나 신뢰할 수 있고 협조적이며 근본적으로 정직하다. 일란성 쌍둥이와 입양아에 대한 연구들은 이처럼 다른 성향에는 상당한 유전적 요소가 있음을 입증했다. 아동심리학자들의 연구에 따르면 갓 태어나거나 아주 어린아이들에서도 성격 형질의 변이들이 존재함을 알 수 있다. 대부분의 이런 성향들은 사춘기 동안에도 변하지 않는다.[4]

특정한 형질의 유전성을 밝히는 일은 대체로 매우 어려운 작업이다. 그래도 좋은 형질보다 좋지 않은 형질이 더 쉽게 밝혀지는 듯싶은 것은 흥미로운 일이다. 다윈은 매우 부유한 집안에 도벽이 세대를 거듭하여 나타나는 현상을 비윤리적 행동의 유전성을 확실하게 보여주는 증거로서 제시했다. 정신병의 경우에도 유전적 소인이 종종 언급된다. 더구나 세력권을 유지하는 모든 동물과 거의 모든 영장류(아마 고릴라에서 가장 적게)에서 보편적으로 나타나는 공격성을 보면 인간도 공격성에 대한 선천적 성향을 타고난다는 사실을 부인하기 어렵다. 살인, 가족 학대, 그리고 인간 사회에서 벌어지는 각종 폭력의 말할 수 없이 높은 빈도는 불행하게도 이 같은 유산을 반증한다. 그러나 다윈이 정확하게 지적한 대로 "나쁜 성향들이 유전된다면 마찬가지로 좋은 성향들도 유전된다(1871:102)."

하지만 유전이 전부는 아니다. 출생 순서 효과에 대한 분석에 의하면 지도력, 창의성, 보수적 성향 등등 많은 성격 형질은 매우 가변적이다.[5] 인간의 도덕적 형질들을 매우 선천적인 것들과 다분히 태어난 후 습득하는 것들로 제대로 나누려면 보다 많은 연구가 필요하다.

열린 행동 프로그램

한 아이가 자기 문화의 윤리체계를 존중하며 성장하려면 그 문화의 규범들을 습득할 수 있는 선천적 윤리성향과 일련의 윤리 규범들을 접할 수 있는 두 가지 경험 모두가 필요하다. 많은 연구가 윤리 규범들은 대체로 유아기와 아동기에 습득하는 것이라는 결론을 내렸다. 나는 매우 특별한 종류의 학습이 관여한다는 워딩튼(1960)의 주장에 동의하는 편이다. 그것은 동물행동학자들에 의해 잘 설명된 것과 같이 어린 거위 새끼들에게 어미가 각인되는 과정과 비슷한 학습이다.

인간은 행동 프로그램이 매우 열려 있다는 점에서 다른 동물들과 구분된다. 많은 행동의 대상과 그에 대한 반응이 본능적, 즉 닫힌 프로그램의 일부가 아니라 살아가면서 습득하는 것이라는 말이다. 어린 거위 새끼의 행동 프로그램에 어미의 게슈탈트가 각인되는 것처럼 인간의 경우에도 윤리 규범들과 가치관들이 갓난아이의 열린 행동 프로그램에 그려지는 것이다. 두뇌와 그 저장 능력의 증대가 그 환경에 고정된 제한된 수의 반응을 학습된 엄청난 수의 행동 규범들을 저장하는 능력으로 대체되도록 하였다. 이것이 훨씬 더 큰 가변성을 제공하여 보다 정확한 조율을 가능하게 한다. 워딩튼이 제안한 것처럼 "인간은 아마 선천적으로 윤리적 믿음을 습득할 수 있는 능력을 타고나지만 그것은 특정한 믿음에 대한 능력은 아니다(1962:126)."

다윈은 어린 시절에 각인의 힘이 얼마나 큰지 잘 알고 있었다. "두뇌가 감화받기 쉬운 어린 시절에 끊임없이 다져진 믿음이 거의 모든 본능적인 속성들을 습득하는 것으로 보인다." 다윈은 또 "이 같은 가르침은 윤리 규범을 수용하는 것은 물론 많은 인간 문화권에서 나타나는 이해하기 어려운 행동 규칙을 무조건적으로 받아들이게 만든다."라고 생각했다(1871: 99~100).

학습 과정을 연구하는 심리학자들은 다른 것들에 비해 특별히 쉽게 습득되는 것들이 있음을 발견했다. 후각적 동물은 시각적 동물에 비해 냄새를 더 쉽게 배운다. 만일 인류의 역사에서 어느 특정한 도덕규범들이 특정한 집단들의 생존에 기여했다면 그러한 행동규범들을 저장할 수 있도록 열린 프로그램의 구조가 선택되었을 것이다. 두뇌의 어느 부위에서 이 같은 정보가 저장되며 적절한 때에 어떻게 재생되는지는 아직까지 밝혀지지 않았다.

아동심리학자들은 누구나 아이들이 얼마나 쉽게 규범들을 비롯한 새로운 정보들을 접하고 수용하려는지 잘 알고 있다.[6] 한 개인의 가치체계는 대체로 그의 청소년기 동안 이 열린 행동 프로그램에 주입된 것들에 의해 조정된다. 인간의 열린 프로그램의 이 엄청난 수용능력이 바로 윤리를 있게 했다. 유아기에 만들어진 기본이 정상적인 상황에서는 평생을 간다.

만일 워딩튼의 주장이 옳다면 어린 시절의 윤리교육은 더할 수 없이 중요하다. 우리는 아이들로 하여금 스스로 자기 자신의 선악 기준을 개발하도록 이른바 자유를 허락하는 것을 지나치게 중요하게 여기는 시기를 거쳤다. 우리는 아이들 책에서 도덕을 운운하는 걸 우습게 여기고 학교에서 대부분의 도덕 교육을 없애버렸다. 만일 부모가 그들의 역할을 제대로 한다면 별 문제가 없겠지만 그렇지 못하다면 큰 낭패를 볼 것이다. 개인의 도덕성이 어디에서 오는 것인가를 보다 잘 이해한다면, 지금이 바로 또다시 도덕 교육을 강화해야 할 때가 아니겠는가? 그런 교육은 가능한 어렸을 때 시작하는 것이 중요하다. 어린아이들은 권위를 가장 잘 수용하며 규범들에 가장 쉽게 감화 받는다. 초등학교에서 실시하는 반시간의 윤리 교육이 대단한 효과를 보리라 생각한다. 최근 어느 대학 총장이 웅변한 것처럼 대학에서 윤리 과목을 개설하는 것은 그보다는 훨씬 효과가 적다.

우리는 가치관이 급변하는 시대에 살고 있고 대부분의 기성세대는 도덕의 붕괴를 개탄하고 있다. 이 같은 붕괴가 상당 부분 청소년들에 대한 윤리 교육의 부실에서 온 것이라는 주장을 부인하기 어려울 것이다. 훌륭한 윤리 교육은 어렸을 때부터 스스로에게 자신의 행동이 사회의 최고기준에 부합하는가를 묻게 함으로써 자신의 행위에 책임을 지도록 하는 인식을 강화한다. 자기 스스로를 점검하는 강력한 행동 제어를 우리는 흔히 양심이라 부른다.

현재 출간되는 윤리에 관한 대부분의 저술은 절망적이지 않으면 비관적이다. 유전자결정론자들은 인간의 악독하고 폭력적인 속성에 너무 지나치게 빠져들어 인간의 선이 로렌츠(1966)의 표현대로 소위 악이라는 것을 물리치고 새로이 유전될 수 있는 때가 올 수 있을지에 대해 절망적이다. 그런가 하면 유전보다 환경의 영향이 더 강하다고 믿는 심리학자들과 교육학자들은 아무리 잘 가르쳐도 훌륭한 윤리관이 형성되지 않는 것에 대해 실망하고 있다. 하지만 그들은 윤리 규범이란 아주 어렸을 때부터 각인과 같은 과정을 통해 끊임없이 주어져야 한다는 워딩튼의 이론에 주목하지 않고 있다. 도덕교육이 얼마나 성공적일 수 있는가는 모르몬교, 메노파, 안식일 재림파 등 많은 종교 집단의 낮은 범죄율에서 잘 나타난다. 윤리교육을 강화하고 되도록 어렸을 때부터 실시하기만 하면 상황이 몰라보게 개선될 것이다.

많은 독자는 고리타분하게 들리는 충고에 코웃음 칠 것이다. 최고의 과학이 제안할 수 있는 것이 겨우 이것이냐고 물을 것이다. 나는 지금 정말 진지하다는 점을 다시 한 번 강조하고 싶다. 나는 교과서도 보았고, 아이들 책도 보았고, 적지 않은 텔레비전 프로그램들도 보았다. 대체로 그것들은 가장 힘들이지 않고 정보를 전달하기 위해 흥미위주로 제작되었다. 도덕교육에 관한 것들도 있는가? 공영방송에서 가끔 있을 따름이다. 아주 가끔 말이다. 왜 이래야만 하는가? 혹자는 세뇌는 아이들의 개인적인 자유를 침해한다거나 도덕적인 것은 재미가 없어 팔리지 않는다고 말할 것이다.

개인적으로 나는 윤리적 행위에 대한 고상한 기준이 그걸 확립하려는 의지조차 없는 문화에서 어떻게 자리를 잡을 수 있을지 의심스럽다.

인류에게 가장 적합한 윤리체계는 어떤 것인가?

전쟁, 질병, 식량 부족 등 인류가 전통적으로 맞닥뜨렸던 문제들은 새로운 밀레니엄을 맞아 훨씬 성공적으로 다뤄지고 있다. 대신 궁극적으로 가치관에 관련된 일련의 새로운 문제들이 중요하게 부각되고 있다. 가족 붕괴, 마약, 가족 학대와 각종 폭력, 문맹(텔레비전, 비디오 게임, 스포츠 등에 대한 중독 포함), 무절제한 번식, 자원의 낭비와 고갈, 환경파괴 등이 그것이다. 서구세계의 전통적인 윤리 규범이 과연 현재와 미래의 이 같은 문제들을 해결하는 데 적절한가?

서구문화의 전통적인 윤리 규범들은 유대기독교전통, 즉 구약과 신약에 설명되어 있는 계율과 명령에 기초한 것들이다. 성서에 적혀 있는 대로 계명들은 예외를 허락하지 않는 절대적인 것이다. 예를 들어 남을 죽이지 말라는 계명은 절대적인 정당성을 지닌다. 그러나 불치의 병을 앓고 있는 환자로부터 생명유지 장치를 제거하는 것은 자의에 의한 행위이다. 비슷한 융통성이 낙태에도 적용되어야 한다. 원하지 않는 아기가 평생 불행과 천대를 겪을 수밖에 없다면, 그리고 그의 어머니가 완전히 절망적인 상태로 빠져들 것이라면, 낙태가 더 윤리적인 대안이라는 것은 당연해 보인다. 생물학자로서 모든 난자와 정자 역시 생명을 갖고 있다는 것을 알고 있기 때문에 생명의 문제를 이 같은 논쟁에 끌어들이는 것은 불합리하다고 생각한다.

서구의 전통적인 규범들이 더 이상 적합하지 않은 데에는 두 가지 이유가 있다. 경직성이 그 첫 번째 이유다. 인간 윤리의 가장 중심에는 올바른 선택을 하기 위하여 상반되는 요소들을 평가하고 선택을 할 수 있는 가능성이 존재한다. 윤리 규범이 우리 문화의 일부인 만큼 그들을 적용하는 책임은 개인에게 있다. 규범들이 너무 경직되어 있으면 개인으로 하여금 따르지 않아야 할 선택을 하게 만들 수 있다. 또한 진화 과정의 본질이 변이와 변화라는 점을 기억해야 한다. 따라서 윤리 규범도 적당히 유동적이어야만 상태의 변화에 대응할 수 있다. 윤리적 판단은 종종 상황에 따라 달라진다. 절대적인 처방은 윤리적 갈등을 해결하기 어렵고, 어떤 상황에는 유연성이 없을 경우 매우 비윤리적일 수도 있다. 더구나 경우에 따라서는 다수의 해결책이 가능하며 몇 가지 해결책을 묶는 것이 최선일 수도 있다.

　두 번째 이유는 인류가 매우 급격한 상태 변화를 경험해 왔다는 점이다. 3000년도 더 이전에 동아시아에 살던 유목민들이 채택한 윤리 규범들은 엄청나게 많은 사람이 도시에 모여 사는 현대 사회에는 적합하지 못한 것으로 드러났다. 철저하게 자기 세력권을 지키던 유목민들에게 유리했던 일련의 윤리 규범은 오늘날 거대한 도시 환경에 적합한 규범들과 무척 다를 수밖에 없다. 심슨(1969:136)이 정확하게 지적한 대로 "부족, 유목민 또는 그 밖의 다른 원시적인 상태에서 시작된 모든 윤리체계는 정도의 차이는 있을망정 현저하게 다른 현재의 사회적·환경적 상태 하에 비적응적인 것이 되어버렸다."

　나는 현대 사회가 직면하고 있는 세 가지 광범위한 윤리 문제가 서구의 전통적인 윤리 규범에 의해 제대로 다뤄지지 않고 있다고 생각한다. 첫째는 싱어P. Singer(1981:111~117)가 지적한 '범위 확대'의 문제다. 원시사회들은 물론 구약시대, 그리스 시대, 심지어는 18세기와 19세기에 아프리카와 오스트레일리아로 이주한 유럽인들 사이에도 자기 집단의 성원들을 상대할 때와 이방인들을 상대할 때 철저하게 다른 윤리기준이 적용되었다. 미국에서도 특히 남부에서는 불과 몇십 년 전까지만 해도 백인들이 흑인들에게 이런 행동들을 보였고, 남아프리카의 인종차별 정책은 이 같은 집단 이기주의의 잔재였다. 20세기 초반의 영국처럼 단일민족 사회에서도 사소한 미덕, 애국심, 그리고 종교집단, 정당, 전문가집단, 사회계급 사이에 강령의 차이가 있었고 지금도 존재한다. 이런 차이들이 사회적 긴장과 갈등을 초래한다. 이 같은 현상은 보다 고상한 상류계급 사람들이 사회경제적으로 낮은 계층 사람들의 도덕관과 어느 정도 차이가 있을 수 있는 윤리 규범을 정할 때 더욱 문제가 된다. 몰락하는 로마제국의 도덕성에 반기를 들었던 초기 기독교인들이 좋은 예다.

한 집단의 영역이 커가면서 다른 윤리체계를 가지고 있는 집단들과 결합하게 됨에 따라 갈등은 불가피하다. 제가끔 자기의 도덕관이 가장 훌륭하다고 믿기 때문이다. 여성의 권익에 관하여 현재 미국인들과 이슬람 원리주의자들이 갖고 있는 도덕관의 차이, 또는 미국 내에서 낙태에 관하여 페미니스트들과 몇몇 종교집단들이 보이는 차이들만 봐도 쉽게 알 수 있다. 이 같은 어려움들에도 불구하고 미래의 윤리는 자신의 가치관이 다른 집단의 가치관과 부딪힐 때 어떻게 그 갈등을 해결할 것인가 하는 문제를 고민해야 한다.

지나친 자기중심주의와 개인의 권리에 대한 주장이 우리 시대가 당면한 두 번째로 큰 윤리 문제다. '남을 포용하려는' 우리 사회의 노력은 특히 소수민족과 여성들에게 평등한 권리를 찾아주는 데에는 공헌했지만 원하지 않던 부작용들을 낳았다. 마틴 루터 킹은 자신의 추종자들에게 권리에는 반드시 의무가 따른다는 것을 강조한 거의 유일한 자유 투사였던 것 같다.

우리의 지나친 자기도취는 그 뿌리가 여러 갈래다. 대중사회, 프로이트의 이론, 개인의 권리를 무시하던 전 세대에 대한 반응, 정치인들이 유권자들에게 아부해야 하는 정치체제, 그리고 유일신 종교들이 강조하는 개인이 지켜야 할 윤리 등이 그것이다. 개인적인 윤리와, 사회 또는 공동체의 윤리 사이에서 결정을 해야 할 때면 거의 틀림없이 심각한 딜레마에 빠진다. 이것은 산아제한, 환경 개선을 위한 세금 징수, 과밀국가들에 대한 인도주의적 지원 등을 둘러싼 갈등에서 쉽게 볼 수 있다.

우리 시대의 세 번째 큰 윤리문제는 자연 전반에 대한 우리의 책임을 발견함으로써 나타난다. 경제와 인구의 성장은 모두 우리의 서구 가치체계에서 대단히 중요하게 간주되었다. 노벨상을 수상한 경제학자 고故 프리드리히 하이에크Friedrich Hayek 박사나 지금 교황 같은 몇몇 영향력 있는 인물들은 폭발적인 인구증가의 위험을 미처 인식하지 못했지만, 나는 이 문제를 더 이상 묵과할 수 없다고 생각한다. 중국이나 싱가포르 같은 국가들은 많은 서양의 인도주의자의 비난에도 불구하고 개인의 권리마저 일부 박탈해가며 윤리관을 조정하여 이 문제를 해결하려고 한다. 다른 나라들도 어서 빨리 중국과 싱가포르를 뒤따라야 그들 자신들에게는 물론 우리 종 전체와 우리가 살고 있는 이 행성을 위하여 좋을 것이다.

우리가 겪고 있는 딜레마는 전통적인 가치와 새로이 발견한 가치 간의 갈등이다. 번식과 자연 유린에 관한 우리의 무절제한 권리는 인류의 발전은 물론 생존이 위협받고 있는 수백만 종의 야생동물과 식물들의 생존권에 위배된다. 인간의 자유와 자연계의 복리에 대한 배려 사이에서 적절한 균형은 과연 어디에 있는 것일까?

자연 전체에 대하여 인간이 책임을 져야 한다는 개념은 놀랍게도 아주 최근에 발생한 윤리 규범이다. 대부분의 종교와 윤리 규범에는 신기하게도 이 개념이 등장하지 않는다. 최근에 레오폴드, 레이철 카슨Rachel Carson, 폴 에얼릭Paul Ehrlich과 개릿 하딘Garrett Hardin 등이 미국에서 자연보전 또는 환경 윤리를 설득력 있게 알리는 데 성공했다. 그러나 이들이 윤리적으로 가치 있다고 생각한 것의 대부분은 특정한 개인들의 단기적인 이득과 상충하기 때문에 잘 받아들여지지 않고 있다. 하지만 우리가 현재 가지고 있는 가치체계의 이기적 성향을 줄이고 공동체와 모든 창조물에 대한 더 큰 배려를 하지 않는 한, 인간 종과 자연계의 미래는 불분명하다. 그러기 위해서는 비록 우리의 생활수준을 낮추는 한이 있더라도 지속적인 성장이념을 버리고 안정 경제 이념을 채택해야 한다. 유목 또는 농경사회에서 도회 대중사회로 전환하는 것과 마찬가지로 저밀 세계로부터 엄청난 인구와 거대한 도시들의 현대 산업사회로 전환하는 것도 우리의 가치체계에 엄청난 적응을 요구했다. 우리가 계속 적응을 잘한 종으로 남으려면 미래의 윤리 규범들이 이 같은 문제들의 등장과 함께 진화할 수 있도록 유연해야 한다.

새로운 환경 윤리의 기본 전제는 그 누구도 환경(가장 넓은 의미의 환경)에 대해, 미래 세대의 생활을 더 어렵게 만들 어떤 일도 하지 않아야 한다는 것이다. 이것에는 재생산되지 않는 자원의 무분별한 사용, 자연 서식지의 파괴, 그리고 인구 증가 등이 포함된다. 이 원칙은 이기적 사고와 필연적으로 상충하기 때문에 강요하기 어렵다. 인류 전체가 이 같은 환경윤리를 이해할 수 있도록 오랜 기간의 교육이 필요하다. 이러한 교육은 자연스레 동물들과 그들의 행동, 그리고 서식지에 관심을 갖고 있고 환경의 가치를 강조할 수 있는 어린이들로부터 시작해야한다.

진화생물학자가 채택해야 할 특정한 윤리가 따로 있을까? 윤리란 매우 개인적인 일이며 선택이다. 나의 가치관은 헉슬리의 진화적 인본주의와 어느 정도 비슷하다. "그것은 인류에 대한 믿음, 동료애, 그리고 헌신이다.

인간은 수백만 년에 걸친 진화의 산물이다. 따라서 우리의 가장 기본적인 윤리 원칙은 인류의 미래를 밝게 하기 위해 모든 것을 다 해야 한다는 것이다. 다른 모든 윤리 규범은 다 이 기본으로부터 나올 수 있다."

각 개인이 모두 우리 종의 미래에 책임을 공유하고 있으며 보다 큰 집단에 대한 책임감은 개인을 위한 일 못지않게 우리 문화 윤리의 일부라는 점에서 진화적 인본주의는 부담스러운 윤리다. 각 세대가 모두, 인간 유전자 풀은 물론 다치기 쉬운 모든 자연의 관리인이다.

진화는 우리에게 십계명과 같이 명문화된 윤리 규범들을 제공하는 것은 아니다. 하지만 진화는 우리에게 개인의 필요를 넘어 보다 큰 집단의 필요를 포용할 수 있는 능력을 제공한다. 그리고 진화에 대한 이해는 건강한 인간 사회를 유지할 수 있고 인간의 관리인 정신에 의해 보존되는 세계의 미래를 위한 건전한 윤리 체계의 기초가 될 수 있는 세계관을 제공한다.[7]

새로운 생물학의 시대가 열리고 있다
통합생물학의 시대

2002년 6월이 거의 저물던 어느 화창한 날 하버드 대학 비교동학 박물관 4층으로 마이어 선생님을 뵈러 갔다. 방문 행위 자체는 사실 그리 거창한 일이 아니었다. 몇 년 전부터 나는 이 박물관의 객원연구원을 겸하고 있었던 터라, 3층 내 연구실에서 그저 계단만 몇 개 뛰어 오르면 되는 일이었다. 그러나 생물학계의 살아 있는 전설을 뵈러 계단을 오르는 일이 그렇게 간단한 일만은 아니었다. 적어도 내게는 그랬다. 하버드에서 박사학위를 하고 전임강사까지 하느라 박물관 근처를 거의 10년 가까이 맴돌았지만, 한 번도 선생님을 찾아갈 용기를 내지 못했다. 아무리 그럴듯하게 변명을 하고 싶어도 학문적으로 그를 마주할 자신이 없어서 그랬던 것 같다. 그렇다고 해서 내가 이제는 선생님과 마주 앉을 수 있을 만큼 학문적으로 성숙했다고 자부하는 것은 결코 아니다. 다만 이 책을 번역하고 있다는 걸 빌미로 비겁하게나마 용기를 냈을 뿐이다.

사실 이번이 내게는 선생님과 두 번째 만남이다. 대학원생 시절 어느 날 퇴근하시는 선생님을 박물관 앞에서 만났다. 당시 나는 기숙사 사감을 하고 있었는데 선생님 댁은 내 기숙사와 거의 정반대 방향에 있었다. 집에 가는 길이냐는 물음에 거짓으로 그렇다고 답한 후 무작정 선생님을 따라 걸었다. 뭔가 심오한 질문을 해야겠다는 생각에 이것저것 선생님 책에서 읽었던 내용들을 들먹였다. 다행히 그중 하나가 선생님의 관심을 끌어 긴 설명이 이어졌다. 무슨 주제였는지 지금은 기억이 나질 않는다. 그러나 지금도 분명하게 기억하고 있는 것이 하나 있다. 어찌나 빨리 걸으시는지 젊은 내가 숨이 찰 지경이었던 걸 지금도 생생하게 기억한다. 선생님은 이미 그 당시 여든 전후의 그리 젊지 않은 연세이셨는데도 참으로 건강하셨던 걸로 기억한다.

다시 뵌 선생님에게는 이제 세월의 주름이 역력했다. 지난 7월 5일로 96세를 맞으셨다. 백수를 눈앞에 둔 선생님의 눈가는 늘 질척하게 젖어 있었다. 얼마 전부터는 주로 화요일 오전에만 연구실에 나오신다고 하신다. 그러나 눈가엔 비록 젖은 눈곱이 끼어 있을망정 그의 정신은 그 어느 청년보다 더 또렷했다. 불과 몇 달 전 《진화란 무엇인가What Evolution Is》라는 저서를 새로 내신 선생님은 100세가 되시기 전까지 세 권의 책을 더 쓰셔야 지인과 건 내기에서 이길 수 있다면서 반드시 해내리라는 뜻으로 엄지손가락을 치켜드셨다. 선생님은 또 이제 막 탈고하여 학술지에 보낸 논문에 대해 설명하며 흥분을 감추지 못하셨다. 학계에 적지 않은 바람을 몰고 올 것이라고 몇 번씩 강조하신 그 논문에서 선생님은 분지분석cladistic analysis에 대해 우리들의 몰이해를 지적하셨다. 분지분석법은 생물의 계통phylogeny을 밝히는 데에는 유용할지 모르지만 분류classification에는 적절하지 않은 방법이라는 선생님의 지론을 몇 가지 구체적인 예를 들어가며 열심히 설명하셨다. 아무리 봐도 90대 노인의 모습은 아니셨다.

생물학은 지금 또 하나의 변혁기를 맞고 있다. 분자생물학 만능시대를 벗어나 이른바 통합생물학integrative biology의 시대로 접어들고 있다. 생물학의 역사는 한때 박물학이라 부르기도 했던 자연사natural history에 대한 연구에서 시작했다. 그러다가 19세기에 이르면 카를 폰 베어, 에른스트 헤켈 등 탁월한 생물학자들의 연구로 발생학이 생물학의 중요한 한 축으로 자리 잡는다. 물론 19세기 중반 멘델의 연구에서 그 기원을 찾아야 하지만, 유전학은 20세기에 들어와 분자생물학적 방법론의 도움을 받은 후에야 비로소 급속도로 발전하게 된다. 자연사는 여전히 넓은 의미의 생태학 또는 야외생물학으로서 꾸준히 발전해왔다. 과학사학자에 따라, 그리고 자신의 전공분야에 대한 애착에 따라 사뭇 다른 견해를 갖고 있는 이들이 많겠지만 20세기 생물학은 크게 보아 자연사, 유전학, 실험발생학experimental embryology의 세 분야로 나뉘어 발전했다.

이러던 것이 최근에 들어 진화발생생물학evolutionary developmental biology(흔히 이보-디보Evo-Devo라는 애칭으로 불린다)이라는 다분히 학제적이고 통합적인 성격을 띤 분야로 합쳐지기 시작했다. 표면적으로는 발생생물학과 진화생물학의 만남이지만 실제로는 유전학, 세포생물학, 생리학, 내분비학, 면역학, 신경생물학, 생화학, 생물물리학 등 생명 현상의 물리화학적 메커니즘을 밝히는 이른바 기능생물학functional biology 분야들과 행동생물학, 생태학, 진화학, 계통분류학, 고생물학, 집단유전학 및 각종 개체생물학organismic biology을 포함하는 진화생물학evolutionary biology 분야들은 물론, 최근에 새롭게 등장한 생물정보학bioinformatics까지 총동원되어 생명현상을 포괄적으로 이해하려는 학문이다.

이 같은 변화에 구조적으로 가장 민감하게 반응한 것은 버클리 소재 캘리포니아 주립대학이었다. 여러 세부 분야들로 나뉘어 있던 기존의 생물학 학과들을 통폐합하여 통합생물학과Department of Integrative Biology를 출범시켰다. 이에 동참하기를 거부한 생물학자들은 세포 및 분자생물학과 Department of Cellular and Molecular Biology에 남았다. 이어서 로스앤젤레스에 있는 캘리포니아 주립대학과 텍사스 주립대학이 발 빠르게 변신을 시도했고, 시카고 대학은 아예 수학, 물리학, 화학, 지구과학 등 다른 자연과학 분야의 연구자들까지 동원하여 연구소를 설립했다. 원래 그 어느 대학교보다 생물학 분야 전반에 걸쳐 상당히 균형 있는 연구진을 갖추고 있었던 하버드 대학도 정식 학과는 아니더라도 따로 통합생물학 그룹을 만들어 본격적으로 연구에 뛰어들었다. 그동안 환원주의 일변도로 나아가던 생물학이 드디어 종합의 차원으로 접어든 것이다. 생물학은 다른 자연과학 분야와 달리 근본적으로 위계구조를 지닌 학문이기 때문에 언제까지나 환원주의적 분석만으로 일관할 수 없었던 문제였다. 가능하면 모든 걸 단순한 시스템으로 만들어 분석하는 물리화학의 접근 방법과 생물학은 본질적으로 다를 수밖에 없다는 것을 이제야 깨달은 것이다.

통합생물학이 추구하는 방향에는 기본적으로 두 가지 개념이 포함되어 있다. 하나는 생물학이란 모름지기 궁극적으로 생명의 다양성을 연구해야 한다는 것이다. 생명의 다양성이란 흔히 쉽게 생각하는 것처럼 종 다양성 species diversity만을 의미하는 것이 아니다. 각 생물 종을 이루고 있는 유전자 다양성genetic diversity과 각각의 종들이 살아갈 수 있는 서식지의 다양성 habitat diversity은 물론 그들의 삶 자체의 모든 다양한 모습들을 다 아우르는 개념이다. 학문 분야들을 단순히 평면적으로 나열하던 기존의 방식으로는 이처럼 광범위하고 복합적인 실체를 이해하는 데 한계가 있다. 생물계가 본래 위계구조로 이뤄져 있듯이 그를 연구하는 단위도 같은 구조를 지녀야 한다. 이것이 두 번째 개념이다. 물리화학을 기저에 두고 생화학, 세포학, 유전학, 생리학, 생태학 등 그동안 평면적으로 나열되어 있던 모든 생물학 분야들을 수직적으로 쌓아올린 것이 바로 통합생물학이다. 이런 점에서 동기야 어찌되었든 간에 생물학과, 분자생물학과, 미생물학과로 어색하게 나뉘어 있던 구조를 생명과학부로 통합한 서울대학교와 비슷한 통폐합을 단행한 국내 몇몇 대학들은 일단 바람직한 방향으로 가고 있다고 생각한다. 이제 하나의 단위로 구성된 조직 속에서 지난 날 어렵던 시절 마치 고질병처럼 우리들 몸에 들러붙어 있던 학문분야의 패권주의를 털어버리고 어떤 생명 현상이든 위계구조를 따라 포괄적으로 이해하려는 수직적 노력이 이뤄진다면 우리는 이미 통합생물학의 길을 걷게 되는 것이다. 21세기 생물학의 흐름에 어색하나마 우리는 이미 첫발을 디뎠다는 사실을 깊이 인색해야 한다.

21세기에 접어들며 과학계의 가장 엄청난 사건은 누가 뭐라 해도 단연 인간 유전체 프로젝트일 것이다. 천문학적인 연구비를 투자하여 얻은 연구결과 중에서 사람들이 가장 충격적으로 받아들인 사실은 바로 인간 유전자의 수가 기대에 훨씬 못 미친다는 점이었다. 초파리에 비해 그리 많지 않은 수준이라는 발표는 만물의 영장으로서 인간의 자존심에 적지 않은 상처를 남긴 것으로 보도되었다. 하지만 이는 지나치게 성급한 결론이다. 유전자의 수 자체는 사실 그리 큰 의미를 지니지 않는다. 그만큼 우리 인간의 유전자들은 각자 여러 가지 일에 관여하는 다면발현성pleiotropic 유전자라는 걸 말해주는 결과일 뿐이다. 분자생물학의 발달로 우리는 대부분의 표현형들은 하나의 유전자가 아니라 여러 유전자들에 의해 조절되는 다인자 형질polygenic character의 성격을 띤다는 걸 잘 알고 있다. 정해진 숫자의 유전자들이 한 가지 형질 발현에 이처럼 함께 힘을 합해야 된다는 사실은 자연스레 다면발현의 가능성을 의미한다. 인간의 유전자들은 그만큼 더 바삐 산다는 뜻일 뿐이다.

인간 유전체의 규모가 예상보다 작다는 것은 또 다른 중요한 의미를 지닌다. 그동안 어떤 의미에서는 지나칠 정도로 크게 강조되어온 유전자 자체의 중요성이 결정적으로 줄어들 수밖에 없게 되었다. 인간 유전체 연구의 주역 중 한 사람인 벤터Craig Venter 역시 "우리는 유전자 결정론을 지지할 수 있을 만큼 충분한 숫자의 유전자를 갖고 있지 않다."라고 강조했다. 유전자 간의 관계, 즉 유전자들이 발현되는 과정에서 그들과 그들을 둘러싸고 있는 환경의 상호 작용이 표현형의 운명을 상당 부분 결정한다는 뜻이다. 여기서 환경이란 단순히 물리적인 환경만을 의미하지 않는다. 유전자들도 그들 나름대로의 생태계를 가지고 있다. 유전자 간의 협동이 중요한 것은 말할 나위도 없지만 그들 간의 갈등intragenomic conflict 역시 그들의 환경을 결정하는 중요한 요소가 된다. 더 이상 환원주의에 입각한 유전자 자체의 분석만으로는 생명 현상의 전모를 이해할 수 없다. 거듭 강조하건대 생명은 그 자체가 위계구조를 지니고 있기 때문에 생물학 역시 어쩔 수 없이 종합과학의 성격을 띨 수밖에 없다. 그리고 이 모든 움직임에 일관된 이론적 바탕을 제공하는 것이 바로 다윈의 진화론이다. 생물학의 세기를 맞으며 반세기 전 신다윈주의의 움직임을 주도했던 마이어 선생님의 혜안에 다시 한 번 귀 기울이는 것은 매우 의미 있는 일이라고 생각한다.

이 책은 그동안 철학자들과 생물학자들 간의 여러 차례에 걸친 독회모임을 통해 번역되었다. 어쩌다 보니 학문적인 깊이로 볼 때 결코 앞에 나설 자격이 없는 이 사람이 대표역자의 누명을 뒤집어쓰게 되었다. 마이어 선생님과 같은 동네에 살았다는 죗값으로 알고 목을 내놓는다. 그동안 함께 공부해온 여러 선생님들의 가르침에 같은 학문의 길을 걷는 동료로서 머리를 숙인다. 외국과 달리 생물철학의 발전이 더딘 편인 국내 과학철학 분야에 이 책이 신선한 자극이 되리라 믿는다. 무엇보다도 내게 귀한 시간을 쪼개어 주시고 손수 한국어판 서문까지 써주신 마이어 선생님께 진심으로 존경과 감사를 드린다.

선생님, 부디 오랫동안 건강하셔서 훌륭한 책 더 많이 써주십시오.

2002년 9월
관악산 자락에서 역자들을 대표하여
최재천

주

1장

1　'생명' 대신 '마음'이나 '의식'을 찾는다면 더욱 난감해질 뿐이다. 그것은 인간 생명과 동물 생명의 이분법을 조장하는 것으로 조악한 방책일 뿐이다. 왜냐하면 동물 아닌 인간에게만 적용 가능한 마음이나 의식에 대한 정의는 존재하지 않기 때문이다.

2　지난 세기 동안 생명 또는 삶을 간단히 정의하려는 시도들은 많았다. 그중 일부는 생리학에 기반을 뒀고, 다른 것들은 유전학에 기반을 뒀는데, 어떤 것도 완전하게 만족스럽지 못했다. 그중 성공적이었던 것은 생명의 모든 양상에 대한 보다 정확하고 상세한 서술이었다. 몇 가지를 들어보자면 "생명은 자기 구성적 체계의 활동으로 이루어진다. 그것은 유전 프로그램에 의해 제어된다." "살아 있는 생물은 주로 유기 분자로 이루어진 것으로서 위계적 질서를 지닌 개방계다. 그것은 세포로 구성되며 제한된 시간대timespan를 갖는 명백히 구분된 개체들로 만들어진다(Rensch, 1968, p.54)." "살아 있는 체계는 자기 복제를 하며 자기 조절을 하는 열린계로서 개체성을 드러내며 환경으로부터 에너지를 흡수한다(Sattler, 1986, p.228)." 그런데 이러한 진술들은 정의라기보다는 서술에 가깝다. 필연적이지 않은 진술들을 포함하고 있으며, 또한 살아 있는 생물의 가장 중요한 특성이라고 할 수 있는 유전 프로그램에 대한 언급이 빠져 있다.

3　역사학자 마이어Maier(1938)와 데이크스테르후이스Dijksterehuis(1950, 1961)는 그리스로부터 '암흑시대'로, 그리고 스콜라 철학을 거쳐, 코페르니쿠스, 갈릴레이, 데카르트의 이름으로 대표되는 과학혁명의 시초에 이르기까지 점진적인 변화를 화려하게 서술했다. 이들 역사가들은 그러한 발전에 영향을 끼친 여러 가지 요인들

중 그리스 전통으로부터 계속 보전되어온 것을 찾아냈다. 예를 들면 "현상의 모든 가변성 배면에 존재하는 불변의 것을 찾아내려는 고전 물리과학의 열정적인 노력(Dijksterhuis, 1961, p.8)." 즉 본질주의 같은 것이 포함된다. "(플라톤)철학의 근본 아이디어는 우리에게 지각되는 대상들이 이상적인 형상이나 원형의 불완전한 모사, 모방, 반영일 뿐이라는 것이다(Dijksterhuis, 1961, p.13)." 이러한 관념의 발전 과정에는 분명 아리스토텔레스보다 플라톤의 영향이 더 크다. "피타고라스의 원리를 과학에 대한 수학화의 정수로서 열렬히 옹호했던 이가 바로 플라톤이다." "플라톤은 세계-몸체에 세계-영혼을 부여함으로써 우주를 살아 있는 것으로 만들었다(Dijksterhuis, 1961, p.15)."

4 사실 이것은 데카르트가 그의 결론에 이르는 도정에 대한 다분히 단순화된 요약이다. 이 이야기는 스콜라 철학자들에 의해 수용된 아리스토텔레스 사상, 즉 식물은 영양적 영혼을 가지고 동물은 감각적 영혼을 가지며, 인간만이 합리적 영혼을 갖는다는 관념에까지 연관되어있다. 동물의 감각적 영혼에는 물질 실체의 자격이 부여된 반면 합리적 영혼은 불사不死의 것이다. 동물의 감각적 영혼의 능력은 감각 지각과 기억에 제한된다. 그의 논의를 보건대, 데카르트는 (합리적)영혼이라는 개념 아래 '자아와 사유 대상에 대한 반성적 의식'을 염두에 두고 있음이 분명하다. 합리적 사유의 능력을 동물에게 부여하는 것은 동물에게 불사의 영혼을 인정하는 것이고, 이는 데카르트가 받아들일 수 없는 귀결이다. 왜냐하면 그럴 경우 동물의 영혼도 하늘나라에 갈 수 있다는 뜻이 되기 때문이다.(역으로 인간 영혼을 위한 하늘나라가 존재하지 않는다는 무신론적 사유는 데카르트에게 가능하지 않았을 것이다.) 결론적으로 말해서 데카르트의 추론은 실체와 본질에 대한 스콜라적 정의에 기반하고 있다. 그로부터 동물의 영혼을 부정했으며, 영혼은 오직 합리적 인간에게만 허용되었다. 이러한 결론에 따라 동물이 불사의 영혼을 가지고 죽은 후 하늘나라에 이른다는 용납될 수 없는 가능성은 제거되었다(Rosenfield, 1941, pp.21-22). 동물에게 영혼을 허용하지 않기로 했을 때, 영혼이 우주에 널리 퍼져 있다는 17세기 당시 유럽에서 득세했던 믿음을 받아들일 수 없음은 당연하다.

5 기계론이라는 표현은 19-20세기 동안에 두 가지의 다른 의미로 사용되었다.

일면 그것은 어떠한 초자연적 힘의 존재를 부정하는 사람들의 관점을 지칭했다. 예를 들면 다윈주의자에게 그것은 우주적 목적론의 존재에 대한 부정을 의미했다. 그러나 기계론의 또 한 가지 의미는 생물과 무생물 사이에 아무 차이도 없다는 믿음, 즉 생명 특유의 과정 같은 것이 없다는 믿음이었다. 물리주의자들에게는 이것이 기계론의 주된 의미였다.

6　예컨대 네겔리Nägeli(1845, p.1)는 "그것들은 일반적이며 절대적으로 그리고 운동의 형태로서 표현된다."라는 식의 설명에서 그러한 전제를 드러낸다. 라비츠Rawitz는 생명이란 "분자 운동의 특별한 형태이며, 생명의 모든 발현은 그것의 변형이다."라고 말한다(Roux, 1915).

7　생기론에 대한 현존하는 대부분의 역사적 연구들은 퍽 일방적이다. 즉 드리슈(1905)와 같은 생기론자에 의해 씌어졌거나 아니면 생기론에서 어떤 장점도 읽어내지 못한 반대자들에 의해 쓰인 것이다. 아마도 홀Hall(1969, chaps. 28-35)의 것이 최고의 설명일 것이다. 블란디노Blandino(1969)는 드리슈에 초점을 두고 있으며, 카시러Cassirer(1950)도 마찬가지로 드리슈와 그의 추종자 및 반대자 들에게 초점을 맞추고 있다. 자코브(1973)의 간략한 소개는 물활론 이래 생기론에 이르는 부침을 균형 있게 서술한다. 그러나 생기론에 대한 포괄적이면서도 균형 있는 역사 연구는 여전히 없다.

8　이에 대해서는 르누아르(1982)가 정확하게 지적하고 있다.

9　"사실상 생기론의 여러 가지 변형들은 기계론적 생물학의 데카르트적 프로그램을 뉴턴적 수단을 사용하여 합법적으로 확장한 것이라 할 수 있다(McLaughlin, 1991)."

10　뮐러의 생명력 개념이 유전 프로그램의 개념과 얼마나 유사한지는 몇 가지 인용문으로 확인할 수 있다. "(뮐러의) 생명력은 모든 기관에서, 확정된 계획(프로그램)을 따라서, 모든 현상에 대한 원인이자 최고의 영향인자로 작용한다(DuBois-Reymond, 1860, p.205)." 생명력의 부분들은 "전체를 대표하며, 재생산시 배아세포germ에 어떤 손실도 없이 전달된다. 전달된 그것은 발아할 때까지 잠복한 채 남아 있다(ibid)." 뮐러가 제시한 생명력의 네 가지 주요 속성들은 사실상 유전 프로그램의 특성들이다.

즉 (1) 특정한 기관에 제한적으로 위치하지 않고, (2) 전체의 속성을 유지하는 무수한 부분들로 분할될 수 있으며, (3) 죽음의 순간 아무런 잔여물도 남기지 않고 소멸 하며(영혼 같은 것으로 남겨지지 않으며), (4) 계획에 따라 활동한다(목적론적 속성을 갖는다). 내가 여기서 뮐러의 견해를 상세히 논의한 것은 뮐러를 비과학적 형이상학자라고 비난하는 뒤부아레몽 같은 물리주의자들의 휘그주의적 해석을 교정하기 위해서다.

11　20세기 초반의 수많은 생기론자 중 몇몇을 소개한다. 폰 웩스퀼, 뒤르켄B. Dürken, 마이어-아비흐Meyer-Abich, 아가W. E. Agar, 릴리R. S. Lillie, 홀데인, 러셀, 맥두걸W. McDougall, 디누이DeNouy, 시놋Sinnott 등. 기즐린Ghiselin(1974), 캐넌W. Cannon, 헨더슨L. Henderson, 휠러. M. Wheeler, 화이트헤드A. N. Whitehead 등도 은밀한 생기론자로 구분한다.

12　구지Goudge(1961), 르누아르(1982). 다윈의 선택설에 대한 반대는 생기론 논변의 가장 흔한 부분이었다(Driesch, 1905).

13　보다 형상화된 요소들로 발전될 기본적이며 미분화된 재료가 있다는 생각은 볼프(1734-1794)에서 시작된다. 뒤자르댕F. Dujardin(1801-1860)은 '사르코드sarcode'라는 이름으로 그것을 최초로 서술하고 정의했다(1835). 현미경 검사법이 발전함에 따라 거기에 더 많은 관심이 기울여졌으며, 1840년 푸르키네J. E. Purkinje는 '원형질'이라는 용어를 만들었다. 1869년 헉슬리에게 원형질은 생명의 물리적 기반으로 여겨졌다. 세포질이라는 용어는 세포핵 외부의 세포 물질들을 지칭하기 위하여 쾰리커에 의해 도입되었다.

14　사실 이 용어는 콩트 이래 사회과학에서 사용됐다. 그러나 사회학자와 생물학자에게 유기체주의의 의미는 퍽 달랐다. 베르탈란피Bertalanffy(1952 , p.182)는 전일론적 관점에 호의적인 30명의 저자들을 정리한 적이 있다. 그러나 그 목록은 불완전했다. 모건, 스머츠, 홀데인 등도 포함되지 않았다. 자코브(1973)의 통합체라는 개념은 유기체주의적 사고에 대한 대단히 잘 정렬된 옹호이다.

15　우드거Woodger(1929)는 유기체주의 관점을 지지했던 생물학자들의 인상적인 목록을 제시했다. 예컨대 윌슨E. B. Wilson(1925, p.256)은 이렇게 말했다 "세포활동에 대한 간단한 관찰로도 우리는 (세포를 일종의 화학기계처럼 설명하는 것이) 조악한 기계론의

의미로서는 불가능함을 알 수 있다. 세포와 가장 복잡한 기계 사이의 차이는 여전히 크며 현재의 지식으로는 도저히 감당할 수 없는 정도다. 현대의 연구들로부터 세포가 유기적 체계이며 그 안에는 일종의 질서화된 구조 또는 조직이 존재한다는 인식이 점차확산 되고 있다." 전일론적 사고가 항상 발생생물학자들에게서 두드러진다는 것은 놀라운 일이 아니다. 휘트먼C. O. Whitman, 윌슨, 릴리F. R. Lillie의 저술에서 특히 잘 드러난다. 해러웨이Haraway(1976)는 책의 대부분을 로스 해리슨Ross Harrison, 조셉 니덤Joseph Needham, 파울 바이스Paul Weiss 등 발생학자들의 유기체주의에 할애한다. 흥미롭게도 해리슨은 창발을 형이상학적 원리로 보아, 모건을 생기론자로 간주한다. 대신 그는 새로 발견된 물리학의 원리들(상대성이론, 보어의 상보성원리, 양자역학, 하이젠베르크의 불확정성원리 등)이 생물학과 물리학에 공히 적용될 수 있다고 생각한다.

16 네이글(1961)은 생물학의 기계론자를 다음과 같이 정의한다. "모든 생명 현상이 물리화학의 용어로, 즉 살아 있음과 죽어 있음의 구분이 아무런 역할도 하지 못한 탐구 영역에서 개발된, 다시 말해서 통상 물리학과 화학에 속하는 것으로 여겨지는 이론들을 통해 남김없이 설명될 수 있다고 믿는 사람." 네이글의 모든 설명은 이러한 환원에 의해 특징지어진다.

17 예컨대 "전일론은 특별한 특성, 우주에서 가장 창조적인 특성을 가진 특수한 경향이다. 그것은 우주적 발전의 전 과정과 관련하여 가장 풍부한 결실과 설명을 가능하게 한다(1926, p.100)." 스머츠가 제시한 전일론이 일반적으로 형이상학적 개념으로 여겨진 것은 놀라운 일이 아니다.

18 통합 수준이라는 주제에 대해서는 특별 심포지엄 보고서(Redfield, 1942)에서 상세히 논의된다.

19 특별히 빈번히 발견되는 오해는 통합의 각 수준을 국지적이지 않은 현상으로 받아들이는 것이다. 그러나 통합 수준은 그런 의미가 아니다. 분자로부터 초유기체적 수준에 이르기까지 모든 통합이란 개별적인 것이다. 이러한 해석과 노비코프(1945)의 언명 "각 수준의 유일한 속성을 서술하는 법칙들은 질적으로 구분된다. 그러한 발견은 각각의 수준에 적합한 탐구 및 분석방법을 요구한다."는 서로 상충하

지 않는다. 물론 우리로서는 특정한 통합체라는 용어를 덧붙이고 싶지만, 현대 진화론자들은 더욱 높은 수준을 드러내는, 보다 복잡한 체계의 형성이 전적으로 유전적 변이와 선택의 문제라고 말할 것이다. 따라서 다윈주의의 원리와도 전혀 상충하지 않는다.

2장

1 이 자료는 휴얼(1840)에서 시작하여, 네이글(1961)과 포퍼(1952), 그리고 햄펠(1965)의 고전적 견해와 더 최근의 자료인 라우든(1977), 기어리(1988), 맥멀린E. McMullin(1988)까지 이어진다. 그 밖의 자료는 이 책의 참고자료에 서술되어 있다. 위의 저자들을 비롯하여 여러 학자는 이 질문에 대한 단정적인 대답을 시도했다. 피어슨(1892)은 과학을 특징짓는 것 같은 방법론을 공유하는 것이라고 했다. 그러나 이 기준은 모든 참된 과학이 객관성과 같은 다른 원리들 또한 공유한다는 중요한 점을 빠뜨렸다.

2 Nagel(1961, p.4). 보편적으로 받아들일 수 있는 정의를 제공하는 것보다 과학이 무엇이고 과학자들이 하는 것이 무엇인지를 서술하는 것이 분명 더 쉽다. 이런 서술의 예들은 다음과 같다; "과학은 우리를 어리둥절하게 만들고 인간의 호기심을 끄는 사물을 연구한다." 또는 "과학의 기능은 예측, 조절, 그리고 이해와 원인에 대한 탐구이다(Beckner, 1959, p.39)." "과학은 설명 원리에 근거해서 지식을 조직하고 분류하는 것이다(Nagel, 1961, p.4)." 다른 정의들도 있다. "과학은 설명 원리에 근거하고 모든 발견을 계속해서 비판적으로 시험해서 세계에 대한 이해를 늘리려는 노력이다(Mayr ms.)." 또는 "경험과학은 경험세계에서 개별현상을 서술하려는 것과 설명과 예측할 수 있는 방식으로 일반원리를 확립하려는 두 가지의 주된 목표를 가진다(Hempel)." 그 밖에도 "과학은 전적으로 객관적 자료와 논리학에 의존해서 인간의 지적 활동, 즉 이론들에 대한 제약 없는 시험 가능성을 포함한다." 혹은 과학은 "논리적으로 보편명제들이다. 이 명제들은 직·간접적으로 관찰에 의한 입증과 반박을 허용하며, 설명과 예측으로 확장될 수 있다." 또 과학은 "설명 원리에 근거해서 지

식을 조직하고 분류하려는 것이다."

3　과학적 문제의 본질에 대한 세부적인 논의는 라우든(1977)을 참조할 것.

4　Hall(1954) 참조.

5　Mayr(1996) 참조.

6　독일 철학자 빌헬름 빈델반트Wilhelm Windelband(1894)는 (인문학을 포함하는) 독일어 비센샤프트Wissenschaft의 의미로 사용되었던 사이언스science라는 용어와 함께 과학을 두 종류, 즉 법칙정립적 과학nomothetic과 개성서술적idiographic 과학으로 나누었다. 그의 용어는 개성서술적 인문학에서 법칙정립적 자연과학을 나누려는 것을 의미했다. 그러나 이 주장은 타당하지 않게 되었다. 왜냐하면 생물학은 완전히 그의 분류에 들어 있지 않기 때문이다. 유일하고 반복되지 않는 현상으로 간주하는 개성서술적 과학에 대한 그의 성격규정은 인문학을 위한 것이었다. 그러나 네이글(1961, pp.548-549)에 의해 정확하게 지적되었듯이 이런 서술은 자연과학의 여러 분야, 특히 진화생물학에 적절하다. 이제 우리는 '과학'과 인문학 간의 대비는 스노우와 빈델반트가 생각했던 것처럼 아주 강하지 않다고 이해한다. 이런 새로운 통찰은 다음과 같은 고찰의 결과다. (1) 인문학자와 마찬가지로 물리학자와 과학철학자 양쪽이 전통적으로 '과학'이라고 보았던 것은 실제로 물리학에서 유일한 것이었고, (2) 엄격한 결정론과 보편 법칙이 압도적으로 중요하다는 믿음에 균열이 생기면서 (심지어 물리과학을 포함해) 과학과 인문학의 대비를 덜 절대적인 것으로 만들었고, (3) 과학의 한 분야인 생물학, 특히 진화생물학에 대한 생각이 자연 과학과 인문학 사이에 다리를 구축했으며, 그리고 (4) 특히나 물리과학의 대부분에서 무시되었던 역사적 과정은 과학적 분석을 위해 적절하며, 이것은 과학의 테두리에 포함되어야만 한다.

7　나는 좌절하고 있는 탐구자가 쿠르트 슈테른Curt Srern(1965, p.773)의 자극적인 충고를 떠올렸으면 싶다. 즉 "어떤 위험일지라도 개인의 약점이 탐구자에게 주어질 것이며, 그는 그것들을 벗어날 수 있다. 그는 자신으로 하여금 우주의 신비를 바라보게 하는 젊음의 열정을 가질 수 있다. 그는 탐구의 참여에 따른 엄청난 특권에 고마워할 수 있다. 그는 끊임없이 다른 사람들에 의해 과거와 최근에 이루어진 발견에서 즐거움을 찾을 수 있다. 그리고 그는 위대한 정복이 아닌 여행자체가 인간

삶의 실현이라는 어려운 가르침을 배울 수 있다."

8   Hull(1988) 참조.

9   "인간의 눈이나 마음으로 이전에 보지 못했던 자연의 사실을 지각하고, 새로운 진리를 발견하고, 과거 역사의 사건을 밝히거나 숨은 관계를 식별하는, 그런 경험을 가진 사람은 그의 삶을 통해서 이를 소중히 여길 것이다(Stern, 1965, p.772)." 자서전이나 다른 저술에서 많은 과학자가 탐구의 즐거움을 격찬했다(Shropshire, 1981).

3장

1   Mayr(1964a, 1991), Ghiselin(1969).

2   키처(1993)가 말하듯 과학철학은 "증거에 의한 가설의 입증, 과학법칙과 과학이론의 본성, 과학적 설명의 특성 등의 문제에 초점을 맞춰서 좋은 과학을 분석해내려 한다."

3   이 책은 과학철학사를 쓰고 있는 것이 아니다. 그 분야의 문헌이 적지 않으며, 나는 철학자로서 훈련받지도 않았다. 지금 나의 설명은 현장 과학자의 관점을 반영할 뿐이다.

4   Ghiselin(1969) 참조.

5   Laudan(1968) 참조.

6   검증의 한 방식이라고 제시된 방법 중에서 내가 가장 믿지 못하는 것은 유추analogy다. 만일 누군가 유추의 도움으로 논쟁에서 이겼다고 말한다면 나는 그를 의심한다. 유추는 언제나 어김없이 오해의 여지를 갖는다. 그것은 실제 상황과 동형적이지 못하다. 유추가 종종 유용한 교육적 수단이 될 수는 있다. 유추에 의해 낯선 것을 보다 친숙한 상황과 비교하여 설명해줄 수 있기 때문이다. 그러나 어떤 경우에도 유추는 논쟁의 결정적 증거로 여겨져서는 안 된다.

7   더 나은 이론이 그것을 대신할 때까지 하나의 이론은 위력을 잃지 않는다. 몇 가지 예외가 있기는 하다. 모든 선행 이론이 결정적으로 논박되었지만 어떤 신뢰할 만한 대체 이론이 나타나지 않는 경우다. 귀향하는 새들의 지리 감각은 어떤 타당

한 이론도 없는 문제의 예다.

8　Van Fraassen(1980) 참조.

9　다른 의미론자들은 표준 관점에서 그러하듯, 수리논리에 의한 공리화 대신 집합론을 통해 이론을 형식화할 수 있다고 강조한다. 그들은 '모형'이라는 용어를 사용한다. 그 의미는 "고도로 추상화되었으며, 그들이 적용될 경험현상들로부터 완전히 걸러진 비언어적 개체물"이다(Thompson, 1989, p.69). 이론은 모형의 집합을 정의하며 법칙은 체계의 행위를 규정한다. 이러한 용어의 문제는 모형에 대한 집합론적 개념이 현장 생물학자들에게 생소하다는 데 있다. 예컨대 나는 진화론의 고전적 문헌 어디에서도 모형이라는 용어를 본 적이 없다.

10　비철학자들로서는 운 좋게도 설명론의 역사에 대한 탁월한 설명들이 있다(예를 들어 Suppe, 1974; Kitcher and Salmon eds., 1989).

11　발견의 문제는 배제한 채 정당화의 주제로만 철학을 제한시키는 관점은 퍼스C. S. Peirce(1972), 핸슨N. R. Hanson(1958), 쿤(1970), 파이어아벤트(1962, 1975), 키처(1993) 등 많은 철학자에 의해 비판받았다.

12　이러한 두 가지 노선의 갈등에 대하여 라우든(1977, pp.198-225)이 탁월하게 분석한다. 라우든은 다음과 같이 올바르게 지적한다. "해당 삽화에 대한 합리적 역사가 쓰일 때까지 인지사회학자들은 입을 다물어야 한다." "사회과학자들이 (모든 수단을 이용해도) 과학적 믿음과 사회계급 간의 상관관계를 발견하지 못하는 주된 이유는 그런 것이 아예 없기 때문인 듯하다."

13　Mayr(1982, p.4) 참조.

14　Junker(1995) 참조.

15　또 다른 예를 들자면 사람들 간의 유전적 차이에 대한 생각은 극단적 평등주의자들에게 몹시 혐오스러운 것이다. 라우든(1977)이 지적하듯 "다양한 인종 간에 능력이나 지능의 차이가 있다고 주장하는 과학 이론은 필연적으로 불건전한 것으로 평가받을 것이다. 그러한 주장이 우리 시대의 평등주의적 사회·정치관과 상충하기 때문이다."

16　여기서 최근의 다른 설명론을 검토할 필요는 없다. 어쨌든 나에게는 라우든

(1977), 새면(1984, 1989), 키처(1993)가 제시한 인과적 관점이 현장 생물학자들의 실제에 가장 근접하다고 판단된다. 점점 분명해지는 것은 이론의 평가는 단순한 논리적 규칙의 문제가 아니며 합리성은 연역논리나 귀납논리보다 더욱 폭넓은 개념틀에 의해 해석되어야 한다는 것이다.

17 라우든(1977, p.3)은 이를 잘 이해하고 있다. "이론의 합리성과 진보성(나라면 간단히 '우수함'이라고 말하겠지만)은 대부분 그 입증이나 반증이 아니라 문제해결의 효율성과 밀접히 관련되어 있다."

18 많은 철학자를 몰두시켰던 실재론의 본성이라는 문제는 과학자들의 실제 작업과 생물학자들의 경우에는 더욱더 놀랄 만큼 무의미하다. 실재론에 대해서는 많은 문헌이 있으며, 최근 나온 것은 다음과 같다. Harré(1986), Leplin(1984), McMullin(1988), Papineau(1987), Popper(1983), Putnam(1987), Rescher(1987), Trigg(1989).

19 이러한 상황은 헴펠(1952)이나 케이건Kagan(1989) 같은 몇몇 철학자들에 의해 잘 이해되고 있다. 그러나 다른 철학자들은 명확한 용어법 및 양의성의 회피가 얼마나 중요한지에 대해서 전적으로 간과하고 있다.

20 유사한 혼동이 '단계통적monophyletic'이라는 용어를 분류군의 속성이라는 전통적 의미로부터 유래descent의 과정이라는 새로운 의미로 변화시키자는 헤니히W. Hennig(1950)의 제안과 관련해서도 나타난다. 그 혼란은 헤니히의 새로운 개념 대신 애쉴록P. Ashlock의 용어인, '완계통적holophyletic'을 사용함으로써 제거될 수 있다(7장 참조).

21 기슬린(1984)은 그러한 애매성의 빈도에 관심을 기울인다. 그토록 논리의 엄밀성을 자부하는 철학자들이 자신들의 언어 사용에서는 전혀 정확하지 않다는 사실이 놀라울 뿐이다. 철학자 라우든은 이렇게 비난한다. "철학적 대화는 이상하다. 논변은 엄격할 것을 요구하지만 전제에 대한 증거를 제시하라는 요구는 없다. 용어는 정확하게 사용할 것을 요구하지만 논의되는 해당 주제에 대한 적합성 여부는 거의 숙고하지 않는다. 결국 철학적 주장에 대한 경험적 증빙이라는 것은 성과 종교 같은 주제처럼 잡다하게 뒤섞인 집단에서는 거의 검토되지 않는 미묘한 주제가 되어버렸다(PSA, 1978 vol. 2, p.1979)."

22 Mayr(1986a, 1991, 1992b) 참조. 다른 예로서는 발생(개체발생 대 계통발생), 군집(생물학적 집합 대 수학적 집합), 종(유형학적 대 생물학적), 기능(생리학적 역할 대 생태학적 역할), 점진성(분류군적 대 표현형적) 등이 있다.

23 동물학에서 변종이라는 개념은 지리적 품종에 대해서 사용되므로 발단 종 incipient species에 적용할 수 있을 만한 개념이다. 그러나 식물학자들에게 그 용어는 개체군 내의 이상형aberrant 개체를 지칭하기 위해 사용된다.

24 1950년경 식물학과 동물학의 집단에 대하여 분류군이라는 용어가 도입되어, 이전에 넓게 사용되던 범주라는 용어를 린네식 위계의 계층에 한정시켜 사용함으로써 분류학의 문헌은 크게 명료해졌다. 툴민Toulmin이 최근 옳게 지적했듯이 이론에서 사용되는 모든 용어는 그 안에 선행 이론의 의미를 일부분 보존하고 있다. 이는 특히 이론의 지지자와 반대자가 서로 다른 세계관을 가지고 있을 때 뚜렷해진다. 생물학의 많은 논쟁이 그러한 경우에 해당된다. 다윈의 동시대인들은 대부분 목적론자들이었는데, 그들에게 선택은 생존과 번식의 차등적 성공이라는 다윈식의 경험적 의미와 전혀 다른 뜻을 가지고 있었다. 본질주의자들에게 종이란 본질적 가변성이 허용되지 않는 것, 즉 시간적으로 불변하는 것이었다. 그것은 단지 도약에 의해서만 변화할 수 있는 것이므로 생물학의 종개념과는 상충한다. 우리가 중요한 과학적 논쟁에 개재되어 있는 용어들을 모아본다면, 대부분은 아마도 논쟁 당사자들의 세계관에 따라 여러 가지 다른 의미를 갖는 것으로 드러날 것이다.

25 용어의 정의와 그 용어가 적용되는 현상들의 과학적 해석 간에는 어떠한 긴장도 있을 수 없다. 정의의 기본 기능은 편의를 위한 도구다. 전통적 정의가 해당 주제에 더 이상 맞지 않을 때 문제가 드러난다. "과학에서 재정의는 전통적 정의와 완전히 단절시키는 것이 아니라, 오히려 앞서 모호하게 또는 이중적인 의미로 사용되었던 용어의 의미를 보다 정확하게 하는 것이다(Ghiselin in litt.)." 재정의는 깊은 분석과 새로운 발견에 의해서만 가능하다. 예를 들자면 오윈은 '동일함'의 의미를 정의하지 않고 상동성homology을 '동일한' 기관이라고 정의했다. 그러나 다윈의 공통조상이론은 좀 더 정확한 정의를 가능하게 했다. 재정의는 옛것을 완전히 새로운 개념으로 대체하는 것이 결코 아니다.

26 헴펠(1952)이 말하듯 "전통 논리학에서 진정한 정의란 표현의 의미에 대한 규정이 아니라 어떤 개체의 '본질적 본성'내지는 '본질적 속성'에 대한 진술이다." 철학자들에게 "정의란 형상을 서술하는 것이다. 형상이 완전하고 불변하는 것이므로 정의는 정확하고 절대 확실한 진리이다(Encyclopedia of Philosophy)."

27 포퍼의 혼란은 다른 진술에서 잘 드러난다. "절대로 단어와 의미의 문제에 심각하게 빠져들지 말라. 심각하게 다뤄야 할 것은 사실의 문제이며, 사실에 대한 언명, 이론과 가설, 그것들이 해결하려 하는 문제, 그리고 그것들이 야기하는 문제 등이다." 이러한 진술은 모든 이론과 개념이 우리가 정의하지 않으면 안 되는 단어들을 포함하고 있다는 사실을 은폐한다. 이들 이론이 무엇인지, 사실이 어떤 것인지를 먼저 명확히 하지 않는 한, 우리는 이론과 가설에 대해 따질 수 없다. 이론과 사실을 서술하기 위해서는 단어를 사용해야 하기 때문에 우리는 그 단어들을 주의 깊게 정의하지 않을 수 없다. 그렇지 않을 경우 애매함에 봉착한다. 나의 예들(종분화, 목적론, 선택 등)은 우리가 이론이나 설명에서 사용하는 단어에 대한 명확한 정의가 얼마나 필수불가결한지를 잘 보여준다.

책의 다음 부분에서 포퍼는 의미와 진리를 대립적인 것으로 놓는다. 그는 의미에 대한 어떠한 연구도 공허하며 과학이란 모름지기 진리를 향한 접근이라고 주장한다. 그는 이렇게 강조한다. "지성이 유일하게 추구할 가치가 있는 것은 참인 이론 또는 참에 근접하는 이론이다." 그러나 그는 우리가 예컨대 종분화라는 단어의 의미를 미리 확정짓지 않는 한, 종분화에 대한 참된 이론을 가질 수 없음을 간과한다. 그것은 종의 복수성을 의미하는가, 아니라면 단지 진화적 변화를 뜻하는가? 따라서 의미에 대한 탐구와 진리에 대한 탐구는 결코 두 개의 다른 것이 아님이 분명하다. 사실상 진리는 우리가 사용하는 단어의 정확한 의미를 확정짓지 않는 한 도달할 수 없다. '본질주의에 대한 짧지 않은 여담'이라고 이름 붙인 장의 말미에서 포퍼는 역설적이게도 이렇게 말한다. "이론을 이해하기 위해서 우리는 단어들을 이해해야만 한다." 이 짧은 문장으로 그는 의미와 진리를 엄격히 구분하던 앞서의 주장들을 사실상 철회하고 있다. 포퍼의 말은 내 말과 정확히 같다. 우리가 사용하는 단어의 의미를 먼저 확정짓지 않는 한, 우리는 진리를 알 수 없다.

기즐린이 분명하게 지적하듯, 우리는 단지 개념에 대해서만 정의할 수 있다. 현실의 개별자들은 오직 서술될 수 있을 뿐이다. 즉 우리는 종 범주를 정의할 수 있지만, 종 분류군들에 대해서는 단지 이름 짓고 서술하고 한정지을 뿐이다.

28   언어에 대해 마지막으로 말하겠다. 과학자들이 특정한 주제에 대해 논쟁하고 있을 때, 그들은 종종 상대방을 부정적 함의를 가진 단어로 규정짓는다. '내 작업은 동적이지만, 네 것은 정적이다.', '나는 분석적인데, 너는 서술적이다.', '내 설명은 기계론적인데(즉 물리적 또는 화학적 원리에 기반하고 있는데), 네 설명은 전일론적(즉 형이상학적)이다.' 상대방 또한 마찬가지 방식으로 비난할 수 있는데, 그러한 공허한 말들은 과학의 오래된 목표를 진전시키는 데 거의 도움이 되지 않는다.

4장

1   Goudge(1961), Hull(1975b), Bock(1977), Nitecki and Nicecki(1992) 등.

2   White(1965) 참조.

3   종분화가 느리고 점진적인 과정이고 (실제로 그렇지만) 수백만은 아니라도 수백, 수천의 개체군(발단 종들)이 현재 종분화의 다양한 단계가 존재해서 다양한 단계들의 스냅 사진들을 적절한 순서대로 나열할 수 있다면 종분화의 전 과정을 틀림없이 재구성할 수 있다. 이것은 1870년대와 1880년대에 세포학 연구자들이 세포분열의 과정을 재구성하기 위해 사용했던 것과 같은 방법이다. 그들은 수백 개의 현미경 슬라이드를 그 이야기를 전해 줄 점진적인 순서대로 정돈하였다. 나(1942)는 자연적 개체군을 배열해 '종이 만들어지는' 매 단계를 재현했다. 그 후로도 이런 방법을 채용한 저자들을 많이 볼 수 있었다(또한 Mayr and Diamond 1997을 참고하라.).

4   이것은 우리를 원인과 인과관계의 문제에 대한 극도로 복잡한 철학적 문제로 이끈다. 이 책에서는 풀기 어려운 그 문제를 상세하게 분석하지는 않겠다. 따라서 나는 우리가 결정할 수 있는 모든 것은 단지 사건들의 연속이라는 흄의 인과관계 비판에 대해 논하지 않겠다. 나는 선행 사건이 결과를 가질 것이고 따라서 그것이 원인이라고 주장하는 현대철학자들에 동의한다. 엄격한 인과적 배열들은 특히 동

물의 행동에서 종종 증명될 수 있다. 그러므로 나는 상식적인 인과성을 받아들이는 데 있어 비과학적인 것을 아무것도 발견하지 못했다.

5 그러한 사례 연구들이 이미 제공되었다는 것은 아니다. 좋은 예는 로이드 Lloyd(1987)의 진화생물학에 대한 의미론적 접근을 적용하는 것이다. 그러나 나는 아주 단순한 것에서 시작하여 더욱 복잡한 경우들로 나아가는 다양한 이론 형성 사례들을 제시할 것이다. 이것은 이론 형성에 대한 특수한 접근을 선호하는 철학자로 하여금 어느 정도까지 그의 접근이 특수한 사례에 적용 가능한지를 검증하게 해줄 것이다.

6 또한 Mayr(1982, 1989a)를 볼 것.

7 로렌츠가 시사한 중요한 점들이 도널드 캠벨Donald Campbell, 리들Riedl, 오이저 Oeser, 폴머Vollmer, 부케티스Wuketis, 모어Mohr 그리고 많은 다른 생물학자와 철학자에 의해 채택되었다.

8 Kagan(1994) 참조.

9 인간 두뇌가 중간세계의 이해에 적용되는지에 관한 논문들에는 흥미로운 논쟁이 있어 왔다. 이것을 명백히 부정한 사람들은 선택과 적응에 관한 목적론적 개념을 가지고 있었다. 그러나 비임의적인 제거과정으로 살아남은 이런 개체들이 목적 지향적인 과정의 산물이라고 고려할 필요는 없다. 선택과정을 통해 살아남은 개체는 정의상 적응되었다고 할 수 있다. 다윈주의자는 모든 생존자가 자신들의 운명을 상당한 범위까지 통계적 과정에 빚지고 있다는 것을 아주 잘 알고 있다. 그러한 비목적론적인 적응개념을 받아들이면 다음과 같이 결론지을 수 있다. "그렇다. 인간 두뇌는 중간 세계를 이해하기 위해 적응되었다."라고. 이 능력에서 열등했던 모든 개체는 조만간 자손을 남기지 못하고 제거되었다.

10 Regal(1997) 참조.

11 Hamilton(1964) 참조.

5장

1 Stent(1969) 참조.

2 인간의 지식과 자연에 대한 이해에서 일어나는 점진적 진보의 양상은 역사적 논의를 담은 여러 문헌에서 탁월한 방식으로 서술되고 있다. 휴즈A. Hughes(1959), 베이커J. R. Baker(1948-1955), 그리고 크레머T. Cremer(1985) 등이 모두 그 예다. 그 밖에도 콜먼W. Coleman(1965)과 처칠F. B. Churchill(1979) 등에 의해 출간된 연구서가 있다. 참고할 만한 문헌들의 목록은 크레머의 글에 실려 있다

3 이들의 공헌에 관해서는 크레머(1985)가 아주 상세하게 서술하고 있다.

4 Mayr(1982, pp.810-811).

5 기술전문가로는 폴, 뷔츨리Buetschli, 슈트라스부르거, 베네덴, 그리고 플레밍 등이, 이론 전문가로는 루(1883), 바이스만(1889), 그리고 보베리(1903) 등이 있었다.

6 호이닝엔-휘네P. Hoyningen-Huene(1993)는 쿤의 견해를 1962년 이후에 일어난 여러 가지 변화까지 포괄하여 고찰하면서 그에 대한 뛰어난 분석을 제시하였다. 쿤에 대한 이전의 비판을 보려면 라카토슈I. Lakatos와 머스그레이브A. Musgrave가 편집한 책(1970)을 참고할 것.

7 Mayr(1991) 참조.

8 Mayr(1972) 참조.

9 Maynard-Smith(1984, pp.11-24).

10 Hoyningen-Huene(1993, pp, 197 206).

11 Bowler(1983) 참조.

12 Mayr(1946) 참조.

13 Mayr(1990) 참조.

14 Barrett et al. (1987) 참조.

15 이점에 대해 특히 강조해서 논의한 사람은 쌔가드P. Thagard(1992)다.

16 Mayr(1952) 참조.

17 Mayr(1992c) 참조.

18 Mayr(1942) 참조.

19   이것이 헐D. L. Hull이 그의 권위 있는 저서《과정으로서의 과학Science as a Process》(1988)에서 다룬 중심 주제였다.

20   Mayr(1954, 1963, 1982, 1989), Eldredge & Gould(1972), Stanly(1979).

21   메다워P. B. Medawar(1984)와 레셔N. Rescher(1984)는 과학의 손길에 의해 접근 가능한 것과 접근 불가능한 것이 무엇인지를 분석하였다. 뒤부아레몽처럼 과학의 잠재력을 과소평가한 사람도 있었지만, 반면에 많은 사람이 그것을 과대평가하는 경향을 보인다.

6장

1   전통적으로 식물학으로부터 동물학을 분리하는 방법은 생물학의 영역을 나누는 다른 방식으로 대체된 이후까지 오랫동안 교재와 교과목 및 도서 분류에서 살아남았다. 나는 문헌들 중에서 특히 생물학의 구조에 대해 논의했던 단 한 가지의 자료에 대해서 알고 있다(Tschulok, 1910). 그러나 이것은 여전히 식물학과 동물학의 전통적인 생물학 구분을 받아들이고 있다. 그래서 이것은 현대 독자들의 관심을 많이 받지 못한다.

그렇지만 동물학과 식물학이라는 용어는 생물학적 탐구 과정에서 그 의미가 바뀌었다. 헤켈의《일반 형태학Generelle Morphologie》(1866)은 의미심장하게 물질 속의 타고난 힘의 체계로서 자연을 규정하는 뉴턴적인 것이었다. 결과적으로 동물학은 형태학(물질의 동물학)과 생리학(힘의 동물학)으로 나뉘어야 했다. 또한 생리학에서 헤켈은 환경과 생물들의 관계를, 즉 생태학과 생물지리학을 서술했다. 개체발생과 계통발생은 형태학 속에 포함되었다. 행동 연구는 명백히 무시되었다. 따라서 식물학을 개혁하려는 환원론적 시도를 하던 식물학자인 슐라이덴은 자신의 체계 속에서 식물들의 유기적 양상을 다루지 않았던 반면, 헤켈은 생태학과 생물지리학 및 계통분류학을 생물학의 합법적인 분과들로 고려했다(Schleiden, 1842).

2   Müller(1983) 참조.

3   Schleiden(1838), Schwann(1839).

4 Garard(1958) 참조.

5 Weiss(1953, p.727).

6 물리학으로 환원될 수 없는 진화생물학과 생물학의 다른 분과들을 무시하면서 생물학을 물리학으로 환원하려는 가능성은 항상 단순한 생리학적 과정에 의해 묘사되었다(Nagel, 1961). 이런 태도는 예를 들어 1925년에 생물학의 최근 변화에 대해 '비교형태학에서 비교생화학으로의 변화'라고 썼던 니덤에 의해서 잘 알려져 있다. 그리고 거기서 비교생화학은 실제로 전자생물물리학으로 변환될 것이라고 예측되었다. 그는 진화에 대한 관심이 생명에 대한 기계론적 이론으로 대체될 것이라고 제시했다. 또한 "기계론은 진화보다도 더 포괄적인 이해이므로, 기계론은 더 심오하며, 그래서 더 명확하게 철학의 협조를 필요로 한다."라고 썼다.

7 Handler(1970).

8 로렌츠K. Lorenz(1973a)는 이 점을 제대로 강조했다. 마인스F. Mainx(1953, p.3)는 생물학적 탐구에서 서술의 역할에 대한 좋은 생각을 제시했다.

9 Hennig(1950), Simpson(1961), Ghiselin(1969), Mayr(1969), Bock(1977), Mayr and Bock(1991), Hull(1988).

10 Mayr(1961) 참조.

11 Allen(1975, p.10).

12 "구조주의는 생물학적 영역에 논리적 질서가 있으며, 유기체가 합리적이고 역학적인 원리에 따라 생긴다는 가정을 한다(Goodwin, 1990)."

13 "일반원리로부터 연역될 수 있는 설명이 찾아질 수 없다면, 부득이 역사적인 것을 받아들일 수 있다(Goodwin, 1990, p.228)."

14 생물학의 발전에 대한 식물학자와 동물학자의 기여에 관한 이야기는 아주 놀랄 만하다. 그러나 이 이야기는 여태껏 쓰이지 않았다. 19세기 이전에는 진정한 동물학이 없었고 오로지 자연사와 (발생학을 포함해서) 생리학의 선구자가 있었을 뿐이다. 식물학은 린네의 탁월한 업적 때문에 명백히 지배적이었다. 그러나 린네의 하향식 분류는 상향식 분류로 대체되었다. 분명 이것은 아당송과 쥐시외Jussieu의 선구적인 작업에도 불구하고 대체로 동물학자들의 작업이었다. 세포학은 범례적 경

향에서 볼 때 식물학자(슐라이덴)와 동물학자(슈반)가 결합하여 이룬 성취였다. 다른 식물학자들(브라운 등)과 동물학자들(마이엔, 레마크, 피르호)도 중요한 기여를 했다. 유전학은 마찬가지로, 이 영역의 창시자들을 약간 언급하자면, 식물학자들(멘델, 드 브리스, 요한센, 이스트, 코렌스, 뮌칭, 닐손-엘레, 렌너, 바우어)과 동물학자들(바이스만, 베이촌, 캐슬, 모건, 체트베리코프, 멀러, 손번)에 의해 발달했던 다른 영역이다.

15   이런 고전적 영역의 불가결성은 슈테른(1962)과 마이어(1963a)에 의해 강조되었다.

7장

1   계통발생론적 구성과 거시분류학이 크게 유행하는 시기가 이어졌지만 기초분류학은 실험생물학의 부흥 속에서 무시되었다. 1920년대부터 1950년대 새로운 계통분류학이 융성하였고(Mayr 1942), 이어 1960년대부터 1990년대에 수치표형론과 분지론이 출현하였다.

2   Simpson(1961).

3   생물학의 새로운 분과 설립에 분류학이 어떤 기여를 했는지에 대한 세부적 논의를 위해서는 Mayr(1982:247-250)를 참고하라.

4   불행하게도 계통분류학자조차도 계통분류학에서 이론이 중요하다는 것을 망각하고 있는 듯하다. 잘 알려진 개미 전문가인 휠러는 1929년에 "분류학은...이론 없이 단지 판별과 분류하는 생명과학의 한 분야다."라고 말했다.

5   Mayr(1996) 참고.

6   어떻게 이런 추론이 가능한지는 분류학 교과서에 설명되어 있다(Mayr and Ashlock 1991:100-105). 고생물학자는 유사한 어려움을 시간 차원에서 겪게 된다.

7   Sloan(1986).

8   Rosen(1979).

9   Mayr(1988a), Coyn et al. (1988)

10   심슨에 따르면 "단계통군은 동일하거나 더 낮은 계층의 가장 가까운 조상 분류군에서 하나 혹은 그 이상의 계통을 통해 유래한다."(1961:124) 이러한 정의는 헤

켈(1866) 이후로 사용되던 전통적인 단계통 개념을 명문화한 것이다. 분지론자들은 계통의 유형(본래 줄기 종으로부터 기원한 모든 분류군)에 대한 용어로 변화시켰다. 하지만 전통적인 단계통 개념과 혼란을 막기 위해 이 분지론적 개념은 완계통이라고 해야 한다(Ashlock 1971).

11 신기하게도 분명히 상동적인 특징들이 때때로 다른 배엽층에서 발달한다(8장을 참조). 따라서 동일한 배엽으로부터 발달했다는 사실이 상동성의 믿을만한 지표는 아니다. 상동성은 항상 추론된 것이다.

12 Simpson(1961), Mayr(1969), Bock(1977), Mayr and Ashlock(1991)의 논문들은 단순히 다윈 본래의 두 분류 기준 체계를 상세하게 다룬 것이다.

13 유사성은 다음과 같이 휴얼(1840:1:521)에 의해 제시된 전통적인 분류학자의 기준에 근거해 결정된다. "자연적이라고 말해지는 모든 체계가 검증받아야 할 격언은 다음과 같다. 한 형질 집합으로부터 얻을 수 있는 배열이 다른 집합으로부터 얻어지는 배열과 일치한다." 비슷한 생각이 헴펠(1952:53)에 의해 제시되었다. "소위 자연적 분류에서 형질의 결정은 논리적으로 독립적인 다른 형질들과 보편적으로 혹은 높은 확률로 관련을 맺고 있다." 분지론자들과는 반대로 전통적인 분류는 다음과 같은 다윈의 요구를 따른다. "변화를 겪고 있는 변화의 다른 정도[계통수의 다양한 가지들]는 속, 과, 목으로 계층화되는 형태로 표현된다."

14 계층구조 분류에서 상위 분류계층은 동일한 수준으로 계층화되는 모든 상위 분류군이 위치하는 집합으로 정의된다. 예를 들어 분류계층으로서 종은 종의 정의, 즉 오늘날에는 거의 대부분 생물학적 종 정의에 의해 정의된다.

15 진화적 분지와 종분화의 비율 사이에 상관관계가 부족한 이유는 또한 '움푹 꺼진 곡선hollow curve' 때문이다.

16 Mayr(1995).

17 예를 들어 분지론자들은 반룡 목Pelycosauria에서 포유류로 이어지는 분지군을 주로 하측두창이라는 하나의 형질에 근거해서 포착한다. 엄격하게 계통발생을 따르더라도 단일 형질 분류는 인공적이며 이질적인 분류군을 가져온다. 물론 그 분지군은 머지않아 추가적인 형질을 습득할 것이다.

18 Mayr(1995b).

19 Mayr and Bock(1994).

20 Mayr(1982:239-243), Mayr and Ashlock(1991:151-156).

21 동물명명법 규약에 대한 세부적 설명은 Mayr and Ashlock(1911:383-406)을 참고하라.

22 몇몇 학자들은 세 번째 집단인 고세포Eocytes를 인정했다. 박테리아 전문가 중 일부는 고세균과 진정세균 사이의 차이가 원핵생물과 진핵생물 사이의 차이만큼 크다고 주장한다. 그 주장에는 장점이 없다. 당시에 고세균이 포착되지는 않았지만 미생물학의 고전적인 교과서에서 묘사하는 박테리아의 특징이 동일하게 원핵생물의 두 하위 분류군에 적용될 수 있다. 원핵생물의 두 집단이 분지한 시점이 원핵생물과 진핵생물 사이의 분지 시점보다 이르다는 것을 고려하더라도 고세균은 진정세균과 얼마나 다른지와는 상관없이 진정세균과 대부분의 특징을 공유한다. 그러므로 진핵생물과 동일한 상위 분류계층을 고세균에 부여해서는 안 된다. 고세균을 아키아Archaea로 다시 명명한다고 해서 진정세균과 같이 그들이 분지한 박테리아의 둘 혹은 세 가지 중 한 가지라는 사실을 감출 수 없다.

23 더 세부적인 사항은 Cavalier-Smith(1995a, 1995b)와 Corliss(1994)를 참고하라.

8장

1 아리스토텔레스의 생각에 대한 훌륭한 안내서는 Needham(1959)를 참조하라.

2 오늘날 우리는 이런 프로그램에 의해 지시되는 과정을 목적론적 법칙teleonomic이라고 하지 목적론teleological이라 하지 않는다.

3 척추동물의 발달에 대한 새로운 서술의 토대는 판더(1817)가 제시하였다. 하지만 폰 베어(1828ff)에 의해 엄청나게 개선되고 확장되었다.

4 상위 분류군에서도 난황이 풍부한 난자는 종종 난황이 부족한 난자와 다른 발생을 갖는다. 발생의 전체 경로는 특히 다른 유충 단계나 완전변태를 가지는 유기체에서 특히나 다르다. 예를 들어 나비 목Lepidoptera이나 완전변태를 하는 다른 곤

충 집단에서는 번데기 단계에서 완전한 재조직화가 일어나며 소위 성충판imaginal disc에서 성체 구조가 새롭게 발달한다.

5   이런 본질적인 힘은 물론 형이상적인 데우스 엑스 마키나deus ex machina다. 전성주의자인 할러Haller는 아주 정당하게 다음과 같이 물었다. "왜 암탉에서 온 형체가 없는 물질이 닭을 야기하며 공작에서 온 물질이 공작을 야기하는 것일까? 이러한 질문에 어떠한 답도 제시되지 않았다."

6   무어Moore(1993:445~456)는 이러한 연구에 대한 훌륭한 개요를 제공한다.

7   곧 낭배기가 강장동물 유형에 대응되고 그 이후 단계의 발생은 '상위' 유기체를 나타내는 것으로 계통발생과 계체발생 사이의 관계가 제안되었다. 다른 누구보다 헤켈은 발생이 가지는 발생 반복 측면을 강조하였고 무척추동물의 진화에 대한 장조동물기원설gastraea theory을 제안했다.

8   Saha(1991:106).

9   유전자는 전사되는 엑손과 단백질 합성 이전에 제거되는 인트론으로 구성되며 효소를 만드는 구조유전자와 조절유전자, 측면순서가 존재한다. 이 모든 사항은 너무도 복잡한 기작이기 때문에 이 책에서 그 세부 사항을 기술하기는 어렵다. 이에 대한 참고문헌으로 《유전자에 대한 분자생물학The Molecular Biology of the Gene》(Alberts et al. 1983)을 추천한다.

10   이것은 특히 세베르초프Severtsov와 그 학파(슈말하우젠Schmalhausen)에 의해 강조되었다.

11   배아가 조상의 성체 단계에 대응되지 않는다는 사실을 그들이 얼마나 잘 알고 있었는지는 헤켈과 그 동료들의 저작에 분명하게 드러나 있다.

12   Mayr(1954).

13   발생에 대한 자세한 연구에 대해서는 Davison(1986), Edelman(1988), Gilbert(1991), Hall(1992), Horder et al.(1986), McKinney et al.(1991), Moore(1993), Needham(1959), Russell(1916), Slack et al.(1993), Walbot et al.(1987)을 추천한다.

9장

1 생명의 기원은 자동 촉매 작용과 어떤 방향이 주어진 요소들을 포함하는 화학적 과정이다. 만프레드 아이겐Manfred Eigen이 보여주었듯이 생명 기원의 어떤 특수한 통로가 가정되더라도 (거기에는) 선생물학적prebiotic 선택이 포함되었음에 틀림없는 것 같다. 자세한 것은 샤피로J. H. Shapiro(1986)와 아이겐(1992)을 참조할 것.

2 월리스는 격리의 기작이 자연선택에 의해 생겨난다는 것을 제안했다. 그러나 다윈은 이 생각에 격렬하게 반대했다. 오늘날까지 이 문제에 대해 월리스와 다윈을 따르는 사람들로 구성되는 두 진영이 존재해왔다. 도브잔스키는 월리스를 따르는 반면 멀러와 마이어는 다윈을 따른다.

3 Alexander(1987), Trivers(1985), Wilson(1975) 참조.

4 이러한 접근은 대진화적 현상들이 유전학의 발견들과 양립 가능하다고 생각될 수 있다는 것을 보여준 렌슈B. Rensch(1939, 1943)와 심슨(1944)에 의해 취해졌다. 특히 코프Cope의 법칙이나 돌로Dollo의 법칙과 같은 모든, 이른바 진화적 법칙을 변이와 선택의 용어로 설명하는 것은 가능하였다.

5 Mayr(1954, pp.206-207) 참조.

10장

1 생태학이라는 이름 아래 다루어지는 문제들의 다양성은 이미 오래전부터 인식되고 있다. 또 그런 이유로 오늘날엔 진화생태학, 행동생태학, 개체군생물학, 육수학limnology, 해양생태학 그리고 고생태학 등에 대해 서로 독립적인 표준문헌들이 존재한다. 이런 다양성에 덧붙여 상이한 집합의 동식물과 미생물뿐만 아니라 상이한 환경 영역에 관한 생태학들 간의 차이가 존재한다. 육상생물생태학은 담수생태학(육수학)이나 해양생태학과 매우 다르다. 빅토르 헨젠Victor Hensen이 토대를 놓은 플랑크톤 생태학은 수산업과 관련해서 커다란 중요성을 갖는 과학 분야로 꽃을 피웠다. 원숙한 생태학자이고자 하는 사람이라면 누구나 거대한 영역에 걸친 주제들에 친숙해지지 않으면 안 될 것이다. 이런 다양성은 생태학 연구가 부딪히는 여러

가지 어려움에서 한몫을 한다. 이에 관해서는 뒷부분에서 논하게 될 것이다. 시타디노E. Cittadino(1990)나 에저튼F. N. Egerton(1968, 1975)의 경우처럼, 어떤 특정한 시기와 결부된 생태학적 혹은 자연사적 지식에 대한 고찰도 많다.

또한 이 영역에서는, 종종 사람들이 말하듯 모든 것이 다른 모든 것들과 상호 작용한다는 것이 사실이다. 이제는 생태학이라는 개념으로 포괄되는 이 전체는 "하나의 이름을 채택함으로써 하나로 묶이고 있다는 의미가 강하며, 어떤 철학이나 목적을 공유해서라기보다는 인접한 전문가 집단들의 결속력에 의해 유지된다고 할수 있다. 이런 이유로 생태학은 역사학자들에게 특히 어려운 연구 과제이다(Ricklefs, 1985, p.799)." 예를 들어 '생명체들이 그 환경에 대하여 갖는 관계'처럼 생태학에 대한 비교적 단순한 정의도 있기는 하다. 그러나 이와 같은 정의는 너무 넓은 범위를 포괄한다. 한 생명체의 모든 구조적 측면, 그것의 모든 생리학적 특성, 모든 행동양식, 실로 그것의 표현형과 유전자형을 이루는 거의 모든 요소들이 생명체와 그것의 환경 간의 최적 관계를 향해 진화해왔다.

결과적으로 생태학과 진화생물학, 유전학, 동물행동학, 생리학 등 생물학의 여타분야들 간에는 상당히 넓은 영역에 걸쳐 중첩이 일어난다. 예를 들어 리클레프스Robert Ricklefs(1990)는 그의 두툼한 생태학 교과서에서 꼬박 여섯 장을 할애해 진화의 문제들을 다루고 있다. 그 부분은 말하자면 진화생물학 교과서의 한 부분으로도 전혀 손색이 없다. 최근 출간된 책들을 보자면 '진화생태학'이라는 제목을 단 것들이 여럿 있다. 그것들은 멸종, 적응, 생활사, 성, 사회적 행동, 공진화 등의 주제를 다루고 있다. 생명체가 그것의 특수화된 생활양식에 또는 그것이 살아가는 특수한 환경에 적응해가는 생리학적 적용의 모든 국면은 리클레프스가 올바르게 지적한 대로 생태학의 관심사다. 생명체로 하여금 극한의 기후적 조건 속에서도 살아갈 수 있게 하는 모든 적응, 즉 생활의 일주기성이나 계절주기성, 이주, 또 그 밖의 행태적 적응 등이 모두 여기에 해당한다. 또 환경, 특히 극지방이나 사막과 같이 극단적 특성을 갖는 환경에 대한 적응에 기여하는 수많은 생리학적 메커니즘이 있다(Schmidt-Nielsen, 1990). 우리는 식물들이 보여주는 생태적 유형에서 국지적 여건에 대한 적응의 예를 확인할 수 있다.

2 글라켄C. J. Glacken(1967)은 인간의 관점에서 본 환경 개념을 다룬 문헌들을 고대로부터 18세기 말에 이르기까지 상세히 서술해놓았다. 어떤 특정한 시대의 생태학적, 자연사적 지식에 관한 연구는 에저튼(1968, 1975)을 비롯해서 많이 있다.

3 Stresemann(1975) 참조.

4 1949년 시카고학파(AEPPS)에 속하는 여러 사람의 공저로《동물생태학 원론 Principles of Animal Ecology》이 출간되었다. 그리고 그것을 시발로 새로운 생태학 교과서들이 속속 출간되었다. 단 한 호의《사이언스》에 무려 생태학 저서 여섯 권에 대한 서평이 실린 일도 있다(Orians, 1973). 이런 생태학 저서들 가운데 뛰어난 것으로 1953년 출간된 유진 오덤Eugene Odum의《생태학의 기초Fundamentals of Ecology》(1973)가 있다. 그것은 1970년대까지 교과서로 널리 채택되었다. 다음으로는 오늘날 미국에서 가장 널리 교과서로 사용되고 있는 리클레프스의 저서《생태학Ecology》(1973)이 있다. 오덤의 저서 초판이 384쪽의 분량이었던 반면, 1990년 출간된 리클레프스의 저서 제3판은 896쪽으로 되어 있다. 이런 점만 보더라도 우리는 이 분야의 성장을 짐작할 수 있다. 물론 여기서와 같은 간략한 개괄을 통해 살펴볼 수 있는 생태학의 문제와 국면들이 전체의 아주 작은 일부분에 불과하리라는 사실은 말할 필요도 없다.

5 생리학 및 발생학(발생역학)에서 실험적 방법을 이용한 연구가 활발히 수행되면서 계통분류학 및 형태학에 관한 순전히 서술적인 접근방식과 상반되는 흐름이 형성되었다. 또한 이런 움직임은 자연사에서 모든 생명체의 관계에 강조가 실리고 있던 양상과 짝을 이루는 것이었다. 독일에서는 살아 있는 생명체와 관련된 모든 사항이 '생물학Biologie'이라는 개념으로 포괄되었는데, 이는 영어권에서 나온 문헌들이 전통적으로 생물학을 동물학과 식물학의 결합체로 이해하던 것과는 거리가 있는 상황이었다. 유명한 헤세-도플라인 시리즈에서 동물의 생활에 관한 도플라인F. Doflein의 저서는 살아 있는 동물과 식물에 관한 당시의 지배적 견해를 멋지게 요약했다. 그리고 거기엔 다윈주의적 사고의 영향이 드러나고 있었다. 이런 'Biologie'는 '죽은 구조'에 관한 연구라고 할 형태학에 대한 하나의 대안 혹은 보완으로서 자리매김 되었다. 그것이 다루는 주제는 대개 오늘날의 교과서에서라면 행동생태

학이나 진화생태학이라는 제목 아래 포섭되었을 성격의 것이었다. 반면 (영어권에서) 'biology'는 실제로는 거의 동물에 관한 내용만을 다루고 있었다.

6 Kingsland(1985) 참조.

7 역사적으로 말하자면, 오랫동안 개체군생물학은 생물학의 한 독립적인 분야로 생각되어온 반면, 오늘의 시점에서는 그것이 생태학의 한 분야라는 것이 분명하다. 이 점은 1957년 개최된 콜드스프링하버 심포지엄에서 특히 강조된 바 있다.

8 V. C. Wynne-Edwards(1962, 1986).

9 분류학과 생태학 사이의 밀접한 관계에서 보존되어 남은 문제들에 관한 논의는 헤이우드V. H. Heywood(1973)를 비롯한 여러 편의 논문 속에서 이루어졌다.

10 이따금 생태학자들은 '개체군'이라는 용어를 생태계 속에서 여러 종이 뒤섞여 있는 상태에 적용하기도 한다. 즉 생태학자가 어느 호수의 플랑크톤 개체군이라든가 사바나의 초식동물 개체군에 관해 이야기하는 경우가 있다. 하지만 개체군이라는 용어를 그런 방식으로 여러 종으로 구성된 생태계의 한 부분을 가리키는 데 사용하는 것은 대부분의 경우 그릇된 일이다.

11 이에는 못 미치는 발달을 보였다고 하겠지만, 동물에 관한 유사한 관심이 헤세R. Hesse의 저서 《동물지리학: 생태학적 토대 위에Tiergeographie auf ökologischer Grundlage》(1924)에 나타나있다. 내용은 동물의 분포와 그 분포에 대한 원인분석을 다룬 동물지리학이라기보다 지리적 요소들을 감안한 동물생태학이었다. 어떤 의미에서 그것은 셈퍼K. G. Semper(1881)의 생태학적 형태론을 계승하고 있었다. 그 이후 곧 군집생태학은 생태계생태학의 발생을 가져왔다(이어지는 논의를 보라).

12 "극상의 형태는 다 자란 생명체와 같다. 그것은 발달의 과정을 마친 군집이다."

13 Mayr(1941), MacArthur&Wilson(1963), Mayr(1965) 참조.

11장

1 후자의 두 종은 흔히 파란트로푸스*Paranthropus*라는 독립적인 속으로 구분되기도 한다.

2   로부스투스는 남부 아프리카에, 그리고 보이세이는 동부 아프리카에서 제한적으로 발견되기 때문에 어느 것이 형태학적으로 이들의 공통조상과 더 닮았는지 말하기는 어렵다. 그러나 여러 가지 면에서 더 오래된 오스트랄로피테쿠스 아이티오피쿠스보다 오스트랄로피테쿠스 로부스투스가 공통조상으로부터 유래되었을 것이라는 점을 보여주고 있다.

3   침팬지 계열에서 호미니드 계열이 갈라져 나왔다는 새로운 근거는 점차 발전된 형태로 얻어지게 되었다. 이러한 근거들은 처음 굿맨Goodman의 혈액단백질 연구에 이어 시블리Sibley와 알퀴스트Ahlquist의 DNA 하이브리드 분석을 통해 얻어졌으며 이는 후에 캐콘Caccone과 포웰Powell에 의해 좀 더 개량된 방법으로 확인되었다. 또한 다른 여러 분자생물학적 방법과 염색체 분석을 통해서도 얻어졌다.

4   새리치Sarich(1967)는 이러한 주장을 처음 편 학자였다. 이 시기를 보다 좁혀서 말하기 위해서는 더 많은 화석이 발견되어야 할 것이다.

5   호미니드 분류의 혼란함(30개 이상의 속명과 100개 이상의 종명)을 해결하기 위해 나는 '오컴의 면도날Occam's razor'을 적용하여 현재 호모라는 단 하나의 종이 존재하는 것과 마찬가지로 과거 어느 한 시점에도 단 하나의 종만 존재하였을 것이라는 주장을 제안하였다. 이후 연구자들은 나의 제안이 너무 지나치게 단순화된 것이라고 지적하고 있다.

6   Mayr(1954) 참조.

7   Stanley(1992) 참조.

8   Donald (1991).

9   Mayr(1963:650) 참조.

10   Mitton (1977).

11   Mayr(1982:623-624).

12   Haldane(1949).

12장

1 "우리가 아는 바에 의하면 그 옛날부터 성공적인 종족들이 다른 종족들을 흡수했다(1871, p.160)."

2 사회성 동물들의 이타주의는 이타주의자에게 반드시 해가 되는 것은 아니다. 다윈은 이점을 다음과 같이 잘 표현했다. "우리는 행위들이 미개인들에 의해, 그리고 아마 원시인들에 의해서도 마찬가지로, 자기 종족의 복리에 미치는 어떤 확실한 영향에 따라 좋다거나 나쁘다고 간주되는 것을 보았다(1871, p.96)." 다윈은 "소위 도덕심이란 본래 사회적 본능으로부터 온 것이다."라는 설명으로 사회성과 윤리 규범의 밀접한 관계를 보여주었다.

3 De Waal(1996).

4 윌슨(1993)은 인간에게 도덕심이 존재한다는 훌륭한 증거들을 제시했다.

5 Sulloway(1996).

6 Kohlberg(1981, 1984).

7 진화와 윤리라는 주제는 지난 20년간 상당 부분 윌슨의 《사회생물학》(1975)에 영향을 받아 많은 저술을 쏟아냈다. 윌슨을 비롯하여 이 주제에 괄목할만한 공헌을 한 학자들은 알렉산더R. D. Alexander, 게워스A. Gewirth, 리처즈R. J. Richards, 루즈 그리고 윌리엄즈다. 참고문헌을 포함한 이들의 견해와 함께 여러 고전적 에세이들(혁슬리, 듀이), 그리고 다른 학자들의 에세이 열편이 실린 《진화윤리학Evolutionary Ethics》(Nitecki and Nitecki, 1993)에 정리되어 있다. 이 책은 진화윤리학에 관한 문헌들의 입문서로 훌륭한 책이다.

참고문헌

Adanson, M. 1763. *Families des Plantes*. Paris.

Agar, W. E. 1948. "The wholeness of the living organism." *Phil. Sci.* 15:179-191.

Alberts, B., D. Bray, J. Lewis, K. RÜberts, and J. Watson. 1983. *Molecular Biology of the Cell*. 1st ed. New York and London: Garland.

Alexander, R. D. 1987. *The Biology of Moral Systems*. Hawthorne, N.Y.: Aldine de Gruyter.

Allen, W. C., A. E. Emerson, O. Park, T. Park, and K. P. Schmidt. 1949. *Principles of Animal Ecology*. Philadelphia: Saunders.

Allen, G. E. 1975. *Life Science in the Twentieth Century*. New York: John Wiley & Sons.

Alvarez, L. 1980. "Asteroid theory of extinctions strengthened." *Science* 210:514.

Ashlock, P. 1971. "Monophyly and associated terms." *Syst. Zool.* 21:430-438.

Avery, O. T., C. M. MacLeod, and M. McCarty. 1944. "Studies on the chemical nature of the substance inducing transformation of pneumococcal types." *J. Exp. Med.* 79:137-158.

Ayala, F. J. 1987. "The biological roots of morality:' *Biol. and Phil.* 2:235-252.

Ayala F. J., A. Escalante, C. O'Huigin, and J. Klein. 1994. "Molecular genetics of speciation and human origins." *Proc. Nat. Ac. Sci.* 91:6787-6794.

Baer, K. E. von. 1828. *Entwicklungsgeschichte der Thiere: Beobachtung und Reflexion*. Königsberg: Bornträger.

Baker, J. R. 1938. "The evolution of breeding searson." In G. R. de Beer, ed., *Evolution: Essays on Aspects of Evolutionary Biology*, pp. 161-177. Oxford: Clarendon Press.

—— 1948-1955. "The cell theory: a restatement, history, and critique." *Quart. J. Microscopical Science* 89:103-123; 90:87-108; 93:157-190; 96:449.

Barrett, P.H., P. J. Gautrey, S. Herbert, D. Kohn, and S. Smith. 1987. *Charles Darwin's Notebooks, 1836-1844*. Ithaca: Cornell University Press.

Bates, H. W. 1862. "Contributions to an insect fauna of the Amaon Valley." *Trans.*

Linn. Soc. London 23:495-566.

Bateson, P., ed. 1983. *Mate Choice*. Cambridge: Cambridge University Press.

Beatty, J. 1995. "The evolutionary contingency thesis." In G. Wolters and J. Lennox, eds., *Concepts, Theories, and Rationality in the Biological Sciences*, pp. 45-81. Pittsburgh: University of Pittsburgh Press.

Beckner, M. 1959. *The Biological Way of Thought*. New York: Columbia University Press.

——— 1967. "Organismic biology." In *Encyclopedia of Philosophy*, vol. 5., pp. 549-551.

Bertalanffy, L. von. 1952. *Problems of Life*. London: Watts.

Blandino, G. 1969. *Theories on the Nature of Life*. New York: Philosophical Library.

Blumenbach, J. F. 1790. *Beyträge zur Naturgeschichte*. Göttingen.

Bock, W. 1977. "Foundations and methods of evolutionary classification." In M. Hecht, P. C. Goody, and B. M. Hecht, eds., *Major Patterns in Vertebrate Evolution*, pp. 851-895. New York: Plenum Press.

Bowler, P. J. 1983. *The Eclipse of Darwinism: Anti-Darwinian Evolution Theories in the Decades around 1900*. Baltimore: Johns Hopkins University Press.

Boveri, T. 1903. "Über den Einflus der Samenzelle auf die Larvencharaktere der Echiniden." *Roux's Arch.* 16:356 .

Bradie, M. 1994. *The Secret Chain*. Albany: State University of New York Press.

Buffon, G. L. 1749-1804. *Histoire naturelle, générate et particulière*. 44 vols. Paris: mprimerie Royale, puis Plassan.

Carr, E. H. 1961. *What Is History?* London: Macmillan.

Cassirer, E. 1950. *The Problem of Knowledge: Philosophy, Science, and History since Hegel*. New Haven: Yale University Press.

Cavalier-Smith, T. 1995a. "Membrane heredity, symbiogenesis, and the multiple origins of algae." In Arai, Kato, and Dio, eds., *Biodiversity and Evolution*, pp. 69-107. Tokyo: The National Science Museum Foundation.

——— 1995b. "Evolutionary protistology comes of age: biodiversity and molecular cell biology." *Arch. Protistenkd* 145:145-154.

Cittadino, E. 1990. *Nature as the Laboratory*. New York: Columbia University Press.

Churchill, F. B. 1979. "Sex and the single organism: biological theories of sexuality in mid-nineteenth century." *Stud. Hist. Biol.* 3:139-177.

Code. 1985. *International Code of Zoological Nomenclature.* Adopted by the General Assembly of the International Union of Biological Sciences. Berkeley: University of California Press.

Coleman, W. 1965. "Cell nucleus arid inheritance: an historical study." *Proc. Amer. Philos. Soc.* 109:124-158.

Coon, C. 1962. *The Origin of Races.* New York: Alfred A. Knopf.

Corliss, J. O . 1994. "An interim utilitarian ('user-friendly') hierarchical classification of the protista." *Acta Protozoologica* 33:1-51.

Coyne, J. A., H. A. Orr, and D. J. Futuyma. 1988. "Do we need a new definition of species?" *Syst. Zool.* 37:190-200.

Cremer, T. 1985. *Von der Zellenlehre zur Chromosomentheorie.* Berlin: Springer.

Crick, F. 1966. *Of Molecules and Men.* Seattle: University of Washington Press.

Darwin, C. 1859. *On the Origin of Species by Means of Natural Selection or the Preservation of Favored Races in the Struggle for Life.* London: Murray. Facsimile edition 1964, ed. E. Mayr.

—— 1871. *The Descent of Man.* London: Murray.

—— 1994. *The Correspondence of Charles Darwin*, vol. 9: 269 [letter to Henry Fawcett, 18 Sept. 1861. Cambridge: Cambridge University Press.

Davidson, E. H. 1986. *Gene Activity in Early Development*, 3rd ed. Orlando: Academic Press.

De Waal, Franz. 1996. *Good Natured: The Origins of Right and Wrong in Humans and Other Animals.* Cambridge: Harvard University Press.

Diamond, J. 1991. *The Third Chimpanzee: The Evolution and Future of the Human Animal.* New York: HarperCollins.

Dijksterhuis, E. J. 1961. *The Mechanization of the World Picture*, trans. C. Dikshoorn. Oxford: Clarendon Press.

Dobzhansky, T. 1937. *Genetics and the Origin of Species.* New York: Columbia University Press.

—— 1968. "On Cartesian and Darwinian aspects of biology." *Graduate Journal* 8:99-117.

—— 1970. *Genetics of the Evolutionary Process.* New York: Columbia University Press.

Doflein, F. 1914. *Das Tier als Glied des Naturganzen.* Leipzig: Teubner.

Donald, Merlin. 1991. *Origins of the Modern Mind: Three Stages in the Evolution of Culture and Cognition.* Cambridge: Harvard University Press.

Driesch, H. 1905. *Der Vitalismus als Geschichte und als Lehre.* Leipzig: J. A. Barth.

—— 1908. *The Science and Philosophy of the Organism.* London: A. and C. Black.

DuBois-Reymond, E. 1860. "Gedächtnisrede auf-Johannes Müller." *Abt. Presa. Aked. Wiss.* 1859:25-191.

—— 1872. *Über die Grenzen des Naturwissenschaftlichen Erkennens.* Leipzig.

—— 1887. *Die Sieben Welträtsel.* Leipzig.

Dupré, J. 1993. *The Disorder of Things.* Cambridge: Harvard University Press.

Edelman, G. 1988. *Topobiology: An Introduction to Molecular Embryology.* New York: Basic Books.

Egerton, F. N. 1968. "Studies of animal populations from Lamarck to Darwin." *J. Hist. Biol.* 1:225-259.

—— 1975. "Aristotle's population biology." *Arethusa* 8:307-330.

Eigen, M. 1992. *Steps toward Life.* Oxford: Oxford University Press.

Eldredge, N. 1971. "The allopatric model and phylogeny in Paleozoic invertebrates." *Evolution* 25:156-167.

Eldredge, N., and S. J. Gould. 1972. "Punctuated equilibria: an alternative to phyletic gradualism," in Schopf 1972, pp. 82-115.

Elton, C. 1924. "Periodic fluctuations in the numbers of animals: their causes and effects.' *J. Exper. Biol.* 2:119-163.

—— 1927. *Animal Ecology.* New York: Macmillan.

Evans, F. C. 1956. "Ecosystem as the basic unit in ecology." *Science* 123:1127-1128.

Feyerabend, P. 1962. "Explanation, reduction, and empiricism." *Minnesota Studies Philos. Sci.* 2:28-97.

—— 1970. "Against method: Outline of an anarchistic theory of knowledge." *Minnesota Studies Philos. Sci.* 4:17-130.

—— 1975. *Against Method.* London: Verso.

Frege, G. 1884. *Die Grundlagen der Arithmetik: Eine logisch mathematische Untersuchung über den Begriff der Zahl.* Breslau: W. Koebner.

Geoffroy St. Hilaire, E. 1818. *Philosophie anatomique.* Paris.

Gerard, R. W. 1958. "Concepts and principles of biology." *Behavioral Science*

3:95-102.

Ghiselin, M. T. 1969. *The Triumph of the Darwinian Method*. Berkeley: University of California Press.

—— 1974. *The Economy of Nature and the Evolution of Sex*. Berkeley: University of California Press.

—— 1984. "'Definition,' 'character; and other equivocal terms." *Syst. Zool.* 33:104-110

—— 1989. "Individuality, history, and laws of nature in biology." In M. Ruse, ed., *What the Philosophy of Biology Is*, pp. 3-66. Dordrecht: Kluwer.

Giere, R. N. 1988. *Explaining Science: A Cognitive Approach*. Chicago: University of Chicago Press.

Gilbert, S., ed. 1991. *A Conceptual History of Modern Embryology*. New York: Plenum.

Glacken, C. J. 1967. *Traces on the Rhodian Shore: Nature and Culture in Western Thought*. Berkeley: University of California Press.

Gleason, H. A. 1926. "The individualistic concept of the plant association." *Bull. Torrey Bot. Club* 53:7-26.

Goldschmidt, R. 1938. *Physiological Genetics*. New York: McGraw-Hill.

—— 1954. "Different philosophies of genetics." *Science* 119:703-710.

Goodwin, B. 1990. "Structuralism in biology." *Sci. Progress* (Oxford) 74:227-244.

Goudge, T. A. 1961. *The Ascent of Life*. Toronto: University of Toronto Press.

Graham, L. R. 1981. *Between Science and Values*. New York: Columbia University Press.

Haeckel, E. 1866. *Generelle Morphologie der Organismen: Allgemeine Grundzüge der organischen Formen-Wissenschaft, mechanisch begründet durch die von Charles Darwin reformirte Descendenz-Theorie*. 2 vols. Berlin: Georg Reimer.

—— 1870 (1869). "Ueber Entwickelungsgang u. Aufgabe der Zoologie." *Jenaische Z.* 5:353-370.

Haldane, J. B. S. 1949. "Human evolution: past and future." In Jepsen, Mayr, and Simpson 1949:405-418.

Haldane, J. S. 1931. *The Philosophical Basis of Biology*. London: Hodder and Stoughton.

Hall, B. K. 1992. *Evolutionary Developmental Biology*. London: Chapman and

Hall.

Hall, R. 1954. *The Scientific Revolution*, 1500-1800. London: Longmans.

Hall, T. S. 1969. *Ideas of Life and Matter*. 2 vols. Chicago: University of Chicago Press.

Hamilton, W. D. 1964. "The genetical evolution of social behavior." *J. Theoret. Biol.* 7:1-16; 17-52.

Handler, P., ed. 1970. *The Life Sciences*. Washington, D.C.: National Academy of Sciences.

Hanson, N. R. 1958. *Patterns of Discovery*. Cambridge: Cambridge University Press.

Haraway, D. J. 1976. *Crystals, Fabrics, and Fields*. New Haven: Yale University Press.

Harper, J. L. 1977. *Population Biology of Plants*. New York: Academic Press.

Harré, R. 1986. *Varieties of Realism: A Rationale for the Natural Sciences*. Oxford: Oxford University Press.

Hempel, C. G. 1952. *Fundamentals of Concept Formation in Empirical Science*. Chicago: University of Chicago Press.

—— 1965. *Aspects of Scientific Explanation*. New York: Free Press.

Hempel, C. G., and P. Oppenheim. 1948. "Studies in the logic of explanation." *Phil. Sci.* 15:135-175.

Hennig, W. 1950. *Grundzüge einer Theorie der Phylogenetischen Systematik*. Berlin: Deutscher Zentralverlag.

Hertwig, O. 1876. "Beiträge zur Kenntnis der Bildung, Befruchtung und Theilung des thierischen Eies." *Morph. Jahrb.* 1:347-434.

Hesse, R. 1924. *Tiergeographie auf Ökologischer Grundlage*. Jena: Fischer.

Heywood, V. H. 1973. *Taxonomy and Ecology: Proceedings of an International Symposium Held at the Dept. of Botany, University of Reading*. New York: Systematics Association by Academic Press.

Holton, G. 1973. *Thematic Origins of Scientific Thought: Kepler to Einstein*. Cambridge: Harvard University Press.

Horder, T. J., H. A. Witkowski, and C. C. Wylie, eds. 1986. *A History of Embryology*. New York: Cambridge University Press.

Hoyningen-Huene, P. 1993. *Reconstructing Scientific Revolutions: Thomas S. Kuhn's Philosophy of Science*. Chicago: University of Chicago Press.

Hughes, A. 1959. *A History of Cytology*. London and New York: Abelard-Schuman.

Hull, D. L. 1975. "Central subjects and historical narratives." *History and Theory* 14:253-274.

—— 1988. *Science as a Process: An Evolutionary Account of the Social and Conceptual Development of Science*. Chicago: University of Chicago Press.

Humboldt, A. von. 1805. *Essay sur la Geograpahie des Plantes*. Paris.

Huxley, J. S. 1942. *Evolution, the Modern Synthesis*. London: Allen & Unwin.

Huxley, T. H. 1863. *Evidence as to Man's Place in Nature*. London: William and Norgate.

—— 1893. *Evolution and Ethics*. Romanes Lecture. London: Oxford University Press.

Jacob, François. 1973. *The Logic of Life: A History of Heredity*. New York: Pantheon.

—— 1977. "Evolution and tinkering." *Science* 196:1161-1166.

Jepsen, G. L., E. Mayr, and G. G. Simpson. 1949. *Genetics, Paleontology, and Evolution*. Princeton University Press.

Johannsen, W. 1909. *Elemente der Exakten Erblichkeitslehre*. Jena: Gustav Fischer.

Junker, Thomas. 1995. "Darwinismus, materialismus und die revolution von 1848 in Deutschland. Zur interaktion von politik und wissenschaft." *Hist. Phil. Life Sci.* 17:271-302.

Kagan, J. 1989. *Unstable Ideas*. Cambridge, Mass.: Harvard University Press.

—— 1994. *Galen's Prophesy: Temperament in Human Nature*. New York: Basic Books.

Kant, I. 1790. *Kritik der Urteilskraft*. Berlin.

Kimura, M. 1983. *The Neutral Theory of Molecular Evolution*. Cambridge: Cambridge University Press.

Kingsland, S. E. 1985. *Modeling Nature: Episodes in the History of Population Ecology*. Chicago: University of Chicago Press.

Kitcher, P. 1993. *The Advancement of Science*. New York: Oxford University Press.

Kitcher, P., and W. L. Salmon, eds. 1989. *Scientific Explanation*. Minneapolis: University of Minnesota Press.

Kohlberg, L. 1981. *The Philosophy of Moral Development: Moral Stages and the*

Idea of Justice. New York: Harper & Row.

────── 1984. *The Psychology of Moral Development: The Nature and Validity of Moral Stages*. San Francisco: Harper & Row.

Kölliker, A. von. 1841. *Beiträge zur Kenntniss der Geschlechtsverhältnisse und der Samenflüssigkeit wirbelloser Thiere, nebst einem Versuch über das Wesen und die Bedeutung der sogenannnten Samenthiere*. Berlin: W. Logier.

────── 1886. "Das Karyoplasma und die Vererbung." In *Kritik der Weismann'schen Theorie von der Kontinuitat des Keimplasma*. Leipzig.

Kölreuter, J. G. 1760. See Mayr 1986a.

Korschelt, E. 1922. *Lebensdauer Altern und Tod*. Jena: Gustav Fisscher.

Kuhn, T. 1962. *The Structure of Scientific Revolutions*. Chicago: University of Chicago Press.

────── 1970. *Reflections on my Critics*. In Lakatos and Musgrave 1970, pp. 231-278.

La Mettrie, J. O. de. 1748. *L'homme machine*. Leyden: Elie Luzac.

Lack, D. 1954. *The Natural Regulation of Animal Numbers*. Oxford: Clarendon Press.

Lakatos, I., and A. Musgrave, eds. 1970. *Criticism and the Growth of Knowledge*. Cambridge: Cambridge University Press.

Lamarck, J. B. 1809. *Philosophie zoologique, ou exposition des considérations relatives à l'histoire naturelle des animaux*. Paris.

Laudan, L. 1968. "Theories of scientific method from Plato to Mach." *Hist. Sci.* 7:1-63.

────── 1977. *Progress and Its Problems: Towards a Theory of Scientific Growth*. Berkeley: University of California Press.

Lenoir, T. 1982. *The Strategy of Life*. Dordrecht: D. Reidel.

Leplin, J., ed. 1984. *Scientific Realism*. Berkeley: University of Califorinia Press.

Liebig, J. 1863. *Ueber Francis Bacon von Verulam und die Methode von Naturforschung*. Munich: J. G. Cotta.

Lindeman, R. L. 1942. "The trophic-dynamic aspect of ecology." *Ecology* 23:399-418.

Lorenz, K. 1973. "The fashionable fallacy of dispensing with description." *Naturwiss.* 60:1-9.

Lloyd, E. 1987. *The Structure of Evolutionary Theory*. Westport, Conn.: Greenwood Press.

Lyell, C. 1830-1833. *Principles of Geology, Being an Attempt to Explain the Former Changes of the Earth's Surface, by Reference to Causes Now in Operation.* 3 vols. London.

MacArthur, R. H., and E. O. Wilson. 1963. "An equilibrium theory of insular zoo-geography." *Evolution* 17:373-387.

Magnol, P. 1689. *Prodromus historiae generalis plantarum in quo familiae plantarum per tabulas disponuntur.* Montpellier.

Maier, A. 1938. *Die Mechanisierung des Weltbildes. Forschungen zur Geschichte der Philosophie und der Pädagogik.* Leipzig.

Mainx, F. 1955. "Foundations of biology." *Int. Encycl. Unif. Sci.* 1:1-86.

May, R. M. 1973. *Stability and Complexity in Model Ecosystems.* Princeton: Princeton University Press.

Maynard Smith, J., Jr. 1984. "Science and myth." *Natural History* 11:11-24.

Mayr, E. 1941. "The origin and the history of the bird fauna of Polynesia." *Proc. Sixth Pacific Sci, Congress.* 4:197-216.

―――― 1942. *Systematics and the Origin of Species.* New York: Columbia University Press.

―――― 1946. "History of the North American bird fauna." *The Wilson Bulletin* 58:3-41.

―――― 1952. "The problem of land connections across the South Atlantic, with special reference to the Mesozoic." *Bulletin of the American Museum of Natural History* 99:85, 255-258.

―――― 1954. "Change of genetic environment and evolution." In J. Huxley, A. C. Hardy, and E. B. Ford, eds., *Evolution as a Process.* London: Allen & Unwin, pp. 157-180.

―――― 1961. "Cause and effect in biology: kinds of causes, predictability, and teleology are viewed by a practicing biologist." *Science* 134:1501-1506.

―――― 1963a. *Animal Species and Evolution.* Cambridge: The Belknap Press of Harvard University Press.

―――― 1963b. "The new versus the classical in science." *Science* 141, no. 3583:765.

―――― 1964. "Introduction." In C. Darwin, *On the Origin of Species: A Facsimile of the First Edition*, pp. vii-xxv. Cambridge: Harvard University Press.

―――― 1965. "Avifauna: turnover on islands." *Science* 150:1587-1588.

—— 1969. *Principles of Systematic Zoology*. New York: McGraw-Hill.

—— 1972. "The nature of the Darwinian revolution: acceptance of evolution by natural selection required the rejection of many previously held concepts." *Science* 176:981-989.

—— 1976. *Evolution and the Diversity of Life*: Selected Essays. Cambridge: The Belknap Press of Harvard University Press.

—— 1982. *The Growth of Biological Thought: Diversity, Evolution, and Inheritance*. Cambridge: The Belknap Press of Harvard University Press.

—— 1986a. "Joseph Gottlieb Kölreuter's contributions to biology." *Osiris* 2d ser. 2:135-176.

—— 1986b. "Natural selection: the philosopher and the biologist." Review of Sober. *Paleobiology* 12:233-239.

—— 1988. "The why and how of species." *Biol. and Phil.* 3:431-441.

—— 1989. "Speciational evolution or punctuated equilibria." *Journal of Social and Biological Structures* 12:137-158.

—— 1990. "Plattentektonik und die Geschichte der Vogelfaunen." In R. van den Elzen, K. L. Schuchmann, and K. Schmidt-Koenig, eds., *Current Topics in Avian Biology*, pp. 1-17. Proceedings of the International Centennial Meeting of the Deutsche Ornithologen-Gesellschaft, Bonn 1988. Bonn: Verlag der Deutschen Ornithologen-Gesellschaft.

—— 1991a. *One Long Argument: Charles Darwin and the Genesis of Modern Evolutionary Thought*. Cambridge: Harvard University Press.

—— 1991b. "The ideological resistance to Darwin's theory of natural selection." *Proceedings of the American Philosophical Society* 135:123-139.

—— 1992a. "The idea of teleology." *Journal of the History of Ideas* 53:117-135.

—— 1992b. Darwin's principle of divergence. *Journal of the History of Biology* 25:343-359.

—— 1995a. "Darwin's impact on modern thought." *Proceedings of the American Philosophical Society* 139(4):317-325. (Read 10 November, 1994.)

—— 1995b. "Systems of ordering data." *Biol. and Phil.*: 10(4):419-434.

—— 1996. "What is a species and what is not?" *Phil. of Sci.* 63(2):261-276.

Mayr, E., and P. Ashlock. 1991. *Principles of Systematic Zoology*, rev. ed. New York: McGraw-Hill.

Mayr, E., and W. Bock. 1994. "Provisional classifications v standard avian sequences: heuristics and communication in ornithology." *Ibis* 136:12-18.

Mayr, E., and J. Diamond. 1997. *The Birds of Northern Melanesia.* Oxford: Oxford University Press.

McKinney, M. L., and K. J. McNamara. 1991. *Heterochrony: The Evolution of Ontogeny.* New York: Plenum.

McLaughlin, P. 1991. "Newtonian biology and Kant's mechanistic concept causality." In G. Funke, ed., *Akten Siebenten Internationalen Kant Kongress,* pp. 57-66. Bonn: Bouvier.

McMullin, E., ed. 1988. *Construction and Constraint: The Shaping of Scientific Rationality.* Notre Dame, Ind.: Notre Dame University Press.

Medawar, P. B. 1984. *The Limits of Science.* Oxford: Oxford University Press.

Mendel, J. G. 1866. "Versuche über Pflanzen-hybriden." *Verh. Natur. Vereins Brünn* 4(1865):3-57.

Merriam, C. H. 1894. "Laws of temperature control of the geographic distribution of terrestrial animals and plants." *Nat. Geogr. Mag.* 6:229-238.

Meyen, F. J. F. 1837-1839. *Neues System der Pflanzenphysiologie.* 3 vols. Berlin: Haude und Spenersche Buchhandlung.

Michener, C. D. 1977. "Discordant evolution and the classification of allodapine bees." *Syst. Zool.* 26:32-56; 27: 112-118.

Milkman, R. D. 1961. "The genetic basis of natural variation III." *Genetics* 46:25-38.

Miller, S. J. 1953. "A production of amino acids under possible primitive earth conditions." *Science* 117:528.

Mitton, J. B. 1977. "Genetic differentiation of races of man as judged by single-locus or multiple-locus analyses." *Amer. Nat.* 111:203-212.

Moore, J. A. 1993. *Science as a Way of Knowing.* Cambridge: Harvard University Press.

Morgan, C. L. 1923. *Emergent Evolution.* London: William and Norgate.

Müller, G. H. 1983. "First use of biologie." *Nature* 302:744.

Munson, R. 1975. "Is biology a provincial science?" *Phil. Sci.* 42:428-447.

Nagel, E. 1961. *The Structure of Science: Problems in the Logic of Scientific Explanation.* New York: Harcourt, Brace & World.

Nägeli, C. W. 1845. "Über die gegenwärtige Aufgabe der Naturgeschichte, insbesondere der Botanik." *Zeitschr. Wiss. Botanik,* vols. 1 and 2. Zürich.

────── 1884. *Mechanisch-physiologische Theorie der Abstammungslehre*. Leipzig: Oldenbourg.

Needham, J., ed. 1925. *Science, Religion and Reality*. London: The Sheldon Press.

────── 1959. *A History of Embryology*. 2nd ed. New York: Abelard-Schuman.

Nitecki, M. H., and D. V. Nitecki. 1992. *History and Evolution*. Albany: State University of New York Press.

────── 1993. *Evolutionary Ethics*. Albany: State University of New York Press.

Novikoff, A. 1945. "The concept of integrative levels and biology." *Science* 101:209-215.

Odum, E. P. 1953. *Fundamentals of Ecology*. Philadelphia: Saunders.

Orians, G. H. 1962. "Natural selection and ecological theory." *Amer. Nat.* 96:257-264.

Pander, H. C. 1817. *Beiträge zur Entwicklungsgeschichte des Hühnchens im Eye*. Würzburg.

Papineau, D. 1987. *Reality and Representation*. Oxford: Clarendon Press.

Pearson, K. 1892. *The Grammar of Science*. London: W. Scott.

Peirce, C. S. 1972. *The Essential Writings*, ed. E. C. Moore. New York: Harper & Row.

Polanyi, M. 1968. "Life's irreducible structure." *Science* 160:1308-1312.

Popper, K. 1952. *The Open Society and Its Enemies*. London: Routledge & Kegan Paul.

────── 1968. *Logic of Scientific Discovery*. New York: Harper & Row.

────── 1974. *Unended Quest: An Intellectual Autobiography*. La Salle, Ill.: Open Court.

────── 1975. *Objective Knowledge: An Evolutionary Approach*. Oxford: Clarendon Press.

────── 1983. *Realism and the Aim of Science*. New Jersey: Rowan & Littefield.

Putnam, H. 1987. *The Many Faces of Realism*. La Salle, Ill.: Open Court.

Redfield, R., ed. 1942. "Levels of integration in biological and social sciences." *Biological Symposia VIII*. Lancaster, Penn.: Jacques Cattell Press.

Regal, P. J. 1975. "The evolutionary origin of feathers." *Quarterly Review of Biology* 50:35-66.

────── 1977. "Ecology and evolution of flowering plant dominance.' *Science* 196:622- 629.

Remak, R. 1852. "Über extracellulare Entstehung thierischer Zellen und über Vermehrung derselben durch Theilung." *Archiv für Anatomie, Physiologie und wissenschaftliche Medicin (Müllers Archiv)* 19:47-72.

Rensch, B. 1939. "Typen der Artbildung." *Biol. Reviews* (Cambridge) 14:180-222.

—— 1943. "Die biologischen Beweismittel der Abstarnmungslehre." In G. Heberer, *Evolution der Organismen*, pp. 57-85. Jena: Gustav Fischer.

—— 1947. *Neuere Probleme der Abstammungslehre*. Stuttgart: Enke.

—— 1968. *Biophilosophie*. Stuttgart: Gustav Fischer.

Rescher, N. 1984. *The Limits of Science*. Berkeley: University of California Press.

—— 1987. *Scientific Realism: A Critical Reappraisal*. Dordrecht: Reidel.

Ricklefs, R. E. 1990. *Ecology*, 3rd ed. New York: Freeman (1st ed. 1973).

Ritter, W. E., and E.W. Bailey. 1928. "The organismal conception: its place in science and its bearing on philosophy." *Univ. Calif Pub. Zool.* 31:307-358.

Rosen, D. 1979. "Fishes from the upland intermountain basins of Guatemala." *Bull. Amer. Mus. Nat. His.* 162:269-375.

Rosenfield, L. L. 1941. *From Beast-Machine to Man-Machine*. New York: Oxford University Press.

Roux, W. 1883. *Über die Bedeutung der Kerntheilungsfiguren*. Leipzig: Engelmann.

—— 1895. *Gesammelte Abhandlungen über Entwicklungsmechanik der Organismen*.2 vols. Leipzig: Engelmann.

—— 1915. "Das Wesen des Lebens." *Kultur der Gegenwart* III 4(1):173-187.

Ruse, M. 1979a. *Sociobiology: Sense or Nonsense?* Boston: D. Reidel.

—— 1979b. *The Darwinian Revolution*. Chicago: University of Chicago Press.

Russell, E. S. 1916. *Form and Function: A Contribution to the History of Animal Morphology*. London: J. Murray.

—— 1945. *The Directiveness of Organic Activities*. Cambridge: Cambridge University Press.

Saha, M. 1991. "Spemann seen through a lens." In S. F. Gilbert, ed., *Developmental Biology: A Conceptual History of Modern Embryology*, pp. 91-108. New York: Plenum Press.

Salmon, W. C. 1984. *Scientific Explanation and the Causal Structures of the World*. Princeton: Princeton University Press.

—— 1989. *Four Decades of Scientific Explanation*. Minneapolis: University of

Minnesota Press.

Sarich, V. M., and A. C. Wilson. 1967. "Immunological time scale for hominid evolution." *Science* 158:1200-1202.

Sattler, R. 1986. *Biophilosophy*. Berlin: Springer.

Schleiden, M. J. 1838. "Beiträge zur Phytogenesis." *Archiv für Anatomie, Physiologie und wissenschaftliche Medicin (Müllers Archiv)* 5:137-176.

———— 1842. *Grundzüge der wissenschaftlichen Botanik*. Leipzig.

Schmidt-Nielsen, K. 1990. *Animal Physiology: Adaptation and Environment*. 4th ed. Cambridge: Cambridge University Press.

Schopf, Thomas J. M., ed. 1972. *Models in Paleobiology*. San Francisco: Freeman.

Schwann, Th. 1839. *Mikroskopische Untersuchungen über die Übereinstimmung in der Struktur und dem Wachstum der Tiere und Pflanzen*. Berlin.

Semper, K. G. 1881. *Animal Life as Affected by the Natural Conditions of Existence*. New York: Appleton [1880 in German].

Severtsoff, A. N. 1931. *Morphologische Gesetzmässigkeiten der Evolution*. Jena: Gustav Fischer.

Shapiro, J. H. 1986. *Origins: A Skeptic's Guide to the Creation of Life on Earth*. New York: Summit Books.

Shropshire, W., Jr. 1981. *The Joys of Research*. Washington, D.C.: Smithsonian Institution Press.

Simpson, G. G. 1944. *Tempo and Mode in Evolution*. New York: Columbia University Press.

———— 1961. *Principles of Animal Taxonomy*. New York: Columbia University Press.

———— 1969. "Biology and ethics." In G. G. Simpson, ed., *Biology and Man*, pp. 130- 148. New York: Harcourt, Brace and World.

Singer, P. 1981. *The Expanding Circle*. New York: Farrar, Straus and Giroux.

Slack, J. M., P. W. Holland, and C. F. Graham. 1993. "The zootype and the phylotypic stage." *Nature* 361:490-492.

Sloan, P. R. 1986. "From logical universals to historical individuals: Buffon's idea of biological species." In J. Roger and J. L. Fischer, eds., *Histoire des concepts d'espèce dans la science de la vie*. Paris: Fondation Singer-Polignac.

Smart, J. J. C. 1963. *Philosophy and Scientific Realism*. London: Routledge & Kegan Paul.

Smuts, J. C. 1926. *Holism and Evolution*. New York: Viking Press. 2nd ed. 1965.

Snow, C. P. 1959. *The Two Cultures and the Scientific Revolution*. New York: Cambridge University Press.

Spemann, H. 1901. "Über Correlationen in der Entwicklung des Auges." *Verhandl Anat Ges.* 15:15-79.

Spemann, H., and H. Mangold. 1924. "Über Induktion von Embryoanlagen durch Implantation artfremder Organisatoren." *Roux's Archiv* 100:599-638.

Stanley, S. M. 1979. *Macroevolution: Pattern and Process*. San Francisco: W. H. Freeman.

—— 1992. "An ecological theory for the origin of Homo." *Paleobiology* 18:237-257.

Stebbins, G. L. 1950. *Variation and Evolution in Plants*. New York: Columbia University Press.

Stent, G. 1969. *The Corning of the Golden Age: A View of the End of Progress*. New York: Natural History Press.

Stern, C. 1962. "In praise of diversity." *Arn. Zool.* 2:575-579.

—— 1965. "Thoughts on research." *Science* 148:772-773.

Stresemann, E. 1975. *Ornithology: From Aristotle to the Present*. Cambridge: Harvard University Press.

Sulloway, Frank. 1996. *Born to Rebel*. New York: Pantheon Press.

Suppe, F., ed. 1974. *The Structure of Scientific Theories*. Urbana: University of Illinois Press. 2nd ed. 1977.

Tansley, A. G. 1935. "The use and abuse of vegetational concepts and terms." *Ecology* 16:204-307.

Thagard, P. 1992. *Conceptual Revolutions*. Princeton: Princeton University Press.

Thompson, P. 1988. "Conceptual and logical aspects of the 'new' evolutionary epistemology." *Can. J. Phil.*, suppl vol. 14:235-253.

—— 1989. *The Structure of Biological Theories*. Albany: State University of New York Press.

Thoreau, H. D. 1993 [ca. 1856-1862]. *Faith in a Seed*. Washington, D.C.: Island Press.

Thornton, Ian. 1995. *Krakatau: The Destruction and Reassembly of an Island Ecosystem*. Cambridge: Harvard University Press.

Treviño, S. 1991. *Graincollection: H11rnan's Natural Ecological Niche*. New

York: Vintage Press.

Treviranus, G. R. 1802. *Biologie, oder Philosophie der lebenden Natur.* Vol. 1. Göttingen: J. R. Röwer.

Trigg, R. 1989. *Reality at Risk: A Defense of Realism in Philosophy and the Sciences.* 2nd ed. New York: Harvester Wheatsheaf.

Trivers, R. L. 1985. *Social Evolution.* Menlo Park: Benjamin/Cummings.

Tschulok, S. 1910. *Das System der Biologic in Forschung und Lehre.* Jena: Gustav Fischer.

Van Fraassen, B. C. 1980. *The Scientific Image.* Oxford: Clarendon Press.

Waddington, C. H. 1960. *The Ethical Animal.* London: Allen and Unwin.

Walbot, V., and N. Holder. 1987. *Developmental Biology.* New York: Random House.

Warming, J. E. B. 1896. *Lehrbuch der ükologischen Pflanzengeographie.* Berlin.

Weismann, A. 1883. *Über die Vererbung.* Jena: Gustav Fischer.

——— 1889. *Essays upon Heredity.* Oxford: Clarendon Press.

Weiss, P. 1947. "The place of physiology in the biological sciences." *Federation Proceedings* 6:523-525.

——— 1953. "Medicine and society: the biological foundations." *J. Mount Sinai Hospital* 19:727.

Wheeler, W. H. 1929. "Present tendencies in biological theory." *Sci. Monthly* 1929:192.

Whewell, W. 1840. *Philosophy of the Inductive Sciences Founded upon Their History.* Vol. 1. London: J. W. Parker.

White, M. 1965. *Foundations of Historical Knowledge.* New York: Harper and Row.

Wilson, E. B. 1925. *The Cell in Development and Heredity.* 3rd ed. New York: Macmillan.

Wilson, E. O. 1975. *Sociobiology.* Cambridge: Harvard University Press.

Wilson, J. Q. 1993. *The Moral Sense.* New York: Free Press.

Windelband, W 1894. "Geschichte der alten Philosophie: Nebst einem Anhang: Abriss der Geschichte der Mathematik und der Naturwissenschaften." In *Altertum von Siegmund Gunter.* 2 vols. Munich: Beck.

Wolff, C. F. 1774. *Theoria generationis.* Halle.

Woodger, J. H. 1929. *Biological Principles: A Critical Study.* London: Routledge and Kegan Paul.

Wynne-Edwards, V. C. 1962. *Animal Dispersion in Relation to Social Behavior.* Edinburgh: Oliver & Boyd.

—— 1986. *Evolution through Group Selection.* Oxford: Blackwell Scientific Press.

ㄱ

각인imprinting: 유전적으로 열린 프로그램에서 정보를 저장하는 빠르고 비가역적인 학습과정.

감수분열meiosis: 2회 연속된 유사분열로 구성되며 염색체 수가 반감하는 핵분열. 번식세포
　　에서 일어남. 이가염색체의 출현과 상동염색체 분리를 특징으로함.

감수세포분열reduction division: 염색체가 반으로 나누어져 배수체가 반수체로 되는 세포분열.

개체군적 사고population thinking: 유성번식을 하는 집단 내 모든 개체의 유일성을 강조하며
　　그것이 집단의 실제적 다양성이라는 사고.

개체발생ontogeny: 수정란에서 성체에 이르는 개체의 발생.

거시분류학macrocaxonomy: 종보다 높은 수준의 분류. 즉 종을 단위로 하여 분류체계를 만드
　　는 학문.

격리 메커니즘isolating mechanism: 동일한 지역에 거주하는 이종 개체군 들 사이에 교잡이 일
　　어나는 것을 방지하는 개체들의 유전적(행동적) 특성들

결정론determinism: 어떤 과정에 의한 결과는 정확한 원인과 자연에 의해서 엄격하게 미리
　　결정되고 따라서 예측 가능하다는 이론. 목적론 참조.

결정 발달determinate development : 배아 발달 과정에서 배아 세포들의 위치에 따라서 운명이
　　확정되는 발달이며, 배아의 각 부위는 다른 부위의 영향으로부터 독립되어 분화함.
　　모자이크 발달이라고도 함.

경쟁 배제competitive exclusion: 통일한 생태적 요구를 가진 두 종은 동일한 장소에서 공존할
　　수 없다는 원칙. 가우스 원칙이라고도 함.

경제성 원리parsimony: 분류군 내에서 가장 적은 수의 분지점(형질 변화)을 가지는 분지도
　　가 최상의 분지도라는 원리.

계통phylogeny: 조상으로부터 후손이 유래한 경로.

계통분류학systematics: 생물 다양성을 탐구한 학문.

공통유래common descent: 공통조상으로부터의 종 또는 상위 분류군의 분화.

군락생태학synecology: 군집과 생태계에 대한 학문.

궁극원인ultimate causations: 진화적 원인.

근접원인proximate causation: 생물학적 과정에 영향을 주는 화학적, 물리적 요소.

근지역성 종분화parapatric speciation: 인접한 두 집단이 다른 선택압을 받음으로써 명확한 지

리적 장벽 없이 번식적 격리가 일어나 발생하는 분화.

길드guild: 동일한 영양단계에 속하며 공통된 자원을 이용하는 복수의 종 또는 개체군. 생태계 내에서 비슷한 역할을 수행하며 서로에 대한 잠재적인 경쟁자다.

ㄴ

내배엽endoderm: 안쪽 배엽으로 주로 소화계를 형성함.

니치niche: 한 종의 다차원적인 자원 공간. 생태적 요구 또는 지위.

ㄷ

다면발현pleiotropic: 하나의 유전자가 두 개 이상의 형질발현에 관여하는 것.

다인자 형질polygenie: 여러 유전자들에 의해 조절되는 표현형의 모델.

다형 종polytypic species: 여러 아종으로 구성된 종.

단계통monophyly: 하나의 분류군이 가장 가까운 공통조상 분류군으로 부터 유래하는 것.

단속평형설punctuationism: 진화 역사상 중요한 사건들은 짧은 분화 기간 동안 일어나며, 한 번 형성된 종들은 상대적으로 안정되어 매우 오랫동안 지속된다는 이론.

단위번식parthenogenesis : 미수정란으로부터 자식이 생겨나는 것. 암컷이 수컷과 관계없이 단독으로 새로운 개체를 만드는 번식법.

대진화macroevolution: 표현형의 큰 진화적 변화. 종 수준이나 그보다 고 등한 분류군에서의 진화 또는 새로운 구조와 같은 진화적 신기성을 생산한 과정을 일컬음..

데카르트주의Carresianism: 데카르트의 생각, 방법, 철학.

도약진화주의saltationism: 진화적 변화가 새로운 종의 기원이 되는 새로운 개체의 갑작스런 출현으로 생긴다는 생각.

독립영양생물autotrophs: 광합성 식물들처럼 자신이 필요로 하는 영양분을 스스로 생산하는 개체.

돌연변이mutation: 한 유기체 내의 인위적 또는 자생적인 유전자 서열 변화. 보통 돌연변이는 DNA를 복제하는 과정 중의 오류로 인해 발생한다.

동소적 종분화sympatric speciation: 지리적 고립 없이 생태적 원인에 의한 분화.

동일과정설uniformitarianism: 자연의 모든 변화는 점진적으로 일어난다는 이론. 지질학자 찰스 라이엘에 의해 주창되었으며 천변지이설의 반대 개념이다.

DNA: 디옥시리보핵산으로 유전적 정보를 전달하는 물질.

DNA 잡종형성DNA hybridization: 두 분류군의 유연관계를 알아보기 위한 방법.

딤deme: 어떤 종의 국소 개체군. 특정 지역에 있는 잠재적으로 상호교배가 기능한 개체들의 군집. 최소 교배단위.

ㄹ

라마르크주의/라마르크설_{Lamarckism}: 라마르크의 학설에 바탕을 둔 진화사상. 특히 획득형
　　질의 유전설을 일컬음. 나중에 정향진화설로 발전한 사상도 라마르크 학설의 중심
　　이 되고 있다.

ㅁ

메켈-세레스 법칙_{Meckel-Serrès law}: 개체 발생이 계통 발생을 반복한다는 법칙.

모자이크 발달_{mosaic development}: 결정 발달.

목적론_{teleology} : 결과 지향적인 과정의 실질적 혹은 외관상 존재에 대한 연구.

목적론적 과정_{teleonomic process}: 프로그램의 조절에서 목적 지향적 속성을 내포하는 과정이
　　나 행동.

무성번식_{asexual reproduction}: 두 개의 번식세포의 결합에 의한 번식을 제외한 번식.

물리주의_{physicalism}: 본질주의, 결정론, 환원주의 등 고전물리학에서 우세했던 특정 원리들
　　에 대한 강조.

물활론_{animism}: 자연현상이 영혼을 가지고 있다는 믿음.

미시분류학_{microtaxonomy}: 종 및 종 내의분류

ㅂ

바우플란_{bauplan}: 척추동물이나 절지동물과 같은 것들이 지닌 몸의 구조적인 형태.

반수체_{haploid} : 반수(한 벌)의 염색체수를 가진 세포 또는 개체.

발단 종_{incipient species}: 새로운 종으로 진화하는 과정에 있는 개체군.

발생 반복설_{recapitulation}: 개체는 발생과정에서 그들의 조상이 거쳐 왔던 계통 단계를 반복
　　한다는 이론. 메켈-세레스 법칙으로도 알려져 있다.

배수성_{poyploidy}: 두 개 이상의 반수체를 갖는 것.

배우체_{gamete}: 개체의 전체 염색체의 반이 들어 있는 번식세포(난자, 정자)이며 특히 수정
　　에 참여할 수 있는 성숙된 번식세포 유전적 재조합 참조. 감수분열.

번식세포_{germ cell}: 난자 또는 정자 세포.

번식질_{germ plasm}: 번식세포 내의 유전물질.

범생설_{pangenesis}: 자기증식성의 작은 입자들이 동ㆍ식물체 각부에서 생식선으로 이동하여
　　번식세포에 통합된 후 다음 자손으로 전달된다는 학설. 획득형질의 유전을 설명하
　　기 위해 시도된 이론.

베이치언 의태_{batesian mimicry}: 맛있는 종이 맛이 없는 혹은 독이 있는 종의 모습을 모방하
　　는 것.

변형_{variant}: 다양한 개체군의 구성원.

본질주의essentialism: 자연의 다양성이 몇 개의 제한된 수의 기본적 항목으로 나누어질 수 있다는 믿음으로 일정하고 분명하게 구분되는 유형을 나타낸다. 유형적 사고.

분단 분포vicariance: 근연종이 지각 변동 등의 자연적 장벽에 의해 고립된 지역에 분포하게 되는 현상.

분류(다원식 분류)classification(Darwinian): 유사성(진화적 분화의 정도)과 공통조상(계통학)에 의거하여 종 또는 상위 분류군을 군(등급)으로 배열하는 것.

분류계급category: 계통분류학에서 린네의 계층분류 내의 분류군에 부과 된 등급(종, 속, 과, 목 등).

분류군taxon: 다른 것으로부터 구분되는 특질들이 있고 고유한 명칭을 가질 만큼 뚜렷한 단 계통의 집단.

분류학taxonomy: 생물을 분류하는 이론과 기술.

분지군cladon: 헤니히 분지 원칙에 의한 분류군.

분지도cladogram: 추론된 계통나무의 분지 양상.

분지론cladification: 생물체를 분류하는 시스템으로서 분류 대상은 계통나무(또는 분기도)의 가지가 된다. 헤니히 분류.

분지분석cladistic analysis: 분지 순서를 추론하기 위해 오직 파생형질을 바탕으로 수행되는 생물체의 계통분석.

ㅅ

사회생물학sociobiology: 사회적 행동의 생물학적 배경에 대한 체계적 학문, 특히 번식 행동에 중점을 두고 있다.

상동형질homologous characters: 둘 이상의 분류군에서 발견되며 가장 가까운 공통조상으로부터 유래한 형질들.

상위성 상호작용epistatic interactions: 다른 유전적 좌위간의 상호작용.

생기론vitalism: 살아 있는 유기체는 불활성 물질에서는 찾을 수 없는 특별한 생명의 힘이나 물질을 갖고 있다는 믿음.

상사성homoplasy: 둘 이상의 분류군들이 공통조상으로부터 유래하지 않고도 동일하게 갖고 있는 형질들. 수렴진화, 평행진화, 역진화의 과정을 통해 획득됨.

생물상biota: 일정한 장소에서 나타나는 생물의 모든 종류.

생물학적 종개념biological species concept: 교배 가능한 자연개체군에서 번식적으로 격리된 집단으로서의 종개념.

성선택sexual selection: 번식 성공을 높이는 특질들이 선택되는 것.

세포질cytoplasm: 핵 주위의 세포 내 물질.

수렴convergence: 진화하는 동안 둘 또는 둘 이상의 계통들이 같은 형질을 독립적으로 보유하게 되는 현상.

ㅇ

암컷의 선택female choice: 암컷이 여러 가능한 배우자 중 하나를 선택한 다는 가설. 현대 성
   선택이론의 한 부분.

약한 유전soft inheritance: 후천적으로 획득한 형질이 유전적으로 전해진다는 생각. 현재는 받
   아들여지지 않음.

엑손exon: 단백질(펩티드)을 부호화하는 유전자 내의 염기서열. 인트론 참조.

역전reversal: 유도된 특질이 사라지면서 조상종의 특질을 가진 계통이 다시 나타나는 것.

열린 프로그램open program: 발달과 활동에 영향을 주는 지시들을 받아 들여 보유할 수 있
   는 조직들의 총체.

염기base pair: DNA 이중나선의 두 가닥을 수소 결합으로 연결하고 있는 질산 염기의 쌍.

염색질chromatin: DNA, 단백질을 포함하는 염색체의 구성 물질.

염색체chromosome: 핵 내에 존재하는 실 모양 구조체의 하나로 DNA와 결합단백질로 구성됨.

영장류primate: 여우원숭이, 원숭이, 유인원이 포함된 포유류의 한 목.

완계통holophyletic taxa: 한 공통조상에서 유래한 모든 자손종으로 이루 어진 분류군.

외배엽ectoderm: 바깥쪽 배엽으로 주로 표피와 신경계를 형성함.

외온생물ectotherm: 체내 온도가 체외 온도에의 해서 조절되는 생명체.

원생생물protists: 단세포 진핵생물들의 모임.

원시형질plesiomorphic: 조상의 (원시적인) 형질 상태.

원핵생물prokaryotes: 여러 종류의 박테리아처럼 핵이 없는 단세포로 구성된 생물.

유기체주의organicism: 생명체 고유의 특성들이 그 유기체의 조성이 아니라 조직 때문에 생
   겨난다고 보는 입장.

유사분열mitosis: 진핵생물 세포핵의 일반적인 분열양식으로 염색체나 방추체 등 소위 사상
   구조의 형성을 동반하는 복잡한 핵 내 변화. 하나의 세포가 자신의 염색체를 포함하
   여 두개의 딸세포로 나뉘는 과정.

유전암호genetic code: DNA의 염기서열 쌍의 유전정보가 아미노산(단백질 구성성분)으로
   전환되는 암호.

유전자gene: 하나의 단백질 분자 합성을 위한 정보를 보유하고 있는 DNA 분자 내의 염기서
   열 쌍.

유전자 재조합genetic recombination: 감수분열 동안 일어나는 개체 유전자의 재배열. 이로 인
   하여 개체의 난자 또는 정자의 염색체가 부모의 염색체와 완벽하게 동일하지 않고
   어느 난자 또는 정자의 두 염색체가 통일하지 않도록 보장됨.

유전적 부동genetic drift: 우연한 사건에 의한 개체군 내 유전자 빈도의 변동.

유전체genome: 하나의 배우체 내에 있는 유전자의 총체.

유전 프로그램genetic program: 개체의 DNA에 부호화된 정보.

유전자형genotype: 한 개체의 유전자(유전정보)의 총체.

유형론적 사고typological thinking: 본질주의적 사고.

유형론적 종개념typological species concept: 다름의 정도를 기준으로 한 종의 정의.

이배체diploid: 부모로부터 각각 하나씩 받은 쌍으로 된 염색체를 보유하고 있는 상태.

이소적 종분화allopatric speciation: 지리적 종분화.

이역적 종분화dichopatric speciation: 부모종이 지리적, 식물상적, 또는 기타 외부적 장벽에 의해 갈라짐으로써 생겨나는 종분화.

이타주의altruism: 행동하고 있는 개체가 손해를 감수하고 다른 개체에게 이익을 주는 행동.

인위선택artificial selection: 인간에 의한 동물 또는 농작물의 인위적인 선택.

인트론intron: 비 암호화 부위. 유전자로부터 만들어지는 기능을 가진 최종 RNA 산물에 포함되지 않는 배열. 핵산이 단백질로 번역되기 전에 RNA로부터 제거되는 서열. 엑손 참조.

입자유전particulate inheritance: 부모로부터 온 유전물질이 수정되는 동안 섞이지 않고 분리되어 남아 있다는 현재 입증된 이론. 혼합유전 참조.

ㅈ

자매 군sister groups: 한 계통 선상에서 갈라져 나온 집단들.

자매 종sibling species: 번식적으로 격리되어 있어도 형태적으로는 같거나 거의 같은 종들.

자연발생론autogentic theories: 생명체에서 목적론적인 힘이나 경향이 존재한다는 것에 믿음을 둔 이론.

자연선택natural selection: 다윈이 수립한 이론. 생물의 종은 다산성을 원칙으로 하며, 그 때문에 일어나는 생존경쟁에서 생존과 번식을 향상시키는 형질을 가진 개체들이 차별적으로 살아남아 같은 형질을 가진 개체 들을 개체군 내에 더 높은 비율로 퍼뜨리는 과정.

자연신학natural theology: 천지의 설계에서 창조주의 지혜와 권능을 증거 하기 위한 자연 연구.

자연의 계단scala naturae: 가장 낮고 비활성적인단계에서부터 가장 완벽한 단계까지 생명체들의 단선적인 배열; 존재의 위대한 연쇄.

자연종natural kinds: 유기체의 유형. 유형학적 종개념에 의해 정의됨.

재앙이론catastrophism: 지구역사상 대재앙 사건들이 생물상의 부분적 또는 완전한 절멸을 가져왔다는 이론.

적응성adaptedness: 자연선택의 결과로서 주변 환경이나 생활상에 대한 개체나 구조의 적응 능력.

적응 영역adaptive zone: 특정 환경에 적응한 개체에 의해 점유된 환경 내의 자원 공간.

적응주의 프로그램adaptationist program: 구조와 과정, 활동의 적응적 중요성을 구명하려는 연구.

적합도fitness: 한 개체가 다음 세대의 유전자군에 자신의 유전자를 전달하고 생존할 수 있는 상대적인 능력.

전이인자transposons: 한 염색체에서 다른 염색체로 옮겨 다니는 유전자.

전형성preformation: 배아 발생 시 이미 성체의 필수적인 부분이 형성되었다는 생각. 현재는 받아들여지지 않음. 후성설 참조.

점진주의gradualism: 진화는 형질의 갑작스런 출현이나 돌연한 변화에 의해서가 아니라 개체군의 점진적인 변화에 의해 진보한다는 이론.

접합체zygote: 두 배우자와 그들의 핵이 결합하여 생긴 것.

정체stasis: 지질학적 시간 동안 진화 계통에서 표현형이 계속 유지되는 것.

정향진화orthogenesis: 생물의 진화에서 형질의 변화는 일정한 방향을 가지며(진화의 정향성), 이는 미리 설정된 목표와 완성을 향한 생물체 내적인 동인에 기인한다는 설명.

제3기Tertiary: 6500만 년 전부터 50만 년 또는 200만 년 전까지의 기간.

조절 발생regulative development: 세포 환경이각각의 세포에 영향을 미치는 초기 배아 발생.

종(생물학적)species(biological): 같은 생리적 메커니즘을 갖고 있기 때문에 상호 교배가 가능한 개체군.

종개념species concept: 종의 생물학적 의미 또는 정의.

종 분류군species taxa: 종 정의에 따르는 특정 개체군이나 개체군의 집단.

종 분류계급species category: 종 분류군들이 계통적으로 배치된 린네식 계층분류군의 분류계급.

종생태학autecology: 종 또는 개체의 생태학.

종 형성 진화speciational evolution: 조상종의 급격한 변화로 인해 야기된 빠르게 진행되는 종의 진화.

주변지역성 종분화peripatric speciation: 지엽적으로 고립된 창시자 개체군이 분리되어 새로운 종이 유래하는 것.

줄기 종stem species: 새로운 단계통군을 만드는 종.

중립 진화neutural evolution: 개체 혹은 그 자손들의 적합도에 변화를 초래하지 않는 유전 가능한 돌연변이들의 발생과 축적.

중배엽mesoderm: 대부분의 후생동물의 초기발생 도중 외배엽과 내배엽의 중간에 나타나는 배엽. 성체의 기관계나 조직 중에서 그 주요부가 중 배엽에서 유래하는 것은 동물군에 따라 다소 차이는 있지만 근육계, 결합조직, 골격계, 순환계, 배출계, 번식계 등이다.

중생대Mesozoic: 고생대와 신생대의 중간에 위치하는 지질시대. 약 2억 2500만 년 전부터 6500만 년 전까지의 기간이며 파충류의 시대라고도 함.

중심원리central dogma: 단백질로 표현된 정보를 역으로 핵산으로 해석할 수 없다는 주장.

지리적 종분화geographic speciation: 개체군이 지리적으로 고립되어 일어나는 종분화. 이소적 종분화.

진핵생물eukaryotes: 고도로 발달된 핵을 가진 생물; 원핵생물 상위의 모든 생물.

진화적 원인evolutionary causation: 개체, 종의 형질 또는 유전자형의 조합의 원인이 되는 역사 적요인(유전 프로그램).

진화적 종합evolutionary synthesis: 1937년과 1950년 사이에 자연선택, 적응, 다양성 연구를 포함한 다윈의 패러다임에 기초하여 일어난 진화학자들의 개념적 통일.

ㅊ

창발성emergence: 계 내에서 하위 수준의 구성성분에 대한 지식으로 예측할 수 없는 상위수 준의 통합에 의해 발생하는 형질.

창시자 개체군founder population : 한 개체의 암컷(또는 적은 수의 동종)에 의해서 기존의 종 경계밖에 생성된 개체군.

창조론creationism: 창세기에 명시된 창조설의 주장에 대한 믿음.

체세포 프로그램somatic program: 발생 시에 배아의 구조나 조직에 영향을 주거나 제어할 수 있는 인접조직의 정보.

측계통paraphyletic: 모든 파생군들을 다 포함하지 않는 한 공통조상에서 유래한 자손군들의 집합.

층서학stratigraphy: 지질학적 역사, 지층에 포함된 화석 등을 연구하는 학문. 친족선택kin se-lection : 유연관계가 있는 집단에서 공유된 유전자형에 대한 선택. 유연관계를 가지 는 개체 간에 상호 작용을 야기해서 유전자형의 포괄적합도의 차이를 가져와 적응 적으로 진화하는 과정.

ㅍ

파생형질apomorphy: 일련의 상동형질 진화에서 유래되어 있는 상태.

포괄적합도 inclusive fitness: 개체 자신의 유전적 적합도에 가까운 친척들, 특히 자손에 의해 얻어질 수 있는 유전자형적 적합도를 더한 합.

표현형phenotype: 유전자형과 환경의 상호작용 결과로 나타난 한 개체의 형질들의 총체.

표형론pheneries: 혈연관계를 고려하지 않은 채 총체적인 유사성만을 근거로 분류군을 식별 하고 가계도를 구성하는 것. 수치표형론의 개념.

ㅎ

형질character: 표현형의 한 요소.

416   이것이 생물학이다

형태형morphotype: 구조적 전형.

혼합유전blending inheritance: 수정이 일어나는 동안 부모의 유전물질이 혼합되어 자식에게 유전된다는 현재는 거의 믿고 있지 않은 개념. 입자 유전 참조.

확률적 과정stochastic processes: 기회적 사건.

환원주의reductionism: 모든 복잡한 현상(생명체를 포함하여)과 법칙이 그들을 구성하는 가장 작은 성분으로 설명될 수 있다는 생각.

획득형질acquired characters: 유전에 의한 것이 아니라 외부환경의 영향에 의해 개체가 획득한 형질.

획득형질의 유전inheritance of acquired characters: 환경적 요인들에 의해 발생한 표현형적 변화가 그 개체의 유전물질을 통해 자손에게 전달될 수 있다는 이론.

후생동물metazoan: 다세포동물.

후성설epigenesis: 개체발생 과정 동안 미분화 조직에서 어떤 힘에 의해 새로운 구조가 발생한다는 이론이며 현재는 기각되었음. 전성설 참조.

고인석

서울대학교 물리학과를 졸업하고 연세대학교 대학원에서 철학을 공부한 후, 독일 콘스탄츠대학교에서 과학철학 박사학위를 받았다. 미국 노스캐롤라이나대학교 방문학자를 거쳐 현 인하대학교 철학과 교수이며 한국과학철학회 간행 〈과학철학〉 편집인이다. 이 책의 5장과 10장을 번역했다.

김은수

서울대학교 과학사 및 과학철학 협동과정 석사 과정을 수료하였다. 현재 유전자 개념의 철학적 논쟁에 대한 학위 논문 준비 중이다. 이 책의 7장과 8장을 번역했다.

박은진

성균관대학교 철학과 및 동 대학원 졸업, 독일 트리어대학 철학과에서 과학철학으로 박사학위를 받았다. 저서로는 《칼 포퍼 과학철학의 이해》, 《현대 과학철학의 문제들》(공저), 《비판적 사고를 위한 논리》(공저), 《비판적 사고》(공저), 《미학의 문제와 방법》(공저), 《미학으로 읽는 미술》(공저) 등이 있다. 이 책의 2장과 6장을 번역했다.

이영돈

연세대학교 생화학과를 졸업하고, 동대학원에서 박사 학위를 받았다. 현재 아주대학교 의과대학 해부학교실에 재직하고 있다. 《분자의학의 약속과 희망》(공역)이 있으며, 이 책의 11장을 번역했다.

최재천

서울대학교 동물학과를 졸업하고, 하버드대학교에서 생물학 박사 학위를 받았다. 서울대학교 생명과학부 교수를 거쳐 이화여자대학교 에코과학부 석좌교수로 재직 중이다. 지은 책으로는 《개미제국의 발견》, 《생명이 있는 것은 다 아름답다》 등이 있고, 《무지개를 풀며》, 《통섭》 등을 우리말로 옮겼다. 2013년부터 국립생태원 초대원장으로 일하고 있다. 이 책의 서문과 12장을 번역했다.

황수영

서울대학교 대학원 철학과를 졸업하고, 프랑스 파리 4대학에서 철학박사 학위를 받았다. 한림대학교 인문한국 교수, 프랑스 뚤루즈 대학 객원교수를 거쳐 현재 세종대학교 교양학부 초빙교수로 재직 중이며 국제 베르그손학회 회원이다. 베르그손의 《창조적 진화》을 우리말로 옮겼고, 《물질과 기억, 시간의 지층을 탐험하는 이미지와 기억의 미학》, 《베르그손, 생성으로 생명을 사유하기 – 깡길렘, 시몽동, 들뢰즈와의 대화》를 썼다. 이 책의 4장과 9장을 번역했다.

황희숙

서울대학교 철학과를 졸업하고 동대학원에서 철학박사 학위를 받았다. 현재 대진대학교 역사·문화콘텐츠학부 교수로 재직 중이다. 지은 책으로 《비트겐슈타인, 두 번 숨다》, 《여성과 철학》(공저), 《인간과 철학》(공저), 《인간 본성의 이해》(공저), 《처음 읽는 영미 현대철학》(공저)이 있으며, 《신경과학과 마음의 세계》, 《젊은 과학의 전선》을 우리말로 옮겼다. 이 책의 1장과 3장을 번역했다.

이것이 생물학이다
This Is Biology

초판 1쇄 발행 | 2016년 4월 10일
초판 6쇄 발행 | 2024년 4월 1일

지은이	에른스트 마이어
옮긴이	고인석, 김은수, 박은진, 이영돈, 최재천, 황수영, 황희숙
편집	김은수, 박선진
디자인	주수현, 정진혁

펴낸곳	(주)바다출판사
주소	서울시 마포구 성지1길 30 3층
전화	322-3885(편집), 322-3575(마케팅)
팩스	322-3858
E-mail	badabooks@daum.net
홈페이지	www.badabooks.co.kr

ISBN 978-89-5561-834-1 93400